Die Berechnung
Elektrischer Leitungsnetze
in Theorie und Praxis.

Von

Josef Herzog, und **Clarence Feldmann**,
Vorstand der Abteilung für elektrische Beleuchtung, Ganz & Co., Budapest.
Privatdozent an der Großherzoglichen Technischen Hochschule zu Darmstadt.

Zweite Auflage in zwei Teilen.

Erster Teil:

Strom- und Spannungsverteilung in Netzen.

Mit 269 Abbildungen.

Springer-Verlag Berlin Heidelberg GmbH 1903

ISBN 978-3-662-36172-6 ISBN 978-3-662-37002-5 (eBook)
DOI 10.1007/978-3-662-37002-5
Softcover reprint of the hardcover 2nd edition 1903

Vorwort zur ersten Auflage.

Das Gebiet der mächtig sich entwickelnden elektrischen Beleuchtungstechnik ist ein so umfangreiches geworden, daß in der Bearbeitung der maßgebenden Lehren bereits eine wesentliche Arbeitsteilung Platz gegriffen hat.

Die vorliegende Arbeit beschränkt sich auf die Darlegung der Vorgänge in elektrischen Leitungen und der auf der Kenntnis derselben fußenden Anordnungs- und Berechnungsweisen der Leitungsanlagen. Hierbei ist dem Probleme der Stromverteilung in gegebenen Leitungsnetzen eine besonders ausführliche Erörterung zuteil geworden, da sich die Gesichtspunkte für jede Vorausberechnung am klarsten aus der Betrachtung einer vorhandenen Ausführungsform ableiten lassen.

Da ferner die Anforderungen, welche jede Leitung erfüllen muß, in ursächlichem Zusammenhange mit den Eigenschaften der an sie angeschlossenen Teile stehen, so sind auch die Glühlampen, Bogenlampen, Sicherungen und Rheostate in den Rahmen der Betrachtung einbezogen.

Obwohl die theoretischen Grundlagen, auf welchen die nachfolgenden Lehren aufgebaut sind, seit langen Jahren bestehen, hat es doch bis heute an jener Ausgestaltung derselben gefehlt, welche für die vielseitige Anwendung derselben in der Praxis notwendig ist. In dieser Hinsicht hoffen die Verfasser des vorliegenden Werkes einen Schritt nach vorwärts getan zu haben.

Budapest und Köln, im Januar 1893.

Josef Herzog
Ingenieur in Budapest.

Clarence Feldmann
Ingenieur in Köln a. Rh.

Vorwort zur zweiten Auflage.

Die am Schluß der vorhergehenden Vorrede gehegte Hoffnung hat sich erfüllt, wie der in wenigen Jahren erfolgte Verkauf der ersten Auflage und die seit 7 Jahren anhaltende stete Nachfrage nach derselben bezeugte. Sie schuf eine neue Richtung, welche vielfach Anklang fand, was sich in zahlreichen Werken und neu geschaffenen Vorlesungen widerspiegelte.

Während die erste Auflage sich dem damaligen Stande der Elektrotechnik entsprechend nur auf die Beleuchtung beschränken konnte, mußte die jetzige Auflage dem inzwischen erschlossenen Gebiete der Kraftübertragung Rechnung tragen. Die früher behandelten Anschlußobjekte, wie Glühlampen, Bogenlampen u. s. w., haben durch unser in zweiter Auflage bereits erschienenes „Handbuch der elektrischen Beleuchtung" ausführliche Behandlung gefunden, sodaß hier auf das Leitungsgebiet im allgemeinen Sinne eingegangen werden konnte.

Schon bei der ersten Auflage haben wir die zu behandelnde Aufgabe dadurch dem Verständnis näher zu rücken gesucht, daß wir zunächst an einem gegebenen Netze die Energieverteilung und die Verteilung ihrer beiden Faktoren, des Stromes und der Spannung, studierten, um dann an Hand der so gewonnenen Einsicht aus diesem direkten Problem das umgekehrte, nämlich die Dimensionierung eines Netzes, derart zu lehren, daß es bestimmten Bedingungen genügte.

Diesen Gesichtspunkten folgend, haben wir die Trennung des Gebietes in zwei Teile vorgenommen, deren erster nun hier vorliegt und die Ermittelung der Strom- und Spannungsverteilung in Leitungen und Netzen umfaßt. Wir sind dabei von den Stromarten zu den einfachsten Leiterverbindungen, von diesen zu den Leitungsnetzen und zum Schluß zu den Fernleitungen übergegangen.

Durch zahlreiche im Text unauffällig angebrachte Weiser ist auf das jedem Kapitel angefügte Literatur-Verzeichnis hingewiesen worden, wodurch eine weitere Verfolgung von Sondergebieten ermöglicht wird. Unsere Behandlungsweise dürfte sich jedoch wesentlich in neuen Bahnen bewegen.

Budapest und Darmstadt, im April 1903.

Josef Herzog
Budapest.

Clarence Feldmann
Darmstadt.

Inhaltsverzeichnis.

Seite

Einleitung 1

Erstes Kapitel.

A. Über elektrische Energie und ihre Strömung 21
B. Das Ohmsche Gesetz 27
C. Stromarten 32
D. Ohmsches Gesetz für Wechselströme 46
E. Der Richtungswiderstand 51
   a) Diagramm der Widerstände 51
   b) Anwendung zur Ermittelung des Spannungsabfalls bei Leitungen 59
F. Über das Anschwellen und Verschwellen des Stromes 76
Literaturangaben zum ersten Kapitel 82

Zweites Kapitel.

Die einfachsten Leiterverbindungen.

A. Hintereinanderschaltung 83
   1. Ohmsche Widerstände 83
   2. Die rechnerische Behandlung von Richtungsgrößen 85
      a) Imaginäre Zahl 86
      b) Komplexe Zahl 87
      c) Komponentenform des Richtungswiderstandes 89
      d) Polare Form 90
      e) Addition von Richtungswiderständen 92
         Beispiel zur Addition 93
         Beispiel für konjugierte Zahlen 95
      f) Subtraktion von Richtungsgrößen 96
      g) Multiplikation und Division 100
         Beispiel zur Multiplikation 101
         Beispiel. Produkt zweier konjugierter Zahlen 102

Seite
Beispiel. Reziproker Wert einer Richtungsgröße . . . 102
Beispiel. Reziproke Zahl des Richtungsfaktors j . . . 103
h) Division von Richtungszahlen 103
i) Potenzieren und Radizieren 104
k) Exponentielle Normalform 105
B. Nebeneinander- oder Parallelschaltung 107
1. Ohmsche Widerstände 107
2. Richtungswiderstände 116
Höhensatz des rechtwinkligen Dreiecks 116
Weitere graphische Methoden 117
Ein Beispiel 122
a) nach der trigonometrischen Methode 123
b) nach der graphisch-rechnerischen Methode 124
c) nach der analytischen Methode 125
C. Die Beziehungen zwischen der Serien- und Parallelschaltung . . 126
D. Über eigene und gegenseitige Induktion 129
a) Richtungswiderstand zweier Stromkreise mit gegenseitiger Induktanz 132
b) Ersatz der gegenseitigen Induktanz durch eine Parallelschaltung 148
E. Der allgemeine Wechselstromtransformator und sein Diagramm . 149
a) Ersatz der magnetischen durch eine elektrische Verkettung . 149
b) Diagramm des allgemeinen Wechselstromtransformators . . 158
c) Das Heylandsche Diagramm 161
d) Diagramm des ruhenden Transformators 163
e) Diagramm der Generatoren und Synchronmotoren 165
Literaturangaben zum zweiten Kapitel 168

Drittes Kapitel.

Theorie der Leitungsnetze.

1. Überbrückte Parallelleiter 170
2. Determinanten 177
3. Lineare Gleichungen 182
4. Knotenspannungen eines gegebenen Netzes 185
5. Superposition von Spannungen und Strömen 189
6. Die Kirchhoffschen Regeln 190
7. Leiterströme eines gegebenen Netzes 191
8. Geltungsbereich der im Vorstehenden entwickelten Spannungs- und Stromverteilungsgesetze 199
9. Beziehungen zwischen den beiden Kirchhoffschen Gesetzen . . 201
10. Transfiguration 205
11. Energieverteilung 216
Literaturangaben zum dritten Kapitel 220

Viertes Kapitel.

Die Strom- und Spannungsverteilung in praktischen Netzen.

Seite
1. Allgemeines 223
2. Leitungssysteme 224
   a) Der Kettenleiter und seine Abarten 224
   b) Mehrphasensysteme 231
3. Strom- und Spannungsverteilung bei Gleichstrom oder bei Wechselstrom in nicht induktiven Leitern 235
   a) Konvergenzmethode 235
   b) Das Schwerpunktsprinzip und das Verlegen auf die Knotenpunkte 240
   c) Die Spannungsmethode bei Teilnetzen 249
   d) Die Strommethode bei Teilnetzen. Die Schnittmethode . . 252
   e) Netzteile und die Transfiguration der Netze 264
4. Änderungen in der Strom- und Spannungsverteilung durch veränderliche Belastungen 277
5. Praxis der linearen Gleichungen 284
6. Graphische Ermittelung der Spannungs- und Stromverteilung . 288
   a) bei Gleichstrom oder Wechselstrom mit induktionsfreien Widerständen 288
   b) bei Wechselstrom mit induktiven Stromabnehmern 298
7. Stromverteilung in induktionsfreien Netzen für induktive Belastungen 303
Literaturangaben zum vierten Kapitel 307

Fünftes Kapitel.

Strom- und Spannungsverteilung bei langen Leitungen.

1. Einfaches Näherungsverfahren 310
2. Spannungs- und Stromdiagramm für den allgemeinen Kettenleiter 315
3. Genauere Methoden 318
   a) Ersatz zweier Leiter mit gegenseitiger Induktanz durch einen äquivalenten Einzelleiter 318
   b) Methode von Breisig 321
   c) Methode von Kennelly und ausreichende Genauigkeit des Näherungsverfahrens 327
4. Eigene und gegenseitige Induktanz langer Wechselstromlinien . 331
5. Induktanz von Drehstromlinien 335
6. Induktanz bei Zweiphasenlinien 341
   a) Zweiphasenlinie mit gleichseitiger Anordnung der drei Drähte 343
   b) Zweiphasenlinie mit drei Drähten in einer Ebene 344

Seite

7. Gegenseitige Induktion zwischen zwei Stromkreisen und Wirkung der Verdrillung 346
   a) Gegenseitige Induktion ohne Verdrillung 348
   b) Eine Leitung unverdrillt, die andere verdrillt 350
   c) Beide Leitungen verdrillt 350
8. Kapazität und Ableitung bei langen Luftleitungen 351
9. Induktanz und Kapazität konzentrischer Kabel 356
10. Kapazität verseilter Kabel 359
11. Über dielektrische Hysteresis bei Kabelnetzen 364
12. Über Resonanz und Konsonanz 365
13. Natürliche Schwingungsperiode einer Luftleitung 369
14. Über die Erscheinungen beim Ein- und Ausschalten und beim Kurzschluß einer Freiluftleitung 370
   a) Einschaltung der unerregten Linie 372
   b) Unterbrechung der belasteten Linie 375
   c) Unterbrechung eines Kurzschlusses auf der Linie 376
   Beispiele 377
15. Wellenfortpflanzung längs der Linie 386
   a) Stromverteilung und Widerstandserhöhung bei besonders starken Leitern oder besonders hohen Periodenzahlen . . . 387
   b) Über Widerstand eiserner Leiter gegen Wechselströme . . 390
   c) Über die Schirmwirkung von Eisenröhren 392
   d) Theorie der Wellenfortpflanzung längs eines Stromkreises . 398
Literaturangaben zum fünften Kapitel 400

Einleitung.

Die elektrische Energie abgebenden und aufnehmenden Teile einer Energie verteilenden Anlage müssen sowohl untereinander wie gegenseitig durch Energiewege oder Leitungen verbunden werden, deren zweckmäßige Verbindung oder Schaltung die Leitungssysteme ergibt. Die zu verbindenden Teile sind entweder elektrische Energieerzeuger oder -abgeber, wie namentlich die elektrischen Maschinen, welche mechanische Energie in elektrische umsetzen, oder sie sind Energieabnehmer oder -empfänger, wie die Lichtquellen, welche die elektrische Energie in Licht und Wärme umsetzen, oder wie die Motoren, bei welchen die Rückumsetzung in mechanische Energie erfolgt. Außer diesen aktiven und passiven Anfangs- und Endgliedern kommen noch Zwischenglieder, indifferente Teile, wie die Umwandler oder Umformer in Betracht, bei welchen elektrische Energie von bestimmten Eigenschaften in solche von anderen Eigenschaften entweder direkt, wie bei den Transformatoren, oder indirekt, wie bei den Akkumulatoren, umgesetzt wird.

Daraus geht hervor, daß die Behandlung der Leitungssysteme von der gleichzeitigen Behandlung der zu verbindenden Teile und der Kenntnis der Eigenschaften und Anforderungen derselben nicht zu trennen ist. Vielmehr müssen sich alle Fragen über Anordnung und Bemessung der Leitungen aus dem Charakter der Energieanlage überhaupt heraus entwickeln. Deswegen soll diese zuerst kurz besprochen werden.

Die Einrichtungen jeder elektrischen Energieanlage lassen sich in zwei dem Wesen nach getrennten Gruppen zusammenfassen: in die motorische Gruppe, welche zur Erzeugung der mechanischen Energie für den Betrieb der Stromerzeugungsmaschinen dient, und in die rein elektrische Gruppe.

Als Charakteristik zur Einteilung der Anlagen werden verschiedene Gesichtspunkte gewählt, die jedoch scharfe Grenzen nicht ziehen lassen; und darum mangelt es den auf ihnen aufgebauten Bezeichnungen an Präzision. Kleinere Anlagen für eine mäßige Anzahl von Konsumstellen, welche auf einen sehr beschränkten Bezirk verteilt und bei denen Stromerzeugung und Stromverbrauch meist in einer gemeinschaftlichen geschäftlichen Hand vereinigt sind, werden als Einzel- oder isolierte Anlagen bezeichnet, während als Elektrizitätswerke oder Zentralanlagen größere Anlagen mit vielen Konsumstellen bezeichnet werden, die auf ein weniger eng umschriebenes oder wenigstens mehrere Nachbargründe umfassendes Terrain beschränkt sind und darum häufig eigene geschäftliche Unternehmungen zum Zwecke der Stromlieferung repräsentieren. Bilden diese Nachbargründe einen vollständigen Häuserblock, sodaß sich die Führung der Leitungen in oder über öffentlichem Grund vermeiden läßt, so wird eine solche Zentralanlage als Blockanlage bezeichnet. Gilt es, den Strom auf mehrere oder viele Kilometer zu leiten, so spricht man von Fernleitungsanlagen. Die an Elektrizitätswerke angeschlossenen Konsumstellen, die einzelnen Abonnenten der Elektrizitätswerke gehören, nennt man Hausanschlüsse oder eventuell sekundäre Anlagen. Außer nach diesen Merkmalen kann man auch zwischen temporären und definitiven, zwischen stabilen, fahrbaren und halbstabilen Einrichtungen unterscheiden, oder man kann die Einteilung nach der Art des Trägers der mechanischen Energie in solche mit Wasser-, Dampf- oder Gaskraft vornehmen. Eine schärfere Klassifizierung ist durch die Einteilung nach den Verteilungssystemen, nach der Art des Stromes, der Verwendung von Hoch- und Niederspannung, der Benutzung von Akkumulatoren oder Transformatoren möglich, und zwar nach folgenden Gesichtspunkten:

a) nach der Schaltung der Energieabgeber und -aufnehmer, z. B. in solche mit Hintereinander- oder Serienschaltung, solche mit Nebeneinander- oder Parallelschaltung etc.;

b) nach der unmittelbaren oder mittelbaren Art der Verbindung zwischen Erzeuger und Abnehmer in direkte und indirekte Systeme;

c) nach der Zahl der Leiter in Zwei-, Drei- und Mehrleitersysteme;

d) nach der Art des verwendeten Stromes in Gleichstrom- und Wechselstrom- (Ein- und Mehrphasen-) Systeme.

Diese einzelnen Hauptabteilungen sind jedoch durch eine Reihe von Zwischengliedern verbunden, sodaß die Grenzen sich nicht ohne weiteres genau fixieren lassen und scharfe Unterscheidungsmerkmale nur durch gleichzeitige Heranziehung mehrerer Gesichtspunkte zu erreichen sind.

Es läßt sich hiernach etwa die in der folgenden Liste veranschaulichte Klassifikation der Anlagen aufstellen, der aus geschichtlichem Interesse und zur besseren Präzisierung zum Teil die Namen der Erfinder beigefügt wurden.

Das so entstandene Schema weist eine große Mannigfaltigkeit auf. Diese rührt von der Möglichkeit der Vereinigung mehrerer einfacher Lösungen zu kombinierten Systemen her. Die Klassifizierung enthält hierbei jedoch nur diejenigen Systeme, welche durchaus auf rein elektrischer Basis aufgebaut sind. Hie und da wurden auch Kombinationen mit nicht elektrischen Kraftverteilungsarten versucht. So ist durch Popp in Paris komprimierte Luft, durch van Rysselbergk in Brüssel Preß-Wasser verwendet worden. Der Anschluß der Motoren an gewöhnliche Leuchtgasleitungen kann als eigenes System nicht voll hierher gezählt werden. Diese gemischten oder, nicht ohne Ironie, als unrein bezeichneten Systeme haben nie größere Bedeutung erlangt. Die Wahl zwischen allen diesen Systemen setzt für einen gegebenen Fall die Kenntnis der dem System zukommenden Eigenschaften, und zwar der Schaltung, Leitung, Regulierung und Betriebsverhältnisse voraus. Der allgemeine Überblick soll an Hand einer kurzen geschichtlichen Entwicklung hierin gegeben werden, wobei auch die natürliche Entwicklung der späteren Probleme der Leitungsermittlungen klargestellt werden soll.

Die Geschichte der Starkstromtechnik schließt zwei Perioden der Entwicklung in sich. Die erste verdankt sie der Anwendung der elektrischen Energie zur Lichterzeugung, die zweite der elektrischen Energieübertragung.

Die Entwicklung der elektrischen Lichtquellen beginnt mit Humphry Davy, der 1808 mit Hilfe der Voltaschen Säule den elektrischen Lichtbogen entdeckte. Léon Foucault bahnte 1844 den restlichen Fortschritt an, indem er die weichen Stäbchen aus Holzkohle, welche Davy benutzt hatte, durch solche aus harter Retortenkohle ersetzte. Von da an datierten die auf Verbesserung der Bogenlichtlampe gerichteten Bestrebungen.

Klassifizierung elektrischer Energieanlagen.

Gleichstrom	Konstante Stromstärke	Direkte Stromverteilung	1. Bogenlampenbeleuchtung System Brush, Thomson-Houston etc. 2. Glühlampenbeleuchtung System Bernstein, „Edisons Munizipal-System“ etc.		
		Indirekte Stromverteilung	1. In Serie geschaltete Gleichstrommotoren, System Thury, für Spannungen bis 10000 Volt. 2. Akkumulator-Unterstationen in Serie geschaltet.		
	Konstante Spannung	Direkte Stromverteilung	1. Zweileitersystem, mit 110—250 Volt für Glühlampen und mit 500 Volt für Bahnanlagen: Edison. 2. Dreileitersystem, niedere Spannung, mit 2 Dynamos in Serie geschaltet (Hopkinson) oder Dreileiterdynamo (v. Dolivo-Dobrowolsky, Dettmar) für die obigen Spannungen zwischen Mittel- und Seitenleiter. 3. Fünfleitersystem.		
		Indirekte Stromverteilung	1. Rotierender Transformator	1. Motor mit Dynamo gekuppelt. 2. Eine Dynamomaschine mit 2 Wickelungen.	
			2. Akkumulator	1. In der Zentralstation als Reserve oder bei Bahnanlagen als Pufferbatterie. 2. Auf vorgeschobenen Unterstationen. 3. Mit transportablen Akkumulatoren für Beleuchtung und Bahn.	
Wechselstrom	Konstante Stromstärke	Direkte Stromverteilung	1. Glühlampen in Serie: System Heißler. 2. Glühlampen in Serie mit parallelen Induktionsspulen: Helios (Kaiser Wilhelm-Kanal). 3. Bogenlampen in Serie.		
		Indirekte Stromverteilung	1. Ruhende Transformatoren: System Gaulard. 2. Transformatoren für einzelne Bogenlampen: Westinghouse.		
	Konstante Spannung ein- und mehrphasig	Direkte Stromverteilung	Für Motorbetriebe und Beleuchtung.		
		Indirekte Stromverteilung	Ruhende Transformatoren: System Zipernowsky, Déri u. Bláthy (Ganz).	1. Einzeltransformatoren ohne verbundenes Sekundärnetz. 2. Transformatorunterstationen mit verbundenem Sekundärnetz.	Für Licht und Kraft bis 30000 Volt und mehr.
Wechselstrom samt Gleichstrom	Konstante Spannung	Indirekte Stromverteilung	Wechselstrommotor mit Gleichstromdynamo gekuppelt mit oder ohne Akkumulatoren.		
		Direkte Stromverteilung	Dynamomaschine für gleichzeitige Abgabe beider Stromarten oder rotierender Umformer (Redresseur).		

Neben dem elektrischen Lichtbogen hatte sehr frühzeitig die Erscheinung die Aufmerksamkeit erregt, daß ein vom Strome durchflossener Leiter sich erwärmt und unter Umständen zum Glühen und Leuchten geraten kann. Der erste Vorschlag, diesen Vorgang zur Erzeugung von Licht zu benutzen, wurde schon im Jahre 1838 von Jobart in Brüssel gemacht. Diesem Vorschlag folgte eine Reihe von Versuchen, welche endlich im Jahre 1879 durch Swan und Edison zu dem praktisch wertvollen Abschluß gebracht wurden, den die heutige Kohlenglühlampe darstellt. Neben diesen Bestrebungen gingen die Bemühungen einher, die Stromerzeuger zu vervollkommnen, um die anfangs angewendeten teueren Batterien entbehrlich zu machen.

Den Hauptausgangspunkt bildete die Entdeckung der Induktion durch Faraday 1831, welche zur Erfindung der magnet-elektrischen Maschine führte. Einen bedeutungsvollen Fortschritt brachte die Erfindung des Zylinder-Induktors von Werner Siemens und endlich die Entdeckung des dynamoelektrischen Prinzipes durch ihn und durch Wheatstone.

Die ersten Maschinen waren durchweg Wechselstrommaschinen; erst nachdem Gramme 1871 den schon vorher von Pacinotti erfundenen Ringinduktor angewendet und Hefner-Alteneck den Trommelinduktor erfunden hatte, konnte man mit Vorteil gleichgerichtete Ströme erzeugen. Immerhin blieben die Wechselstrommaschinen noch vorherrschend, weil man den Strom einzelner Spulengruppen solcher Maschinen zur unabhängigen Speisung je eines Einzellichtes zu verwenden vermochte.

Zu erwähnen ist noch die verhältnismäßig frühzeitige Erfindung der Akkumulatoren, welche im Jahre 1859 durch Gaston Planté zur Vollkommenheit gebracht wurde.

Die Entwicklung der Verteilungssysteme wurde mächtig gefördert durch das Problem der „Teilung des Lichtes“. Die oben angeführte Lösung, jede Spule einer Wechselstrommaschine zu je einer Bogenlampe zu führen, konnte nicht befriedigen. Bei der von Paul Jablochkoff 1876 erzeugten Kerze, welche aus zwei parallel nebeneinander stehenden durch eine isolierende Zwischenschicht von einander getrennten Kohlenstiften ohne jeden Mechanismus bestand, war es möglich, den Strom einer Maschine durch mehrere solcher Kerzen hintereinander zu schicken. Diese Kerzen konnten sich infolge ihrer Mängel nicht behaupten und räumten den mechanischen Bogenlampen-Konstruktionen das Feld, für die aber auch die Serienschaltung lange Zeit hindurch ausschließlich zur Verwendung kam.

Die Nebeneinander- oder Parallelschaltung von Lichtquellen hat Werdermann 1878 mit seinen Kontaktbogenlampen zuerst vorgeführt und das System durch Beruhigung des Bogens vermittelst Vorschaltung eines Widerstandes vor jeder Lampe wesentlich verbessert. Diesen Vorteil hat dann 1883 Gülcher wieder für den gleichen Zweck aufgegriffen; er hat sich im Verlaufe der Jahre im Gebrauch erhalten. Gegen die Parallelschaltung herrschte infolge Unkenntnis ihrer Eigenschaften eine Art Vorurteil, welches erst der Erfindung der Glühlampe, die zur weitgehendsten Teilung des Lichtes drängte, wich. Die Eigenschaften der Glühlampe, welche nicht die so schwer besiegbare Unruhe der Bogenlampe besaß, legten es nahe, die Lösung eines Problems zu versuchen, welches bei der Gasbeleuchtung schon längst gelöst worden war: das Problem der beliebigen Verteilung des elektrischen Lichtes, beziehungsweise des elektrischen Stromes. Die Serienschaltung war mit der geforderten Unabhängigkeit der Glühlampen von einander nur schwer zu vereinen; vollkommen konnte diesem Zwecke nur die Parallelschaltung entsprechen.

Das erste praktische Beispiel einer Parallelschaltungsanlage gab Edison 1879 durch die Einrichtung von 115 Glühlampen auf dem Dampfer „Columbia". Im folgenden Jahre begann er mit der Errichtung der ersten Zentralstation in New-York und trat hierbei mit einem vollständigen Verteilungssystem vor die Öffentlichkeit, welches er auch auf der Pariser elektrischen Ausstellung 1881 in einer Anlage von 1000 Lampen vorführte. Das von ihm ausgebildete Stromverteilungssystem war das Zweileitersystem, bei dem sämtliche Lampen zwischen zwei Hauptleitungen parallel eingeschaltet werden. Da es im Wesen der Glühlichtbeleuchtung liegt, daß der Spannungsunterschied zwischen den am weitesten von einander entfernten Lampen nur einen kleinen Bruchteil der Lampenspannung betragen darf, so mußten, um diese Bedingung zu erfüllen, bei größeren Verteilungsnetzen außerordentlich große Querschnitte der Leitungen angenommen werden. Dadurch stieg jedoch der Aufwand an Leitungsmaterial in solchem Maße, daß bei einer Ausdehnung des Netzes über mehrere hundert Meter im Umkreise die Ausführung aus wirtschaftlichen Gründen unmöglich wurde.

Diesem Übelstande begegneten Edison u. a. dadurch, daß sie zu einzelnen Punkten der mit Strom zu versorgenden Fläche besondere Speiseleitungen oder Feeders führten. Auf diese Art schuf man neue Verteilungsmittelpunkte. Das eigentliche Verteilungsnetz wurde dabei billiger, trotzdem aber blieben die Entfernungen, die man mit Vorteil überwinden konnte, noch immer beschränkt.

Man sah bald ein, daß die bisher angewendete Spannung von etwa 100 Volt in den Leitungen nicht ausreichte, um größere Beleuchtungsgebiete mit Strom zu versorgen, und daß man dieselbe erhöhen müsse. Andererseits aber verbot damals die Natur der Lampen die Überschreitung einer bestimmten Höhe der Spannung. Sie blieb lange auf rund 100 Volt stehen und erst die jüngste Zeit brachte sie auf 150 resp. 220 Volt. Diesen beiden einander widersprechenden Gesichtspunkten wurde nun dadurch Rechnung getragen, daß man immer je zwei Dynamomaschinen hintereinanderschaltete, von den beiden äußeren Klemmen dieser Maschinengruppe je eine Hauptleitung und von der gemeinsamen Mittelklemme einen dritten Strang, die sogenannte Ausgleichsleitung oder den Mittelleiter, abführte. Jede Lampe wurde zwischen diesen Mittelleiter und eine Hauptleitung parallel eingeschaltet; an ihren Klemmen herrschte daher annähernd die Spannung einer Maschine, während die Spannung zwischen den beiden Hauptleitungen das Doppelte betragen mußte. Bei gleichem prozentuellen Spannungsgefälle mußten sich somit wesentlich dünnere und daher billigere Leitungen als bei Anwendung des Zweileitersystems ergeben. Die geschilderte Anordnung wurde von Edison und Hopkinson angegeben und gelangte unter dem Namen „Dreileitersystem" zu vielfacher Anwendung.

Wesentlich später wurde dann das Dreileitersystem in der Anordnung der Stromerzeugeranlage noch dadurch verändert, daß man entweder bei einer einzigen Dynamo, z. B. durch Anwendung von Schleifringen, oder durch Parallelschaltung einer zur Spannungsteilung dienenden Batterie neutrale Punkte schuf, von denen aus man den Mittelleiter abführen konnte.

Eine Möglichkeit, hohe Spannungen in den Leitungen anzuwenden, ohne die Spannung an den Lampen zu ändern, war wohl auch durch die Serienschaltung gegeben. Die Zahl der zu speisenden Lampen mußte jedoch in diesem Falle immer eine beschränkte bleiben; außerdem mußten umständliche Vorkehrungen getroffen werden, wenn die Störungen in einzelnen Lampen ohne Einfluß auf die übrigen bleiben sollten, und überdies wäre es nur in Sonderfällen zulässig gewesen, Ströme von hoher Spannung zu den Lampen selbst zu führen.

Man versuchte auch sogenannte Gruppenschaltungen, bei welchen mehrere Gruppen parallel geschalteter Lampen hintereinander angeordnet wurden; doch litt natürlich auch dieses System an denselben Mängeln wie die einfache Hintereinanderschaltung und bewies ebenfalls nur, daß die Parallelschaltung allein alle jene Eigenschaften besaß, die für den Betrieb einer veränderlichen Zahl von Glüh- und Bogenlampen erforderlich sind. In dieser Hinsicht genügten das Zwei- und Dreileitersystem vollkommen, aber sie reichten nicht aus, den Strom auf weite Strecken fortzuleiten und über ausgedehnte Versorgungsgebiete in wirtschaftlicher Weise zu verteilen. Dazu brauchte man hohe Spannungen, welche durch Induktionsapparate für die Konsumstellen in eine niedrigere, gefahrlose umgesetzt werden konnten.

Lucien Gaulard führte 1883 eine elektrische Beleuchtungsanlage im Royal Aquarium in London vor und stellte in demselben Jahre die Beleuchtung mehrerer Stationen der Metropolitan-Underground-Bahn in London damit her. Die Endstationen, welche von einer Zentrale aus beleuchtet wurden, waren 12 km von einander entfernt; der primäre Strom wurde in einem in sich geschloßenen Kreise geführt, während die Lampen durch induzierte sekundäre Ströme gespeist wurden. Die Induktionsapparate, oder wie sie dort hießen, Sekundär-Generatoren hatten das Umsetzungsverhältnis 1 : 1; um daher die Anwendung hochgespannter Ströme zu ermöglichen, waren sie hinter einander in den Primärstromkreis eingeschaltet.

Wollte man nun die Unabhängigkeit der Lampen eines Sekundärkreises von einander durch Parallelschaltung derselben erreichen, so mußte man in Widerstreit mit der Abhängigkeit der verschiedenen Primärkreise von einander geraten. Dieser Mangel offenbarte sich auch in Gaulards Beleuchtungsanlage auf der Turiner Ausstellung 1884.

Das Jahr 1885 brachte endlich auch die Lösung dieser wichtigen Aufgabe durch das Stromverteilungssystem von Zipernowsky-Déri-Bláthy. Vorher hatte Bláthy einen pollosen Umformer, den sogenannten Transformator konstruirt, der für die Praxis brauchbar war und die Bestimmung erhielt, durch primäre Wechselströme von hoher Spannung sekundäre Ströme von der gewöhnlichen Gebrauchsspannung zu induzieren. Die Hauptmerkmale dieses Verteilungssystemes lagen in der Verbindung der primären Transformatorwindungen mit den Hauptleitungen des Primärstromes durch Parallelschaltung und in der Aufrechterhaltung der konstanten Spannung des Primärstromes an den Klemmen der Transformatoren.

Das in Rede stehende System fand seine erste praktische Ausführung auf der Landesausstellung zu Budapest 1885 und gewann dann rasch eine stetig wachsende Verbreitung. Im Zusammenhang damit gelangte die ursprünglich so verbreitete Wechselstrommaschine, welche später durch die besonders von Amerika ausgegangene hohe Ausbildung der Gleichstromsysteme zurückgedrängt worden war, zu neuer Bedeutung, anfangs nur für Beleuchtungsanlagen, später aber, nach der Erfindung des Drehfeldes in mehrphasiger Anordnung für Licht- und Kraftverteilungsanlagen.

Die Entwickelungsgeschichte der Verteilung elektrischer Energie zur Abgabe mechanischer Arbeit oder kürzer der sogenannten Kraftübertragung greift auf Faradays Entdeckung der elektromagnetischen Drehung (1821), auf Barlows Rad (1823) und Henrys Motor (1831) zurück, bei dem zum ersten Male die Anziehung durch einen Elektromagnet zur Erzeugung der Bewegung verwendet wurde. Die Erkenntnis, dass die Wirkungsweise der Dynamo die einfache Umkehrung derjenigen des Motors und daß ein und dieselbe Maschine auf beide Arten zu benutzen ist, stammt etwa aus dem Jahre 1850 und wird Jacobi zugeschrieben. Das Prinzip der Arbeitsübertragung von einer als Dynamo wirkenden Maschine auf einen Elektromotor ist von H. Fontaine und Gramme zufällig gefunden und zuerst 1873 in Wien vorgeführt worden.

1881 führte dann Marcel Deprez in der Pariser Weltausstellung eine kleine Kraftübertragungsanlage dem Elektrikerkongreß vor und ein Jahr darauf übertrug er eine kleine Energiemenge von München nach Miesbach. Deprez versuchte dann Kraftübertragungen mit hohen Spannungen in einer Gleichstromdynamo und Fontaine stellte 1886 eine solche Anlage her, indem er 4 Dynamos von je 1500 Volt und 3 Motoren gleicher Spannung in einen Serienkreis schaltete und dabei als Wirkungsgrad 50% erreichte. Dieses in den Details verbesserte System wird heute noch von Thury angewendet. Bei der ebenfalls Ende der achtziger Jahre durch Oerlikon ausgeführten Kraftübertragung von Kriegstetten nach Solothurn wurden von einer 50 KW.-Dynamo mit 2500 Volt 50 PS. auf 8 km Entfernung mit einem Wirkungsgrad von 70% in dauerndem Betrieb übertragen. Von da an breitete sich die Kraftübertragung mit Gleichstrom mehr und mehr aus, besonders nachdem sie durch den Bau elektrisch betriebener Straßenbahnlinien einen neuen kräftigen Impuls erhalten hatte.

Der erste elektrisch betriebene Zug besaß eine von Page 1851 gebaute Lokomotive, die von Batterieströmen gespeist wurde und mehrere Wagen mit 30 Kilometer in der Stunde die 8 km lange Strecke von Washington nach Bladenburg führte. Die Betriebskosten erreichten dabei eine praktisch unzulässige Höhe und so kam dieser Versuch fast vollkommen in Vergessenheit, bis 1879 Siemens auf der Berliner Gewerbeausstellung einen mit Motor versehenen Wagen durch den aus den Schienen zugeführten Strom im Betrieb vorführte. Siemens baute dann eine Bahnverbindung zwischen dem Kadettenhaus und dem Bahnhof in Lichterfelde, eine Bahn bei Offenbach a. Main, in Mödling bei Wien und einige Grubenbahnen. Auch diese Versuche praktischer Betriebe blieben vereinzelt, weil die Stromzuführung im Niveau zu mannigfachen Unzuträglichkeiten Veranlassung gab, bis gegen Mitte der achtziger Jahre die Amerikaner nach mannigfachen tastenden Versuchen das heutige System der oberirdischen Stromzuführung mit Rückleitung durch die Schienen ins Leben riefen und zu so hoher technischer Vollkommenheit brachten, daß es auch heute noch bei weitem gegenüber den verschiedenen Konstruktionen unterirdischer Stromzuführung und den zahllos versuchten Teilleiterbetrieben mit intermittierend durch Kontaktvorrichtungen eingeschalteten Speisestellen den Vorrang bewahrt hat. Der Bahnbau brachte auch für die Leitungsführung und Berechnung eine Reihe neuer Gesichtspunkte, sowohl durch die eigenartigen Betriebsbedingungen als auch durch die Verwendung der Schienen als Teil der Strombahn. Wir werden später Gelegenheit haben, hierauf noch zurückzukommen.

Die Kraftübertragung war auf mittlere Entfernungen beschränkt, so lange man Gleichstrommaschinen verwendete, die sich wegen des Kollektors nur schwer für hohe Spannungen herstellen ließen.

Man versuchte deshalb schon frühzeitig die Kraftübertragung mit Wechselströmen, anfangs mit geringem Erfolge. Der erste brauchbare Wechselstrommotor war der selbsterregende Synchronmotor von Ganz & Co. (1888), der zwar 80% Wirkungsgrad besaß, aber bis zur Erreichung des Synchronismus Funkenbildung an dem zur Erregung der Magnete angeordneten Kollektor aufwies und bei Überlastung leicht aus dem Tritt fiel. In dem gleichen Jahre machten Ferraris und Tesla unabhängig die Entdeckung, daß vermittelst zweier Wechselströme von gleicher Periode, aber um 90° verschiedener Phase ein umlaufendes magnetisches Feld erzeugt werden könne, und gestützt auf Teslas Arbeiten erfand dann von Dolivo-Dobrowolsky als weitere technische Verbesserung den Drehstrom, d. h. eigentlich das durch drei um je $\frac{1}{3}$ Periode gegen einander verschobene Ströme erzeugte Drehfeld, dessen Lebensfähigkeit gelegentlich der Frankfurter Ausstellung in glänzender Weise dargetan wurde. Damals übertrugen drei Drähte von je 4 mm Durchmesser und 170 km Länge etwa 300 PS. von Laufen am Neckar nach Frankfurt a. M. Seitdem hat sich der Drehstrom einen großen Teil des Gebietes der Kraftübertragung und Kraftverteilung erobert und in jüngster Zeit scheint es, als ob er auch berufen sei, dereinst eine große Rolle beim Betriebe elektrischer Bahnen zu spielen. Eine große Reihe hervorragender Betriebe, von denen der älteste und einer der bedeutendsten jener an den Niagarafällen ist, übertragen heute auf kupfernen oder aus Aluminium hergestellten Leitungen die lebendige Kraft von Wasserfällen mit Spannungen bis zu 60 000 Volt nach einer Reihe von weit entfernten Konsumstellen. Wir werden uns also auch mit derartigen Leitungen hier zu befassen haben.

Alle Kenntnisse zur Dimensionierung und Herstellung elektrischer Starkstromleitungen lassen sich unter der Bezeichnung „Leitungsbau“ zusammenfassen. Derselbe zerfällt in einen praktischen und einen theoretischen Teil. Ersterer umfaßt die physikalischen Eigenschaften des Leitermaterials, seine Isolierung und Verlegung. Darnach unterscheidet man im Freien geführte Leitungen, innerhalb gedeckter Räume geleitete, ferner in Erde oder Wasser versenkte. Der zweite Teil des Leitungsbaues, der theoretische, zieht namentlich die reine Berechnung und Bemessung in sein Gebiet. Selbstverständlich greifen beide Gebiete stark in einander ein. Wir werden uns im vorliegenden Werke namentlich mit dem theoretischen Leitungsbau befassen, verweisen jedoch bezüglich des praktischen Teiles auf unser „Handbuch der elektrischen Beleuchtung.“ Der Vollständigkeit wegen ziehen wir aber den geschichtlichen Faden auch über den Leitungsbau hinweg, womit wir mancher späteren theoretisch aussehenden Frage den Untergrund, aus dem sie entsprang, vorbereiten.

Schon vor Jahren, bevor man noch ahnen konnte, daß die Elektrizität auch als ein Mittel zur Hervorbringung von Licht und Kraft eine hervorragende Rolle spielen würde, hatte sie bereits in der elektrischen Telegraphie einen weltbedeutenden Erfolg hinter sich. Die Telegraphie benutzt jedoch Ströme von geringer Intensität, die in Tausendsteln von Ampère ausgedrückt werden und deren Spannung selten 100 Volt überschreitet, während jene Ströme, welche zur Lichterzeugung und zur Arbeitsübertragung im Gebrauche sind, Stromstärken von oft vielen Tausend Ampère bei ein oder mehreren Hundert Volt, oder von mehreren Hundert Ampère bei Spannungen von mehreren, ja vielen Tausend Volt erheischen. Trotzdem sind aber manche Bedingungen hinsichtlich der Fortleitung des Stromes in beiden Fällen identisch geblieben, sodaß die neuere Starkstromtechnik die Erfahrungen und Resultate der älteren Schwachstromtechnik mitbenutzen konnte. Ein halbes Jahrhundert, vom Jahre 1835 an, hat sich die Entwicklung des Leitungsbaues unter dem ausschließlichen Einflusse der nach verschiedenen Richtungen hin mächtig fortschreitenden Telegraphie vollzogen. Durch die glückliche Durchführung der Probleme der unterirdischen und unterseeischen Leitungen, welche die Städte und Kontinente mit einander verbanden, hatte der Leitungsbau immer neuen Stoff zu seiner Entfaltung erhalten, und schon glaubte man, daß eine weitere Vervollkommnung und Entwicklung nicht mehr wahrscheinlich sei, als gegen Mitte der achtziger Jahre unverhofft eine neue Ära der Verwendung des elektrischen Stromes einerseits zur Telephonie, andererseits zur Beleuchtung anbrach und dem Leitungsbau durch besondere Bedingungen einen erneuten Impuls verlieh. Die großen oberirdischen Leitungsanlagen für hohe Spannungen auf weite Distanzen und die mächtig ausgebreiteten unterirdischen Leitungsnetze für Stadtbeleuchtungen sind die Resultate dieser Bestrebungen. Die fieberhafte Tätigkeit des letzten Jahrzehntes war jedoch vornehmlich auf die Verbesserung der Stromerzeugung und der Verteilungssysteme selbst gerichtet und man fand wenig Muße, alle Zweige des Leitungsbaues gleichmäßig zu vervollkommnen. So kam es auch, daß den Innenleitungen trotz der raschen Verbreitung des elektrischen Lichtes nicht die verdiente Aufmerksamkeit geschenkt wurde; erst die letzten Jahre haben auch hierin ernste Bestrebungen, wenn auch keine endgültigen Lösungen herbeigeführt und mit der leichtsinnigen Nachahmung der Haustelegraphenleitungen bei den Starkstromleitungen gründlich aufgeräumt. Zum Schlusse muß noch erwähnt werden, daß die elektrischen Bahnen als frischer mächtiger Trieb zu neuen Problemen des Leitungsbaues in jüngster Zeit führten.

Die vorstehende Darstellung über das weite Gebiet der Elektrotechnik hat uns an Hand der geschichtlichen Entwicklung die Einzelheiten derselben kennen gelehrt. Versuchen wir daraus eine kurze Fassung abzuleiten für die höchste Aufgabe des theoretischen Leitungsbaues oder für das allen Fragen der Starkstromtechnik gemeinschaftliche Problem. Um ein Bild zu gebrauchen: Wir bewegten uns im Tale einer großen vielseitigen Landschaft, deren einzelne Gebiete wir durchwandert haben, und da wir nun wünschen, die Übersicht über dieselbe auch im großen und ganzen zu erhalten, erklimmen wir die Spitze eines Berges, um einen Blick über das Tal zu werfen. Wir finden, daß alle Probleme auf Systeme von elektrischen Stromläufen, sogenannten „Maschen“ führen. Dieselben sind miteinander magnetisch durch Luft, Eisen etc. verkettet. Ein Teil von ihnen wird durch mechanische Kraft bewegt, ein anderer ist beweglich und erhält durch Induktion die Bewegung. Die ersteren sind die Generatoren, die letzteren die Motoren. Teile von Maschen oder auch einzelne ganze Maschen dienen als Verbindungsglieder zwischen diesen Teilen oder zwischen Nutzleiterstücken und Generatoren und stellen die Leitung im engeren Sinne dar. Haben nachbarliche Maschen solche Leiterstücke gemeinschaftlich, so entstehen Leitungsnetze. Die Frage nach den Gesetzen solcher Systeme beschäftigt die Elektrodynamik. Um sich den praktischen Fällen zu nähern, muß man die Einschränkung vornehmen, daß alle Stromquellen gesetzmäßig variierende elektromotorische Kräfte liefern, wie dies bei den Dynamomaschinen der Fall ist. Es ist bekannt, daß alle Dynamomaschinen ursprünglich Wechselströme erzeugen, und es mag als nächste praktisch meist erfüllte Einschränkung angenommen werden, daß sämtliche auf ein Netz arbeitenden Stromquellen elektromotorische Kräfte gleicher Periodenzahl in das Netz liefern, und daß die elektromotorischen Kräfte sinusförmig verlaufen oder sich für die Zwecke der Leitungsberechnung mit genügender Annäherung durch eine oder mehrere gleichwertige Sinuslinien darstellen lassen.

Besitzen die nunmehr angenommenen sinusförmig variierenden elektromotorischen Kräfte keine zeitliche Verschiebung gegen einander, so entsprechen sie parallel geschalteten Wechselstrommaschinen. Sind sie um regelmäßige größere Intervalle gegen einander zeitlich versetzt und ist ihre Zahl gering, z. B. 2, 3 oder 6, so hat man eines der verschiedenen Mehrphasensysteme und die resultierenden Ströme sind annähernd auch um eben dieselben regelmäßigen Intervalle, z. B. $^1/_4$, $^1/_3$ oder $^1/_6$ Perioden, gegen einander versetzte sinusförmig wechselnde Mehrphasenströme. Ist die Zahl der elektromotorischen Kräfte, die auf das Netz einwirken, aber sehr groß, z. B. 20 im Minimum, und rühren dieselben von den einzelnen Spulen einer mit Stromwender (Kommutator) versehenen Dynamo oder Gruppe von Dynamos her, so heißt diese 20-phasige Dynamomaschine eine Gleichstrommaschine; und die entsprechende, bei Leerlauf der Dynamo nur um ein Geringes, z. B. 1$^0/_0$, variierende elektromotorische Kraft wird eine konstante elektromotorische Kraft, die an das Netz abgegebenen Ströme werden Gleichströme genannt. Bei allen diesen Betrachtungen haben wir nun angenommen, daß die Belastung unveränderlich sei. Es würden dann beim Wechselstrom und Mehrphasenstrom der Strom und die elektromotorische Kraft innerhalb der Periode sinusförmig wechseln, im Mittel aber würde bei konstanter Größe der elektromotorischen Kraft z. B. auch der Strom konstant bleiben. Beim Gleichstrom wird bei konstanter elektromotorischer Kraft und Belastung auch die Stromstärke dauernd (von den kleinen Schwankungen der elektromotorischen Kraft abgesehen) konstant bleiben. Ändert sich die Belastung dadurch, daß der Widerstand oder die Rückwirkung des Stromempfängers geändert wird, so ändert sich bei konstantem Mittelwert der elektromotorischen Kraft auch der Mittelwert des Stromes bei allen Systemen und außerdem ändert sich im allgemeinen bei einem zusammenhängenden Netze auch die Richtung des Mittelwerts des Stromes in einzelnen Netzteilen, selbst bei Gleichstrom. Solche Belastungsschwankungen treten bei allen Netzen für Licht und

Kraft auf. Die Lösung der Aufgabe, für alle diese Fälle bei gegebenem Netz und seiner Energieabnahme die Stromverteilung zu bestimmen oder ein Leitungsnetz zu schaffen, welches einem gewissen bekannten, wenn auch veränderlichen Energieabsatz betriebssicher und ökonomisch entspricht, setzt also außer einer Kenntnis der allgemeinen Grundgesetze der Leitung im engeren Sinne auch Verständnis für die Leitung im weiteren Sinne voraus.

Die Leitung im engeren Sinne ist das Verbindungsglied zwischen den Erzeugern der elektromotorischen Kraft und jenen Vorrichtungen, in denen die letztere in nutzbare Energie umgesetzt wird.

Die Leitung im weiteren Sinne aber umfaßt die gesamte Energiebahn im Erzeuger, im Empfänger und auf den verbindenden Leitern und zwingt zur Betrachtung der Armaturrückwirkungen bei Dynamos und Motoren, der Nutzeffekte und aller jener Arbeitsbedingungen, deren ergänzende Betrachtung erst die Funktion der Leitung im engeren Sinne verständlich macht.

Das vorliegende Buch ist diesem Studium gewidmet, es befaßt sich also wesentlich mit den Gesetzen der Leitung im engeren Sinne und setzt dabei eine allgemeine Kenntnis der elektrischen Grundgesetze, der Wirkungsweise und Eigenschaften der Dynamos, Motoren und elektrischen Lichtquellen und einen ungefähren Überblick über das ganze Gebiet der Starkstromtechnik voraus. Eingehende Abhandlungen über diese Gebiete finden sich nur da, wo zum Verständnis der Leitungen im engeren Sinne außer den Umrißlinien auch die hier in Betracht kommenden tieferen Details bekannt sein müssen, so z. B. bei Verwendung der Synchronmotoren zur Leitungsregelung; bei den allgemeinen Betrachtungen über Mehrphasenströme, bei der Besprechung der charakteristischen Größen des Wechselstromkreises u. s. w.

Nach diesen Bemerkungen wenden wir uns noch zum Schlusse der Einleitung zur Besprechung der Geschichte und Entwicklung der Leitungsberechnungen.

Der Entwicklungsgang der Leitungsberechnungen entspricht vollkommen derjenigen anderer technischen Wissenschaften. Galilei hat zum Verständnisse der Wurfbewegung die Methode angewendet, die krummlinige Bewegung aus zwei gradlinigen zu erklären. Fourier hat die komplizierten Wärmeerscheinungen, „was auf einmal zu begreifen nicht gelingen will, schrittweise zu verstehen, gelehrt, indem er dieselben in leichte, übersichtliche Bestandteile zerlegt", wie Dr. Mach in seinem ausgezeichneten Werke über „Die Mechanik in ihrer Entwicklung" lehrt. Komplizierte Temperaturverteilungen erscheinen als algebraische Summe einfacher Verteilungen. Nur in den seltensten Fällen tritt uns die Natur mit ihrer Fülle der Erscheinungen einfach gegenüber. In der Mehrzahl der Fälle trägt die Erscheinungswelt im Gegenteile einen durchaus zusammengesetzten Charakter und es muß Aufgabe unserer Erkenntnis sein, die Erscheinungen, wie sie sich darbieten, als eine Reihe von Teilerscheinungen in ihrer Reinheit zu erkennen.

Die Berechnung der Stromverteilung in kombinierten Leitungen oder Leitungsnetzen ist mit den allbekannten Grundgesetzen von Ohm und Kirchhoff schon längst vollkommen gelöst. Als aber anfangs der achtziger Jahre die Praktiker das Bedürfnis fühlten, auf einfache und rasche Weise einen Einblick in die Stromverteilung der Glühlampennetze zu erhalten, um deren Berechnung zu ermöglichen, zeigte es sich, daß mit diesen allgemeinen Erkenntnissen den speziellen Anforderungen nicht unmittelbar gedient war, sondern daß erst ein Eingehen in die einfachsten Fälle die erhoffte Lösung brachte. Es ist gerade so, wie in der Mechanik. Der d'Alembertsche Satz gibt eine allgemeine Regel für das Gleichgewicht von Kräften, aber zum Verständnis muß der Ingenieur vorher die einfachen Hebelgesetze begriffen haben, um in voller Erkenntnis den allgemeinen Satz zu beherrschen. Die allgemeinen Sätze bieten gewissermaßen eine Schablone zur Lösung von Aufgaben, aber sie ermöglichen nicht ein volles Durchblicken der speziellen Vorgänge, sie genügen nicht zur praktischen Bewältigung der auftretenden Aufgaben. Es ist notwendig, zum vollen Verständnisse eines Gegenstandes zuerst den Weg vom Einfachen zum Komplizierten zurückzulegen. Die einfachen Erkenntnisse werden gewissermaßen in unserem Gehirn aufeinandergelegt, superponiert und lassen auf diese Weise erst den komplizierten Fall erkennen. P. Volkmann hat den geistigen Prozess des Zusammenfassens eines Vorganges aus von einander unabhängigen Teilen Superposition genannt. Darnach erscheint es nur natürlich, daß das Studium der Stromverteilung in Leitungsnetzen für den Ingenieur nicht bei den Kirchhoffschen

Gesetzen, die seit 1845 bekannt sind, beginnen kann, sondern daß diese naturgemäß erst am Schlusse des Studiums zur Zusammenfassung der einzelnen Erkenntnisse verwendet werden können.

Der erste Versuch, elektrische Glühlampenleitungen wissenschaftlich zu betrachten, findet sich in der Literatur unseres Wissens in A. Merling „Die elektrische Beleuchtung“ 1882 pag. 430, wo die Parallelschaltung von Lampenwiderständen behandelt wird. Die Formeln waren unübersichtlich, da die Rechnung ausschließlich mit Widerständen, statt, wie später allgemein gebräuchlich, mit Stromstärken in den Abnehmern, vorgenommen wurde.

Im Herbste 1883 verdankte der erstgenannte von den Verfassern dieses Werkes Herrn Otto Titus Bláthy die erste Anweisung zur Leitungsdimensionierung. Der Querschnitt der Leitung wurde mit der Lampenzahl und der Leitungslänge direkt wachsend angenommen. Die letztere wurde als Stromweg zur mittleren Lampe oder als arithmetisches Mittel der zur Maschine am nächsten und am entferntesten liegenden Lampe gewählt. Der weit verbreitete Uppenbornsche Kalender enthielt in seiner 1884 erschienenen ersten Auflage keine weiteren Angaben als über die Größe des zulässigen Spannungsgefälles. Das Zentralblatt für Elektrotechnik enthielt aber schon im Dezember 1884 in den Bestimmungen der städtischen Elektrizitätswerke zu Berlin betreffend die elektrische Beleuchtung einzelner Grundstücke wörtlich folgendes: „Der Querschnitt der Leitungen für Glühlicht bei Nebeneinanderschaltung der Lampen berechnet sich nach der Formel:

$$Q = \frac{l \, . \, n}{p \, . \, 35} \quad \text{resp.} \quad \frac{l \, . \, n}{105},$$

wo Q = Querschnitt des Leitungsdrahtes in Quadratmillimeter, l = Entfernung der Lampe von dem Punkte aus, von welchem aus ein gewisser Verlust p stattfinden soll, bedeutet. Dieser Verlust p wird nach Prozenten der in den Lampen des betreffenden Stromkreises verbrauchten Arbeit ausgedrückt; der Punkt, von dem aus p beginnen soll, ist, wenn nicht besondere Bestimmungen getroffen werden, bei Einzellampen in der Regel die Maschine, bei Hausleitungen in Zentralanlagen der Ort, wo der Elektrizitätsmesser aufgestellt wird, z. B. im Keller oder im Entrée resp. Klosett einer Privatwohnung, n ist die Anzahl der Lampen, welche mit dieser Leitung verbunden werden sollen; dabei sind sämtliche Lampen bezüglich der Stromstärke auf die Normal-A-Lampe von 16 Kerzen zu reduzieren und ist anzurechnen eine 8 Kerzen starke B-Lampe = $^5/_9$-Normallampe, eine 10 Kerzen starke A-Lampe = $^5/_8$-Normallampe, eine 32 Kerzen starke A-Lampe = 2 Normallampen.

Die Größe von p darf in Gebäuden im allgemeinen 3 % betragen; sie darf nur in Ausnahmefällen bei sehr ausgedehnten Anlagen höher genommen werden. Nachdem die Querschnitte, wie bereits erwähnt, von den Lampen bezw. dem Lampenbündel anfangend und in unterbrochener Folge bis zu den Lampen des letzten Stromkreises, welcher dem Elektrizitätsmesser zunächst liegt, fortschreitend berechnet sind, wobei man nach dem Gesetze der Stromverzweigung zur Bestimmung des Querschnittes der auf eine Abzweigung folgenden Hauptleitung stets den Querschnitt der vorhergehenden Zweigleitung zu addieren hat und das Ergebnis jeder Einzelrechnung gleich in die Materialbedarfsnachweisung eingeschrieben ist, wird nachgesehen, ob irgendwo auf den Quadratmillimeter des Querschnittes mehr als $3^1/_3$ - Lampe fallen. Ist das der Fall, so muß ein Draht, dessen Querschnitt größer ist und die Innehaltung dieses Verhältnisses unbedingt zuläßt, gewählt werden. In der vorher angegebenen Tabelle ist bereits beim Aufstellen der Materialbedarfsnachweisung das Nähere angegeben. Ist die für den berechneten Querschnitt erforderliche Drahtstärke in der Tabelle nicht vorhanden, so wird die derselben nächstkommende Drahtnummer gewählt. Der Querschnitt der Leitungen für Bogenlicht und Hintereinanderschaltung der Lampen berechnet sich nach der Formel:

$$Q = \frac{z}{n \cdot p \cdot 2{,}5}.$$

Hierbei haben Q, n und p die Bedeutung wie vorher; z ist die ganze Länge des Stromkreises in Metern. Auf jeden Stromkreis, in welchem Bogenlampen hintereinander geschaltet sind, soll die Leitung wenigstens 4 qmm Querschnittsfläche enthalten".

Sodann hat Karl Hochenegg in der Wiener Zeitschrift für Elektrotechnik 1887 interessante graphische Betrachtungen angestellt, welche noch für die einfach geschlossene Leitung volle Aufklärung gaben. Netze, welche aus mehreren Maschen bestehen, hat für praktische Zwecke, für Telegraphenleitungen allerdings nur, unseres Wissens zuerst Ulbricht in der Zeitschrift für

Elektrotechnik, Wien 1888, Heft 4—5 behandelt, indem er das Stromverteilungs-Problem auf die Knotenpunkts-Potentiale zurückführt, wie dies bereits in Maxwells großem Lehrbuch der Elektrizität und des Magnetismus, deutsch von Weinstein 1883, Seite 420 gelehrt wurde. Herzog und Stark haben eine fruchtbare Auslegung des zweiten Kirchhoffschen Gesetzes in der Elektrotechnischen Zeitschrift, Berlin 1890, Seite 221 veröffentlicht, die die Rechnungsweisen enthielt, nach welchen das Installationsbureau der Firma Ganz & Comp., aus dem eine Reihe von Schülern hervorgegangen waren, seit einigen Jahren bereits arbeitete. Trotzdem fand sich in Uppenborns Zentralblatt für Elektrotechnik 1892, Seite 350 im Briefkasten ein einfacher Netzfall als Aufgabe ein, bei deren Lösung am 24. Juni desselben Jahres die Bemerkung der Schriftleitung hinzugefügt war: „Spezielle Bücher für diese Berechnungen gebe es bislang nicht, von einigen Elektrotechnikern werden dergleichen Rechnungen als Geschäftsgeheimnis betrachtet". Anfangs 1893 erschienen endlich von demselben Verleger vollständig gleichzeitig versendet die beiden Werke: Karl Hochenegg, „Anordnung und Bemessung elektrischer Leitungen" und „Die Berechnung elektrischer Leitungs-Netze" von Josef Herzog und Clarence Feldmann, welch letzteres im wesentlichen Teile bereits vom ungarischen Ingenieur- und Architekten-Verein in Budapest anfangs 1892 veröffentlicht war.

Im gleichen Jahre erweckte dieses Thema in einzelnen Kreisen die volle Aufmerksamkeit. So hat um diese Zeit Professor Kittler in richtiger Erkenntnis der praktischen Bedürfnisse die Elemente der Leitungsberechnung in Vortrag und Kolloquium behandelt. So haben 1892 Dr. E. Müllendorf (in der Elektrotechnischen Zeitschrift 1892, Seite 48 und 159, sowie 1894, Heft 5) und Dr. Arthur Littke (ebendaselbst Seite 426), dann im Jahre 1893 Herzog (ebendaselbst Seite 10), weiter Teichmüller (ebendaselbst Seite 537 und später in seinem ausführlichen Werke „Die elektrischen Leitungen" 1899), sowie die Ganz-Ingenieure Carlo Coltri (ebendaselbst 1893, Seite 425) und Ferdinand Neureiter (in seinem Buche „Die Verteilung der elektrischen Energie" 1894), sowie Hermann Cahen (in der Schrift „Die Berechnung elektrischer Kraftverteilungsnetze") Arbeiten hierüber veröffentlicht. Weitere Darstellungen finden sich im I. Teile des Werkes „Die Versorgung der Städte mit Elektrizität, 1896, von Oscar von Miller und endlich im Hilfsbuche für die Elektrotechnik von C. Grawinkel und Dr. K. Strecker (1. Auflage Oktober 1887).

Das Prinzip der Superposition bei Strömen und Potentialen, welches nun bei den praktischen Rechnungen namentlich auch bei Teichmüllers Arbeiten die Grundlage der Erkenntnis bildet, war jedoch schon längst von den Physikern erkannt und benützt worden. So von Smaassen (Superposition der elektrischen Potentiale, Poggendorfs Annalen, Band 61, Seite 161, Jahr 1846), Helmholtz (Prinzip der Superposition der elektrischen Ströme, ebendaselbst, Jahrgang 1853, Band 89, Seite 211), E. du Bois Reymond (Untersuchungen Band I, Seite 647) und Wiedemann (Lehre der Elektrizität I, Seite 373).

Eine ähnliche Entwicklung hat die Erkenntnis der Energieverteilung bei Wechselströmen genommen. Die Kirchhoffschen Gesetze ließen sich mit Hilfe der komplexen Zahlen auf Wechselstrom-Verhältnisse erweitern oder wurden mittels der Vektoren oder Richtungsgrößen graphisch unmittelbar dargestellt. So von Ulbricht in der Elektrotechnischen Zeitschrift (1892, Seite 147) und von Charles Proteus Steinmetz, „Die Theorie und Berechnung der Wechselstromerscheinungen“, deutsch 1900, engl. 1898.

Wir werden bei den einzelnen Kapiteln Gelegenheit nehmen, die bezügliche Literatur anzuführen. Vorstehendes diene zur Orientierung und zur Bekräftigung dafür, daß die Theorie der elektrischen Leitungen, wenn sie auch nicht eine Wurzel des mächtigen Baumes der Starkstromtechnik gebildet hat, doch als eine aus der Praxis hervorgegangene und für sie fruchtbringende Blüte betrachtet werden muß.

Erstes Kapitel.

A. Über elektrische Energie und ihre Strömung.

Ein elektrischer Strom, der einen Leiter durchfließt, kann uns dadurch zur sinnlichen Wahrnehmung gebracht werden, daß wir eine Magnetnadel seiner Strombahn nähern. Er wird diese Nadel ablenken. Damit aber hat er Arbeit geleistet. Nun ist aber die Fähigkeit, Arbeit zu leisten, eben das, was wir als Merkmal eines Energieträgers ansehen. Und da wir durch den erwähnten Versuch auch dargetan haben, daß der elektrische Strom mechanische Arbeit verrichten kann, müssen wir schließen, daß auch die Energie des elektrischen Stromes gewisse allgemeine Eigenschaften mit allen anderen Energieformen teilt. Eine solche Eigenschaft ist z. B. die, daß sich die Arbeit der Energiequelle als Produkt zweier Faktoren darstellen läßt, von denen der eine einer Menge, der andere einer Stärke entspricht. Haben wir z. B. in einem Dielektrikum durch eine elektromotorische Kraft E eine elektrische Verschiebung D oder durch eine magnetische Kraft H eine magnetische Induktion B hervorgerufen, so stellen die Produkte $D \cdot E$ und $B \cdot H$ die auf die Volumeinheit bezogenen Energiemengen der elektrischen oder der magnetischen Quelle dar, und D und B sind deren Quantitätsfaktoren, E und H deren Intensitätsfaktoren.

Unterwerfen wir aber einen Leiter vom Widerstande R der Einwirkung einer konstanten elektromotorischen Kraft (EMK) E, so wird, nachdem der Gleichgewichtszustand eingetreten ist, in dem Leiter ein Strom J fließen, dessen Stärke nach dem Ohmschen Gesetz gegeben ist als Quotient aus E und R und dessen Arbeit im Widerstande R das Produkt aus der EMK in die Elektrizitätsmenge ist, die sie durch die Querschnitte hindurchtreibt. Hier ist die Elektrizitätsmenge der Quantitäts-, die EMK der Intensitätsfaktor der Energie. Diese selbst zeigt eine vollkommene Analogie mit der mechanischen Arbeit, die ein Druck in einer Wasser führenden Röhre in einer bekannten Zeit leistet: Diese Arbeit ist gleich dem Produkt aus dem Druck und der Wassermenge, die unter der Einwirkung des Druckes den Querschnitt der Röhre in der bekannten Zeit durchfließt. Während aber der Vergleich zwischen fließendem Wasser und elektrischem Strom zur Veranschaulichung gewisser Gesetze, z. B. des Ohmschen, bis zu einem gewissen Grade zulässig erscheint, reicht sie bei weitem nicht aus, eine Reihe wichtiger Erscheinungen zu versinnbildlichen, die in der Umgebung eines stromführenden Leiters auftreten. Während bei der Übertragung mechanischer Leistung z. B. durch ein Drahtseil die Masse des Seiles in Bewegung ist und bei zu hoher Spannung der Querschnitt des Seiles reißt, wird bei Übertragung elektrischer Leistung durch ein isoliertes Drahtseil bei zu hoher Spannung nur das Isoliermaterial beschädigt werden. Es ist also hier die Richtung der Energieströmung jedenfalls derart, daß auch das Isoliermaterial gewissen Beanspruchungen unterliegt. Aber auch hierfür können wir durch Betrachtung eines Zahnrades ein mechanisches Gleichnis finden; die drehende Bewegung der Welle überträgt hier die mechanische Energieströmung durch die Speichen oder Arme radial auf den Zahnkranz, von wo sie tangential weiter gegeben wird. Wollen wir die Energieströmung im Sinne moderner Anschauung verstehen, so wählen wir am besten ein von Heaviside[1]) gegebenes Beispiel, indem wir uns vorstellen, daß unter der Wirkung einer elektromagnetischen Quelle ebene Wellen entstehen, deren Richtung wir durch einen aus zwei parallelen Drähten gebildeten Stromkreis bestimmen. Wir nehmen die Drähte zunächst vollkommen widerstandslos an; dann tritt ein Verlust in ihnen nicht auf. Die Ebene der Welle steht in irgend einem Punkte senkrecht auf dem Draht und sie läuft an ihm mit volkommener Schlüpfung mit der Geschwindigkeit des Lichtes entlang, ohne ihre Gestalt zu ändern, so lange die Drähte geradlinig und unverändert im Querschnitt bleiben. An der Grenzfläche zwischen dem vollkommenen Leiter und dem Dielektrikum besitzt die elektrische Kraft E keine tangentiale und die magnetische Induktion B keine normale Komponente. Wenn die Drähte einen, wenn auch noch so kleinen Widerstand besitzen, sind die Wellen nicht mehr vollkommen eben, und es tritt eine, wenn auch kleine tangentiale Komponente der elektrischen Kraft auf. Der weitaus größte Teil der Linien elektrischer Kraft geht aber auch dann noch normal von der Oberfläche des positiven Leiters aus und endigt auf der Oberfläche des negativen Leiters, während die Linien magnetischer Kraft in geschlossenen Kreisen zwischen den zwei parallelen Leitern und um diese herum verlaufen, ähnlich wie Fig. 1 dies andeutet. Diese beiden Systeme von Kraftlinien

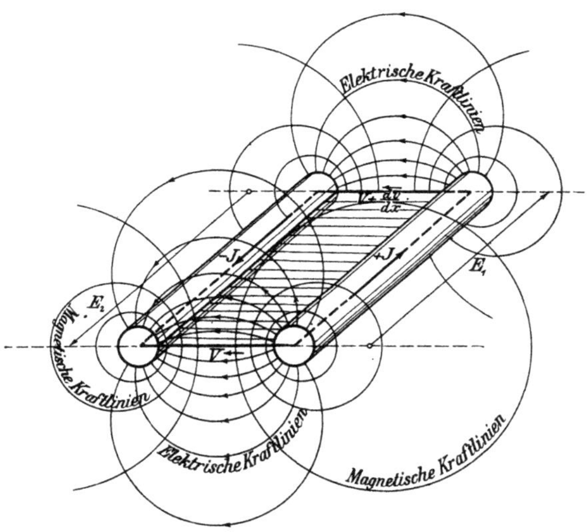

Fig. 1.

kreuzen einander stets senkrecht und liegen stets in einer Ebene, der Ebene der Welle. Innerhalb dieser Ebene kann aber ihre Verteilung durch Veränderung der Größe und Gestalt des Querschnittes und der Entfernung der Drähte verändert werden. Nun gibt es weder eine axiale magnetische Induktion parallel zu den Drähten, noch eine tangentiale Komponente der elektrischen Kraft an der Oberfläche der Drähte. Es muß also das Gesamtgefälle der elektrischen Spannung längs irgend eines Pfades innerhalb der Ebene der Welle den konstanten Wert V besitzen. V ist die Transversalspannung oder die Potentialdifferenz zwischen den beiden widerstandslosen Leitern.

Bei der Betrachtung der Wellenfortpflanzung längs gerader Drähte und besonders bei praktischen Fällen ist es bequemer, statt der elektrischen und magnetischen Kräfte E und H, deren Linienintegrale, also die elektromotorische Kraft (EMK) und die magnetomotorische Kraft (EMK), anzuwenden. So haben wir soeben an Stelle von E die Transversalspannung V eingeführt. Und so führen wir jetzt an Stelle der magnetischen Kraft H den ihr proportionalen Strom J ein. Und da wir nun wissen, daß die elektrische und die magnetische Kraft je einen ihnen entsprechenden Flux, die elektrische Verschiebung D und die magnetische Induktion B hervorrufen, müssen wir jetzt an die Stelle von D und B ebenfalls deren Integrale und zwar hier die Oberflächenintegrale treten lassen. Betrachten wir jetzt eine Ebene parallel zur ersten und im Abstande 1 von ihr. Dann ist die gesamte elektrische Verschiebung zwischen den betrachteten Ebenen oder in elektromagnetischen Maßen die gesamte Ladung $Q = CV$, worin C die Kapazität pro Längeneinheit bedeutet. Ebenso ist die gesamte magnetische Strömung oder die Gesamtzahl der zwischen den Randebenen um die Leiter sich schlingenden magnetischen Kraftlinien $N = LJ$, wo L die Zahl der Kraftlinien pro Stromeinheit oder die Induktanz, beide auf die axiale Längeneinheit bezogen, J den Strom darstellen. Und da wir das Dielektrikum als vollständig isolierend ansehen, kann ein Strom $C\frac{dV}{dt}$ nur auftreten, wenn die Ladung variiert. Ebenso kann die Spannungsdifferenz $\frac{dV}{dx}$ zwischen irgend zwei Punkten der widerstandslosen Leiter, die nicht in derselben Wellenebene liegen, von V nur abweichen, wenn der Strom zeitlich variiert. Für jede axiale Verschiebung der Randebene um den Betrag dx in der Zeit dt ergeben sich also die zwei Gleichungen

$$-\frac{dJ}{dx} = C \cdot \frac{dV}{dt}$$

und

$$-\frac{dV}{dx} = L \cdot \frac{dJ}{dt}.$$

Sind nun die parallelen Leiter mit bestimmtem Widerstand behaftet, so dringt die äußere elektromagnetische Störung (in meßbarer Zeit) in sie ein und es tritt ein Energieverlust auf. Betrachten wir ein Rechteck (Fig. 1) aus zwei Stücken von der Längeneinheit als axialen Seiten und den Verbindungslinien ihrer Schnittpunkte mit den durch sie hindurch gelegten Ebenen als transversalen Seiten. Diese letzteren ergeben V und $\left[V + \frac{dV}{dx}\right]$. Die axialen Seiten aber ergeben E_1 und E_2, ersteres in Richtung wachsender x auf der positiven Leitung, letzteres in Richtung abnehmender x auf der negativen Leitung gerechnet. Dann sind die gesamten Spannungen in diesem Rechteck

$$E_1 + \left(V + \frac{dV}{dx}\right) + E_2 - V = \frac{dV}{dx} + E_1 + E_2 = -L \cdot \frac{dJ}{dt}$$

oder

$$-\frac{dV}{dx} = E_1 + E_2 + L \cdot \frac{dJ}{dt}.$$

Diese Gleichung ist ganz allgemein gültig. Aus ihr ergibt sich der einfachste praktische Fall, wenn man annimmt, daß die längs den Drähten dahingleitenden Wellen wegen der geringen Dimensionen dieser Drähte momentan in diese eindringen können. Dann sind E_1 und E_2 nicht nur tangential am Draht angreifende elektrische Kräfte, sondern auch axial durch die Masse in Richtung des Stromes verlaufende. Und dann wird nach dem Ohmschen Gesetz $E_1 = R_1 J$; $E_2 = R_2 J$ und deshalb

$$-\frac{dV}{dx} = (R_1 + R_2) J + L \cdot \frac{dJ}{dt} = R J + L \cdot \frac{dJ}{dt}, \quad . \quad 1)$$

wenn $R = R_1 + R_2$ den Gesamtwiderstand bedeutet. Analog gilt auch

$$-\frac{dJ}{dx} = KV + C \cdot \frac{dV}{dt}, \quad . \; . \; . \; . \; . \; . \; . \quad 2)$$

worin K die Leitfähigkeit des Mediums zwischen den beiden Leitungen bedeutet. Es ist somit die Abnahme der Energie V J mit x zwischen den Randebenen gleich der Geschwindigkeit der Energieaufspeicherung und Energieumwandlung zwischen ihnen.

$$\frac{d(VJ)}{dx} = -V \cdot \frac{dJ}{dx} - J \cdot \frac{dV}{dx}$$

$$= [K V^2 + R J^2] + \frac{d}{dt}\left(\frac{1}{2} C V^2 + \frac{1}{2} L J^2\right). \quad . \; . \; . \quad 3)$$

In dieser Gleichung bedeutet $K V^2$ die im isolierenden Medium in Wärme umgesetzte elektrische Energie, $R J^2$ die in den Leitungen vernichtete (magnetische) Energie, der dritte Ausdruck entspricht der Zunahme der elektrischen, der vierte jener der magnetischen Energie pro Zeiteinheit und zwischen den Randebenen. Wir erkennen hier, daß im allgemeinen Fall der Strom einen Teil $[K V^2 + R J^2]$ seiner Energie nach dem Jouleschen Gesetz in Wärme umsetzt, also für die weitere Verwendung vernichtet, und einen weiteren Teil zur Aufspeicherung elektrischer und magnetischer Felder verwendet.

Fassen wir aber in Gleichung 1) den Widerstand R und die Leitfähigkeit K so auf, daß sie den gesamten Stromkreis, also z. B. im Falle des Anschlusses einer Gruppe von Lampen oder Motoren auch deren Energie verzehrende, bezw. in Licht, Wärme oder mechanische Energie umsetzende Widerstände oder Leitfähigkeiten enthalten, so müssen wir den ganzen in eckige Klammern gesetzten Teil des Ausdruckes als die Leistung verzehrende oder liefernde Komponente, den in runden Klammern eingeschlossenen Teil als die magnetische und elektrische Felder aufspeichernden oder vernichtenden Komponenten der Energie betrachten. Nun können wir für $K = 0$ aus Gleichung 2) und 3) für die zeitlich variierende EMK E auch ableiten

$$E = f(t) = [R J] + \left(L \frac{dJ}{dt} + \frac{1}{C} \int J\,dt\right) \quad . \; . \; . \quad 4)$$

$$\text{oder } E = \mathfrak{R} J$$

worin nach Heavisides Bezeichnungs- und Ausdrucksweise für $\mathfrak{R}$ die Vektorgleichung besteht

$$\mathfrak{R} = R + Lp + (Cp)^{-1},$$

in welcher p den Differentialquotienten $\frac{dJ}{dt}$ bedeutet. Wir erkennen also, daß Gleichung 4) die allgemeinste Form des Ohmschen Gesetzes darstellt. Heaviside nennt $\mathfrak{R}$ den Widerstandsoperator, weil sein Wert sich für den stetigen Zustand auf den Widerstand R reduziert; gebräuchlicher ist für R in der Technik der Name Impedanz, für den wir (bisher ohne Erfolg) den Ausdruck Richtungswiderstand aus später erklärlichen Gründen einzuführen bestrebt waren. Gleichung 4) besagt, daß die gesamte EMK einen Energie liefernden oder verzehrenden Teil, eine Wattkomponente RJ, und einen Energie in Form magnetischer oder elektrostatischer Felder aufspeichernden oder vernichtenden Teil

$$\left(L \frac{dJ}{dt} + \frac{1}{C}\int J\,dt\right),$$

also eine wattlose Komponente besitzt. Und wir werden später bei Besprechung jenes technisch wichtigen Falles, daß die EMK E = f (t) regelmäßigen periodischen Schwankungen unterliegt, erkennen, daß unter der Annahme der unzerlegten EMK der Gesamtstrom sich in eine wattleistende und eine wattlose Komponente zerlegen läßt.

Gleichung 4) stellt den allgemeinsten Fall dar. Sie gilt also auch, wenn die EMK E stetig in Bezug auf Größe und Richtung ist, also z. B. einer Akkumulatorenbatterie entstammt. Sobald jedoch der erste unstetige Teil der nach Einbringung der Stromquelle in den Stromkreis oder nach Schließung des Kreises auftretenden Erscheinungen abgelaufen und der stetige Zustand eingetreten ist, reduziert sich $\mathfrak{R}$ auf R und es gilt das Ohmsche Gesetz in seiner einfachsten Form

$$E = J \cdot R,$$

solange die EMK konstant erhalten bleibt. Betrachten wir also zunächst diesen einfachsten Fall.

B. Das Ohmsche Gesetz.

Georg Simon Ohm fand, daß die vorher nur in unklaren Ausdrücken darstellbaren Beziehungen zwischen elektromotorischen Kräften und den unter ihrer Einwirkung entstehenden Strömen für den Fall konstanter EMK mathematisch und physikalisch klar ausgedrückt werden konnten durch die Beziehung: Die Stärke des Stromes J ist gleich dem Quotienten $\frac{E}{R}$ aus der konstanten EMK und dem Widerstande. Für lineare Leiter, deren Querschnitt q klein ist gegen ihre Länge l, ist aber der Widerstand bei einer bestimmten Temperatur, z. B. 0° C.,

$$R_0 = \frac{l}{k_1 q} = \frac{c\,l}{q},$$

worin k_1 die Leitfähigkeit, c den Widerstand für $l = q = 1$ bedeuten.

Da die praktische Einheit des Widerstandes im elektromagnetischen Maßsystem das Ohm $= 10^9\,C\,S^{-1}$ ist, so ist die Dimension des Koeffizienten c, der auch Widerstandskoeffizient oder spezif. Widerstand heißt:

$$c = \frac{R\,q}{l},$$

$$\dim \cdot c = 10^9\,C^2\,S^{-1},$$

seine Einheit also das Ohmcentimeter oder dessen millionster Teil, das Mikrohm-Centimeter. Die Dimension von k_1 ist hieraus klar, da $k_1 = \frac{1}{c}$.

Nun hat man in dem Bestreben, unveränderliche Widerstandsnormalien zu schaffen, nach dem Vorschlag von Werner Siemens auf das Quecksilber zurückgegriffen, weil es ein Metall von hohem spezifischen Widerstand und verhältnismäßig leicht in absoluter Reinheit zu erhalten ist, und hat durch Bestimmung des Mittelwertes aus allen bisher gemachten Präzisionsmessungen ermittelt, daß das Ohm gegeben ist durch den Widerstand einer Quecksilbersäule von 1,063 m Länge und 1 qmm Querschnitt bei 0°. Es ist also der spezifische Widerstand des Quecksilbers bei 0° für einen Würfel von 1 cm Seitenlänge = 94,073. Werden aber, wie dies in der Praxis üblich ist, die Längen l in Metern, die Querschnitte q in Quadratmillimetern gemessen, so ist $c = 0{,}94073$ und die Leitfähigkeit $k_1 = \frac{1}{0{,}94}$. Bezieht man nun alle Leitfähigkeiten auf Quecksilber bei 0°, so setzt man $k_1 = 1$ und die Leitfähigkeit irgend eines Metalles, z. B. des reinen Elektrolytkupfers, dessen spez. Widerstand bei 0° $c = 0{,}01533$ ist, wird, bezogen auf Hg bei 0°, $k = \frac{0{,}94}{0{,}01533} = 61{,}8$. Für alle Leiter gilt also $k = \frac{1}{1{,}063\,c} = \frac{0{,}94}{c}$, und es ist gleichgültig, welchen von den beiden Werten c oder k der folgenden Tabelle wir in den Ausdruck $R = l/1{,}063\,k\,.\,q$ oder $R = c\,l/q$ einsetzen. Wir erhalten stets den Widerstand bei 0° in Ohm, wenn wir l in m, q in qmm ausdrücken.

Tabelle 1.

Werte von c und k für verschiedene Metalle und Legierungen.

	$k = \frac{1}{1{,}063\ c}$	$c = \frac{1}{1{,}063\ k}$	Widerstandszunahme in % pro 1° C.
Aluminium	32,35	0,0291	0,388
Eisen, rein	9,67	0,0973	0,48
Eisendraht, schwedisch	9,75	0,09176	0,48
Kruppin	1,12	0,8395	0,07
Kupfer, rein . . .	61,8	0,0153	0,445
„ käuflich . .	57	0,0165	0,38
Messingdraht . . .	15,4	0,069	0,165
Neusilber	3,14	0,30	0,036
Nickel, geglüht . .	7,58	0,124	0,365
Nickelin von Dr. Geitner	2,2—1,8	0,43—0,51	0,028—0,019
Patentnickel von Basse & Selve .	2,75	0,342	0,019
Platin	14,4	0,0903	0,243
Platinsilber . . .	3,83	0,2459	0,032
Quecksilber . . .	1	0,9407	0,0907
Silber, geglüht . .	62,6	0,0150	0,377

Der Widerstand der Metalle und Legierungen verändert sich mit der Temperatur, und zwar nimmt er im allgemeinen derart zu, daß bei der Temperatur t^0

$$R_t = R_0 (1 + \alpha t)$$

oder eigentlich

$$c_t = c_0 (1 + \alpha t)$$

beziehungsweise

$$k_t = \frac{1}{1{,}063 \cdot c_0 (1 + \alpha t)} \cong \frac{1 - \alpha t}{k_0}$$

für geringe Erwärmungen. α heißt hierin der Temperaturkoeffizient des Leiters. Er ist in der vorstehenden Tabelle mit enthalten und zeigt für einzelne Metalle, z. B. für Eisen und

Kupfer, hohe Werte, für gewisse Legierungen von hohem spez. Widerstande aber geringe Werte. Solche Legierungen werden deshalb zweckmäßig da verwendet, wo man mit geringem Material und Raumaufwand große und mit der Temperatur möglichst konstante Widerstände erhalten will, also z. B. für Spulen von Spannungsmessern und von Normalwiderständen oder Rheostaten; für solche Zwecke haben Basse & Selve und die Isabellenhütte in neuerer Zeit besondere manganhaltige Legierungen hergestellt, deren Temperaturkoeffizienten praktisch $= 0$ sind. Für die Zwecke der Leitungsführung macht die Größe des Temperaturkoeffizienten weniger aus, da bei einem Verlust von z. B. 5 % in einer kupfernen Leitung die maximalen zwischen Sommer und Winter auftretenden Temperaturunterschiede in unseren Breitengraden kaum mehr als 50^0 und die hieraus resultierenden Änderungen des Spannungsverlustes relativ zwar etwa 20 %, absolut aber nur 20 % von 5 %, also $\pm$ 0,5 % ausmachen. Um aber auch diese Veränderungen, die bei sonst konstantem Werte der Stromstärke in der Leitung auftreten, zu berücksichtigen, pflegt man bei praktischen Rechnungen für Kupfer $k_1 = (1{,}063\ k) \cong 57$ bis 60, bezw. $c \cong 0{,}0165 - 0{,}0175$ zu setzen. Erwärmungen der Leitungen werden außer durch die soeben angedeuteten Temperatureinflüsse auch durch den von ihnen geführten Strom erzeugt. Nach dem Jouleschen Gesetz beträgt der in einem Leiter vom Widerstand R durch den Durchgang eines konstanten Stromes J erzeugte Energieverlust $J^2 R = \frac{E^2}{R} = E J$ Watt und der in der Zeit t Sekunden hierbei verzehrten Arbeit $J^2 R t$ Wattsekunden entspricht eine Wärmemenge von $0{,}24\ J^2 R t$ Kalorien. Die Temperatursteigerung, die hierbei auftritt, hängt von der Beschaffenheit und Verlegungsart des Leiters und von den Abkühlungsverhältnissen ab und soll erst später besprochen werden.

Bringen wir nun zwei Punkte A und B eines linearen Leiters auf die konstanten Potentiale V_A und V_B, so fließt nach dem Eintritt des dauernden Zustandes ein Strom vom Punkt A größeren Potentials nach dem Punkt B, dessen Stärke

$$J = \frac{V_A - V_B}{R} = \frac{v}{R} \quad \text{. . . . . . . 5)}$$

Hierin bedeutet R den Widerstand zwischen A und B. Wir können dann den Vorgang auch so auffassen, daß wir die treibende

Potentialdifferenz ($V_A - V_B$) als den Spannungsverlust v betrachten, den der Strom im Leiterstück A B hervorruft. Diese Auffassung und die Gleichung

$$v = \frac{J\,l}{k_1\,q} = \frac{J \cdot l \cdot c}{q} \quad \ldots\ldots \quad 5a)$$

bilden die elementare Grundlage aller Leitungsberechnungen.

Jede Leitung besteht aus mindestens 2 Stromführern: einem Drahte, in dem wir uns in anschaulicher, wenn auch physikalisch nicht ganz zutreffender Weise den Strom zur Abnahme- oder Verbrauchsstelle für einen bestimmten Augenblick hinfließend denken und einem oder mehreren Drähten (oder der Erde), in denen der Strom zurückfließt. Diese Anschauungsweise entspricht nicht den physikalischen Vorgängen. Denn einmal wird der Strom oder die Energie nicht verbraucht, sondern nur die letztere an der sog. Verbrauchsstelle in eine andere, unseren Zwecken besser entsprechende Form umgewandelt. Sodann aber wissen wir, daß der Strom und die elektrische Energie im allgemeinen nicht durch die Masse des Leiters fließt, sondern längs seiner Oberfläche dahin gleiten oder geführt werden, und daß eigentlich nur in diesem Sinne die Leiter als Leiter (oder Führer) bezeichnet werden sollten, während sie tatsächlich im physikalischen Sinne eher als Vernichter der Energie betrachtet werden sollten.

Dieses scheinbare Paradoxon ist dahin aufzufassen, daß zur Entstehung eines Stromes J in einem Leiter R stets in diesem Leiter nach dem Jouleschen Gesetz ein Effektverlust $J^2 R$ auftreten muß, der in einem nicht umkehrbaren Prozesse in Wärme verwandelt wird. Es ist nun von theoretischem Interesse, den Fall eines vollkommen widerstandslosen Leiters zu betrachten, weil diese Betrachtung unsere Kenntnis des Ohmschen Gesetzes vertieft. Man ist geneigt, zunächst anzunehmen, ein solcher widerstandsloser Leiter müßte nach dem Ohmschen Gesetz einen unendlich großen Strom unter der Einwirkung einer endlichen und stetigen EMK führen. Tatsächlich aber würde der Strom unendlich lange Zeit anwachsen und niemals eine gleichförmige Verteilung über den Querschnitt des Leiters ergeben. In einen vollkommen widerstandslosen Leiter würde also der Strom nie eindringen, obwohl er elektromagnetische Wellen ohne Energieverlust längs seiner Oberfläche entlang gleiten ließe. Der Strom entsteht hier an der Grenzfläche zwischen Dielektrikum und Leiter und dringt in endlicher Zeit überhaupt nicht in den Querschnitt ein. Besitzt dagegen der Leiter endlichen Widerstand und lineare Dimensionen, so wird innerhalb ganz kurzer Zeit der Strom unter der Einwirkung einer nach Größe und Richtung unveränderlichen EMK den durch das Ohmsche Gesetz gegebenen Grenzwert erreichen und dann kann er als gleichförmig über den ganzen Querschnitt des Leiters verteilt gedacht werden.

Die Gleichung 5) läßt sich auch schreiben

$$J^2 R = J(V_A - V_B) = J \cdot v. \quad . \quad . \quad . \quad . \quad 5b)$$

Sie besagt dann, daß der im Leiter auftretende Leistungsverlust, der nach dem Jouleschen Gesetz $J^2 R$ ist, der Differenz zwischen der am Anfang A des Leiterstückes zugeführten Leistung $J V_A$ und der am Ende B abgenommenen Leistung $J V_B$ ist. Drücken wir den Spannungsverlust v in Prozenten der Anfangsspannung V_A aus, indem wir setzen

$$v = \frac{p V_A}{100},$$

so folgt aus der Gleichung 5b), daß der Verlust an Leistung ebenfalls p % der zugeführten Leistung beträgt. Wenn dies auch in dem hier behandelten einfachsten Fall, wo Strom und Spannungsdifferenz nach Größe und Richtung gleichbleiben und mit einander zusammenfallen, fast selbstverständlich erscheint, werden wir doch bald Fälle kennen lernen, wo das Verhältnis des Spannungsverlustes zur Gesamtspannung sich nicht mehr zahlenmäßig deckt mit dem Verhältnis des Effektverlustes zum zugeführten Gesamteffekt.

C. Stromarten.

Um diese Verhältnisse klar erwägen zu können, betrachten wir zunächst die praktisch in Betracht kommenden Stromarten und greifen zu diesem Zwecke auf die Stromquellen und die Entstehungsweise der Ströme zurück.

Die EMK, die wir bisher in den letzten Betrachtungen als vollkommen konstant betrachtet haben, stellt einen idealen Grenzfall dar, dem die einer großen Akkumulatorenbatterie entnommene

Klemmenspannung am nächsten kommt. Diese Klemmenspannung ist, solange der Batterie kein Strom entnommen wird, gleich der EMK der Batterie, sinkt aber im Moment des Stromschlusses von diesem Wert um den Betrag des Spannungsverlustes in der Batterie, also um das Produkt J . r, wenn r den inneren Widerstand der Batterie bedeutet. Wenn dann in der Gleichung

$$E = J(R + r)$$

der innere Widerstand r sehr klein ist gegen den Widerstand R des gesamten äußeren Schließungskreises, bleibt E einige Zeit hindurch nahezu konstant, um später mit fortschreitender Entladung allmählich etwas abzunehmen. Diese Abnahme rührt daher, daß als Gegenwert der geleisteten elektrischen Energie chemische Rückbildungen in der Batterie auftreten, welche das positive Superoxyd zu reduzieren, das negative Blei zu oxydieren suchen, welche also den elektrischen Zustand der positiven und negativen Platten dem ursprünglichen ungeladenen Zustande zu nähern streben. Die EMK bleibt also nur noch angenähert konstant an Größe und kann nur, wenn sie um etwa 1,8÷2 Volt gesunken ist, durch Zuschaltung einer neuen Zelle auf annähernd den anfänglichen Wert wieder gebracht werden. Wir bedürfen also selbst in diesem Falle, der eine der Richtung nach vollkommen, der Größe nach aber nur annähernd konstante EMK ergibt, einer ausgleichenden Regulierung.

Alle anderen praktisch in Betracht kommenden Stromquellen erzeugen EMK in elektrischen Leitern, indem diese Leiter relativ zu magnetischen Feldern bewegt werden. Es ist eine Art dieser Relativbewegung, die sog. unipolare Induktion denkbar, bei der EMKe von stets konstanter Richtung direkt entstehen; doch sind alle Versuche zur praktischen Nutzbarmachung dieser Art von Maschinen bisher gescheitert, so daß sie füglich außer Betracht bleiben dürfen. Bei allen anderen Dynamomaschinen entstehen nun zunächst Spannungen von wechselnder Richtung, die entweder, wie bei den ein- und mehrphasigen Maschinen, direkt oder, wie bei den Gleichstrommaschinen, unter Zuhilfenahme eines Stromwenders dem äußeren Schließungskreise zugeführt werden.

Die bei Dynamomaschinen entstehenden EMKe sind alle dadurch charakterisiert, daß sie einen periodischen Verlauf nehmen, d. h. zu bestimmten, um das gleiche Intervall T von einander abstehenden Zeiten genau denselben Wert erreichen. Diese

Zeit T heißt die Dauer einer Periode. Innerhalb der Periode hängt der Verlauf der Einzelwerte der EMK von der Anordnung der Spulen und der Form des Feldes ab, gegen das sie relative Bewegungen und zwar relative Drehbewegungen ausführen.

Denken wir uns zunächst in einem ganz gleichförmigen Felde, dessen Linien durch die senkrechten Pfeile der Fig. 2 angedeutet sind, eine geschlossene Spule mit gleichförmiger Geschwindigkeit bewegt. In der Richtung AB, welche die Spule als Anfangslage zur Zeit t = o einnimmt, durchsetzen sie sämtliche Kraftlinien N.

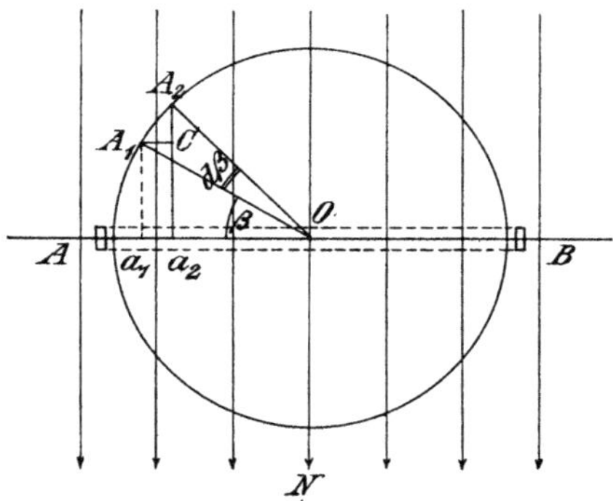

Fig. 2.

Bewegt sich die Spule im Sinne des Uhrzeigers um den Winkel β, so wird die Zahl der Linien, die die Spule senkrecht durchsetzen, $n_1 = N \cdot \cos\beta$. Schreitet A im Zeitelement dt weiter von A_1 nach A_2, so nimmt β weiter zu um $d\beta$, und die Zahl der Linien weiter ab auf $n_2 = N\cos(\beta + d\beta)$. Die Differenz in den Linienzahlen ist also

$$n = n_1 - n_2 = N[\cos\beta - \cos(\beta + d\beta)] = N\sin\beta\, d\beta,$$

und da diese Änderung sich in der Zeit dt vollzieht, ist die Änderung in der Zeiteinheit oder die EMK

$$e = \frac{dn}{dt} = N\sin\beta\frac{d\beta}{dt} = \left(N\frac{d\beta}{dt}\right)\sin\beta = Eo\cdot\sin\beta.$$

Während also die Linienzahl eine Cosinusfunktion $n = N \cdot \cos\beta$ darstellt, ist die EMK eine Sinusfunktion $e = Eo\sin\beta$. Beide haben also den einfachsten Verlauf, den eine periodische Funktion überhaupt besitzen kann, und können durch zwei um eine Viertelperiode verschobene Sinuslinien mit den Amplituden N und Eo dargestellt werden. Diese Beziehung konnte auch unmittelbar aus dem $\Delta A_1 A_2 C$ der Fig. 2 abgelesen werden, da

$$d(\cos\beta) = \overline{A_1 C}; \quad \overline{C A_2} = d(\sin\beta)$$

ist.

Betrachten wir nun zunächst die einfache harmonische Bewegung etwas näher. Wenn sich ein Punkt P mit gleichförmiger Geschwindigkeit längs der Peripherie eines Kreises ABCD bewegt (Fig. 3), so beschreibt die Projektion P′ dieses Punktes auf irgend

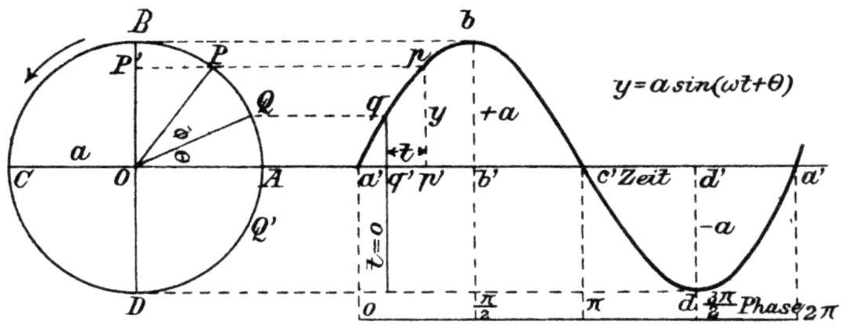

Fig. 3.

einen festliegenden Durchmesser, z. B. BD, eine harmonische Bewegung. Rechnen wir die Zeit vom Punkte Q an und bezeichnen wir die Winkelgeschwindigkeit des Punktes P mit ω, so ist zu irgend einer Zeit t, zu der OP den Winkel Φ zurückgelegt hat, wegen der Gleichförmigkeit der Bewegung $\omega = \frac{\Phi}{t}$. Nennen wir T die Zeit zur Vollendung einer vollen Umdrehung, also zur Zurücklegung des Winkels 2π, so ist $\omega = \frac{2\pi}{T}$ und somit $\Phi = \frac{2\pi}{T}t$. T ist dann die Periode, $\frac{1}{T}$ die Anzahl der Umdrehungen des Fahrstrahls oder Vektors OP pro Sekunde und die Periodenzahl $\sim = \frac{1}{T}$. Der Winkel θ zwischen dem Ursprung der harmonisch wechselnden Größe und dem Ursprung Q der Zeit kann positiv, Null oder negativ sein; der Winkel $(\theta + \Phi)$ heißt der Phasenwinkel oder die Phase; auf der dargestellten Sinuslinie entspricht dem Winkel $\Phi + \theta$ die Zeit $t = a'q'$, und es ist

$$y = pp' = a \cdot \sin(\Phi + \theta) = a \sin(\omega t + \theta).$$

Gegen eine Sinuslinie, die durch den Vektor OA dargestellt werden kann und deren Gleichung $y' = a \sin \omega t$ wäre, erscheint also die durch den Vektor OQ dargestellte Sinuslinie um den Winkel θ, und zwar im Sinne der Voreilung verschoben. Umgekehrt erscheint OA gegen OQ verzögert um den Winkel θ. Wir sehen also, daß wir eine Sinuslinie darstellen können in ihrem ganzen Verlauf und in ihrer Stellung relativ zu einer anderen Sinuslinie durch zwei Vektoren. Die Länge dieser Vektoren entspricht der Amplitude oder dem Scheitelwert a, und sie schließen untereinander jenen Winkel θ ein, der dem zeitlichen Unterschied $a'q'$ zwischen den Momenten entspricht, zu denen die zwei Sinuslinien gleiche Phasen, also z. B. jeweils ihr Maximum erreichen. θ heißt dann der Winkel der Phasenverschiebung zwischen beiden Kurven.

Diejenigen Werte der Kurve, die uns in der Technik interessieren, sind nun, sofern es sich um die Messung oder die Verwertung der Wechselströme handelt, die Mittelwerte, sofern es sich um Isolations- oder Durchschlagswiderstände handelt, die Maximalwerte oder Amplituden der Kurven. Elektrodynamometer und Hitzdrahtinstrumente geben Ausschläge, die proportional sind der Quadratwurzel aus dem mittleren Quadrat der Ordinaten des Stromes, der sie durchfließt. Ist die Gleichung desselben $y = a \sin x$, so hat das mittlere Quadrat von y den Wert

$$M(y^2) = \frac{a^2}{2\pi} \int_0^{2\pi} \sin^2 x \, dx = \frac{a^2}{2\pi} \left[\frac{x}{2} - \frac{\sin^2 x}{4} \right]_0^{2\pi} = \frac{a^2}{2}$$

und die Wurzel hieraus ist

$$\sqrt{M(y^2)} = \frac{a}{\sqrt{2}} = 0{,}707\, a.$$

Für manche Zwecke ist es jedoch auch nötig, den Mittelwert der Sinuslinie, bezw. der Kurve der EMK und der aus ihr resultierenden anderen Kurven zu kennen. Zu diesem Zwecke ermitteln wir die mittlere Ordinate der innerhalb einer halben

Periode (oder eines Stromwechsels) zwischen Kurve und Abszissenaxe eingeschlossenen Fläche. Es ist also

$$M(i) = \frac{a}{\pi}\int_0^\pi \sin x\, dx = \frac{2a}{\pi} = 0{,}637\, a.$$

Das Verhältnis

$$\frac{\sqrt{M(i^2)}}{M(i)} = \frac{0{,}707}{0{,}637} = \frac{\pi}{2\sqrt{2}} = 1{,}11$$

heißt der Formfaktor f der Sinuslinie.

Es ist wünschenswert, außer diesem Verhältnis der Mittelwerte auch noch das Verhältnis des Maximalwerts zum wahren Mittelwert zu kennen. Dr. Benischke hat dafür den Namen Scheitelfaktor vorgeschlagen. Diese Größe ist also bei sinusförmig verlaufenden Kurven

$$fs = \frac{a}{M(i)} = \frac{\pi}{2} = 1{,}57.$$

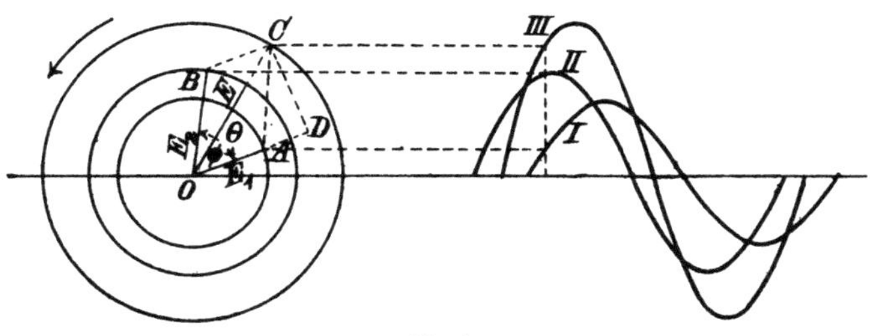

Fig. 4.

G. Kapp hat schließlich die EMK einer Wechselstrommaschine ausgedrückt durch jene einer Gleichstrommaschine, die in demselben Felde mit gleicher Periodenzahl sich dreht und die nämliche Zahl von Windungen besitzt wie die Wechselstrommaschine. Wir wissen dann, daß die EMK der Gleichstrommaschine

$$E_g = 4\, N \cdot n \cdot \sim \cdot 10^{-8} \text{ Volt},$$

d. h. gleich der maximalen Änderung der Kraftlinienströmung in der Fläche einer Windung, mal der Zahl in Serie geschalteten Windungen n, mal der Periodenzahl $\sim$ ist.

Die Wechselstrommaschine aber ergibt, da jetzt die Parallelschaltung der zwei Hälften durch den Kollektor entfällt, also nur $\frac{n}{2}$ Windungen aufzubringen sind, als maximale EMK,

$$E_{w\,max} = 4 \cdot \frac{\pi}{2} \cdot n \cdot N \cdot \sim \cdot 10^{-8}$$

und ihr effektiver Mittelwert ist

$$E_w = 4 \cdot \left(\frac{\pi}{2\sqrt{2}}\right) \cdot n \cdot N \cdot \sim \cdot 10^{-8} = 4\,K \cdot n \cdot N \cdot \sim \cdot 10^{-8} = K \cdot E_g.$$

K ist für die Sinuslinie $= f = 1{,}11$ und ist ebenfalls als Formfaktor bezeichnet worden.

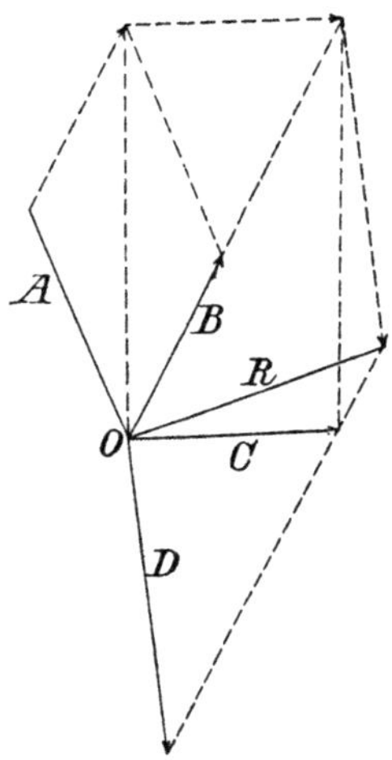

Fig. 5.

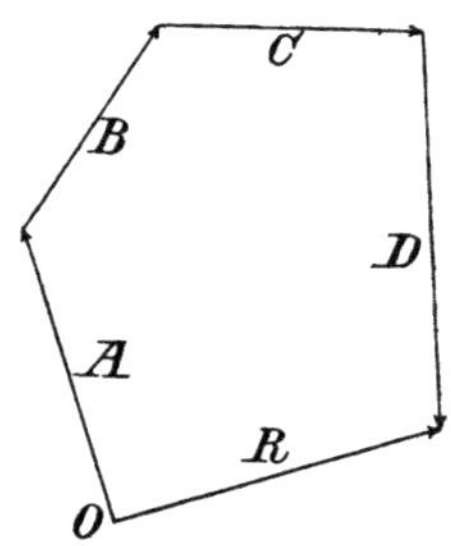

Fig. 6.

Wirken auf einen und denselben Stromkreis zwei EMKe E_1 (I) und E_2 (II) von derselben Periode ein, die gegeneinander um den Winkel AOB $= \theta$ verschoben sind, so setzen sie sich zu einer gemeinsamen EMK zusammen (Kurve III Fig. 4), die in jedem Moment der Beziehung genügt

$$e = E_1 \sin \omega t + E_2 \sin (\omega t + \theta).$$

Es läßt sich nun geometrisch und analytisch nachweisen, daß dann die Diagonale $E = O\,C$ des Parallelogramms aus $O\,A = E_1$ und $O\,B = E_2$ der Gleichung genügt

$$e = E \cdot \sin (\omega\, t + \mathit{0}),$$

also wieder eine einfach harmonische EMK gleicher Periode ist, deren Maximalwert

$$E = \sqrt{E_1^2 + E_2^2 + 2 E_1 E_2 \cos \theta}$$

ist und deren Phasenverschiebung gegen E_1 der Beziehung genügt

$$\operatorname{tg} \Phi = \frac{CD}{DO} = \frac{E_2 \sin \theta}{E_1 + E_2 \cos \theta}.$$

Sind beliebig viele EMKe gleicher Periode A B C D gegeben, so trägt man sie entsprechend ihrer Lage und Größe als Vektorpolygon auf und erhält dann, in Erweiterung der soeben gegebenen Ableitung, die resultierende EMK als Schlußlinie R dieses Polygonzuges (Fig. 5 und 6).

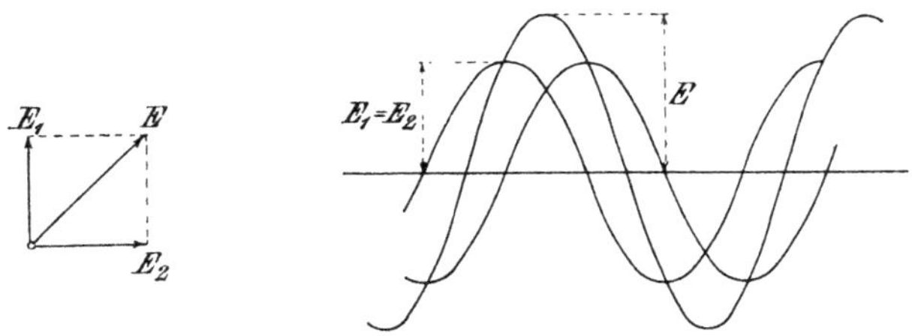

Fig. 7.

Solche EMKe gleicher Periode, die in größerer Zahl und unter beliebiger Phasenverschiebung gegen einander auf einen Stromkreis wirken, finden keine technische Anwendung. Dagegen erfreuen sich Stromerzeuger, die zwei, drei oder mehr gleichmäßig über eine halbe oder eine ganze Periode verteilte, gleich große EMKe gleicher Periode liefern, als Stromquellen für Mehrphasenströme vielfacher Anwendung.

Ein Zweiphasensystem besteht aus zwei EMKen, deren Maximalwerte $E_1 = E_2$ um $90^0 = \frac{\pi}{2}$ gegen einander verschoben sind und deren Resultante somit, da

$$E = E_1 \sin \omega t + E_2 \sin \left(\omega t + \frac{\pi}{2}\right)$$

$$= E_1 (\sin \omega t + \cos \omega t) = E_1 \sqrt{2} \sin \left(\omega t + \frac{\pi}{4}\right)$$

den Maximalwert $E = E_1 \sqrt{2}$ besitzt und um $\frac{\pi}{4}$ oder 45^0 gegen jede der beiden EMKe E_1 und E_2 verschoben ist (Fig. 7).

Letztere heißen dann die EMKe jeder Phase oder kürzer die Phasenspannung, E heißt die durch Verkettung entstandene EMK oder die verkettete Spannung des Zweiphasensystems. Zuweilen bezeichnet man auch die den Nutzleitern zugeführte Spannung als die Hauptspannung. Es ist dann klar, daß beim Zweiphasensystem Hauptspannung und Phasenspannung identisch sein müssen, da durch Verkettung der zwei Phasen ein Einphasensystem entstünde, dessen Hauptspannung dann $E_1 = E_1 \sqrt{2}$ wäre.

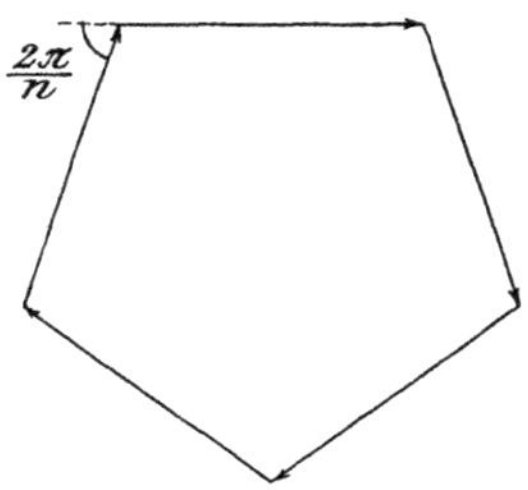

Fig. 8.

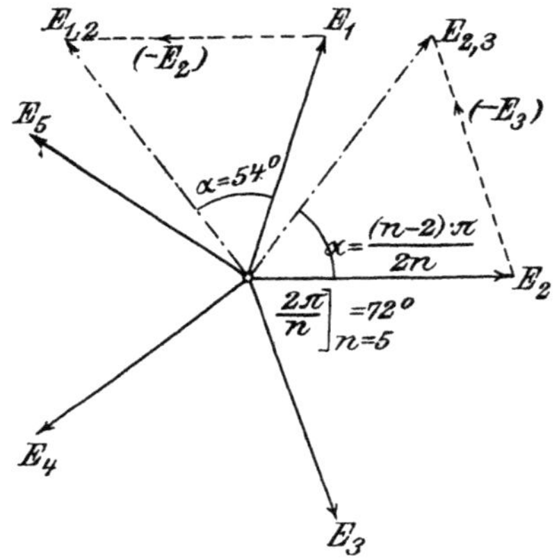

Fig. 9.

Anders ist es, sobald wir mehr als 2 Phasen auf die ganze Periode verteilt haben. Wir können dann die EMK so anordnen, daß sie entweder ein Polygon oder einen Stern bilden, wie Fig. 8 u. 9 dies für ein Fünfphasensystem darstellen. Im ersten Fall bilden die Phasenspannungen einen geschlossenen Polygonzug, ihre Resultante ist also in jedem Moment = o; im zweiten Falle besitzen alle Phasenspannungen im Punkte O gemeinsames Anfangs-Potential, das z. B. durch Erdung o sein kann. Ihre Endpotentiale sind der Definition des Systems nach ebenfalls an Größe gleich, aber um $\frac{2\pi}{n}$ verschoben, wenn n Phasen auf die ganze Periode verteilt sind. Die Resultante von irgend zwei Phasen E_1 und E_2 findet man dann graphisch, indem man E_1 mit dem umgekehrten Vektor E_2 zum Parallelogramm kombiniert als $E_{1,2}$.

Und es ist

$$e_1 = E \sin \omega t$$

$$e_2 = E \sin\left(\omega t + \frac{2\pi}{n}\right)$$

$$\begin{matrix} \cdot & & \cdot \\ \cdot & & \cdot \\ \cdot & & \cdot \end{matrix}$$

$$e_n = E \sin\left(\omega t + \frac{2\pi(n-1)}{n}\right),$$

woraus

$$e_{1,2} = E\left[\sin\left(\omega t + \frac{2\pi}{n}\right) - \sin \omega t\right] = 2\,E \sin\frac{\pi}{n} \cos\left(\omega t + \frac{\pi}{n}\right)$$

$$= \left(2\,E \sin\frac{\pi}{n}\right) \sin\left(\omega t + \frac{(n + 2)\,\pi}{2\,n}\right).$$

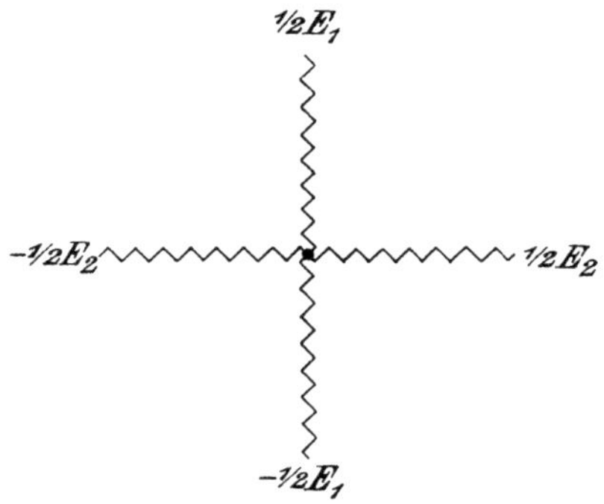

Fig. 10.

Die Amplitude der resultierenden oder verketteten Spannung ist also beim n-Phasensystem $E_{1,2} = 2\,E \sin\frac{\pi}{n}$ und ihre Verschiebung gegen E_1 ist

$$\alpha = \frac{n-2}{2\,n} \cdot \pi.$$

Beim Vierphasensystem ist also genau wie beim Zweiphasensystem die Amplitude

$$E_{1,2} = 2\,E_1 \sin\frac{\pi}{4} = E_1\sqrt{2}$$

und die Verschiebung gegen E_1:

$$\alpha = \frac{4-2}{8} \cdot \pi = \frac{\pi}{4}.$$

Dies ist ohne weiteres klar. Denn das Vierphasensystem entsteht, sobald bei einem Zweiphasenerzeuger E_1 und E_2 auch in umgekehrter Richtung verwendet, also über die ganze Periode verteilt werden (Fig. 10).

Beim Dreiphasensystem mit Sternschaltung wird

$$E_{1,2} = 2\,E'_1 \sin\frac{\pi}{3} = E_1\sqrt{3}$$

und

$$\alpha = \frac{\pi}{6} = 30^0,$$

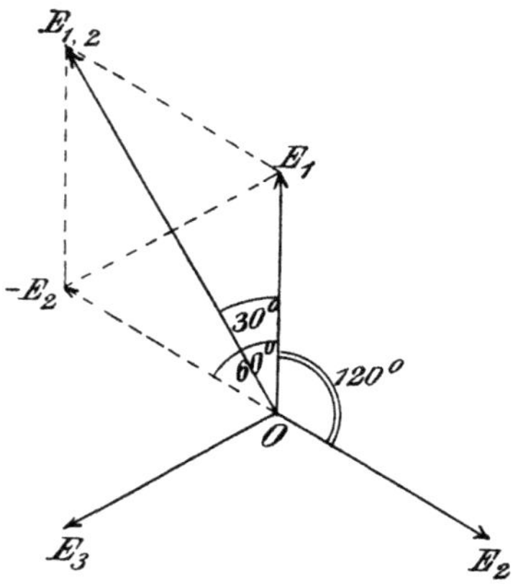

Fig. 11.

was sich auch aus der Fig. 11 ohne weiteres ablesen läßt, wenn man durch die Hilfslinie E_1 ($-E_2$) das gleichseitige Dreieck O E_1 ($-E_2$) hergestellt hat.

Nur noch ein System hat besondere praktische Bedeutung erlangt, jenes nämlich, bei welchem die Zahl der zum Polygon verbundenen Phasen $n = 2K$ eine sehr große ist. Die Summe aller dieser EMKe ist dann = o. Die technische Verwertung vollzieht sich aber so, daß die Spannungsdifferenz zweier um eine halbe Periode auseinander liegender Punkte abgeführt und verwertet wird. Die Summe dieser K-Phasenspannungen ist aber

$$E = A\left[\sin\omega t + \sin\left(\omega t + \frac{2\pi}{2K}\right) + \sin\left(\omega t + \frac{4\pi}{2K}\right) + \ldots + \sin\left(\omega t + (K-1)\frac{2\pi}{2K}\right)\right]$$

$$= A\,\frac{\sin\left\{\omega t + \frac{(K-1)\pi}{2K}\right\}}{\sin\frac{\pi}{2K}}$$

oder, da $\sin\frac{\pi}{2K}$ sehr angenähert $= \frac{\pi}{2K}$ und

$$(K-1)\frac{\pi}{2K} = \frac{\pi}{2} - \frac{\pi}{2K}$$

$$E = A\,\frac{2K}{\pi}\sin\left\{\omega t + (K-1)\frac{\pi}{2K}\right\}.$$

Dies ist der Ausdruck für die EMK eines 2 K-Phasengenerators. Seine EMK schwankt zwischen den Grenzwerten, die für $\omega t = o$ oder $\frac{2\pi}{2K}$ und für $\omega t = \frac{\pi}{2K}$ auftreten. Sie ist im ersten Fall

$$E_{min} = A \frac{2K}{\pi} \cos \frac{\pi}{2K},$$

im zweiten Falle

$$E_{max} = A \cdot \frac{2K}{\pi}$$

und die relative Schwankung beträgt somit

$$\frac{1 - \cos \frac{\pi}{2K}}{K},$$

oder für $2K = 20$ nur 1,34 %, für $2K = 40$ nur 0,16 %. Deshalb darf man einen solchen Mehrphasengenerator als Gleichstrommaschine bezeichnen. 2 K ist dann die Zahl seiner Kollektorlamellen und die maximale EMK tritt auf für $\omega t = \frac{\pi}{2K}$, d. h. wenn die Bürsten in der Mitte eines Segments aufliegen, die minimale, wenn sie gerade das Segment verlassen. $\frac{2A}{\pi}$ ist hierin die mittlere Spannung pro Kollektorsegment für die K in Serie geschalteten Abteilungen des Gleichstromgenerators. Für ein Dreiphasensystem beträgt die Schwankung somit analog

$$\frac{1 - \cos \frac{\pi}{6}}{3} = \frac{1 - \frac{\sqrt{3}}{2}}{3} = 4{,}5\,\%,$$

und für ein Zweiphasensystem

$$\frac{1 - \cos \frac{\pi}{4}}{2} = \frac{1 - \frac{\sqrt{2}}{2}}{2} = 14{,}7\,\%.$$

Aus dieser Art der Betrachtung ergibt sich, daß die Mehrphasenströme eine nahezu, die Gleichströme eine praktisch vollkommen konstante Energieströmung zu liefern vermögen. Weiter folgt, daß jede Gleichstromarmatur durch Anbringung von n entsprechenden, um $\frac{1}{n}$ Periode verschobenen Stromabnahmestellen und n Schleifringen einen n-Phasenstrom abzugeben vermag, wovon man bei den rotierenden Umformern Gebrauch macht. Schließlich kommen zuweilen auch noch nicht vollkommen symmetrisch ausgebildete Mehrphasensysteme vor, entweder dadurch, daß man die einzelnen Phasen wie bei Scottschen und monozyklischen Systemen von vornherein unsymmetrisch ausbildet oder indem ursprünglich symmetrische Systeme bei der praktischen Verwertung mehr oder weniger unsymmetrisch werden. Hierauf und auf die Stromstärken bei Polygonschaltung kommen wir später noch eingehend zurück.

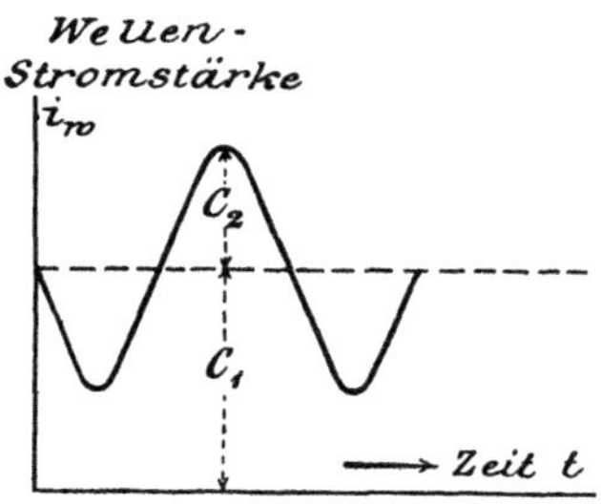

Fig. 12a.

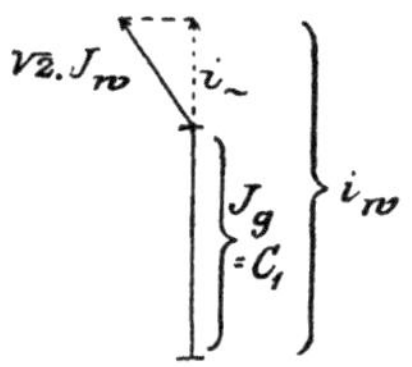

Fig. 12b.

Beim Studium des Wehneltunterbrechers fand Prof. Heinke, daß der hier auftretende Strom (Fig. 12a) aufgefaßt werden kann als Übereinanderlagerung oder Superposition eines Gleichstromes J_g und eines Wechselstromes $i_\sim$. Er benannte ihn deshalb Wellenstrom und stellte ihn in der in Fig. 12b abgebildeten Weise dar. An das Ende des nach Größe und Richtung konstanten Vektors $J_g = C_1$ legt sich ein rotierender Wechselstromvektor, so daß allgemein der Wellenstrom zwischen den Grenzen $i\,\omega = J_g \pm i_\sim$ wechselt. Praktische Anwendung hat er bisher weiter nicht gefunden.

Wir haben durchweg angenommen, daß die von Maschinen gelieferte EMK rein harmonischen Verlauf zeigt. Dies trifft im allgemeinen nur angenähert zu.

Die tatsächlich auftretende EMK ist vielmehr eine Superposition einzelner harmonischer Schwingungen und kann nach dem Fourierschen Prinzip dargestellt werden durch die Beziehung

$$E = E_1 \sin \omega t + E_3 \sin 3 \omega t + E_5 \sin 5 \omega t + E_7 \sin 7 \omega t + \ldots$$

G. Kapp hat zuerst gezeigt, wie diese allgemeine Form der EMK durch Einführung eines Faktors K auf eine reine Sinuslinie (oder auf eine Gleichstrom-EMK) zurückgeführt werden kann, so daß die in der Bewicklung einer Wechselstrommaschine pro Windung induzierte EMK immer ausgedrückt werden kann durch

$$E = 4\,K \cdot \sim \cdot N \cdot 10^{-8} \text{ Volt.}$$

Für eine solche Kurve ist der Formfaktor

$$f = \frac{\pi}{2\sqrt{2}} \cdot \frac{\sqrt{E_1^2 + E_3^2 + E_5^2 + E_7^2}}{E_1 + \frac{E_3}{3} + \frac{E_5}{5} + \frac{E_7}{7}}$$

und der Scheitelfaktor

$$f_s = \frac{\pi}{2} \cdot \frac{E_1 - E_3 + E_5 - E_7}{E_1 + \frac{E_3}{3} + \frac{E_5}{5} + \frac{E_7}{7}}.$$

Der Kappsche Faktor K hängt von der Form des Feldes und der Anzahl der Nuten pro Pol, also von der Art und Verteilung der Wickelung ab und fällt nur für Einlochwickelungen mit dem Formfaktor f zusammen[2]). Bezeichnet man das Verhältnis der Polbreite zur Polteilung mit P/t, so betragen für einphasige Wechselpolmaschinen, bei denen der Polbogen 25 mal so groß ist als der Luftzwischenraum, die Werte von

Für Einlochwickelungen		Für Zweilochwickelungen mit 6 Löchern pro Pol		Für Dreilochwickelungen mit 9 Löchern pro Pol	
P/t = 0,65	0,55	P/t = 0,65	0,55	P/t = 0,65	0,55
f 1,158	1,235	1,11	1,16	1,12	1,17
f_s 1,26	1,37	1,30	1,48	1,32	1,48
K 1,158	1,235	1,11	1,17	1,10	1,16

Man kann schon hieraus erkennen, daß die Abweichungen von der reinen Sinuslinie nicht sehr bedeutend sind. Deutlicher jedoch geht dies aus der folgenden für dieselben Maschinentypen geltenden Tabelle hervor, in welcher der Wert der Grundschwingung E_1 als Vergleichsbasis zur Beurteilung der Größe der positiven oder negativen Oberschwingungen = 100 gesetzt ist.

Einlochwickelungen		Zweilochwickelungen		Dreilochwickelungen	
P/t = 0,65	0,55	0,65	0,55	0,65	0,55
E_1 = 100	100	100	100	100	100
E_3 = 2,3	— 13,9	+ 1,7	— 10,2	+ 1,6	— 9,7
E_5 = — 14,5	— 19,3	— 3,9	— 5,2	— 3,2	— 4,4
E_7 = — 8,7	+ 1,0	+ 2,3	— 0,27	— 1,7	+ 0,18

Wir können deshalb für fast alle Zwecke unserer Untersuchungen uns mit jener Annäherung begnügen, die durch die Annahme rein sinusförmig verlaufender Ströme und EMKe herbeigeführt wird. Dies ist um so eher zulässig, als selbst bei genauer Kenntnis und Einführung der wahren Form der EMK Ungenauigkeiten dadurch entstünden, daß die Klemmenspannungskurve des belasteten Wechselstromgenerators je nach Art und Größe der Belastung weitere Deformationen aufweist und daß der Strom in seinem periodischen Verlaufe abermalige Verzerrungen gegen die ihn erzeugende Klemmenspannung des Wechselstromgenerators erfährt. Die Beachtung der meist geringen Nebenschwingungen ist nur dann erforderlich, wenn sie z. B. durch Resonanzwirkungen derart verstärkt werden, daß sie gegenüber den Grundschwingungen nicht mehr vernachlässigbar erscheinen. Dies kann aber nur unter besonderen Umständen, z. B. beim Ein- oder Ausschalten eines Stromkreises, der Fall sein.

Betrachten wir jetzt den einfachen Wechselstromkreis, in dem unter dem Einfluß einer harmonisch wechselnden EMK ein auf konstantem Effektivwert

$$J = \sqrt{M(i^2)}$$

erhaltener sinusförmiger Wechselstrom fließt.

D. Ohmsches Gesetz für Wechselströme.

Nach der Gleichung 4) gilt für einen Stromkreis, in welchem eine EMK E = f(t) einen Strom i unter gleichzeitiger Aufspeicherung magnetischer und elektrischer Felder erzeugt, die allgemeine Beziehung

$$E = f(t) = [R\,i] + \left(L\frac{d\,i}{d\,t} + \frac{1}{C}\int i\,d\,t\right) \quad . \quad . \quad . \quad 4)$$

Wenn nun statt der allgemeinen EMK $E = f(t)$ die sinusförmige

$$e = E_0 \sin \omega t$$

eingeführt wird, erhalten wir für den Strom i die Differentialgleichung

$$e = R i + L \frac{d i}{d t} + \frac{\int i \, d t}{C} = E_0 \sin \omega t,$$

woraus durch Differentiation nach t sich ergibt

$$R \frac{d i}{d t} + L \frac{d^2 i}{d t^2} + \frac{i}{C} = E_0 \, \omega \cos \omega t.$$

Diese Differentialgleichung zweiten Grades ergibt aufgelöst[3])

$$i = E_0 \frac{R}{\mathfrak{R}^2} \sin \omega t + E_0 \cdot \frac{\left(\frac{1}{C \omega} - L \omega\right)}{\mathfrak{R}^2} \cos \omega t + A \quad . \quad . \quad 6)$$

Der Ausdruck A stellt die Komplementfunktion dar, die nach sehr kurzer Zeit (Bruchteilen einer Sekunde in der Regel) gleich Null wird. $\mathfrak{R}$ bedeutet die Grösse des schon früher erwähnten Richtungswiderstandes, die durch die algebraische Beziehung

$$\mathfrak{R} = \sqrt{R^2 + \left(\frac{1}{C \omega} - L \omega\right)^2} \quad . \quad . \quad . \quad . \quad . \quad 4)$$

ausgedrückt werden kann und im absoluten Maßsystem vollkommen die Dimension eines Widerstandes besitzt.

Die Gleichung (6) kann also, nachdem $A = o$ geworden ist, auch geschrieben werden.

$$i = \frac{E_0}{\mathfrak{R}} \sin (\omega t + \varphi) = J_0 \sin (\omega t + \varphi),$$

worin

$$\operatorname{tg} \varphi = \frac{1}{C R \omega} - \frac{L \omega}{R} \quad . \quad . \quad . \quad . \quad . \quad 6a)$$

ist und der Winkel φ die Phasenverschiebung zwischen Strom und Spannung bedeutet.

Betrachten wir nun diese letzten Gleichungen etwas näher, indem wir zunächst die Kapazität C unendlich groß annehmen. Dieser Fall entspricht der elektrischen Leitung ohne dielektrische

Verschiebungen, wie bereits früher erwähnt. Der Stromkreis besteht also aus einer Quelle sinoidaler EMK, die in dem mit R und L behafteten Kreise einen ebenfalls sinoidalen Strom

$$i = J_0 \sin(\omega + \varphi) \quad \ldots\ldots\ldots \quad 7)$$

liefert, dessen Scheitelwert

$$J_0 = \frac{E_0}{\mathfrak{R}} = \frac{E_0}{\sqrt{R^2 + L^2 \omega^2}} \quad \ldots\ldots \quad 7a)$$

gegen den Scheitelwert E_0 der EMK um den Winkel

$$\operatorname{tg} \varphi = -\frac{L\omega}{R} \quad \ldots\ldots\ldots \quad 7b)$$

und, wie durch das negative Vorzeichen in der Gleichung 7b) angedeutet, in Richtung der Verzögerung verschoben ist.

Die Gleichung 7a) stellt das Ohmsche Gesetz für den Wechselstromkreis dar.

Da nun aber die effektiven Mittelwerte $J = \frac{J_0}{\sqrt{2}}$ und $E = \frac{E_0}{\sqrt{2}}$ sind, gilt auch für die Mittelwerte das Gesetz $J = E/\mathfrak{R}$.

Betrachten wir, um uns dies näher zu veranschaulichen, einen einfachen Stromkreis, dessen effektive EMK E = 100 Volt auf einen Widerstand R = 7 Ohm arbeitet, der mit einer Induktanz L von solcher Größe behaftet ist, daß das Produkt $L\omega = 4$ Ohm wird. Die Zahl der Perioden betrage 50 in der Sekunde. Dann kann man den Verlauf der EMK und des unter ihrer Einwirkung entstehenden Stromes an Hand der Beziehungen

$$e = 100\sqrt{2} \sin(2\pi \cdot 50 \cdot t)$$

und

$$i = \frac{100\sqrt{2}}{\sqrt{7^2 + 4^2}} \sin(2\pi \cdot 50\, t - \varphi)$$

darstellen, worin φ gegeben ist durch

$$\operatorname{tg} \varphi = \frac{4}{7} \qquad \text{oder} \qquad \varphi = 29^0\, 45'.$$

Der Effektivwert des Stromes ist

$$J = \frac{E}{\mathfrak{R}} = \frac{100}{\sqrt{7^2 + 4^2}} = 12{,}4 \text{ Ampère}.$$

Stellt man E und J im Vektordiagramm maßstäblich dar, so muß also J um 29° 45′ gegen E verzögert sein, was wir (nach Houston und Kennelly)[4]) eventuell durch die Schreibweise 12,4 / 29° 45′ andeuten können. Zerlegen wir nun den Strom in einen Teil, der mit der EMK nicht nur gleiche Periode, sondern auch gleiche Phase hat, und in einen zweiten Teil, der um $\pi/2$ oder 90° verschoben ist, im Fall unseres Beispiels also sein

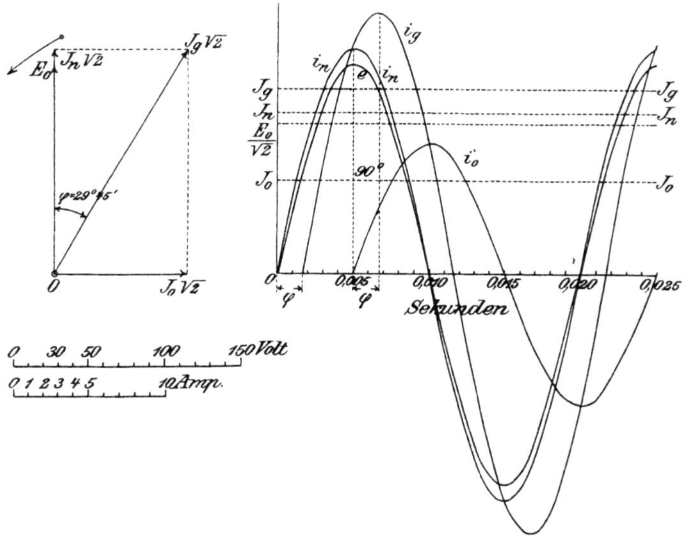

Fig. 13.

Maximum um 0,005 Sekunden später erreicht als die EMK, so ergeben sich:

der Leistung abgebende oder verzehrende Strom

$$i_n = \frac{E_0 R}{\Re^2} \sin \omega t = \frac{E_0}{\Re} \cos \varphi \cdot \sin \omega t =$$

$$(12{,}4 \sqrt{2} \cdot \cos 29° 45') \sin 2 \pi \cdot 50 t$$

mit dem Mittelwert

$$J_n = J \cos \varphi = 12{,}4 \cos 29° 45' = 10{,}77 \; 0° \text{ Ampère,}$$

und der Leistung in Form eines magnetischen Feldes aufspeichernde Strom

$$i_0 = \frac{E_0 L \omega}{\Re^2} \cos \omega t = \frac{E_0}{\Re} \sin \varphi \sin \omega t =$$

$$(12{,}4 \sqrt{2} \sin 29° 45') \sin 2 \pi \cdot 50 t$$

mit dem Mittelwert

$$J_o = J \sin \varphi = 12{,}4 \sin 29^0 45' = 6{,}15 \,/\, \underline{90^0} \text{ Ampère.}$$

J_n und J_o, die man nach M. von Dolivo-Dobrowolsky kürzer den Wattstrom und den wattlosen Strom nennt, werden also im Vektor-Diagramm erhalten, indem man den Gesamtstrom in seine zwei Komponenten parallel zu E_0 und senkrecht dazu zerlegt und jeweils durch $\sqrt{2}$ dividiert, falls wie in Fig. 13 die Maximalwerte und nicht, wie in der Praxis meist üblich, die effektiven Mittelwerte direkt aufgetragen worden sind.

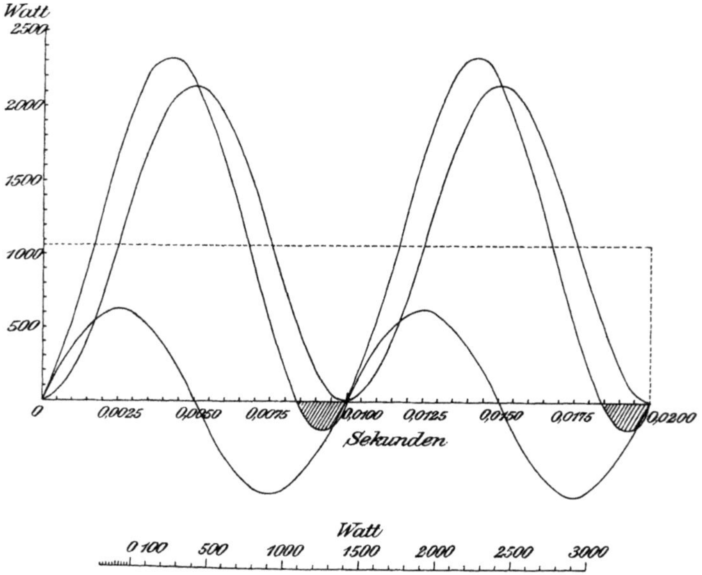

Fig. 14.

Die Leistung w des Stromes i ist in jedem Moment

$$w = e \cdot i = E\sqrt{2} \sin \omega t \cdot J\sqrt{2} \sin (\omega t - \varphi) = 2 E J \sin \omega t \cdot \sin (\omega t - \varphi).$$

Dies gibt

$$\begin{aligned} w &= E J (2 \sin^2 \omega t \cos \varphi - 2 \sin \omega t \cos \omega t \sin \varphi) \\ &= E J \left\{ \cos \varphi (1 - \cos 2 \omega t) - \sin \varphi \sin 2 \omega t \right\} \\ &= E J \left\{ \cos \varphi - \cos (2 \omega t - \varphi) \right\} \quad . \; . \; . \; . \; . \; . \; . \quad 8) \end{aligned}$$

Der Mittelwert der Leistung ist also $W = E J \cos \varphi$ und die Kurve des Effekts variiert mit der doppelten Periodengeschwindigkeit (Fig. 14) und beschreibt dabei eine gegen die Zeitaxe verschobene Sinus- bezw. Cosinuslinie. Am klarsten geht dies aus der Gleichung 8) für den Wert $\varphi = 0$, also induktionsfreie Belastung hervor. Der hierbei sich ergebende Ausdruck

$$W = E J (1 - \cos 2 \omega t)$$

kann aufgefaßt werden als Differenz der konstanten Leistung E J, die einer Gleichstromleistung entsprechend durch ein Rechteck angedeutet werden kann, und der mit doppelter Periodengeschwindigkeit wechselnden Leistung $E J \cos 2 \omega t$, die eine zur Zeitaxe symmetrische Cosinuslinie ist und physikalisch die Aufspeicherung des Feldes in einer Halbperiode und die Wiedergewinnung der hierfür aufgewendeten Energie in der nächsten halben Periode bedeutet. Fig. 14 stellt den zeitlichen Verlauf der Leistungskurve nach der Gleichung dar und weist unterhalb der Zeitaxe gelegene, also negative Teile auf. Diese in der Figur schraffierten Teile werden erklärlich, wenn man die Nutzleistung $w_n = 2 E J \cos \varphi \cdot \sin^2 \omega t$ und die für das Feld abwechselnd aufgewendete und von ihm zurückgenommene Leistung getrennt aufzeichnet. Die letztere, die man ihrem Mittelwerte nach ganz paradox als die „wattlosen Watt" bezeichnen könnte, ist eine Sinuslinie mit positiven und negativen Teilen. Die erste, deren Mittelwert die tatsächliche Leistung ist, ergibt als $\sin^2$-Kurve nur positive Werte. Beide zusammen ergeben dann als Gesamtleistung eine um den Betrag $E J \cos \varphi$ verschobene Sinuslinie mit der Amplitude E J, die um so größere negative Teile enthält, je größer die Phasenverschiebung φ ist (oder je mehr die „wattlosen Watt" gegen die tatsächlichen überwiegen).

In unserem Zahlenbeispiel ist die mittlere Leistung

$$W = E J \cos \varphi = 100 \cdot 12{,}4 \cdot \frac{7}{\sqrt{7^2 + 4^2}} = 1075 \text{ Watt.}$$

E. Der Richtungswiderstand.

a) Diagramm der Widerstände.

Denken wir uns alle Vektoren der Figur 12 durch den Maximalwert des Stromes geteilt, so erhalten wir das rechtwinklige Dreieck Fig. 15, dessen Hypotenuse die Impedanz oder der

Richtungswiderstand $\mathfrak{R}$ ist. Die eine Komponente R ist der Widerstand des Kreises gegen den elektrischen Strom, die andere Komponente der Widerstand gegen die seitlichen magnetischen Strömungen. R ist also der Leistung verzehrende Teil, $(L\,\omega)$ aber ist die Reaktanz oder Rückwirkung[5]), die in Quadratur zum Strome steht. R und $\mathfrak{R}$ schließen miteinander den Winkel der Phasenverschiebung φ ein. Es ist also

$$\operatorname{tg}\varphi = \frac{\text{Reaktanz}}{\text{Widerstand}}$$

$$\text{und} \quad \cos\varphi = \frac{\text{Widerstand}}{\text{Impedanz}}$$

$$\sin\varphi = \frac{\text{Reaktanz}}{\text{Impedanz}}.$$

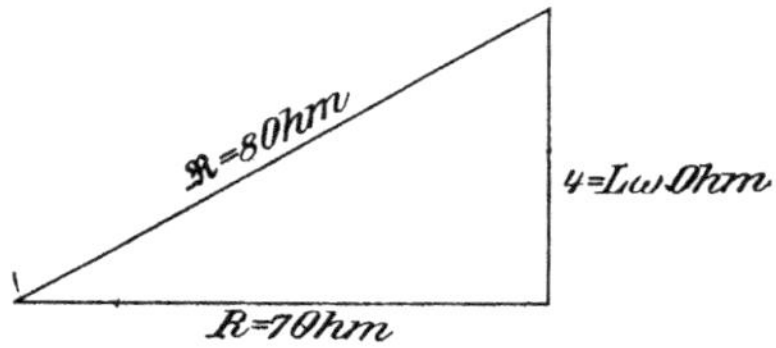

Fig. 15.

Der Begriff der Induktanz, d. i. Heavisides Ausdruck für den Koeffizienten der Selbstinduktion oder der Kraftlinien pro Stromeinheit ($^1/_{10}$ Ampère), erfreut sich zur Zeit großer Unbeliebtheit. Dies ist berechtigt, wenn man es mit Stromkreisen zu tun hat, die stark gesättigte Eisenmassen umschlingen, wie dies bei Dynamomaschinen, Transformatoren, Motoren u. s. w. der Fall ist. Bei einem solchen Kreise entstehen durch die Permeabilität des Eisens μ mal soviel Kraftlinien pro Stromeinheit als in demselben aber eisenfrei gedachten Kreise; μ selbst aber ist eine Funktion der magnetomotorischen Kraft, die ihrerseits dem Strome proportional verläuft. Wenn also der Strom eine Sinusschwingung durchläuft, wird μ zwischen einem Maximalwerte bei ziemlich schwachem Strom und einem Minimalwerte bei maximalem Strom verlaufen, und die Höhe dieser Werte werden ebenso wie der Verlauf der μ-Kurve innerhalb des Zyklus von der Sättigung und Beschaffenheit des Eisens abhängen. Daraus geht hervor, daß die Induktanz L keine Konstante, sondern selbst eine Funktion von μ

ist, daß also Gleichung 4) um das Glied $i \frac{dL}{dt}$ ergänzt werden müßte und daß alle aus ihr abgeleiteten Folgerungen nur für den schwach gesättigten Kreis, bei dem μ nahezu konstant ist, angenäherte Gültigkeit besitzen können.

Dazu kommt noch vom praktischen Standpunkte aus, daß der Berechner einer Dynamo, eines Transformators oder Motors niemals den Koeffizienten L zu kennen braucht und wohl auch niemals kennt, während er aus allerlei Gründen das lebhafteste Interesse an der Kenntnis der wattlosen oder Leerströme hat, weil sie eben die alternierenden Erregerströme seines Wechselfeldes sind.

Anders verhalten sich die Dinge aber, sobald man, wie im vorliegenden Werke, sein Augenmerk auf die Berechnung der Leitungen legt. Diese Leitungen sind fast immer vollkommen eisenfrei und werden, falls es sich um Wechselströme handelt, derart verlegt (konzentrisch oder angenähert bifilar oder verseilt), daß eben ein nennenswertes magnetisches Feld nicht entstehen kann. Man hat also bei ihnen stets konstante oder praktisch als konstant anzusehende Induktanzen. Man könnte natürlich auch den wattlosen Strom ermitteln, den eine Luftleitung braucht, um das sie umschlingende Wechselfeld zu erzeugen und zu vernichten; aber der so ermittelte Leerstrom wäre gegenüber den Leerströmen der Belastung von vernachlässigbarer Größe, während der ihm entsprechende Spannungsverlust immerhin bemerkbar sein kann. Wenn man also wirklich den Selbstinduktionskoeffizienten auch für die Zwecke der reinen Leitungsberechnung ganz verbannen wollte, so könnte man allenfalls bei einer Serienanlage, die mit konstantem Strome arbeitet, mit dem wattlosen Eigenstrom der Leitung auskommen. Für die überwiegende Mehrzahl der mit konstanter Spannung arbeitenden Anlagen empfiehlt sich aber die Beibehaltung des Begriffes der Induktanz für die Leitung selbst, während man für die Belastung sich dieses Begriffes nur zum Zwecke von Ableitungen bedienen, tatsächlich aber mit den Wattströmen und den wattlosen Strömen rechnen wird. Der Zusammenhang zwischen L und J_0 für einen Kreis mit konstanter Permeabilität ergibt sich aus der Gleichung

$$J_0 = \frac{E \cdot L \omega}{\mathfrak{R}^2}$$

und aus folgenden Erwägungen.

Stellt man die sinusförmig wechselnden Größen durch ihre Scheitelwerte oder Mittelwerte im Diagramm der rotierenden Vektoren dar, so erhält man für einen mit Induktanz behafteten Stromkreis das Diagramm der Fig. 16, bei dem der Rotationspfeil andeutet, daß man es mit rotierenden Vektoren zu tun hat. Dieses Diagramm ergibt sich aus jenem des Richtungswiderstandes durch Multiplikation aller Seiten mit dem Strome J; man hat also hier

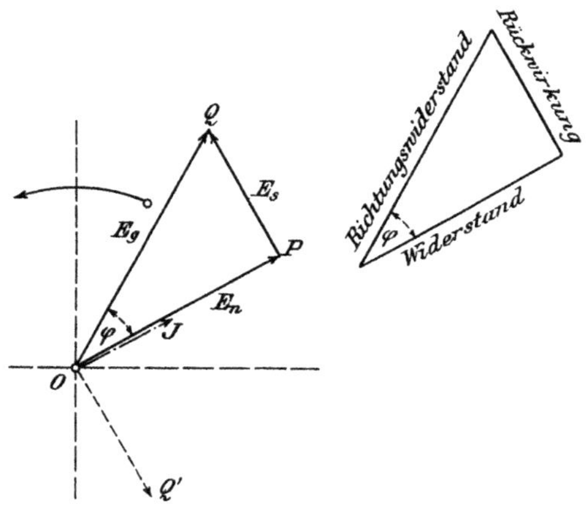

Fig. 16.

nur einen Strom, aber drei verschiedene EMKe. Die eine derselben, E_n, ist die E.M.Nutzkraft[6]), deren Richtung mit jener des Stromes übereinstimmt und die mit dem Strome multipliziert die Gesamtleistung in Watt angibt; die andere Komponente E_s steht senkrecht zur Richtung des Stromes und eilt ihm um 90^0 vor; dies ist nötig, da sie die Gegen-EMK der Selbstinduktion abbalancieren muß. Beide zusammen ergeben die E.M. Gesamtkraft

$$E_g = \sqrt{E_n^2 + E_l^2} = J\sqrt{R^2 + L^2\omega^2} = J\,\mathfrak{R},$$

die dem Strom um den Winkel φ voreilt, der sich nach Gl. 7a) bestimmen läßt. Setzt man

$$J_g = \frac{E}{\mathfrak{R}},$$

so erhält man die Beziehungen zwischen dem Nutzstrom

$$J_n = E \frac{R}{\mathfrak{R}^2} = E \cdot g,$$

dem wattlosen Strom

$$J_o = E \frac{L\omega}{\mathfrak{R}^2} = E \cdot b$$

und dem Gesamtstrom

$$J_g = \sqrt{J_n^2 + J_o^2},$$

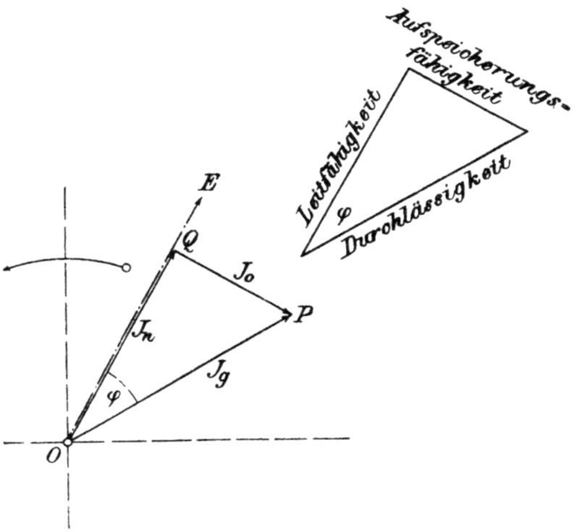

Fig. 17.

die in Fig. 17 graphisch dargestellt sind. g bedeutet darin die Leitfähigkeit des Stromkreises und geht für Gleichstrombetrieb oder solche Leitungen, bei denen die Induktanz vernachlässigbar und somit $\mathfrak{R} = R$ ist, über in die Beziehung $g = \frac{1}{R}$.

b bedeutet die Suszeptanz (Aufnahme- oder Aufspeicherungsfähigkeit) des Stromkreises für elektromagnetische oder elektrostatische Felder. g und b sind die wattverzehrende und die wattlose Komponente des reziproken Wertes des Richtungswiderstandes $\frac{1}{\mathfrak{R}} = \mathfrak{R}^{-1}$, den man auch als Admittanz (Durchlässigkeit) bezeichnen kann, obwohl eine besondere Benennung kaum erforderlich ist. Im Gleichstromkreise oder in jedem anderen Kreise, in dem die

Wirkung der Induktanz vernachlässigbar ist, gilt die entsprechende einfachere Beziehung, daß die Leitfähigkeit gleich dem reziproken Werte des Widerstandes ist.

Bei der in Fig. 16 gegebenen Darstellung hat man nur eine EMK, die mit dem Nutzstrome phasengleich ist und welcher der Gesamtstrom um den Winkel φ nacheilt. Wir werden von der einen oder anderen Darstellungsweise freien Gebrauch machen, je nachdem sie zur einfachen Erreichung der Ziele jeweilig besser geeignet erscheint.

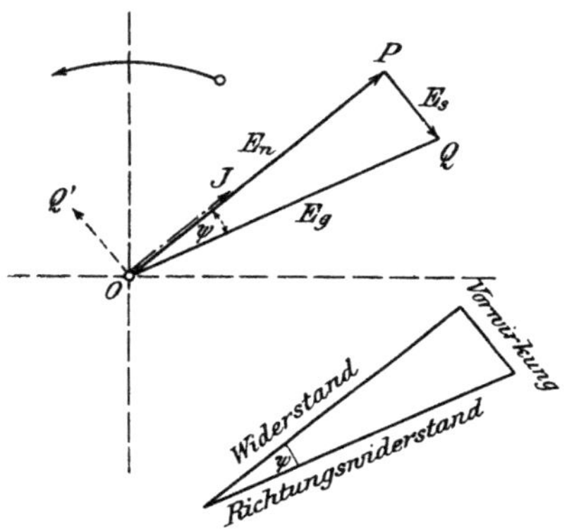

Fig. 18.

Wenn der einfache Stromkreis statt der Induktanz einen Kondensator von der Kapazität C enthält, so durchfließt das Dielektrikum desselben, trotzdem seine Belegungen vollkommen von einander isoliert sind, nach den Gleichungen 6) und 6a) ein Wechselstrom von dem effektiven Mittelwert

$$J = \frac{E}{\sqrt{R^2 + \frac{1}{C^2 \omega^2}}} \quad \ldots\ldots \quad 7a)$$

Dieser Strom eilt der EMK an den Belegungen um den Winkel ψ vor, dessen Wert gegeben ist durch

$$\operatorname{tg} \psi = \frac{1}{C R \omega}.$$

Die Wirkung des Kondensators äußert sich also gerade so, als ob eine negative Induktanz

$$-L' = \frac{1}{C\omega^2}$$

in den Stromkreis eingeschaltet wäre. Man kann also auch hier in ganz ähnlicher Weise, wie vorher, den Richtungswiderstand oder seinen reziproken Wert in zwei Komponenten zerlegen und erhält dann im ersten Falle (Fig. 18) den Strom J_n, die Potentialdifferenz $\overline{OQ'}$ an den Kondensatorplatten, die ihm um 90° voreilt, und die zu ihrer Abgleichung erforderliche wattlose Komponente

$$E_c = \frac{J}{C\omega},$$

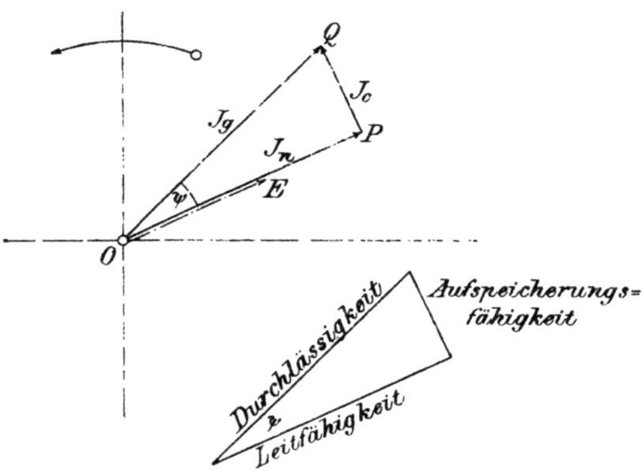

Fig. 19.

die, zusammen mit der E.M.Nutzkraft $E_n = J R$, die E.M.Gesamtkraft

$$E_g = \sqrt{E_n^2 + E_c^2} = J\sqrt{R^2 + \left(\frac{1}{C\omega}\right)^2} = J \cdot \mathfrak{R}$$

ergibt.

Im zweiten Falle erhält man nur eine EMK und drei Stromwerte, Fig. 19, nämlich

den wattlosen oder Ladestrom

$$J_o = E \cdot \frac{\omega C}{\mathfrak{R}^2} = E \cdot b,$$

den Watt- oder Nutzstrom

$$J_n = E \cdot \frac{R}{\mathfrak{R}^2}$$

und den Gesamtstrom

$$J_g = \sqrt{J_c^2 + J_n^2} = \frac{E}{\mathfrak{R}}.$$

Der Winkel der Voreilung ψ ist gegeben durch

$$\operatorname{tg} \psi = \frac{J_c}{J_n}.$$

Sind in einem Kreise Kondensatoren (oder ähnlich wirkende Vorrichtungen, z. B. übererregte Synchronmotoren) und Induktanz (oder Drosselspulen oder dergl.) gleichzeitig vorhanden, so bestimmt sich die resultierende Wirkung aus der Differenz der positiven Rückwirkung $L\omega$ und der negativen Rückwirkung

$$(-L'\omega) = \frac{1}{C\omega}.$$

Wenn die Induktanz überwiegt, eilt die Gesamtspannung dem Strom vor; wenn die Kapazitätswirkung überwiegt, bleibt sie hinter dem Strom zurück. Der Strom selbst ist gegeben durch

$$J = \frac{E}{\sqrt{R^2 + \left(\frac{1}{C\omega} - L\omega\right)^2}} \quad . \quad . \quad . \quad . \quad 7b)$$

und seine Verschiebung gegen E durch

$$\operatorname{tg} \varphi = \frac{\frac{1}{C\omega} - L\omega}{R},$$

worin das + Vorzeichen der Voreilung, das — dem Nachhinken von J gegen E entspricht.

Wenn also die beiden Wirkungen einander gerade aufheben, wird der Klammerausdruck gleich Null und der Strom folgt dem Ohmschen Gesetz in seiner einfachsten Form $J = E/R$.

b) Anwendung zur Ermittelung des Spannungsabfalls bei Leitungen.

Betrachten wir nun einen einfachen Kreis von den Klemmen der Stromquelle A, B an bis zu der in einem Punkte vereinigten Belastung durch den Strom J. (Fig. 20.) Wenn der Widerstand der Zuleitungen A C und B D zusammen r Ohm und der effektive Mittelwert des Stromes J Ampère beträgt, so genügt es, die Verschiebung φ des Stromes J gegen die Spannungsdifferenz E_2 zwischen den Punkten C und D zu kennen, um die EMK E_1 zu ermitteln, die an den Klemmen A und B aufrecht erhalten werden

Fig. 20.

muß, wenn der Strom J zustande kommen soll. Der Spannungsverlust in den Zuleitungen ist nach dem Ohmschen Gesetze $v = J \cdot r$ und seine Richtung im Vektordiagramm (Fig. 21) fällt mit jener des Stromes zusammen. Tragen wir also $J = \overline{AB} = 10$ Amp. auf und schneiden darauf im Maßstab der Volt die Strecke $\overline{AC} = J\,r = 10 \cdot 0{,}5 = 5$ Volt ab, so stellt $\overline{AC}$ den Spannungsverlust in der Leitung nach Größe und Richtung dar. Wäre die Belastung induktionsfrei und die Spannungsdifferenz zwischen den Enden der Linie, oder kürzer ausgedrückt, die Endspannung $E_2 = \overline{AD} =$ 15 Volt, so genügte es, an $\overline{AD}$ noch $\overline{DF} = \overline{AC} = 5$ Volt anzulegen, um die Anfangsspannung $E_1 = \overline{AF} = 20$ Volt zu erhalten. Ist aber J gegen $E_2 = 15$ Volt um $\varphi_2 = 45^0$ verzögert, so kann E_2 in dem nach links rotierenden Diagramm dargestellt werden durch $\overline{AD_1}$. Der Spannungsverlust beträgt auch jetzt noch nach Größe und Richtung $\overline{AC} = J\,r = 5$ Volt und die zwischen den Punkten A und B (Fig. 21) aufzuwendende EMK muß imstande sein, $A\,D_1$ und $\overline{AC}$, also der Nutzspannung und dem Spannungsverlust gerade das Gleichgewicht zu halten. Sie entspricht also der Diagonale $E_1' = \overline{AF_1}$ des Parallelogramms aus diesen beiden Vektorgrößen und ist, wie die Figur ergibt, kleiner als $\overline{AF}$ und weniger gegen den Strom verschoben als $E_2 = \overline{AD_1}$. Zieht man die zu $\overline{AB}$ senkrechten Hilfslinien $\overline{D_1 H}$ und $\overline{F_1 K}$, so erkennt man, daß

$$D_1 H = A D_1 \sin \varphi_2 = A F_1 \sin \varphi_1,$$

oder schließlich

$$\frac{E_2}{E_1'} = \frac{\sin \varphi_1}{\sin \varphi_2} \quad \text{. . . . . 8)}$$

Da aber E_1' stets größer sein muß als E_2, muß φ_1 stets kleiner sein als φ_2.

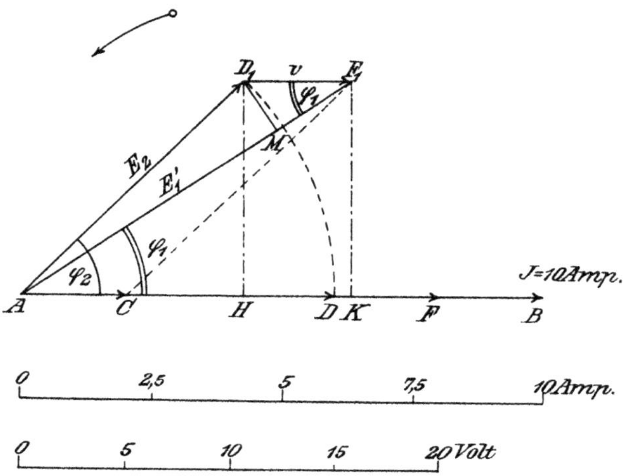

Fig. 21.

Aus unserer Figur 21 folgt aber auch, wenn man von D_1 aus eine senkrechte Hilfslinie $D_1 M$ auf $A F_1$ fällt,

$$A D_1 = \sqrt{\overline{AM}^2 + \overline{D_1 M}^2} = \sqrt{(\overline{AF_1} - \overline{DF} \cos \varphi_1)^2 + \overline{D} F \sin \varphi_1}$$

oder

$$E_2 = \sqrt{(E_1 - v \cos \varphi_1)^2 + (v \sin \varphi_1)^2}$$

$$E_2 = \sqrt{E_1'^2 + J^2 r^2 - 2 E_1' J \cdot r \cos \varphi_1}.$$

Betrachtet man in Fig. 22 aber die horizontale Strecke A H $= E_2 \cos \varphi_2 + v$ und die vertikale Strecke $F_1 K = E_2 \sin \varphi_2$, so folgt

$$E_1' = \sqrt{(E_2 \cos \varphi_2 + v)^2 + (E_2 \sin \varphi_2)^2}$$

oder

$$E_1' = \sqrt{E_2^2 + J^2 r^2 + 2 E_2 Jr \cos \varphi_2}. \quad \text{. . . . . 10)}$$

Aus dieser Gleichung geht klar hervor, daß $E_1' < E_1$ sein muß und diesen Grenzwert nur für $\cos \varphi_2 = 1$, also induktionsfreie Belastung erreicht. Unserem Zahlenbeispiel nach ist $E_1' = 18{,}9$ Volt, wie auch die Figur ergibt, und somit

$$\sin \varphi_1 = \frac{E_2}{E_1'} \sin \varphi_2 = \frac{15}{18{,}9} 0{,}707 = 0{,}56, \text{ also } \varphi_1 = 34^0.$$

Der Winkel φ_1 muß schon deshalb kleiner sein als φ_2, weil zu der induktiven Belastung am Ende der Leitung $W_2 = J \,.\, E_2 \,.\, \cos \varphi_2$ jetzt die induktionsfreie Belastung durch den Jouleschen Verlust in der Zuleitung $w = J^2 r$ hinzugekommen ist. Die Leistung am Anfang der Linie ist also

$$W_1 = J\, E_2 \cos \varphi_2 + J^2 r = J\, E_1' \cos \varphi_1.$$

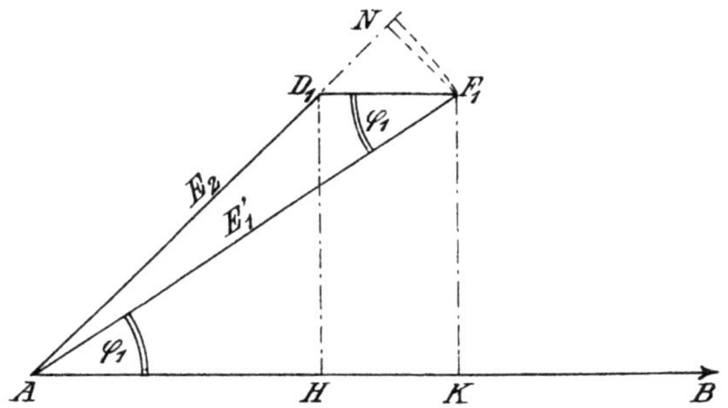

Fig. 22.

Betrachten wir nunmehr das Verhältnis des Ohmschen Spannungs- und des Jouleschen Effektverlustes zur Anfangsspannung bezw. zur Anfangsleistung. Es sei

$$p = \frac{v}{E_1'}$$

und

$$a = \frac{v\, J}{W_1},$$

dann folgt zunächst

$$v\, J = p\, E_1'\, J = a\, W_1 = a\, E_1'\, J \cdot \cos \varphi_1$$

und somit

$$p = a \cos \varphi_1. \quad . \quad . \quad . \quad . \quad . \quad . \quad . \quad . \quad 11)$$

Der prozentische Effektverlust ist also nicht gleich dem prozentischen Spannungsverlust, wie dies bei Gleichstrom oder bei induktionsfreier Belastung der Fall ist, sondern er ist kleiner als dieser und zwar um so kleiner, je kleiner der Leistungsfaktor am Anfang der Linie ist.

Außerdem aber ist der Spannungsverlust in der Zuleitung nicht mehr wie bei Gleichstrom oder bei induktionsfreier Belastung gleich der Differenz zwischen Anfangs- und Endspannung. In dem Zahlenbeispiel ist

$$p = \frac{5}{18,9} = 0,265,$$

$$a = 0,265 \cos 34^0 = 0,22,$$

$$E_1' - E_2 = 18,9 - 15 = 3,9 < v = 5 \text{ Volt.}$$

Ist der prozentische Verlust nicht zu groß, so daß der Kreisbogen (Fig. 22) mit genügender Annäherung durch die gerade $\overline{F_1 N} \perp \overline{A D_1}$ ersetzt werden kann, so ist angenähert die Differenz der gemessenen Mittelwerte

$$D_1 N \doteq E_1' - E_2 \doteq v \cdot \cos \varphi_2$$

und der Unterschied zwischen v und $(E_1' - E_2)$ ist

$$\Delta v = v - (E_1' - E_2) \doteq v (1 - \cos \varphi_2).$$

Aus dieser Gleichung erkennt man, daß dieser Unterschied mit wachsender Größe von v und von φ_2 zunimmt und daß es im allgemeinen, wenn man sich nur um die absoluten Werte von E_1 und E_2, nicht um ihre Richtung kümmert, nicht streng richtig ist, v (oder p und g) zu berechnen. Setzen wir aber v ein statt $(E_1' - E_2)$, so befinden wir uns mit einem kleinen Fehler auf der sicheren Seite, da die tatsächliche Differenz der bei $\overline{AB}$ und bei $\overline{CD}$ (Fig. 20) gemessenen Spannungsdifferenzen kleiner sein wird als die Gleichungen für v oder p angeben. Aus diesen Gleichungen können wir, für eine Leitung aus 2 Drähten von je l Meter Länge, f qmm Querschnitt und aus einem (unmagnetischen) Material von der Leitfähigkeit k, bezogen auf Quecksilber, für welche also der Widerstand $r = \frac{l}{k f}$ Ohm, auch ableiten:

$$f = \frac{2 l W_1}{k p E_1^2 \cos \varphi_1} = \frac{2 l}{k a} \cdot \frac{J^2}{W_1}, \quad \ldots \quad 11)$$

$$E_2 = E_1 \sqrt{1 + p^2 - 2 p \cos \varphi_1} \quad \ldots \quad 12)$$

und
$$\cos \varphi_2 = \frac{p - \cos \varphi_1}{\sqrt{1 + p^2 - 2 p \cos \varphi_1}} .$$

Diese Gleichungen, besonders (11) dienen als Grundlage für die Berechnung von Wechselstromleitungen. Wenn $\cos \varphi_1 = 1$ wird, geht sie über in die auch für Gleichstrom gültige Beziehung $(p = 1)$

$$f = \frac{2 l W_1}{k p E_1^2} = \frac{2 l J}{k a E_1} \quad . \quad . \quad . \quad . \quad . \quad . \quad 11a)$$

Der zur Übertragung einer bestimmten Wechselstrom-Leistung W_1 bei einem bestimmten prozentischen Spannungsverlust erforderliche Querschnitt f_ω ist also im Verhältnis $1/\cos \varphi_1$ größer als jener f_g zur Übertragung derselben Leistung von einer Gleichstromquelle aus über dieselbe Entfernung und mit demselben prozentischen Spannungsverlust gewesen wäre.

$$f_\omega = \frac{f_g}{\cos \varphi_1} .$$

Für gleichen prozentischen Effektverlust gilt die Beziehung

$$f_\omega = \frac{f_g}{\cos^2 \varphi_1}$$

zwischen den bei gleicher Leistung, Spannung und Entfernung erforderlichen Querschnitten bei Wechselstrom- oder bei Gleichstrom-Betrieb. Man erkennt hieraus, welche Wichtigkeit die Erzielung hoher Leistungsfaktoren für die Ersparnis an Leitungsmaterial hat.

Ist nun aber nicht, wie dies bisher vorausgesetzt wurde, die Leitung induktionsfrei, so ändern sich die eben gegebenen Ableitungen in leicht übersehbarer Weise. Wir werden später bei Besprechung der langen Wechselstromleitungen erkennen, daß im allgemeinen jede Leitung mit Induktanz behaftet ist, also einen Richtungswiderstand darstellt, können uns aber jetzt, um den Fall möglichst elementar zu behandeln, vorstellen, es sei in die Leitung aus irgend welchen Gründen Induktanz eingebracht worden. Wenn dann in schematischer Darstellung der eine Linienzug AB (Fig. 23) die Hin- und die Rückleitung darstellt, an deren Ende B der Strom J der Gesamtbelastung angreift, dann kann man die in der Zuleitung auftretenden Verluste ermitteln, indem man die Leitung als mit dem Richtungswiderstand $\mathfrak{R}$ behaftet betrachtet und für sie das rechtwinklige Dreieck A B C (Fig. 24) entwirft, worin $\underline{AB} = J \cdot R$ parallel J, $BC = J \cdot L \omega$ senkrecht J und $AC = J \cdot \bar{\mathfrak{R}}$ ist.

Sei $OA = E_2$ (Fig. 24) die Spannung am Ende der Linie, O J der Strom, der um φ_2 gegen E_2 verzögert ist, dann erhält man die erforderliche Anfangsspannung E_1 und ihre Verschiebung gegen J, indem man an $\overline{OA}$ die Linie $\overline{AB}$ parallel und gleich J R anlegt, auf $\overline{AB}$ die senkrechte $\overline{BC} = J\,.\,L\,\omega$ errichtet und die Schlußlinie $\overline{OC}$ zieht. Man hätte auch einfach an die Endspannung $\overline{OA}$ den Verlust $\overline{AC} = J\,\mathfrak{R}$ in Richtung des Richtungswiderstandes

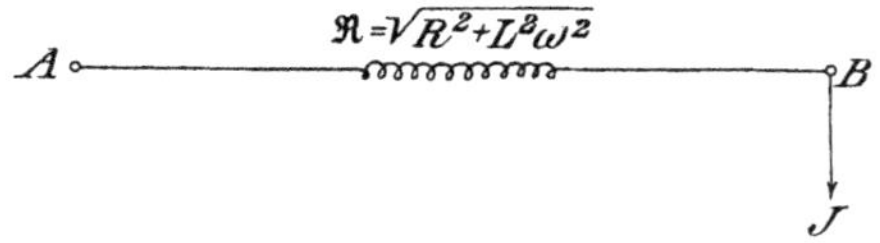

Fig. 23.

$\mathfrak{R}$ anlegen können. Zieht man die Hilfslinien $\overline{AD}$ und $\overline{CF}$ senkrecht $\overline{OJ}$, so kann man aus der Figur folgende Beziehungen ablesen:

$$\begin{aligned} E_1 &= \sqrt{E_2^2 + (\mathfrak{R}J)^2 - 2\,E_2\,\mathfrak{R}J \cdot \cos(\varphi_2 + 180^0 - \gamma)} \\ &= \sqrt{E_2^2 + (\mathfrak{R}J)^2 + 2\,E_2\,\mathfrak{R}J\cos(\varphi_2 - \gamma)} \\ &= \sqrt{E_2^2 + (\mathfrak{R}J)^2 + 2\,E_2\,J\,(R\cos\varphi_2 + L\,\omega\sin\varphi_2)} \quad . \quad 14) \end{aligned}$$

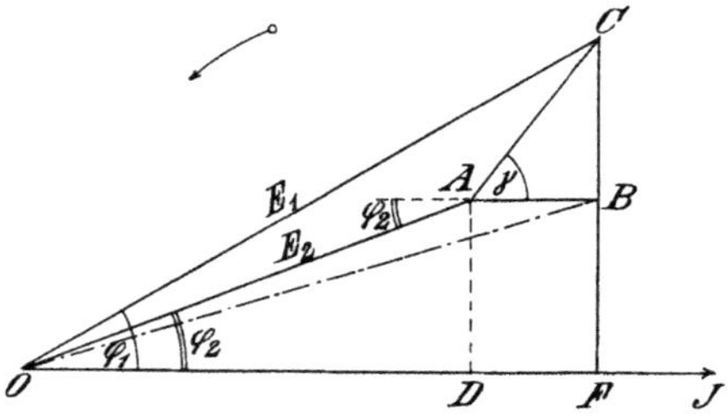

Fig. 24.

und

$$\sin\varphi_1 = \frac{E_2\sin\varphi_2 + \mathfrak{R}\,J\sin\gamma}{E_1} = \frac{E_2\sin\varphi_2 + L\,\omega\,J}{E_1}, \quad 14a)$$

worin γ den Neigungswinkel des Richtungswiderstandes gegen den Strom bedeutet.

Ist die Leitung induktionsfrei, so wird $\mathfrak{R} = R$ und $\gamma = 0$ und Gleichung (14a) geht über in

$$\frac{\sin\varphi_1}{\sin\varphi_2} = \frac{E_2}{E_1} \quad . \quad . \quad . \quad . \quad . \quad . \quad . \quad . \quad . \quad 8)$$

und Gleichung (14) in

$$E_1' = \sqrt{E_2 + (R\,J)^2 + 2\,E_2\,R\,J\cos\varphi_2} \quad . \quad . \quad . \quad 10)$$

oder

$$E_1' - E_2 = E_2\left(\frac{\sin\varphi_2}{\sin\varphi_1} - 1\right).$$

Ist schließlich auch $\varphi_2 = o$, so folgt wie für Gleichstromlinien

$$E_1 = E_2 + R\,J,$$

d. i. das Ohmsche Gesetz in der einfachsten Form.

Betrachtet man die Formel 14) genauer, so erkennt man, daß sie sich auch auf die Form

$$E_1 = \sqrt{(E_2 + \bar{\mathfrak{R}}\,J)^2 - 2\,E_2\,J\,\bar{\mathfrak{R}}\left\{1 - \cos(\varphi_2 - \gamma)\right\}}$$

bringen läßt und daß somit E_1 seinen Maximalwert

$$E_{1\,max} = E_2 + \bar{\mathfrak{R}}\,J = E_2 + f \cdot R\,J$$

nur dann erreicht, wenn $\varphi_2 = \gamma$ ist. Den Faktor $f = \frac{\bar{\mathfrak{R}}}{R}$ hat Kennelly als Impedanzfaktor[7]) bezeichnet.

Man erkennt jedoch aus den Gleichungen, daß es im allgemeinen falsch ist, den Spannungsverlust ($E_1 - E_2$) so zu ermitteln, daß man den Ohmschen Verlust mit dem Impedanzfaktor multipliziert. Man erhält auf diese Weise den maximalen Wert des Verlustes, während der tatsächlich auftretende kleiner ist.

Setzt man jedoch

$$m = \frac{L\,\omega}{R}$$

und

$$p = \frac{R\,J}{E_2 + R\,J},$$

so kann man nach einiger Rechnung auch ableiten

$$K = \frac{E_1}{E_g} = \sqrt{\left\{(1 - p) + p\cos\varphi + m\,p\sin\varphi\right\}^2 + \left\{m\,p\cos\varphi - p\sin\varphi\right\}^2}. \quad 15)$$

In diesen zuerst von Blondel[8]) gegebenen Ableitungen bedeutet m das Verhältnis der Reaktanz zum Widerstand oder den Reaktanzfaktor, p den relativen Ohmschen Verlust im Verhältnis zu jener Anfangsspannung E_g, die bei Gleichstrom erforderlich wäre, um den Spannungsverlust J R und die Endspannung E_2 zu überwinden. Die Gleichung stellt jenen Koeffizienten K dar, mit dem man diese Gleichspannung multiplizieren muß, um die bei induktiver Wechselstrombelastung und induktiver Linie erforderliche Anfangsspannung E_1 zu erhalten. Man rechnet also in diesem Falle entweder nach einer der Gleichungen 10) oder 14) oder einfacher wie bei Gleichstrom, indem man die hierbei erhaltene Anfangsspannung nach der Gleichung 15) mit K multipliziert.

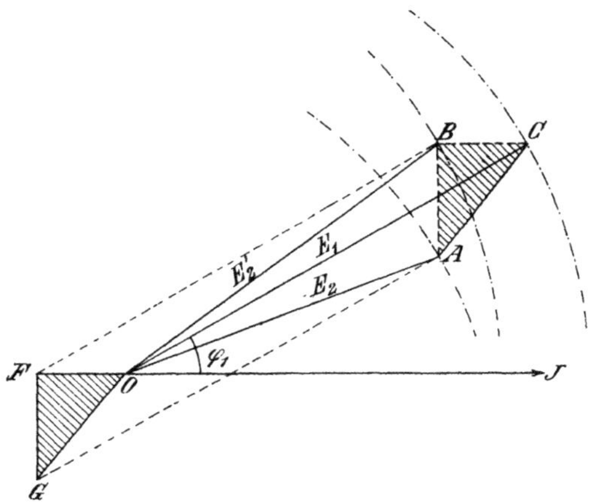

Fig. 25.

Die Figur 24 läßt sich auch leicht zur Veranschaulichung des Einflusses verwenden, den der Leistungsfaktor der Belastung oder die Größe des Richtungswiderstandes der Leitung selbst auf Phase und Größe der Endspannung bei gegebener Anfangsspannung besitzen. Man braucht nur das Dreieck des Richtungswiderstandes, das für eine gegebene Leitung konstant bleibt, parallel mit sich selbst verschoben zu denken, wie Fig. 25 dies andeutet. Ist die gegebene Anfangsspannung $E_1 = \overline{OC}$, dann ist bei induktionsfreier Linie die Endspannung $E_2' = \overline{OB}$, bei induktiver Linie die Endspannung $\overline{OA} = E_2$. Wenn man von der Anfangsspannung aus die Endspannung erhalten will, muß man bekanntlich den Verlust im Richtungswiderstand $\overline{OG} = \overline{CA}$ subtrahieren, während wir vorher (Figur 24), ausgehend von gegebener Endspannung den Verlust addierten, um die Anfangsspannung zu erhalten. Nun werden für jeden Winkel φ_1 bei konstanter Größe von $E_1 = \overline{OC}$

die Punkte A, B und C auf den Kreisen Z, R, I (Figur 26) liegen, die aus den Mittelpunkten G, F und O mit dem Radius $\overline{OC}$ = der konstanten Anfangsspannung beschrieben sind[9]). Aus dieser Figur lassen sich alle möglichen Fälle direkt ablesen.

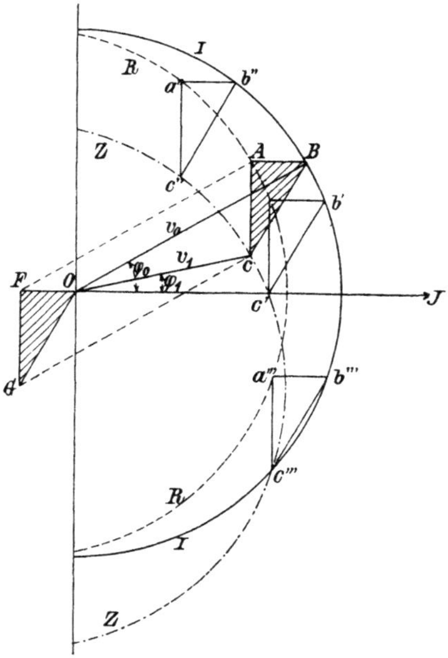

Fig. 26.

Hat z. B. die konstante Anfangsspannung die Lage o b'', so ist die Endspannung nach Größe und Lage für induktionsfreien Leitungszweig durch o a'', für induktive Leitung durch o c'' gegeben. Soll die Endspannung bei induktiver Linie phasengleich mit dem Strome sein, so muß sie die Größe und Lage o c' haben und die zugehörige Anfangsspannung ist o b'. Für den Punkt c''' sind Anfangs- und Endspannung gleich groß, aber um den Winkel (c''' o b''') gegen einander verschoben. Es tritt also hier kein Spannungsverlust auf, weil die Spannung O c''' beträchtlich gegen den Strom verzögert ist, oder weil die Belastung eine starke Vorwärtswirkung (Kondensatorwirkung) besitzt. Wächst dieselbe (z. B. durch Änderung der Erregung von Synchronmotoren oder dergleichen) noch weiter an, so tritt auf dem unteren Teile zwischen den Kreisen I und Z Spannungserhöhung ein, was nur bei induktiver Linie möglich ist.

Gegeben sei z. B. eine EMK von $E_1 = 100$ Volt, die der Größe nach konstant gehalten wird. Legen wir ihren einen Endpunkt

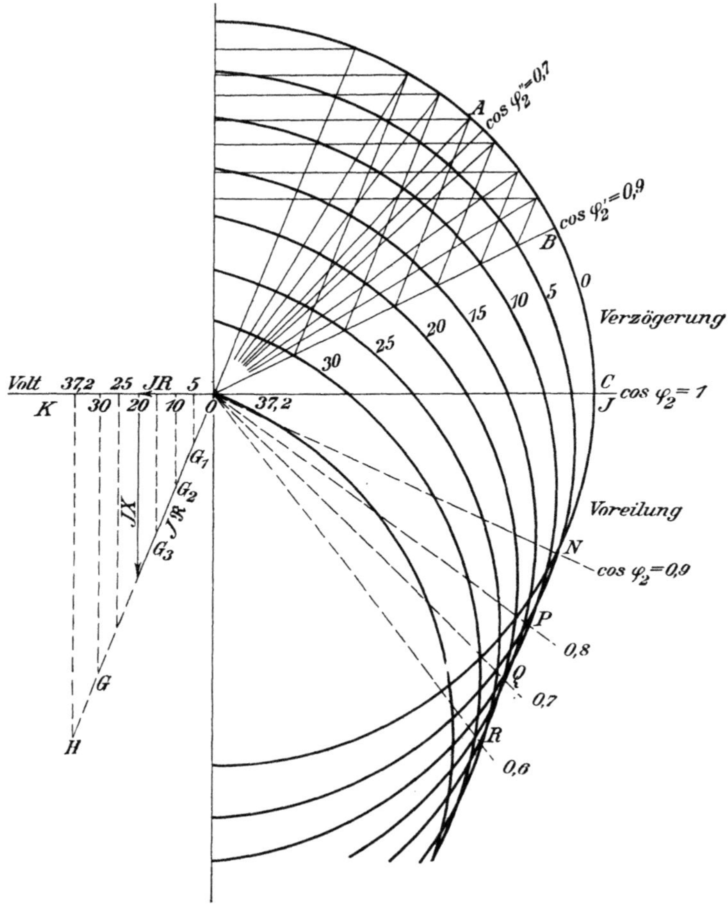

Fig. 27.

nach O, so ist der geometrische Ort des anderen Endpunktes der Kreis durch A, B, C. Es ist das Verhalten der Linie zu untersuchen, wenn der Strom des Abnehmers am Ende der Leitung der Richtung und der Größe nach verändert wird.

Um die Figur 27 deutlich zu machen und die erhaltenen Resultate diskutieren zu können, wählen wir eine Linie von so ungünstigen Verhältnissen, wie man sie praktisch nicht ausführen würde. Es sei z. B. der Widerstand R = 2 Ohm, die Reaktanz L ω = 5 Ohm. Dann legen wir an O in der gezeichneten Weise das Dreieck der Ohmschen, induktiven und gesamten Spannungs-

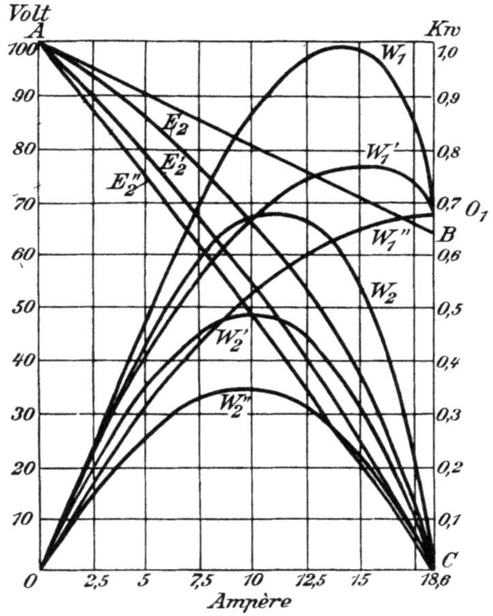

Fig. 28.

werte O F G an, ziehen für J R = 5, 10, 15 Volt die vertikalen und schlagen mit dem Radius $\overline{OA} = 100$ Volt Kreise aus den Mittelpunkten G_1, G_2, G_3 . . . . dann ist jeder der entsprechend bezeichneten Kreise der eine geometrische Ort des Endpunktes der Endspannung E_2; den zweiten Ort ergibt eine Gerade $\overline{OA}$, $\overline{OB}$, $\overline{OC}$ unter dem Phasenwinkel φ_2 gegen den der Richtung nach konstant gehaltenen Stromvektor $\overline{OJ}$. Die Schnittpunkte beider Örter ergeben dann die Endspannung E_2 nach Phase und Größe; und Parallele zu $\overline{OG}$, die aus diesen Schnittpunkten bis zum Kreise O A B gezogen werden, ergeben die zugehörigen Anfangsspannungen nach Größe (konstant 100 Volt) und Phase. Diese

Konstruktion ist der Deutlichkeit halber in Figur 27 nur für cos $\varphi = 0{,}9$ durchgeführt.

Trägt man die so gewonnenen Resultate in ein rechtwinkliges Koordinatensystem ein, so erhält man zunächst in Figur 28 für die drei im oberen Teile der Figur 27 gezeichneten Strahlen O A,

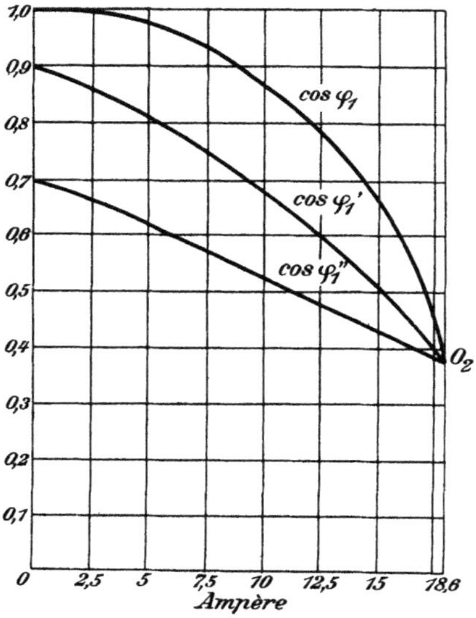

Fig. 29.

$\overline{OB}$, $\overline{OC}$ mit den Leistungsfaktoren cos $\varphi_2 = 0{,}7$, 0,9 und 1 die Werte der Endspannungen E_2 in Abhängigkeit vom Strom, und die in Figur 29 zusammengestellten Werte der Phasenverschiebung φ_1 zwischen E_1 und J bezw. des Leistungsfaktors am Anfang der Linie. Man kann daraus ohne Mühe die Werte der Nutzleistungen am Ende der Linie

$$W_2 = J E_2 \text{ für } \cos \varphi_2 = 1$$
$$W_2' = 0{,}9\, J E_2' \text{ - } \cos \varphi_2' = 0{,}9$$
$$W_2'' = 0{,}7\, J E_2'' \text{ - } \cos \varphi_2'' = 0{,}7$$

und der Gesamtleistung am Anfang derselben

$$W_1 = J E_1 \cos \varphi_1$$
$$W_1' = J E_1 \cos \varphi_1'$$
$$W_1'' = J E_1 \cos \varphi_1''$$

ermitteln und in Figur 28 eintragen und erkennt dann folgendes:

1. Für jeden Wert der Phasenverschiebung am Ende der Leitung gibt es einen Wert des Stromes, der dem maximal durch die Linie bei konstanter Anfangsspannung übertragbaren Effekte entspricht.

2. Bei einem bestimmten Stromwerte, in unserem Fall 18,6 Ampère, ist der Effekt am Ende der Leitung = Null. Die

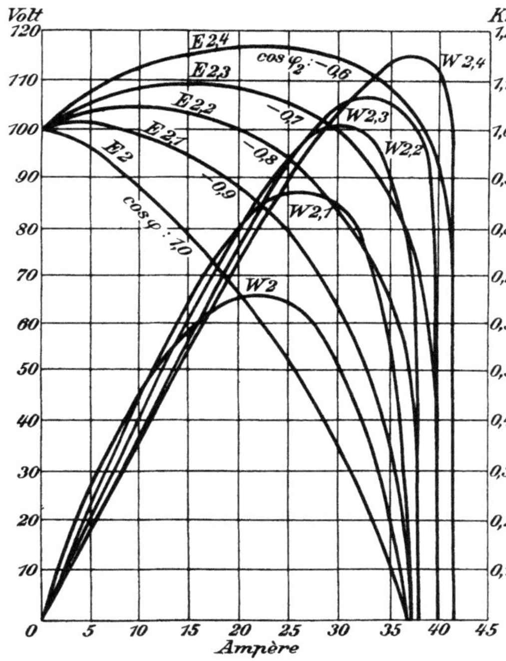

Fig. 30.

Leitung selbst verzehrt also die gesamte ihr zugeführte Leistung. Dieser Stromwert ergibt sich graphisch, wenn man $\overline{OA}$ = 100 Volt auf $\overline{OH}$ abträgt und die Strecke $\overline{OK}$ im Maßstab der Ampère mißt. Rechnerisch gilt für diesen Grenzfall, der praktisch natürlich nicht in Betracht gezogen zu werden braucht,

$$J_o = \frac{E_1}{\Re} = \frac{100}{\sqrt{2^2 + 5^2}} = 18,6 \text{ Ampère.}$$

Für diesen Grenzwert münden natürlich auch alle drei Kurven

der primär aufzuwendenden Leistung in demselben Punkt O_1 (Fig. 28), der dem Verlust in der Linie, also

$$J^2 R = 18{,}6^2 \cdot 2 = 690 \text{ Watt}$$

entspricht.

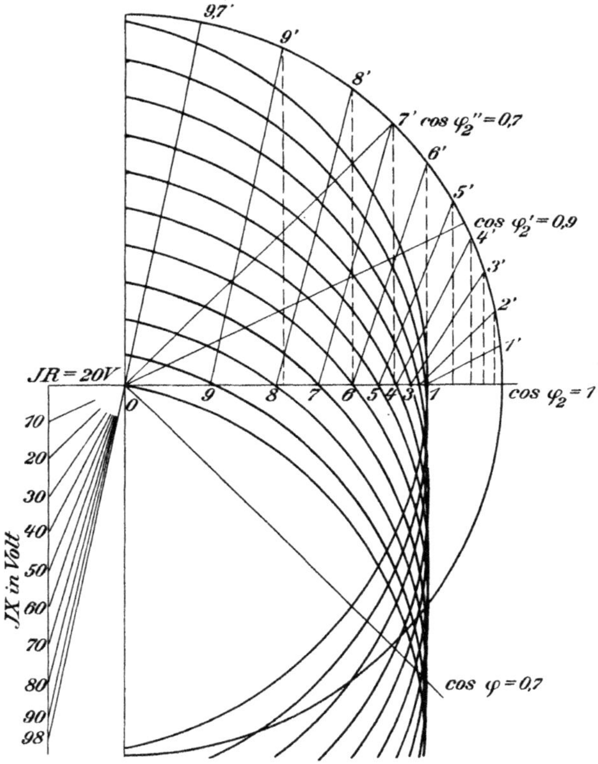

Fig. 31.

3. Die Anfangsspannung ist stets, auch für induktionsfreie Belastung, gegen den Strom beschleunigt, weil sie die Rückwirkung der Linie selbst zu überwinden hat. Die drei Kurven des Leistungsfaktors am Anfang stoßen ebenfalls in einem Punkt O_2 (Fig. 29) zusammen, dessen Wert sich ergibt aus

$$J_0 E_1 \cdot \cos \varphi_1 = J_0 E_1 \cdot \cos \varphi_1' = J_0 E_1 \cdot \cos \varphi'' = J_0^2 R$$

oder

$$\cos \varphi_1 = \frac{J_0^2 R}{J_0 E_1} = \frac{690}{1860} = 0{,}37.$$

4. Eilt die Endspannung dem Strom vor, so ergeben die Leistungsfaktoren 0,9; 0,8; 0,7; 0,6; die den Strahlen $\overline{ON}$, $\overline{OP}$, $\overline{OQ}$, $\overline{OR}$ entsprechen, die in Figur 30 zusammengestellten Resultate. Die Kondensatorwirkung der Belastung (z. B. des übererregten Synchronmotors) kann dann bei passender Wahl der Stromstärke eine Erhöhung der Endspannung über den Wert der Anfangsspannung und eine Vergrößerung der bei gleicher Stromstärke

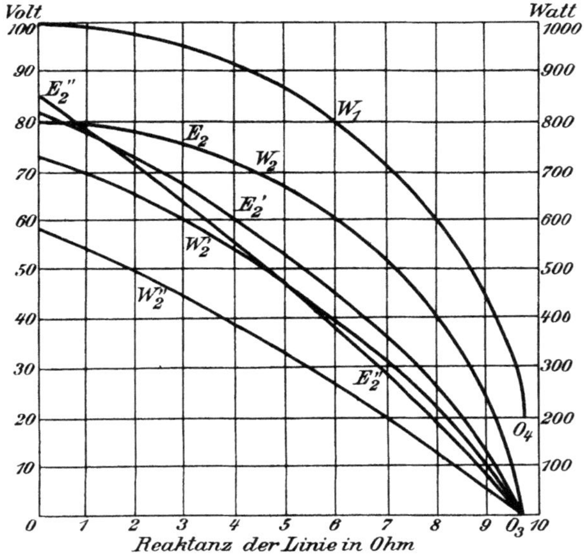

Fig. 32.

übertragenen Leistung bewirken und schließlich auch den Wert J_0, bei dem die Leitung den gesamten zugeführten Effekt verzehrt, erhöhen; dies ist jedoch nur bei einer induktiven Leitung möglich.

Wir betonen, daß wir absichtlich Verhältnisse geschildert haben, die in praktischen Fällen niemals so ausgesprochen sich markieren können. Die Leitung wäre vom praktischen Standpunkt aus verwerflich, sowohl wegen ihres relativ hohen Widerstandes als auch wegen ihrer überaus hohen Rückwirkung (Reaktanz). Doch erschien es uns wünschenswert, diese Verhältnisse an Hand der einfachen graphischen Methode zu erläutern. Aus dem gleichen Grunde sind auch in den folgenden Beispielen praktisch unzulässige Verhältnisse gewählt worden; es ist dies ein allgemein übliches Verfahren, das die Methode erläutert und ihre Anwendung auf die weniger charakteristische Diagramme ergebenden Fälle der Praxis erleichtert.

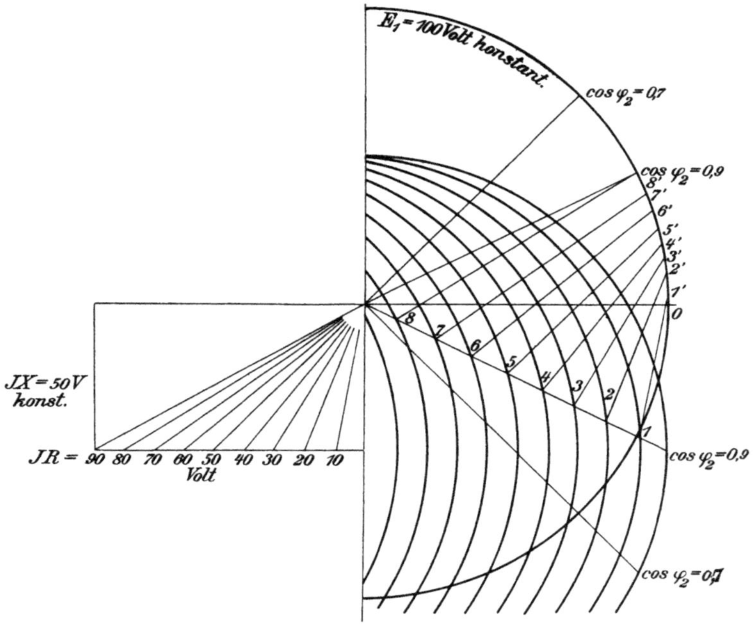

Fig. 33.

In Fig. 31 sind die Anfangsspannung $E_1 = 100$ Volt und der Strom $J = 10$ Ampère der Größe nach konstant gehalten, und es ist der Einfluß einer Veränderung des induktiven Verlustes der Linie untersucht worden. Aus der Zusammenstellung der Ergebnisse in Fig. 32 erkennt man, daß die Spannungsverluste im allgemeinen mit wachsender Verschiebung zunehmen, solange die Reaktanz merkbar ist. Wird sie aber gleich oder nahe gleich Null, oder wird die Linie induktionsfrei, so ist der Spannungsverlust für $J = 10$ Ampère und $\cos \varphi = 0{,}9$ kleiner, als für denselben Strom bei $\cos \varphi = 1$. Eine kleine Überlegung zeigt die

Richtigkeit dieses scheinbar paradoxen Ergebnisses, auf das wir bereits durch Gleichung 10 und 15 hingewiesen haben.

In Fig. 32 sind auch die Werte der Leistung am Ende für $\cos\varphi = 1$, 0,9 und 0,7 eingetragen, die sämtlich mit wachsendem

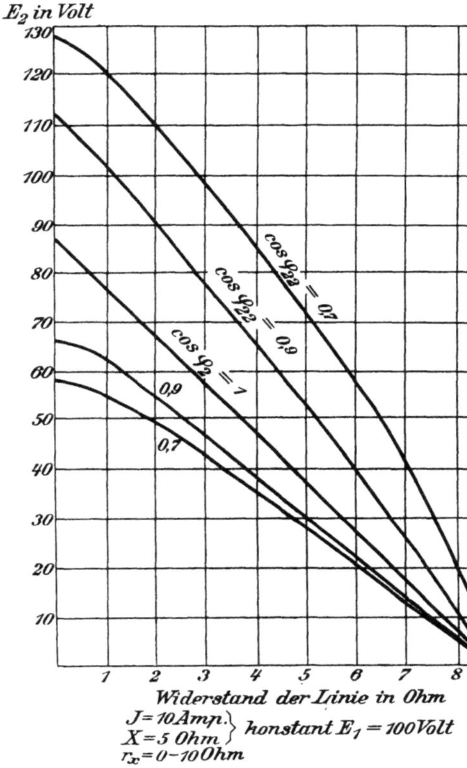

Fig. 34.

$L\omega$ abnehmen, um in einem Punkte O_3 zusammenzutreffen, für den die Beziehung gilt

$$\Re = \frac{E_1}{J} = 10 \text{ Ohm} \quad \text{oder} \quad X = L\omega = \sqrt{10^2 - 2^2} = 9{,}8 \text{ Ohm}.$$

Auch ist die am Anfang der Linie bei induktionsfreier Belastung aufzuwendende Leistung W_1 eingetragen, die bei O_4 endet. Dieser Punkt entspricht $J^2 R = 200$ Watt für $L\omega = 9{,}8$ Ohm.

Der nach unten gezeichnete Vektor der dem Strome voreilenden Endspannung läßt erkennen, daß auch hier Spannungserhöhung durch Kondensatorwirkung auftreten kann, die mit wachsender Reaktanz der Linie ebenfalls wächst.

Fig. 33 und 34 stellen den Einfluß der Veränderung des Ohmschen Widerstandes auf die Endspannung für den Fall dar, daß $J = 10$ Ampère, $E_1 = 100$ Volt und $X = L\,\omega = 5$ Ohm sind und konstant gehalten werden. Man erkennt, daß der Spannungsverlust mit wachsender Verzögerung des Stromes gegen die Endspannung zunimmt und daß bei voreilendem Strome eine Spannungserhöhung eintritt, die in unserem extrem gewählten Fall extreme Werte erlangt.

F. Über das Anschwellen und Verschwellen des Stromes.

Sobald in einem Leiter ein Strom zu fließen beginnt, bildet sich rings um den Leiter ein magnetisches Feld, dessen Kraftlinien den Leiter ringförmig umgeben und ihre Richtung ändern, sobald die Richtung des Stromes geändert wird. Wenn wir eine Quelle konstanter EMK plötzlich durch einen Leiter mit dem Widerstande R und der Induktanz L schließen, so wächst der Strom in den ersten Momenten allmählich an, um dann nach einiger Zeit, in der Regel schon nach wenigen Sekunden, jenen Grenzwert zu erreichen, der für konstante EMK durch das Ohmsche Gesetz gegeben ist. In den ersten Sekunden ist also trotz konstanter EMK der Strom nicht stetig, und ein Teil der EMK wird dazu verwendet, das Feld rings um den Leiter aufzuspeichern. Trotz konstanter EMK verhält sich also der Leiter so, als ob er außer Widerstand eine Art von Trägheit besäße, und deshalb hat Maxwell den Koeffizienten L in Analogie zu den mechanischen Vorgängen, die z. B. beim Andrehen eines schweren Schwungrades auftreten, das elektrische Trägheitsmoment des Leiters genannt. Die elektrokinetische Energie des Leiters, die in Form des magnetischen Feldes beim Anwachsen durch den Strom vom Maximalwert J aufgespeichert wird, ist ausgedrückt durch $T = \frac{1}{2} L J^2$ und der Differentialquotient von T nach i, $\frac{dT}{di} = L\,J$, heißt nach

Maxwell das elektrokinetische Moment des Stromkreises. Hieraus ergab sich uns früher schon die Gleichung

$$E = R i + L \frac{d i}{d t},$$

die keinerlei Voraussetzungen über den Verlauf von E enthält. Hier ist E eine Konstante. Man kann also, nachdem man die veränderlichen Größen d i und d t getrennt hat,

$$\frac{d i}{i - \frac{E}{R}} = - \frac{R}{L} d t$$

durch Integration ermitteln.

$$i = \frac{E}{R} + c \varepsilon^{-\frac{R t}{L}}.$$

Die Integrationskonstante ist dadurch bestimmt, daß für t = o auch i = o ist; sie muß also

$$c = - \frac{E}{R}$$

sein, sodaß schließlich

$$i = \frac{E}{R} \left(1 - \varepsilon^{-\frac{R t}{L}}\right) = J \left(1 - \varepsilon^{-\frac{R t}{L}}\right),$$

worin $\varepsilon = 2{,}71828\ldots$ die Basis der natürlichen Logarithmen bedeutet.

Die Wirkung der Selbstinduktion besteht also darin, das Anwachsen des Stromes auf seinen Grenzwert $J = \frac{E}{R}$ zu verzögern. Das Anschwellen wird sich um so rascher vollziehen, je rascher $\varepsilon^{-\frac{R t}{L}}$ vernachlässigbar wird. Betrachten wir den Exponentialausdruck als vernachlässigbar, sobald er den Wert a erreicht hat, so kann man die Beziehung

$$\varepsilon^{-\frac{R t}{L}} = a$$

auch schreiben

$$- \frac{R t}{L} = \log \operatorname{nat} a = \frac{\log a}{\log \varepsilon}$$

oder

$$t = - \frac{L}{R} \cdot 2{,}3026 \log a.$$

Der Klammerausdruck in der Gleichung für i wird also um 1 ‰ von seinem Grenzwerte 1 abweichen, wenn nach Stromschluß

$$t_1 \doteq 7 \cdot \frac{L}{R}$$

Sekunden verflossen sind. $\frac{L}{R}$ hat im C. G. System die Dimension einer Zeit und heißt auch die Zeitkonstante des Stromkreises.

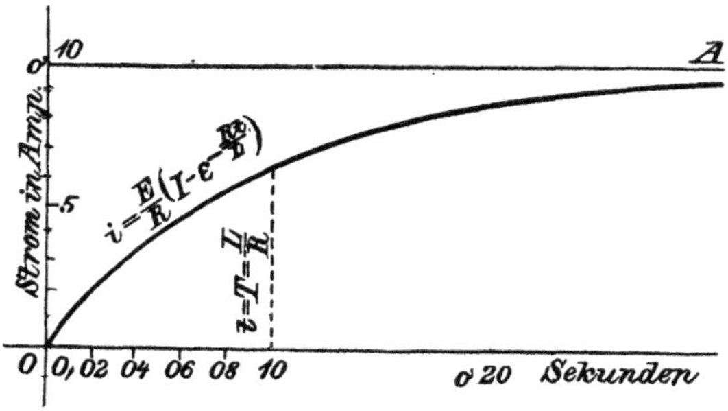

Fig. 35.

Sie ist um so größer, je kleiner R bei gegebenem L ist und wird, wie früher schon erwähnt, ∞ groß für einen widerstandslosen Leiter. Die Gleichung und der in Fig. 35 dargestellte Verlauf des Stromes bei Einbringung einer konstanten EMK von 1 Volt in einen Stromkreis von mit R = 0,1 Ohm, L = 0,01 Henry, lassen erkennen, daß der Strom logarithmisch bis auf seinen Grenzwert o A = 10 Amp. anschwillt. Er ist 9,99 Ampère schon nach $t_1 = 0{,}7$ Sekunden geworden und hat den Wert $J\left(1 - \frac{1}{\varepsilon}\right) = 6{,}32$ Amp. bereits nach $t = \frac{L}{R} = 0{,}1$ Sekunde erreicht. Hält man den Strom dann einige Zeit konstant und entfernt darauf die konstante EMK plötzlich, so sinkt der Strom nicht augenblicklich auf Null. Das bei seiner Entstehung gebildete Feld setzt sich vielmehr nach dem Lentzschen Gesetze dem entgegen, sucht den Strom auf seinem Werte zu erhalten und erzeugt auch hier einen Auslaufzustand, ähnlich wie wir ihn beim plötzlichen Abstellen eines schweren Schwungrades beobachten. Der Strom braucht zum völligen Verschwinden eigentlich ∞ lange Zeit, erreicht aber 0,001 seines Grenzwertes $J = \frac{E}{R}$ schon nach der früher angegebenen Zeit t_1.

Er verläuft beim Abschwellen nach der Beziehung

$$i = J \cdot \varepsilon^{-\frac{R t}{L}}$$

und ist durch Fig. 36 dargestellt.

Eine analoge Erscheinung finden wir auch bei der allmählichen Erkaltung eines Körpers, der zur Zeit t = o den Temperaturüberschuß U besaß. Zur Zeit t ist sein Temperaturüberschuß noch

$$u = -a\,dt,$$

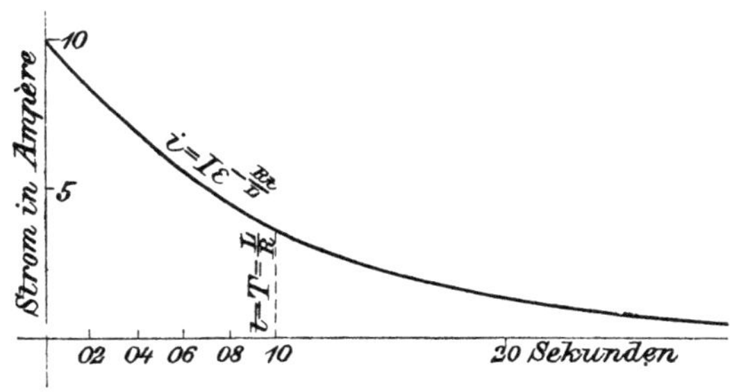

Fig. 36.

worin a eine von der Wärmekapazität, der Umgebung und Oberflächenbeschaffenheit des Körpers abhängige Konstante ist. Durch Integration folgt

$$u = U\,\varepsilon^{-a t}.$$

Die Größe $\frac{1}{a}$ nennt Lambert nach ihrer geometrischen Bedeutung die Subtangente der Erkaltung. Analog könnte man $\frac{L}{R}$ die Subtangente der Stroman- oder abschwellung nennen. Sie ist der Schwellungsgeschwindigkeit umgekehrt proportional und stellt jene Zeit dar, in welcher der Strom auf seinen Grenzwert angewachsen wäre (oder auf o abgenommen hätte), wenn die An- oder Verschwellung stets die Schwellungsgeschwindigkeit des ersten Zeitteilchens beibehielte.

Denselben Verlauf zeigt die Lade- und Entladestromstärke eines Kondensators bei Anschluß oder Entfernung einer konstanten E.M.K. E. Der Grenzwert, dem der Ladestrom zustrebt, ist bei der Kapazität C gegeben durch die Ladung mit der Elektrizitätsmenge Q = C E. Zur Zeit t nach Abschaltung der EMK oder

Einbringung derselben ist die Elektrizitätsmenge

$$q = Q \cdot \varepsilon^{-\frac{t}{RC}} \quad \text{bezw.} \quad q = Q\left(1 - \varepsilon^{-\frac{t}{RC}}\right),$$

und da stets

$$i = \frac{dq}{dt},$$

muß

$$i = \mp \frac{Q}{RC} \varepsilon^{-\frac{t}{RC}},$$

wobei das obere Vorzeichen für die Entladung, das untere für die Ladung gilt.

Führen wir in einen Stromkreis mit den Konstanten L = 1 Henry, R = 50 Ohm statt der bisher betrachteten konstanten (Gleichstrom) EMK eine harmonisch variierende Wechselspannung ein, deren Winkelgeschwindigkeit $\omega = 1000$ ist, so ergibt sich für den Verlauf des Stromes ein allmähliges Anschwellen auf den Grenzwert, der durch die Gleichung 6) ausgedrückt wird. Wir müssen also jetzt die Komplementfunktion A betrachten, die

$$A = c\,\varepsilon^{-\frac{Rt}{L}}$$

ist.

Es ist also

$$i = J \sin(\omega t + \varphi) + c\,\varepsilon^{-\frac{Rt}{L}}.$$

Schreiben wir für $(\omega t + \varphi) = \psi$, so erkennen wir, dass zur Zeit $t = t_1$ der Einführung der EMK der Strom $i = o$ und seine Phase $\psi = \psi_1$ war, wofür dann die Beziehung besteht

$$o = J \sin \psi_1 + c\,\varepsilon^{-\frac{Rt}{L}}$$

oder

$$c = -J\,\varepsilon^{+\frac{Rt_1}{L}} \sin \psi_1,$$

so daß also schließlich

$$i = (J \sin \psi) - (J \sin \psi_1)\,\varepsilon^{-\frac{R}{L}(t - t_1)}.$$

Der erste Klammerausdruck stellt den Grenzwert dar, dem der sinusförmig variierende Strom zustrebt; er ist nach Bedell und Crehore in Fig. 37 durch die punktierte Sinuslinie I für das oben erwähnte Beispiel angedeutet. Der zweite Ausdruck stellt **keine** Sinuslinie dar, da ψ_1 konstant ist, sondern entspricht der logarithmisch abnehmenden Kurve II (Fig. 37). Die Differenz beider ergibt eine Kurve III, deren Schwingungen nach kurzer Zeit in eine Sinuslinie übergehen. In unserem Falle war die EMK so eingebracht worden, daß $\psi_1 = 30^0$ war. In diesem Momente müssen Kurve I und II gleich große, aber entgegengesetzte Werte besitzen, damit i = o wird. Wenn wir also alle möglichen Anfangswerte der logarithmischen Kurve II feststellen

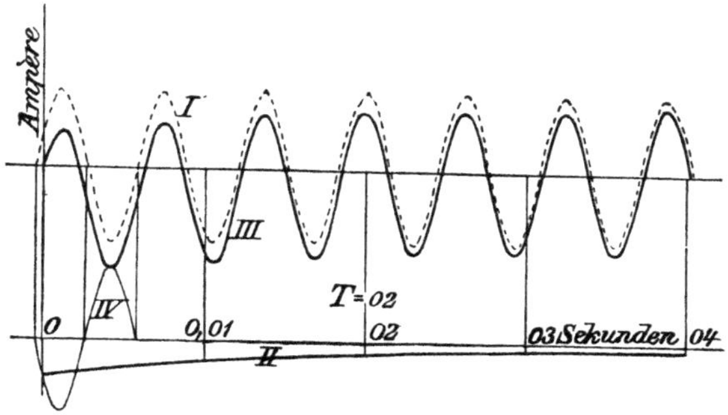

Fig. 37.

wollen, ergeben sie **eine** um eine halbe Periode oder 180^0 gegen I verschobene Sinusschwingung (Kurve II). Wir erkennen dabei, daß die Wirkung dieser Einbringung für die maximalen Stromwerte (I) am größten ist und daß der Strom diese unregelmäßigen Anfangs- oder Endschwingungen **gar nicht** ausführt, wenn der Kreis in jenen Momenten geschlossen oder geöffnet wird, wenn der Strom ohnehin = 0 gewesen wäre.

Die praktische Bedeutung dieser Schwingungen tritt offenbar nur bei Schließung oder Öffnung eines Stromkreises auf. Sie machen sich zunächst in einem Schließungs- oder Öffnungsfunken bemerkbar. Die Fig. 37 und die Gleichung lassen uns aber auch erkennen, daß der Öffnungsfunken je nach der Phase ψ_1 im Moment der Unterbrechung verschieden groß ausfallen kann. Ebenso ist bekannt, daß die Isolation von Kondensatoren (z. B. von konzentrischen Kabeln) gerade im Augenblick des Ein- und Ausschaltens starken Beanspruchungen unterliegt und leicht beschädigt wird. Und schließlich hat man zuweilen auch beim Anschluß oder der

Abschaltung von Transformatoren ganz anormal hohe Stromstöße oder Öffnungsfunken beobachtet. Am deutlichsten treten diese Erscheinungen jedoch bei Leitergebilden oder langen Leitungen auf, die außer Induktanz auch Kapazität enthalten.

Wir werden hierauf bei der Besprechung dieser Leitergebilde nochmals zurückkommen.

---

[1]) Oliver Heaviside, Electromagnetic Theory. Vo. 1. Kapitel 4.

[2]) Genaueres hierüber findet sich in E. Arnold und J. L. La Cour, Beitrag zur Vorausberechnung und Untersuchung von Ein- und Mehrphasenstromgeneratoren. Voitsche Sammlung elektrischer Vorträge. Band III, 1901.

[3]) Vergl. Bedell und Crehore, Theorie der elektr. Wechselströme. Deutsch von A. H. Bucherer.

[4]) E. J. Houston & A. E. Kennelly, Electrical World 23, p. 17, 1894.

[5]) C. P. Steinmetz & F. Bedell, El. World 24, p. 565, 1894. E.T.Z. 1894, p. 452, auch C. Feldmann, Zur Benennung der charakt. Größen des Wechselstromkreises, E.T.Z. 1898, S. 698.

[6]) Die Namen rühren von Feldmann her. Vergl. Blakesley, Die elektr. Wechselströme. Verlag von J. Springer, Berlin 1891.

[7]) A. E. Kennelly, Lum. él. 48, p. 430 ff.

[8]) A. Blondel, Eclair. él. 1, p. 241 ff., 1894.

[9]) Vgl. Herzog-Feldmann, E.T.Z. 1899, S. 780.

Zweites Kapitel.

Die einfachsten Leiterverbindungen.

Die im vorigen Kapitel behandelten elementaren Leiter lassen sich auf mehrfache Weise zu Leitergebilden zusammenfassen, von denen die Hintereinanderschaltung und die Nebeneinanderschaltung die allereinfachsten Fälle bilden.

A. Hintereinanderschaltung.

Wenn ein Gleichstrom einen Leiter durchfließt, kann man die Stellen, wo der Strom in den Leiter eintritt und wo er ihn wieder verläßt, als Anfangs- und Endpol des Leiters oder Widerstandes oder auch, zur Betonung des Gegensatzes, als seine positive und negative Klemme bezeichnen.

Fügt man nun eine Reihe solcher Widerstände so an einander, daß sich ein Endpol mit einem Anfangspol deckt, so bildet man eine Hintereinander-, Reihen- oder Serienschaltung von Widerständen. Durch eine solche Kette von Widerständen, die dem Strom nur einen an keiner Stelle verzweigten Weg darbietet, fließt nun in jedem Einzelwiderstand der Schaltung derselbe Strom; er ruft dabei in jedem Einzelwiderstande ein dem Ohmschen Gesetze entsprechendes Spannungsgefälle hervor. Die Summe dieser Spannungsgefälle ergibt die gesamte Spannungsdifferenz zwischen dem ersten Anfangs- und dem letzten Endpol der gesamten Kette. In Analogie mit Wasserfällen bezeichnete man die hier beschriebene Schaltung zuweilen auch als Kaskadenschaltung.

1. Ohmsche Widerstände.

Als Ohmsche Widerstände wollen wir solche bezeichnen, bei denen keinerlei induktive Komponenten auftreten. Wir können hierbei je nach der Auffassung die induktiven Komponenten des

Widerstandes (Richtungswiderstandes) selbst, oder jene des Stromes, der ihn durchfließt, oder jene der EMK, die diesen Strom durch ihn hindurchtreibt, gleich Null setzen. Für einen solchen Widerstand gilt das Ohmsche Gesetz in der allereinfachsten Form. Sind z. B. zwei Kupferdrähte mit den Widerständen $r_1 = 5$ Ohm und $r_2 = 3$ Ohm in Serie verbunden, so erhält man 8 Ohm als resultierenden Widerstand. Eine Quelle von 10 Volt Klemmenspannung erzeugt in letzterem 10/8 = 1,25 Ampère, wobei im ersten Widerstande 6,25 Volt, im zweiten Widerstande 3,75 Volt verzehrt werden. Man sieht also, daß sich die Spannungsverluste in demselben Sinne addieren, wie die Widerstände. Fig. 38 stellt diese Verhältnisse graphisch dar.

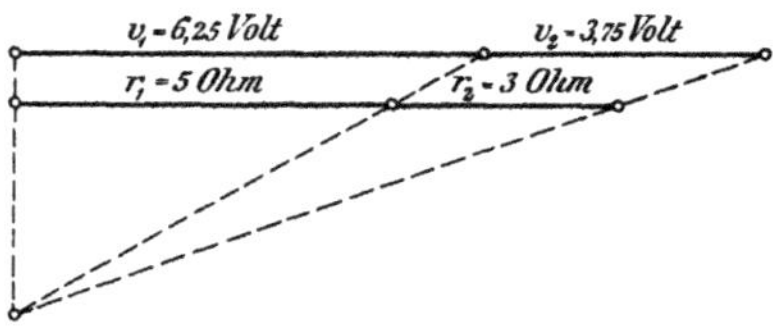

Fig. 38.

Herrschen innerhalb solcher Ohmschen Widerstände noch besondere elektromotorische Kräfte, so daß die Pole dieser Widerstände von vornherein besondere Polarität besitzen, so muß bei der Reihenschaltung auf diesen Umstand Rücksicht genommen werden. Dies ist z. B. der Fall bei der Schaltung von galvanischen Elementen oder bei Gleichstrom-Bogenlampen, Akkumulatoren und Gleichstrommotoren. Bei der Ermittelung des Gesamtwiderstandes kommen dann jene einzelnen Glieder, deren Gegen-EMK also in umgekehrtem Sinne in die Reihe eingeschaltet sind, mit anscheinend negativem Widerstand in die Rechnung, und bei der graphischen Behandlung werden deren Strecken in entgegengesetzter Richtung aufgetragen.

Hierdurch soll nun keineswegs angedeutet werden, daß ein solcher (anscheinend) negativer Widerstand nicht wie jeder Widerstand Energie nach dem Jouleschen Gesetz verbraucht und in Wärme umsetzt. Es soll nur der Tatsache entsprochen werden, daß in einem Kreise, der außer der treibenden EMK E_1 auch eine Gegen-EMK E_2 enthält, der Strom bei umgekehrter Einschaltung dieser Gegen-EMK größer wird, als bei direkter Einschaltung. In jenem Falle ist nämlich die Summe der im Stromkreise vom Gesamtwiderstand R wirkenden EMKe $(E_1 - E_2)$, der Strom also $J = \frac{E_1 - E_2}{R}$. In diesem Fall aber wird die Summe der EMKe $(E_1 + E_2)$ und der Strom somit

$$J' = \frac{E_1 - (- E_2)}{R},$$

wofür auch geschrieben werden kann:

$$R = \frac{E}{J'} - \left(- \frac{E_2}{J'}\right) = r_1 + (- r_2) = r_1 - r_2 .$$

Nur in diesem rechnerischen Sinne, nicht im streng physikalischen, darf man von negativen Widerständen sprechen.

Bezeichnet r_n einen einzelnen Widerstand, R den Gesamtwiderstand, v_n den einzelnen Spannungsabfall, $V = \Sigma v_n$ den Gesamtverlust, so gilt nach Vorstehendem $R = \Sigma r_n$, wobei J in allen Teilen der Reihe konstant ist, und

$$V = \Sigma v_n = J . R = J \Sigma r_n \quad . \; . \; . \; . \quad 16)$$

Die natürliche Zahlenreihe, resp. die reelle Zahlenlinie reicht zur Darstellung dieser Reihenschaltung vollkommen aus. Sie ist durch die einfache Addition definiert, und für sie gilt demnach auch das Gesetz der beliebigen Ordnung der einzelnen Glieder, was physikalisch der Vertauschbarkeit einzelner Glieder in der Reihe gleichkommt.

2. Die rechnerische Behandlung von Richtungsgröfsen.

Die Reihenschaltung von Wechselstromwiderständen soll nun in Betracht gezogen werden, und zwar unter der Annahme durchaus gleicher Periodenzahlen und sinusförmiger Ströme. Zuerst wenden wir uns der Betrachtung rein induktiver Widerstände zu. Es sind dies Widerstände mit rein wattlosen Komponenten, z. B. Spulen mit vielen Windungen, deren Ohmsche Widerstände im Vergleich zu ihrer Reaktanz vernachlässigbar sind, oder Kondensatoren, die nur wattlose Ströme aufnehmen. Aus dem ersten Kapitel ging hervor, daß hierbei die Spannung dem Strome um 90^0 oder $\pi/2$ vorauseilt oder nachhinkt. Gleiches muß also auch vom Gesamtwiderstande gelten, und wenn wir die Ohmschen Komponenten alle in die Horizontale oder X-Axe legen, müssen die induktiven Widerstände rechnerisch oder graphisch in der Y-Axe dargestellt werden, welche durch eine Drehung der X-Axe um 90^0 nach links aus der X-Axe entstanden gedacht werden kann. Der positive Teil der Y-Axe entspricht dabei der die positive Induktanz oder Selbstinduktion, ihr negativer Teil der die negative Induktanz oder Kapazität überwindenden Komponente der EMK. Eine ähnliche Drehung beobachteten wir schon bei der Behandlung der Leistung eines Wechselstromes. Nehmen wir an, wir hätten bei einer Spannung von 1 Volt, einen Wechselstrom von 1 Ampère in einem rein induktiven Widerstand von $L\,\omega = 1$ Ohm bei einer Verschiebung von $\pi/2$ zwischen Strom und Spannung, so ist die vom Widerstand verzehrte Leistung $J \,.\, E \,.\, \cos \pi/2 = 0$, also eine rein wattlose (Fig. 14). Wächst dieser Phasen- resp. Drehungswinkel von $\pi/2$ auf π an, so ist dies ein Zeichen dafür, daß die Spannung jetzt dem Strome entgegengesetzt gerichtet, also zur Gegen-EMK geworden und daß die Leistung $J \,.\, E \,.\, \cos \pi = -(J\,E)$, also negativ geworden ist. Es kann also unter den früher besprochenen Einschränkungen gesagt werden, daß der Widerstand statt positiv nun negativ geworden ist, ein Generator sich etwa zum Motor verwandelt hat.

a) Die Drehung einer Größe um $\pi = 180^0$ läuft also auf das Gleiche hinaus, wie die Multiplikation mit dem Faktor (-1). Wird die Drehung abermals um $\pi = 180^0$ weiter vollführt, läßt man also den Motor wieder zum Generator werden, so erreicht man den ursprünglichen Zustand, man hat einen vollen Umfang des Kreises zurückgelegt und der Multiplikationsfaktor ist $(-1) \,.\, (-1) = (-1)^2$.

Es bleibt nun noch die Festsetzung des Drehfaktors für den halben gestreckten, das ist den rechten Winkel übrig. Dieser Winkel kann als Maß aller Drehungen oder Richtungsabweichungen, also aller Winkel dienen, gerade so wie die Längeneinheit als Maß aller Strecken dient. Würden wir für diese Einheit das Zeichen j wählen, so müßte nach obigen Auseinandersetzungen die Multiplikation des j mit sich selbst zum gestreckten Winkel führen; es müßte also $j^2 = -1$ und $j = \sqrt{-1}$ sein. Z. B. stellt 6 j Ohm einen rein induktiven Widerstand von 6 Ohm dar, während $-6\,j$ den Wert einer Kapazität von 6 Ohm anzeigt (Fig. 39).

Diese Zahlen resp. die Strecken der Y-Axe werden in der Mathematik als imaginäre eingeführt und Gauss hat 1831 für die Einheit derselben also für $\sqrt{-1}$ die Bezeichnung i eingeführt. Da jedoch dieser Buchstabe zu Verwechselungen mit dem Zeichen i für Stromintensität in der Elektrotechnik führen kann, so folgen wir dem von Charles Steinmetz[1]) gegebenen Beispiel und bezeichnen sie mit j. Steinmetz gebührt das Verdienst, die imaginären Zahlen in die Starkstromtechnik zur Behandlung rechnerischer Probleme eingeführt zu haben. Wir verwenden hier ein Koordinaten-System, bei dem die + Y-Axe durch Linksdrehung aus der + X-Axe entstanden ist.

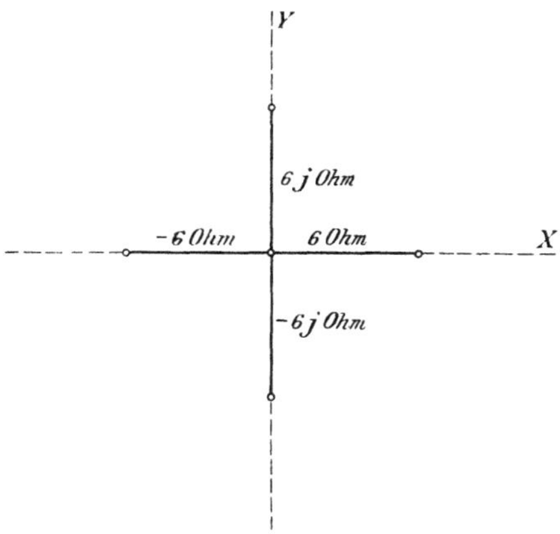

Fig. 39.

Multiplikation mit j bedeutet also Drehung um 90° im Sinne der Voreilung. Ein Richtungswiderstand bestehend aus einer Ohmschen Komponente von r = 6 Ohm und einer induktiven von x = — 6 j Ohm erfordert aber zu seiner Überwindung bei der Stromstärke J eine EMK von der Grösse J . [r + (j x)] = (6 + 6 j) J Volt. Der Richtungswiderstand der Spule (Fig. 39) aus r = 6 und x = — 6 j ist also $\mathfrak{R}$ = 6 + 6 j, jener des Kondensators mit r = 6 und x = + 6 j ist also $\mathfrak{R}$ = 6 — 6 j Ohm.

b) Schaltet man einen Ohmschen und einen rein induktiven Widerstand in Serie, so erhält man aus der so gebildeten Kette einen resultierenden Widerstand, der vollkommen einem Richtungswiderstande entspricht. Wie bei diesem, ist die Summe der Spannungsverluste nicht mehr durch die algebraische, sondern nur durch die geometrische Addition der Einzelspannungsverluste gegeben und die Gleichung 16) für R und V (Seite 85) ist also jetzt nur als Vektorgleichung noch gültig. Der Ohmsche Widerstand bildet die eine Kathete, der induktive die andere eines rechtwinkligen Dreiecks, dessen Hypotenuse den Richtungswiderstand darstellt und mit dem Ohmschen Widerstand den Winkel φ der Phasenverschiebung einschließt. Ähnlich bildet der Spannungsverlust im Ohmschen Widerstand die eine, der induktive Verlust die andere Kathete des rechtwinkligen Dreiecks der Spannungen, und die Gesamtspannung, dargestellt durch die Hypotenuse dieses Dreiecks, schließt mit dem Ohmschen Verluste den Winkel φ ein, dessen Cosinus dem Leistungsfaktor entspricht (Fig. 40).

Wenn also der Ohmsche Verlust oder Widerstand die Richtung der X-Axe besaß und durch eine reelle Zahl, der induktive Verlust oder Widerstand aber in Richtung der Y-Axe gelegen und durch eine imaginäre Zahl darstellbar war, muß der aus beiden gebildete Richtungswiderstand einen reellen und einen imaginären Teil besitzen, also durch eine komplexe Zahl darstellbar sein.

Betrachten wir nun diese Zahlen, indem wir uns den Richtungswiderstand so entstanden denken, daß vom Widerstande Null an sich erst die Ohmsche und dann die induktive Komponente durch allmähliches Anwachsen herausgebildet habe. Statt der gleichzeitigen Wirkung beider Komponenten betrachten wir sie also einzeln nacheinander entstehend und wirkend.

Dieser Vorgang hat völlige Analogie mit der Zusammensetzung und Zerlegung von Kräften oder Geschwindigkeiten. Auch hier haben wir den Satz vom Parallelogramm angewendet, indem wir die Unabhängigkeit des Endergebnisses vom Nacheinanderwirken der Widerstände statt des gleichzeitigen Wirkens voraussetzten oder aus der Erfahrung als berechtigt kannten. Ein gegebener Wechselwiderstand kann jedoch nicht nur aus den obigen beiden Komponenten entstanden gedacht werden. Dasselbe endgültige Resultat erreicht man, wenn die gleiche Anzahl Ohmscher Widerstände abwechselnd mit induktiven in Serie geschaltet werden, wie dies aus Fig. 40 u. 41 ersichtlich gemacht ist. Man erkennt also, daß es gleichgültig ist, auf welchem Wege zum Endresultate geschritten wird. Daraus ergibt sich, daß für das Endresultat die Entstehung aus den beiden Komponenten, dem Ohmschen und dem rein induktiven Widerstand, zulässig ist. Bezeichnen wir den ersten mit x und den letzteren mit y und würden wir festsetzen, daß das x nur in horizontaler, das y nur in vertikaler Richtung zu zählen ist, so würde die Summe $x + y$ den Ausdruck des Wechselwiderstandes ergeben. Deutlicher wäre es jedoch, dem y einen vertikalen Richtungspfeil vorzusetzen, $\uparrow y$, wie dies Matzka[2]) vorgeschlagen hat, oder sich mit einem vertikalen dicken Striche, |y, zu begnügen, wie dies Thompson erst jüngst anwendete[3]), um den lateralen, querabgelenkten oder transversiven (auch seitlichen) Teil des Wechselstromwiderstandes unzweideutig zu kennzeichnen. Nach obigen Auseinandersetzungen läßt sich das gleiche Ziel erreichen durch Hinzufügung eines bloßen Buchstabenzeichens, dem allerdings noch die Bedeutung eines Drehfaktors um 90° innewohnt und welches den Vorteil bietet, rechnerische Operationen leichter durchführen zu können.

c) Die erste Normalform, in welcher sich also ein Wechselwiderstand darstellen läßt, ist die Komponentenform $x + j \cdot y$.

Aus den Komponenten x und y läßt sich der absolute Wert des Wechselwiderstandes bestimmen:

$$r = \sqrt{x^2 + y^2};$$

desgleichen auch der Phasenwinkel φ aus der Relation $y/x = \operatorname{tg} \varphi$ ermitteln.

Ebenso wie ein Wechselstromwiderstand durch die Werte x und y festgelegt ist, kann er auch durch seinen absoluten Wert r und seinen Phasenwinkel φ definiert werden, wozu sehr häufig die symbolische Bezeichnung r, φ oder $[r, \varphi]$ benützt wird. Der Winkel kann dabei entweder für praktische Verhältnisse in Graden, oder für theoretische Untersuchungen in Einheiten des Halbmessers ausgedrückt werden.

Für das Gradmaß benützt man der älteren Tafelwerke wegen noch immer die 360°-Teilung. Für die Umrechnung von Winkeln in solches Gradmaß beachte man, daß dem Winkel von $180^\circ/\pi = 57{,}3^\circ$ der Einheitsbogen entspricht. Um dagegen einen Bogen, der in analytischem Maß, also in Halbmesserteilen gegeben ist, in Graden auszudrücken, berücksichtige man, daß dem 57,3 Teile des Halbmessers als Bogen der Zentriwinkel von 1° entspricht.

$$\operatorname{arc} 1^\circ = 0{,}01745.$$

Kennelly und Houston haben die symbolische Bezeichnung durch faktische Einfügung des Winkelzeichens ergänzt und zwar vor- und nacheilend durch je eine Form $r\underline{/\varphi}$ und $r\overline{/\varphi}$ unterschieden.

Wir sehen also, daß der Wechselstromwiderstand durch seinen absoluten Wert und durch seinen Phasen- oder Ablenkungswinkel als eine wirkliche Richtungsgröße[4]) charakterisiert ist und können ihn daher Richtungswiderstand nennen.

d) Eine weitere Normalform des Wechselstrom- oder Richtungswiderstandes läßt sich dadurch gewinnen, daß seine Komponenten trigonometrisch durch den Phasenwinkel ausgedrückt werden:

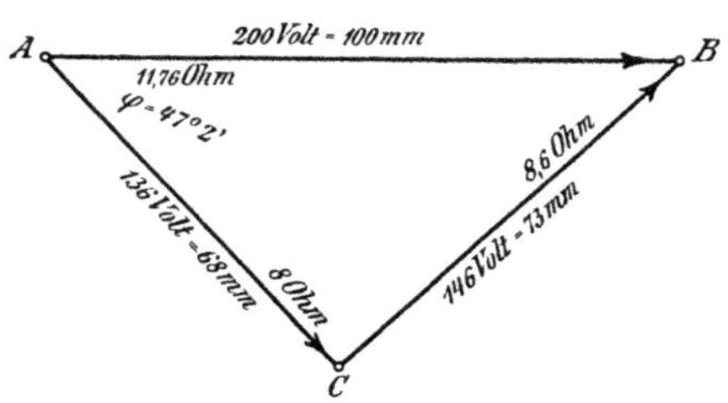

Fig. 40.

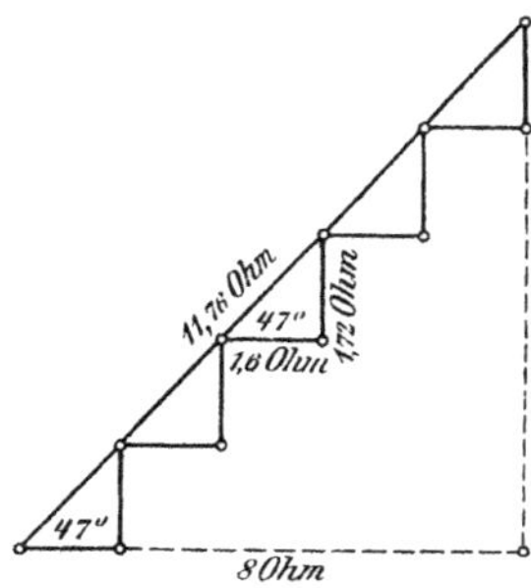

Fig. 41.

Ohmscher Widerstand $x = r \cos \varphi$; induktiver Widerstand $y = r \sin \varphi$; Richtungswiderstand $\mathfrak{R} = r (\cos \varphi + j \sin \varphi)$. Man erhält so für den Richtungswiderstand die Polar- oder kanonische Form.

So wie man einen Wechselwiderstand aus den beiden Komponenten durch Serienschaltung entstanden denken kann, so kann man auch umgekehrt einen Wechselstromwiderstand in die beiden Komponenten zerlegt denken. Mit Rücksicht auf die beim Arbeitsbegriff erwähnten Umstände kann man zwischen Watt- und wattloser Komponente des Richtungswiderstandes unterscheiden.

Dann ist der in Richtung der X-Achse gelegene, oben kurz mit x bezeichnete Ohmsche Widerstand:

$x = r \cos \varphi$ die Wattkomponente,
und der induktive Widerstand (die Reaktanz)
$y = r \sin \varphi$ die wattlose Komponente
} des Richtungswiderstandes r, φ.

Legen wir uns dies in einem Zahlenbeispiel klar.

An die Pole eines Leiters sei eine Wechselspannung angelegt. Nach den Angaben der Wechselstromapparate ist die Stromstärke 17 Ampère, die Spannung 200 Volt. Der Wechselstromwiderstand beträgt also 200/17 = 11,76 Ohm. Wollen wir das Diagramm zeichnen, so muß der rein Ohmsche Widerstand bekannt sein. In unserem Falle sei dieser 8 Ohm (Fig. 40).

Über die Länge AB = 200 Volt schlagen wir einen Kreis. Vom Punkte A schneiden wir mit der Länge J r = 17 . 8 = 136 Volt ein; wir bekommen so den Punkt C. Der induktive Spannungsverlust ist dann

$$\overline{CB} = JL\omega = 146 \text{ Volt.}$$

Der induktive Widerstand

$$L\omega = \frac{JL\omega}{J} = \frac{146}{17} = 8{,}6 \text{ Ohm.}$$

$\overline{AB}$ und $\overline{AC}$ bilden den Winkel φ, der die Phasenverschiebung angibt.

$$\operatorname{tg}\varphi = \frac{BC}{AC} = \frac{73}{68} = 1{,}073, \quad \text{also} \quad \varphi = 47^0\,2'.$$

Wir haben also

$$200\,\underline{/47^0\,2'} = 136 + j\,146 \quad \text{für die Spannung,}$$
$$11{,}76\,\underline{/47^0\,2'} = 8 + j\,8{,}6 \quad \text{- den Richtungswiderstand.}$$

Dabei wurden Spannung und Widerstand als Summe ihrer Komponenten betrachtet.

Die symbolische Bezeichnung für die Spannung könnte auch sein

$$\frac{200}{47^0\,2'} \text{ Volt oder } [200,\ 47^0\,2'] \text{ Volt oder } 200\,\underline{/47^0\,2'} \text{ Volt}$$

und für den Widerstand

$$\frac{11{,}76}{47^0\,2'} \text{ Ohm oder } [11{,}76,\ 47^0\,2'] \text{ Ohm oder } 11{,}76\,\underline{/47^0\,2'} \text{ Ohm.}$$

Die Polar- oder kanonische Form für die Spannung ist

$$200\,(0{,}68 + 0{,}73\,j) \text{ Volt}$$

und für den Widerstand

$$11{,}76\,(0{,}68 + 0{,}73\,j) \text{ Ohm.}$$

Betrachten wir den schon behandelten Widerstand

$$11{,}76\,\underline{/47^0\,2'} \text{ Ohm} = 8 + j\,8{,}6 \text{ Ohm}$$

und denken wir uns denselben aus gleicher Anzahl Ohmscher

Widerstände, abwechselnd mit induktiven Widerständen in Serie geschaltet, entstanden. Bei unserem Beispiele sei diese Abwechselung fünfmal durchgeführt. Dann ergibt sich

$$8 - j\,8{,}6 = 5\,(1{,}6 - 1{,}72\,j),$$

was auch in der Fig. 41 ersichtlich gemacht wurde.

Diese letzte Erwägung führt uns zu einer neuen Normalform für den Richtungswiderstand. Bevor wir jedoch zur Ableitung derselben schreiten, müssen wir noch die wichtigsten rechnerischen Operationen uns geometrisch und mit Hilfe der bereits entwickelten Formen näher betrachten.

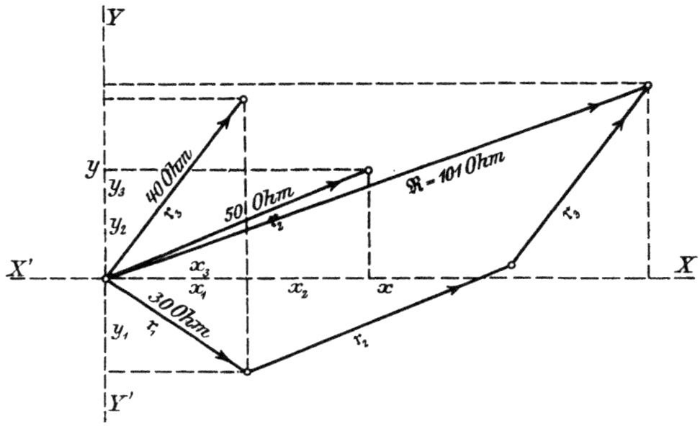

Fig. 42.

e) Die Addition: Um Richtungsgrößen (Strecken mit Inbegriff der Lage), die wir von nun an stets mit deutschen Buchstaben bezeichnen, $\mathfrak{r}_1$, $\mathfrak{r}_2$, graphisch zu addieren, werden sie ihrer Länge und Richtung nach d. i. gleichläufig aneinandergereiht. Die Schlußlinie $\mathfrak{R}$ der Streckenfolge oder des so entstehenden Summenpolynoms bildet die gesuchte Richtungs-(Strecken-)summe. Projiziert man $\mathfrak{R}$ auf beide Axen, so zeigt sich, daß seine Komponenten je aus der Summe der bezüglichen Einzelkomponenten bestehen. Rechnerisch folgt dies aus der Komponenten-Normalform unmittelbar.

$$\mathfrak{r}_1 = x_1 + j\,y_1,\ \mathfrak{r}_2 = x_2 + j\,y_2 \ldots\ldots$$

$$\mathfrak{R} = x_1 + j\,y_1 + x_2 + j\,y_2 + \ldots\ldots$$

$$= (x_1 + x_2 + \ldots) + j \cdot (y_1 + y_2 + \ldots)$$

$$= X + j\,Y; \quad \text{daher}$$

$$X = x_1 + x_2 + \ldots \text{ und } Y = y_1 + y_2 + \ldots$$

Dieses Ergebnis, für die Serienschaltung von Wechselwiderständen gedeutet heißt: Die resultierende Spannung und der resultierende Widerstand werden bei dieser Schaltung gleichfalls durch die getrennte Zusammensetzung der Ohmschen und der rein induktiven Teile gewonnen.

Als konjugiert bezeichnet man zwei komplexe Zahlen, die sich nur durch das Zeichen des imaginären Teiles unterscheiden, also: x + jy und x — jy, welche in Fig. 43 bildlich vorgeführt sind. Die Summe derselben ergibt 2 x, ihre Differenz 2 jy; was sich dahin erklärt, daß durch Zusammenschaltung von Wechselwiderständen unter besonderen Bedingungen theoretisch entweder Ohmsche oder rein induktive Widerstände resultieren können.

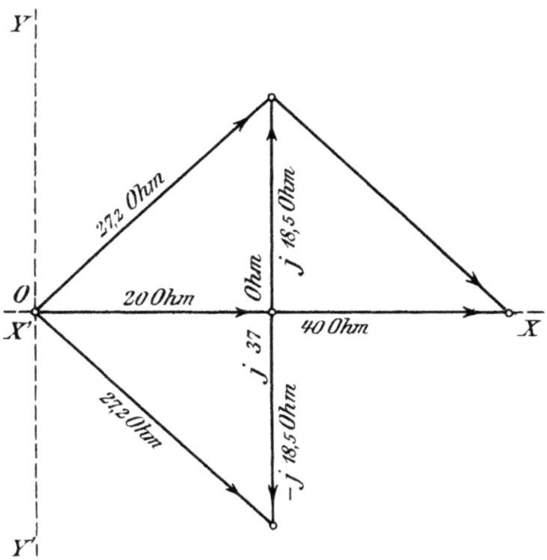

Fig. 43.

Beispiel zur Addition.

Um die Verhältnisse deutlich zu machen, wählen wir allerdings praktisch nicht zutreffende Zahlenwerte.

Es seien in einem unverzweigten (Serien-) Kreise hintereinander eingeschaltet ein Ohmscher Widerstand von 20 Ohm, ein rein induktiver Widerstand mit dem Selbstinduktionskoeffizienten L = 59 Millihenry, ein Kondensator mit einer Kapazität von 300 Mikrofarad und ein Ohmscher Widerstand von 15 Ohm (Fig. 44). Es ist der resultierende Widerstand zu ermitteln.

Die Periodenzahl sei $\sim = 50$.

Der Widerstand des induktiven Leiters ist $L\omega$, wobei L in Henry auszudrücken ist und ω die Winkelgeschwindigkeit des Phasenwechsels ist.

$$\omega = 2\pi \cdot 50 = 314.$$

$$L\omega = 59 \cdot 10^{-3} \cdot 314 = 18{,}5 \text{ Ohm}.$$

Der Widerstand des Kondensators ist $\frac{1}{C\omega}$, wobei C in Farad zu nehmen ist.

$$\frac{1}{C\omega} = \frac{1}{300 \cdot 10^{-6} \cdot 314} = \frac{10^6}{300 \cdot 314} = 10{,}6 \text{ Ohm}.$$

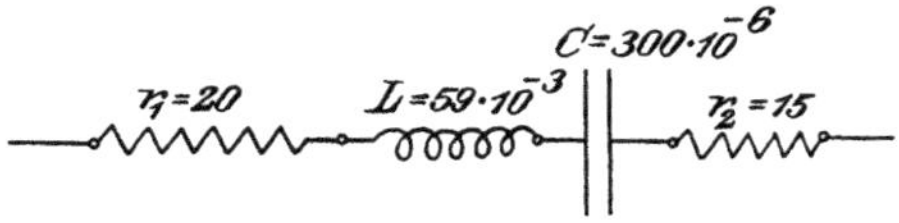

Fig. 44.

Wir wollen den resultierenden Widerstand erst analytisch und dann graphisch ermitteln.

Die Widerstände sind der Reihe nach

$$\begin{array}{r} 20 + j \cdot 0 \\ 0 + j \cdot 18{,}5 \\ 0 - j \cdot 10{,}6 \\ 15 + j \cdot 0. \end{array}$$

Der resultierende Widerstand ist die Summe dieser Einzelwiderstände, also

$$35 + j \cdot 7{,}9,$$

daher

$$\sqrt{35 + 7{,}9} = 36 \text{ Ohm und } \operatorname{tg}\varphi = \frac{7{,}9}{35},$$

woraus $\varphi = 12^0\,43'$.

Der resultierende Widerstand ist also, in der symbolischen Form geschrieben: $[36, 12^0\,43']$ oder $36\underline{/12^0\,43'}$ Ohm.

Zeichnen wir zwei aufeinander senkrecht stehende Linien $\overline{XX'}$ und $\overline{YY'}$ (Fig. 45). Die Ohmschen Widerstände werden in der Richtung $\overline{AX}$ aufgetragen, die induktiven in der Richtung $\overline{AY}$ (Selbstinduktion) und $\overline{AY'}$ (Kapazität). $\overline{AB} = r_1 = 20$ Ohm, $\overline{BC} = r_2 = 15$ Ohm, $\overline{AD} = L\omega = 18{,}5$ Ohm, $\overline{AE} = -\overline{DF'} = 10{,}6$ Ohm; der resultierende Widerstand ist $[36, 12^0\,43'] = 36$ Ohm mit dem

Phasenwinkel $12^0 43'$ und den Komponenten $X = \overline{AC} = 35$ Ohm und $Y = \overline{AF'} = 7{,}9$ Ohm.

Diese Größe ist durch die Strecke $\overline{AF}$ dargestellt. $\overline{AE} =$ 27,2 Ohm ist der resultierende Widerstand von r_1 und $L\,\omega$, $\overline{EF} =$ 18,3 Ohm ist der resultierende Widerstand von $\frac{1}{C\,\omega}$ und r_2. $\overline{AF}$ ist also auch der resultierende Widerstand von $\overline{AE}$ und $\overline{EF}$.

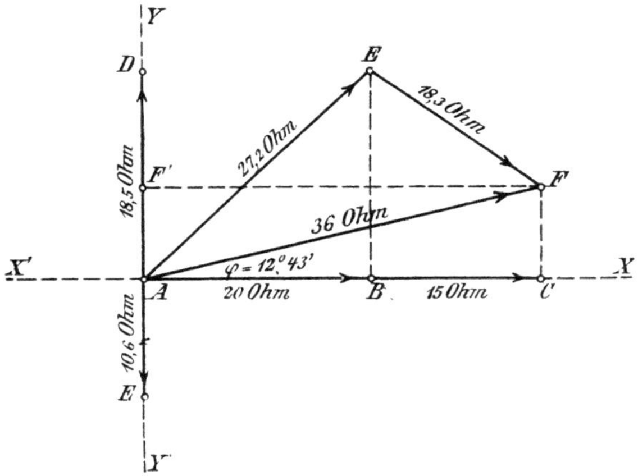

Fig. 45.

Beispiel für konjugierte Zahlen.

Eine Spule und ein Kondensator seien in Serie geschaltet. Der Ohmsche Widerstand der Spule sei 20 Ohm; die Zuleitung zum Kondensator besitze einen Ohmschen Widerstand von ebenfalls 20 Ohm. Der Selbstinduktionskoeffizient der Spule sei 59 Millihenry, die Kapazität des Kondensators sei 172 Mikrofarad. Die Periodenzahl des das System durchfließenden Stromes sei $\sim = 50$. Es ist der Widerstand des Systems zu ermitteln. Auch hier gilt dieselbe allgemeine Bemerkung. Kondensatoren mit so hohen Kapazitäten sind praktisch kaum durchführbar, weil ihre Dimensionen ins Riesenhafte gehen würden, doch ist das Beispiel der Deutlichkeit halber gewählt worden.

$$L\omega = 59 \cdot 10^{-3} \cdot 2\,\pi \cdot 50 = 18{,}5 \text{ Ohm.}$$

$$\frac{1}{C\,\omega} = \frac{1}{172 \cdot 10^{-6} \cdot 2 \cdot \pi \cdot 50} = 18{,}5 \text{ Ohm.}$$

Der Gesamtwiderstand der Spule ist

$$20 + j\,18{,}5.$$

Der Gesamtwiderstand des Kondensators ist

$$20 - j\,18{,}5.$$

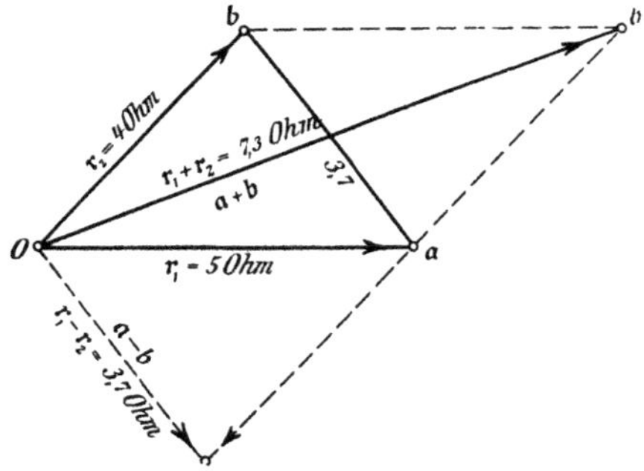

Fig. 46.

Der Widerstand des ganzen Systems ist die Summe der beiden

$$20 + j\,18{,}5 + 20 - j\,18{,}5 = 40.$$

Der resultierende Widerstand ist 40 Ohm, mit dem Phasenwinkel 0. Subtrahieren wir die beiden Widerstände 20 + j 18,5 und 20 — j 18,5, so erhalten wir einen rein induktiven Widerstand j 37 Ohm.

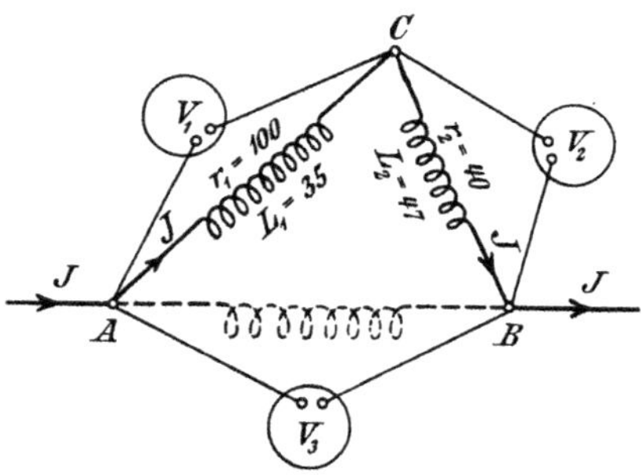

Fig. 47.

Die Zahlen 20 + j 18,5 und 20 — j 18,5, resp. die durch sie dargestellten Widerstände, sind also konjugiert (Fig. 43).

f) Die Subtraktion von Strecken bedingt nur eine dem Zeichenwechsel entsprechende entgegengesetzte oder „gegenläufige“ Aneinanderfügung der Strecken. Bei zwei Strecken sieht man infolgedessen, daß die eine Diagonale des Parallelogramms die geometrische Summe, die andere die geometrische Differenz der Seiten mißt (Fig. 43 und 46).

Die Summe zweier Seiten ist immer größer als die dritte, was bei den gewöhnlichen Widerständen und jenen für Selbstinduktion oder Kapazität soviel bedeutet, daß die resultierende Spannung oder der resultierende Widerstand zweier solcher Wechselwiderstände immer kleiner ausfällt, als die algebraische Summe der einzelnen. Haben wir z. B. zwei Spulen $\mathfrak{a} = AC$ und $\mathfrak{b} = CB$ in Serie gegeben (Fig. 47), durch welche ein Strom führt, so zeigt die Voltmeterablesung V_3 zwischen A und B einen kleineren Betrag, als die algebraische Summe der Voltmeterbeträge V_1 und V_2. Hierauf beruht die Dreivoltmetermethode. Der Phasenunterschied, der bei C herrscht, läßt sich aus einem Dreieck ermitteln, dessen Seiten jenen Meßbeträgen entsprechen. Solche Rechnungen lassen sich nun auf zwei scheinbar ganz verschiedene Weisen lösen und zwar: Rein trigonometrisch (in unserem Falle z. B. ist nach dem Cosinus- oder erweiterten pythagoräischen Lehrsatze $\cos \alpha' = \frac{\mathfrak{b}^2 + \mathfrak{c}^2 - \mathfrak{a}^2}{2\,\mathfrak{b}\mathfrak{c}}$) oder aber durch die Rechnung mit den entsprechenden komplexen Zahlen, resp. den rechtwinkligen Dreiecken.

Wir behaupteten, die Diagonale eines Parallelogramms sei die Summe resp. die Differenz der Parallelogrammseiten, und wollen nun Zahlenbeispiele auch zu dieser Addition und Subtraktion anfügen. Ist beispielsweise $\mathfrak{r}_1 = 5$ Ohm, $\mathfrak{r}_2 = 4$ Ohm, so ist bei der gezeichneten Anordnung (Fig. 46 und 47)

$$\mathfrak{r}_1 + \mathfrak{r}_2 = 7{,}3 \text{ Ohm},$$
$$\mathfrak{r}_1 - \mathfrak{r}_2 = 3{,}7 \text{ Ohm}.$$

Wir senden ferner durch die Spulen $\overline{AC}$ und $\overline{CB}$ (Fig. 47) einen Wechselstrom, dessen Periodenzahl $\sim = 100$ beträgt; die Stromstärke sei 10 Ampère. Wir setzen an die Punkte AC, CB, BA die drei Voltmeter V_1, V_2, V_3, die der Reihe nach 1025 Volt, 487 Volt und 1492 Volt Spannung zeigen. Die Widerstände sind also der Reihe nach 102,5 Ohm (Widerstand der Spule AC), 49,7 Ohm (Widerstand der Spule CB) und 149,2 Ohm (Widerstand der äquivalenten Spule). Wenn wir die Spannungen V_1, V_2, V_3 in Ohmsche und induktive Komponenten zerlegen wollen oder die Widerstände in Ohmsche und induktive Widerstände, müssen wir noch eine Messung durchführen; wir bestimmen beispielsweise den Ohmschen Widerstand der Spule AC zu $r_1 = 100$ Ohm. (Eben den gleichen Dienst hätte uns die Kenntnis des Ohmschen Widerstandes der zweiten Spule CB oder des Selbstinduktionskoeffizienten einer der Spulen geleistet.)

Mit den Daten der Voltmeter V_1, V_2, V_3 können wir das Dreieck $A_1 C_1 D_1$ konstruieren (Fig. 48), worin die Seiten die abgelesenen Spannungen, resp. die berechneten Widerstände bedeuten. Jetzt schlagen wir über $\overline{A_1 C_1}$ als Durchmesser einen Kreis. Diesen Kreis schneiden wir von A_1 aus mit der Strecke $\overline{A_1 E_1} = J r = 10 . 100 = 1000$ Volt ab und erhalten so den Punkt E_1.

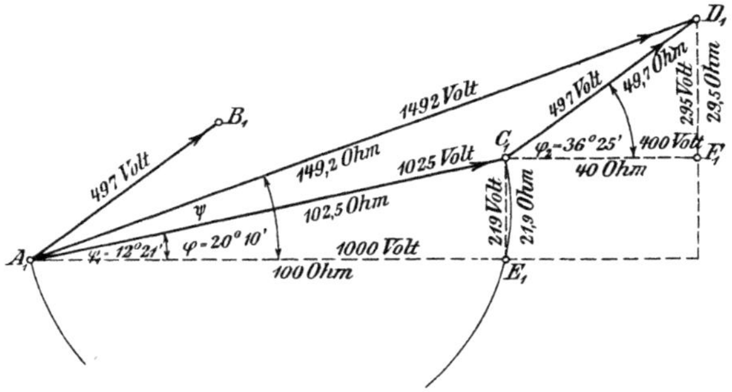

Fig. 48.

$\overline{E_1 C}$ ist dann 219 Volt, resp. 21,9 Ohm. Da aber $21{,}9 = L_1 \omega = L_1 . 10^{-3} . 2 . \pi . 100$, so ist $L_1 = 35$ Millihenry. $\overline{C_1 F_1}$ ist parallel zu $\overline{A_1 E_1}$ und $= 400$ Volt, resp. 40 Ohm, und $\overline{D_1 F_1} = 295$ Volt, resp. 29,5 Ohm. Da aber $29{,}5 = L_2 . 10^{-3} . 2 . \pi . 100$, ist $L_2 = 47$ Millihenry. $\operatorname{tg} \varphi_1 = \frac{219}{1000}$, woraus $\varphi_1 = 12^0\, 21'$ und $\operatorname{tg} \varphi_2 = \frac{295}{400}$, woraus $\varphi_2 = 36^0\, 25'$. φ wird berechnet als $(\varphi_1 + \psi)$, wobei

$$\cos \psi = \frac{\overline{A_1 D_1}^2 + \overline{A_1 C_1}^2 - \overline{C_1 D_1}^2}{2\, \overline{A_1 D_1} \cdot \overline{A_1 C_1}} = \frac{1492^2 + 1025^2 - 497^2}{2 \cdot 1492 \cdot 1025}.$$

Wird ψ aus dieser Gleichung berechnet und $\varphi = \varphi_1 + \psi$ in Betracht gezogen, so folgt $\varphi = 20^0\, 10'$.

Je nach der geforderten Genauigkeit werden solche Rechnungen nur mit der Quadrattafel und den direkten trigonometrischen Funktionen ausgeführt oder vermittelst der Logarithmen bewältigt.

Für die Zwecke des Ingenieurs reicht jedoch stets der Gebrauch des Rechenschiebers aus. Da man es zumeist mit geringfügigen Phasenwinkeln zu tun hat, so lassen sich zuweilen die graphischen Methoden nicht als Auswertungsmittel verwenden; sie dienen dann nur zur Übersicht und Rechnungsführung. Bei diesen rechtwinkligen Dreiecken kann bei Rechnungen auf eine Genauigkeit von 3 Dezimalstellen bis zu etwa 5^0, von 4 Stellen bis zu 2^0 anstatt des Sinus und der Tangente der Bogen gesetzt werden, wobei zur

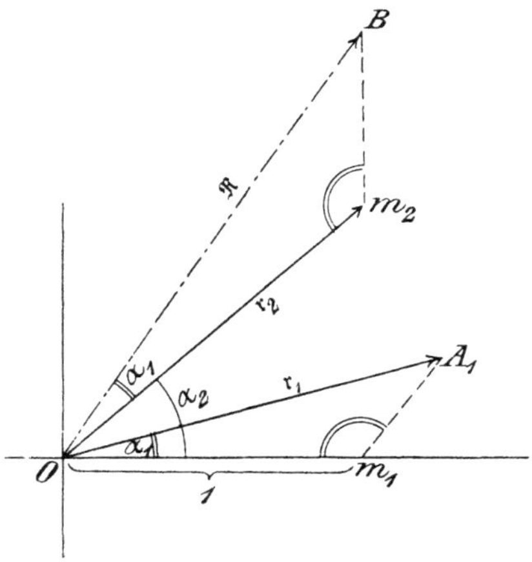

Fig. 49.

Veranschaulichung noch erwähnt sei, daß in einem rechtwinkligen Dreieck von den Katheten 1 und 57,3 der Gegenwinkel der ersteren Seite 1^0 beträgt. Folgende Tabelle[5]) wird bei den häufigen Rechnungen mit kleinen Winkeln gute Dienste leisten:

α^0	arc α	sin α	tg α
1	0,017	0,017	0,017
2	0,035	0,035	0,035
3	0,052	0,052	0,052
4	0,070	0,070	0,070
5	0,087	0,087	0,087
6	0,105	0,105	0,105
7	0,122	0,122	0,123
8	0,140	0,139	0,141

g) Die Multiplikation und Division von Richtungsgrößen (Strecken). Bei der gewöhnlichen Multiplikation wird das Produkt aus dem Multiplikand gerade so gebildet, wie der Multiplikator aus der Einheit entstanden ist. Bei den Strecken gilt Gleiches. Der Multiplikator $\mathfrak{r}_1$ (Fig. 49) entstand aus der Einheit durch Drehung um den Winkel α_1 und Vergrößerung im Verhältnisse $r_1 : 1$. Ebenso muß also $\mathfrak{R} = \mathfrak{r}_1 . \mathfrak{r}_2$ aus dem Multiplikand $\mathfrak{r}_2$ hervorgehen, was durch die ähnlichen Dreiecke $O\,A_1\,m_1 \sim O\,B\,m_2$ (Fig. 49) konstruktiv ausgedrückt wird.

Das gleiche Resultat muß sich auch unter Verwendung der komplexen Größen ergeben. Wenn

$$\mathfrak{r}_1 = x_1 + j\,y_1 = r_1 (\cos \alpha_1 + j \sin \alpha_1)$$
$$\mathfrak{r}_2 = x_2 + j\,y_2 = r_2 (\cos \alpha_2 + j \sin \alpha_2),$$

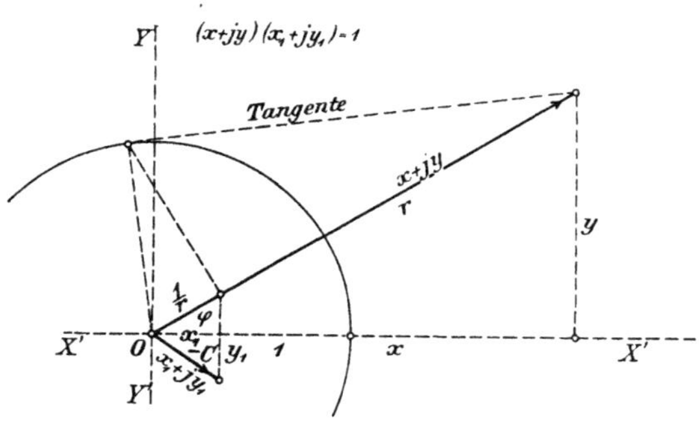

Fig. 50.

ist, so ergibt sich für ihr Produkt

$$\mathfrak{r}_1 \cdot \mathfrak{r}_2 = (x_1 + j\,y_1)(x_2 + j\,y_2)$$
$$= (x_1\,x_2 - y_1\,y_2) + j\,(x_1\,y_2 + y_1\,x_2)$$

oder aus der Polarform

$$\mathfrak{r}_1 \cdot \mathfrak{r}_2 = r_1 (\cos \alpha_1 + j \sin \alpha_1)\, r_2 (\cos \alpha_2 + j \sin \alpha_2)$$
$$= r_1 \cdot r_2 [\cos (\alpha_1 + \alpha_2) + j \sin (\alpha_1 + \alpha_2)],$$

was der obigen Definition vollkommen gleichkommt.

Das Produkt zweier konjugierter Zahlen $\mathfrak{r} . (\bar{\mathfrak{r}})$ vereinfacht sich nach der obigen Konstruktion zu

$$\mathfrak{r} \cdot (\bar{\mathfrak{r}}) = r_{\varphi} \cdot r_{(-\varphi)} = r^2_{(\varphi - \varphi)} = r^2 = x^2 + y^2,$$

was sich aus beiden obigen Formeln ebenfalls ergibt. Das Produkt zweier konjugierter Zahlen ist also, gleichwie ihre Summe, reell.

Zwei Richtungszahlen $\mathfrak{r}'$ und $\mathfrak{r}$ bezeichnet man als reziproke, sofern der absolute Wert der einen in demselben Verhältnis größer als die Einheit ist, wie derjenige der anderen kleiner ist, also $\mathfrak{r}' \cdot \mathfrak{r} = 1$ oder $\mathfrak{r}_{\varphi} \cdot \frac{1}{\mathfrak{r}_{(-\varphi)}} = 1$. (Fig. 50.) Je größer der Widerstand bei gegebener Spannung ist, desto geringerer Strom durchfließt ihn. Deswegen bezeichnet man den reziproken Wert des Widerstandes als seine Leitfähigkeit.

Beispiele:

1. Die Richtungsgrößen $12 + 9\,j$ und $7 + 5\,j$ sind zu multiplizieren.

$$(12 + 9\,j) \cdot (7 + 5\,j) =$$
$$84 - 45 + j\,(60 + 63) = 39 + j \cdot 123.$$

Die Richtungsgröße $12 + 9\,j$ ist in der symbolischen Form:

$$15\underline{/36^0\,52'} = [15,\ 36^0\,52'],$$

weil

$$\sqrt{12^2 + 9^2} = 15 \quad \text{und} \quad \frac{9}{12} = \operatorname{tg} 36^0\,52'.$$

Die Richtungsgröße $7 + 5\,j$ ist in der symbolischen Form:

$$8{,}6\underline{/36^0\,52'} = [8{,}6,\ 35^0\,32'],$$

weil

$$\sqrt{7^2 + 5^2} = 8{,}6 \quad \text{und} \quad \frac{5}{7} = \operatorname{tg} 35^0\,32'.$$

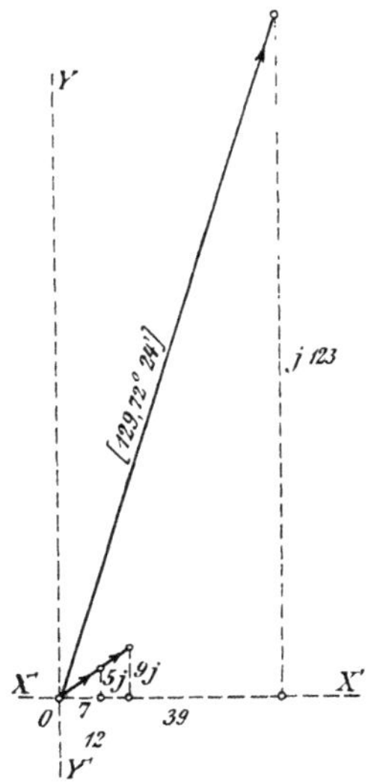

Fig. 51.

Die symbolische Form des Produktes $39 + j\,.\,123$ ist:

$$129\underline{/72^0\,24'} = [129,\ 72^0\,24'],$$

weil

$$(39^2 + 123^2)^{1/2} = 129 \quad \text{und} \quad 123/39 = \operatorname{tg} 72^0\,24'.$$

Auch ist

$$[15,\ 36^0\,52'] \cdot [8{,}6,\ 35^0\,32'] = 15 \cdot 8{,}6\underline{/36^0\,52' + 35^0\,32'} = 129\underline{/72^0\,24'}.$$

Das Beispiel wurde so gewählt, daß die Winkel $35^0\,32'$ und $36^0\,52'$ im Diagramm (Fig. 51) nicht mehr zu unterscheiden sind. Während also die analytische Methode einfach und genau ist, dient das Diagramm in diesem Falle nur zur Veranschaulichung der Resultate des analytischen Verfahrens.

2. Es ist das Produkt der konjugierten Zahlen $20 + j \,.\, 18{,}5$ und $20 - j \,.\, 18{,}5$ zu ermitteln. Das Produkt bildet sich in folgender Weise:

$$(20 + j \cdot 18{,}5) \cdot (20 - j \cdot 18{,}5) = 20^2 + 18{,}5^2 + j\,(20 \cdot 18{,}5 - j \cdot 20 \cdot 18{,}5) =$$
$$20^2 + 18{,}5^2 = 742{,}25.$$

$20 + j \,.\, 18{,}5$ ist auch

$$27{,}3 \,\underline{/42^0\, 43'} = [27{,}3,\; 42^0\, 43'],$$

worin

$$(20^2 + 18{,}5^2)^{1/2} = 27{,}3 \quad \text{und} \quad \frac{18{,}5}{20} = \operatorname{tg} 42^0\, 43'.$$

$20 - j \,.\, 18{,}5$ ist auch

$$27{,}3 \,\overline{/-42^0\, 43'} = [27{,}3,\; (-42^0\, 43')],$$

worin

$$(20^2 + 18{,}5^2)^{1/2} = 27{,}3 \quad \text{und} \quad -\frac{18{,}5}{20} = \operatorname{tg}(-42^0\, 43').$$

Daher

$$(20 + j \cdot 18{,}5)(20 - j \cdot 18{,}5) = 27{,}3^2 \,\underline{/42^0\, 43' - 42^0\, 43'} = 742{,}25 \,\underline{/0^0}.$$

3. Die reziproke Zahl der Richtungsgröße $20 + j \,.\, 18{,}5$ sei zu ermitteln. Wir suchen also eine Zahl von der Form $x + j\,y$, die so beschaffen ist, daß

$$(20 + j \cdot 18{,}5)(x + j\,y) = 1.$$

In unserem Falle ist

$$x = \frac{20}{20^2 + 18{,}5^2} = 0{,}0269$$

und

$$y = -\frac{18{,}5}{20^2 + 18{,}5^2} = -0{,}0249.$$

Die gesuchte Zahl ist demnach, da

$$(0{,}0269^2 + 0{,}0249^2)^{1/2} = 0{,}0366 \quad \text{und} \quad -\frac{0{,}0249}{0{,}0269} = \operatorname{tg}(-42^0\, 46')$$

und $180^0 - 42^0\, 46' = 137^0\, 14'$:

$$x + j\,y = 0{,}0269 - 0{,}0249\,j = 0{,}0366 \,\underline{/137^0\, 14'} = [0{,}0366,\; 137^0\, 14'].$$

Nun sei die reziproke Zahl der zu $20 + j \,.\, 18{,}5$ konjugierten Zahl, also von $20 - j \,.\, 18{,}5$ zu bestimmen. Diese Zahl wird die Form $x_1 + j\,y_1$ haben, wo $x_1 = x \doteq 0{,}0269$ und $y_1 = -y = 0{,}0249$.

Die gewünschte Zahl ist demnach

$$x_1 + j\,y_1 = 0{,}0269 + 0{,}0249\,j = 0{,}0366 \,\underline{/42^0\, 46'} = [0{,}0366,\; 42^0\, 46'].$$

Wir sehen also, daß die reziproken Zahlen zweier konjugierten Zahlen ebenfalls konjugiert sind.

4. Was ist die reziproke Zahl von j? Diese Zahl soll die Eigenschaft besitzen, daß sie mit j multipliziert die Einheit gibt. Es muß also sein $j\,x = 1$, woraus $x = -j$, da $-j^2 = 1$. Die reziproke Zahl der Richtungsgröße $6\,j$ ist $-\frac{j}{6}$, da $6\,j \cdot \left(-\frac{j}{6}\right) = 1$.

h) Da die Division eine Zahl finden lehrt, die, mit dem Divisor multipliziert, den Dividend gibt, ergibt sich folgende Divisionsregel:

$$\mathfrak{R} = \mathfrak{r}_1 : \mathfrak{r}_2 = (r_1 : r_2)_{(\varphi_1 - \varphi_2)} = \frac{r_1}{r_2} \underline{/\varphi_1 - \varphi_2} = R\, \underline{/\varphi_1 - \varphi_2}\,.$$

Der absolute Wert R muß gleich dem Quotienten $r_1 : r_2$ sein und der Winkel $\varphi = \varphi_1 - \varphi_2$.

Für die anderen Formen nimmt durch Rationalmachung des Nenners vermittelst der konjugierten Größe resp. durch die unmittelbare Benutzung der Werte $1 : (x_2 \mp j\,y_2)$ diese Regel die Gestalt an:

$$\mathfrak{R} = \frac{x_1 + j\,y_1}{x_2 + j\,y_2} = \frac{x_1\,x_2 + y_1\,y_2}{x_2^2 + y_2^2} + j\,\frac{(y_1\,x_2 - x_1\,y_2)}{x_2^2 + y_2^2}\,;$$

oder durch Rationalmachung des Zählers auf gleiche Weise, resp. durch die Umformung

$$\mathfrak{R} = 1 : (\mathfrak{r}_2/\mathfrak{r}_1) = 1 : \frac{\mathfrak{r}_2\,(\overline{\mathfrak{r}_1})}{r_1^2}$$

oder

$$\mathfrak{R} = 1 : \left(\frac{x_1\,x_2 + y_1\,y_2}{x_1^2 + y_1^2} + j\,\frac{x_1\,y_2 \mp y_1\,x_2}{x_1^2 + y_1^2}\right).$$

Der erste Ausdruck gibt den äquivalenten Widerstand, der letztere die resultierende Leitfähigkeit an. Einfacher zeigt die trigonometrische Form den Quotienten an.

$$\begin{aligned}\mathfrak{R} &= [r_1\,(\cos\alpha_1 + j\sin\alpha_1)] : [r_2\,(\cos\alpha_2 + j\sin\alpha_2)]\\ &= (r_1 : r_2)\,[\cos(\alpha_1 - \alpha_2) + j\sin(\alpha_1 - \alpha_2)]\,.\end{aligned}$$

Für die Leitfähigkeit eines Widerstandes, wie bereits erwähnt, findet sich folgender Ausdruck:

$$\mathfrak{r}' = \frac{1}{\mathfrak{r}} = \frac{1 \cdot (\overline{\mathfrak{r}})}{\mathfrak{r} \cdot (\overline{\mathfrak{r}})} = \frac{(\overline{\mathfrak{r}})}{r^2} = \frac{x - j\,y}{x^2 + y^2}\,,$$

also

$$\frac{1}{x + j\,y} = \frac{x - j\,y}{x^2 + y^2} = \left(\frac{x}{x^2 + y^2}\right) - j\,\frac{y}{(x^2 + y^2)} = x' - j\,y'.$$

Wie sich aus der Fig. 50 auch unmittelbar herauslesen läßt, besteht die Leitfähigkeit aus den Komponenten

$$x' = x : (x^2 + y^2) = 1 : \frac{x^2 + y^2}{x} \quad \text{und} \quad y' = -1 : \frac{x^2 + y^2}{y},$$

die sich aus den Leitfähigkeiten der Teile nur mit Hilfe des Faktors $(x^2 + y^2) = r^2$ bestimmen, wobei sich der wattlose Teil noch negativ einfindet.

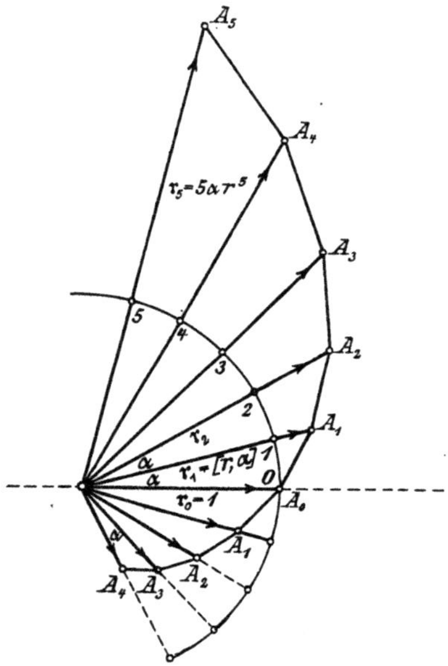

Fig. 52.

i) Potenzieren und Radizieren von Richtungszahlen.

Für positive ganze Exponenten entspricht die Potenz dem Produkte aus gleichen Faktoren also:

$$\mathfrak{R} = r^n = [r, \varphi]^n = [r^n, (n \cdot \varphi)]$$

oder

$$(x + jy)^n = [r(\cos\alpha + j\sin\alpha]^n = r^n [\cos n\alpha + j\sin n\alpha],$$

d. i. das Moivresche Theorem.

Bildlich wird die Potenzierung durch n-fache Aneinanderreihung von ähnlichen Dreiecken $OA_0A_1 \sim OA_1A_2 \sim \dots$ nach

Fig. 52 erreicht. Es ist nämlich nach der Multiplikationserklärung

$$\overline{OA_0} = \mathfrak{r}_0;\ \overline{OA_1} = \mathfrak{r}_1 = [r, \alpha];\ \overline{OA_2} = \mathfrak{r}_2 = [r^2, 2\alpha];\ \overline{OA_3} = \mathfrak{r}_3 = [r^3, 3\alpha]\ldots$$

und auch $\overline{OA_{(-1)}} = [r^{-1}, (-\alpha)]$ u. s. w. Die Punkte A liegen auf einer logarithmischen Spirale, die man bei unendlich klein werdenden α erhalten würde; die Elemente $\overline{A_0 A_1}$, $\overline{A_1 A_2}\ldots$ werden hierbei zu Tangenten, welche, wie man sieht, einen konstanten Winkel mit ihren Radien bilden.

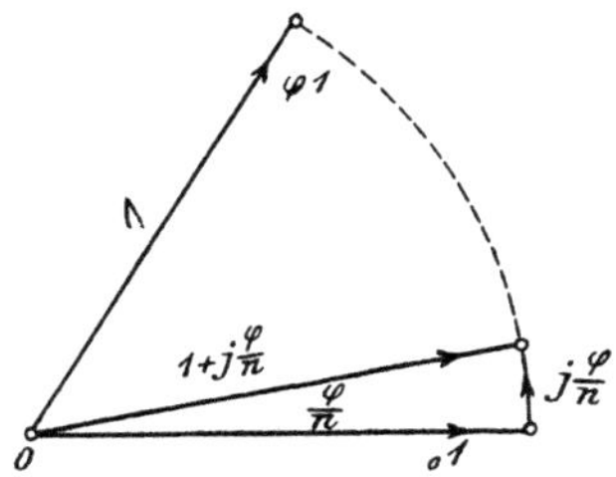

Fig. 53.

Bei der Radizierung kommt anstatt der Vervielfältigung die entsprechende Winkelteilung, statt des Exponenten n also $\frac{1}{n}$ in die Rechnung.

Wir sehen also, dass für die Richtungsgrößen die Beziehung Geltung hat:

$$[r, \varphi]^n = [r^n, n\varphi]$$

oder

$$[r(\cos\varphi + j\sin\varphi)]^n = r^n[\cos(n\varphi) + j\sin(n\varphi)],$$

die für ganze und gebrochene Exponenten gilt und das Moivresche Theorem darstellt.

k) Mit Zuhilfenahme dieses Satzes kann man noch eine weitere Normalform für die Richtungsgröße finden.

Man beachte vorerst, daß bei Entwicklung des Ausdruckes $\left(1 + \frac{1}{n}\right)^n$ nach dem Binomialsatze für $n = \infty$ der Wert $2{,}718 = \varepsilon$, d. i. die Basis der natürlichen Logarithmen, erhalten wird.

Es ist

$$\left(1 + \frac{1}{n}\right)^n = 1 + \frac{1}{1!} + \frac{1}{2!} + \ldots = 2{,}718 = \varepsilon^1 = \varepsilon,$$

daher auch

$$\left(1+\frac{\varphi}{n}\right)^n = 1+\frac{\varphi}{1!}+\frac{\varphi^2}{2!}+\ldots = \varepsilon^{\varphi}$$

und

$$\left(1+j\frac{\varphi}{n}\right)^n = 1+\frac{j\varphi}{1!}+\frac{j^2\varphi^2}{2!}+\ldots = \varepsilon^{j\varphi}.$$

Der Ausdruck links ist aber nach Fig. 53 die n-Potenz des Radius $\left[1, \frac{\varphi}{n}\right]$, für welchen sich nach dem Moivreschen Theorem $\left[1, \frac{\varphi}{n}\right]^n = [1, \varphi] = \varepsilon^{j\varphi}$ ergibt. Und statt eine Richtungsgröße symbolisch nach der Polarform auszudrücken, kann man sie also auch schreiben:

$$(\cos\varphi + j\sin\varphi) = \varepsilon^{j\varphi},$$

woraus

$$[r, \varphi] = r(\cos\varphi + j\sin\varphi) = r\varepsilon^{j\varphi}.$$

Dies ist die exponentielle Normalform, die von Euler herrührt. Der Linienzug $A_{-1} A_0 A_1 \ldots$ der logarithmischen Spirale (Fig. 52) besteht, wie sich aus der Ähnlichkeit der Dreiecke schließen läßt, aus Stücken, die der Größe nach wie die Glieder einer geometrischen Reihe anwachsen, während ihre Richtung stetig abschwenkt. Wird der Tangentenwinkel der Spirale 90^0 (was auf j als halbe Schwenkung $\frac{\pi}{2}$ hinweist), so wird die Spirale zum Kreis. Die Glieder der aufgeführten Binominalreihe beziehen sich auf die Elemente dieses Kreisbogens.

Diese Erkenntnisse lassen sich auf den Richtungswiderstand übertragen, der entstanden gedacht werden kann durch stetes Anwachsen der Richtungsgröße aus dem Werte Null, d. h. durch ein zeitlich gleichmäßiges Anwachsen seiner absoluten Größe nach einer geometrischen Reihe unter gleichzeitiger Drehung, respektive Veränderung des Phasenwinkels nach einer arithmetischen Progression.

Alle Rechnungs-Gesetze für Richtungszahlen, welche wir bisher kennen lernten, resultieren unmittelbar aus der Exponentialform nach den gewöhnlichen arithmetischen Regeln; so z. B. muß

$$[r_1, \varphi_1] \cdot [r_2, \varphi_2] = [(r_1 \cdot r_2), (\varphi_1 + \varphi_2)]$$

sein, weil

$$r_1\,\varepsilon^{\varphi_1} \cdot r_2\,\varepsilon^{\varphi_2} = r_1\,r_2\,\varepsilon^{\varphi_1+\varphi_2}.$$

Oder es muß sich ergeben

$$[r, \varphi]^n = [r^n, n\varphi],$$

weil

$$[r\,\varepsilon^{j\varphi}]^n = r^n\,\varepsilon^{j(\varphi n)}.$$

Wir werden Gelegenheit haben, alle die mathematischen, von uns so weit als möglich auch physikalisch interpretierten Ableitungen späterhin zu verwenden.

B. Nebeneinander- oder Parallelschaltung.

Werden Widerstände $r_1, r_2, \ldots$ nach Fig. 54 nebeneinandergeschaltet, so finden sich bei gegebener Spannungsdifferenz V zwischen den Verzweigungspunkten A und B die gesuchten von-

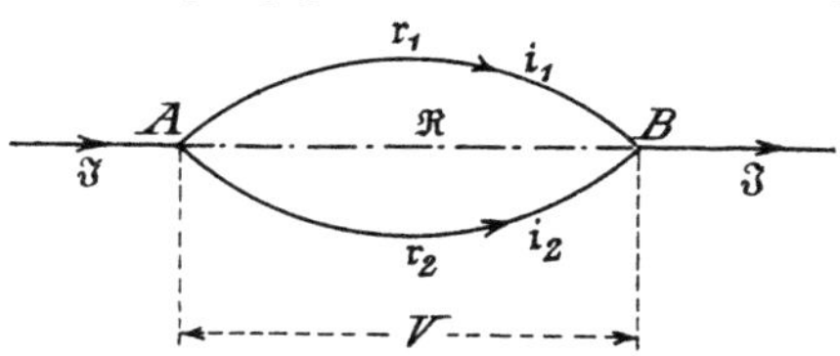

Fig. 54.

einander unabhängigen Einzelströme $i_1, i_2, \ldots$ nach dem Ohmschen Gesetze $i_1 = V : r_1$; $i_2 = V : r_2$; ... und der Hauptstrom, der sich durch diese Einzelströme bildet,

$$\mathfrak{J} = i_1 + i_2 + \ldots = V/r_1 + V/r_2 + \ldots = V \cdot (1/r_1 + 1/r_2 + \ldots)$$
$$= V \cdot 1/\mathfrak{R} = V \cdot \mathfrak{R}^{-1} \quad \ldots \ldots \quad 17)$$

wobei $\mathfrak{R}$ den äquivalenten Widerstand und $\mathfrak{R}^{-1}$ die totale Leitfähigkeit bedeutet.

1. Ohmsche Widerstände.

Diese allgemeine Auseinandersetzung werde zuerst für rein Ohmsche Widerstände dem Verständnisse durch Beispiele nähergebracht. Wir haben zwei solche Widerstände von $r_1 = 5$ und $r_2 = 12{,}5$ Ohm parallel auf eine Spannung von 100 Volt geschaltet; dann ist $i_1 = 100 : 5 = 20$ Amp.; $i_2 = 100 : 12{,}5 = 8$ Amp.; $J = 20 + 8 = 28$ Amp.; $R = 100/28 = 3{,}57$ Ohm und

$$\frac{1}{3{,}57} = \frac{1}{5} + \frac{1}{12{,}5} = R^{-1}.$$

Graphisch läßt sich diese Aufgabe dadurch lösen (Fig. 55), daß man auf zwei parallelen Geraden, $\overline{A_1 m_1}$, $\overline{A_2 m_2}$, die Widerstände r_1 und r_2 von einer Basislinie $A_1 A_2$ sinngemäß abträgt und den Schnittpunkt O ihrer Kreuzlinien sucht. Es ist dann

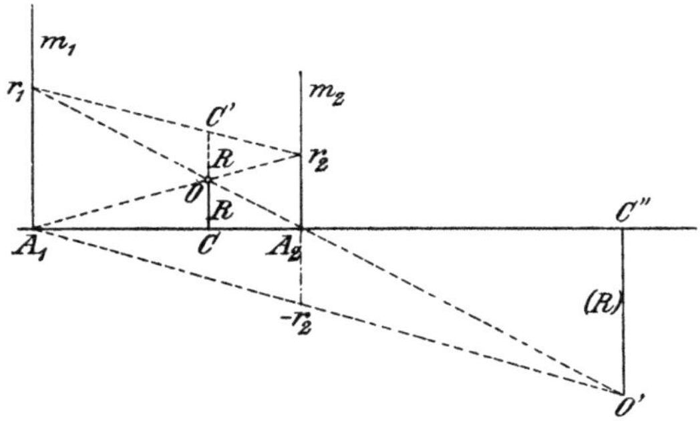

Fig. 55.

$\overline{OC} = R$, wie sich aus der Ähnlichkeit der bezügl. Dreiecke leicht herausrechnet. Im übrigen weist der Ausdruck

$$\frac{1}{R} = \frac{1}{r_1} + \frac{1}{r_2} = \frac{1}{{}^1/_2\,\overline{CC'}} = \frac{2}{\overline{CC'}}$$

auf das harmonische Mittel der Arithmetik hin, das in der Diagonalen-Konstruktion eines Viereckes in der Geometrie sein Analogon findet.

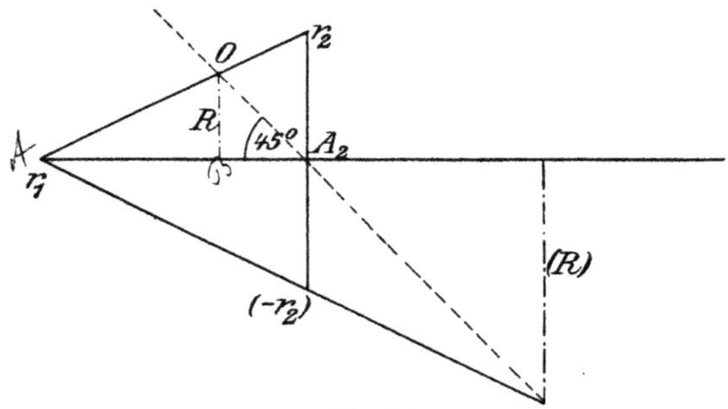

Fig. 56.

Die Basis $A_1 A_2$ könnte hier auch als Gesamtstrom J angesehen werden, welcher durch C in die Teilströme $\overline{A_1 C} = i_2$ und $\overline{A_2 C} = i_1$ geteilt wird. Wird der Schnittpunkt O′ (Fig. 55) ins Auge gefaßt, so erkennt man, daß er der Parallelschaltung von r_1 mit $(-r_2)$ entspricht und somit, weil $r_1 > r_2$, negativ werden muß.

Bei dieser Konstruktion konnten wir die Basis $\overline{A_1A_2}$ beliebig groß wählen; wird dieselbe dem Werte $r_1 = \overline{A_1m_1}$ gleich gemacht und der Winkel $m_1A_1A_2$ mit 90^0 gezeichnet, so führen diese Annahmen zur Konstruktion Fig. 56, welche lehrt: Um zwei Widerstände parallel zusammenzusetzen, trägt man den als Länge ausgedrückten Wert des einen Widerstandes r_1 auf den einen, den des anderen r_2 auf den zweiten Schenkel eines rechten Winkels auf und

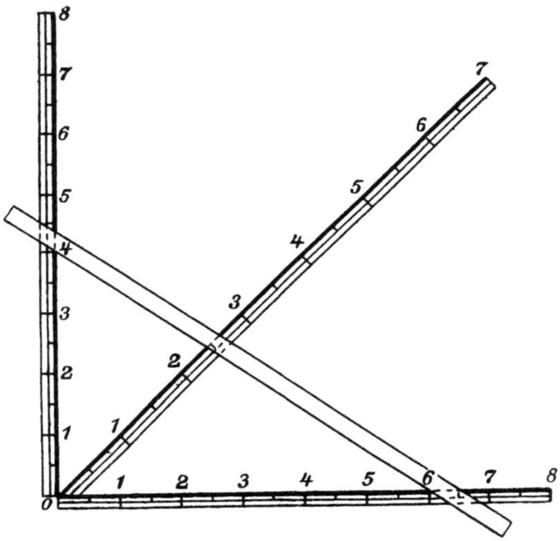

Fig. 57.

verbindet die so erhaltenen Endpunkte miteinander. Der Schnittpunkt der Verbindungslinie mit der bezüglichen Winkelhalbierenden zählt, je nach dem Maßstab, entweder auf der Diagonale selbst (Fig. 57) oder in seinen Projektionen den gesuchten Gesamtwiderstand. So ist z. B. R (Fig. 56) der Gesamtwiderstand von $r_1 /\!/ r_2$; (R) derjenige für die Parallelschaltung von r_1 mit $(-r_2)$. Da in der Fig. 56 $r_1 > (-r_2)$, muß

$$(R) = \frac{r_1(-r_2)}{r_1 + (-r_2)}$$

negativ und größer als

$$R = \frac{r_1 r_2}{r_1 + r_2}$$

sein.

Sollen zwei parallele Ohmsche Widerstände sich so verändern, daß ihr äquivalenter Widerstand konstant verbleibt, so heißt dies, daß der Strahl sich um O dreht. (Fig. 58.) Es muß also der eine Widerstand zu-, der andere abnehmen, wodurch auch die Einzelströme im umgekehrten Verhältnisse schwanken und der

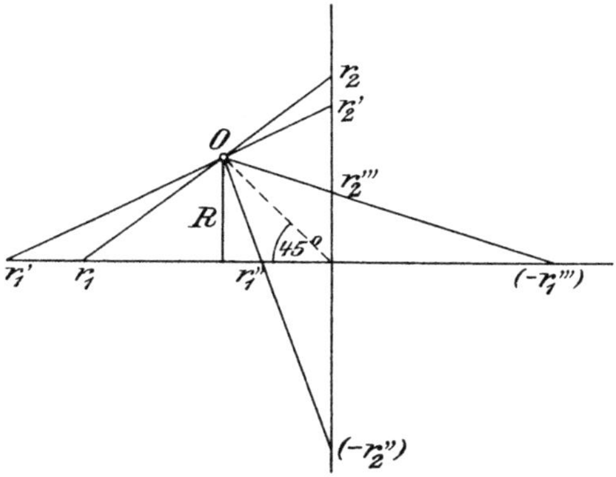

Fig. 58.

Hauptstrom sich auf konstanter Größe zu halten vermag. Solche zusammengehörige Widerstände sind z. B. in Fig. 58 r_1 und r_2; r_1' und r_2'; r_1'' und $(-r_2'')$ . . .

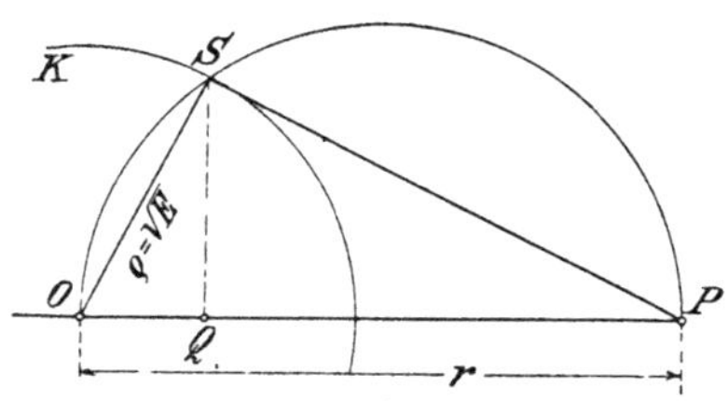

Fig. 59.

Ein anderes Verfahren ist das folgende: Man schlägt (Fig. 59) einen Kreis K vom Radius $\rho = \sqrt{E}$ = der Quadratwurzel der gegebenen Spannung E. Für jeden Widerstand r, der vom Mittelpunkt O aus als Strecke $\overline{OP} = r$ aufgetragen wird, läßt sich die zugehörige Stromstärke als Strecke $\overline{OQ}$ ermitteln, denn nach dem Ohmschen Gesetz soll die Beziehung $i = E : r = \sqrt{E^2} : r$ bestehen. Das bedeutet aber, daß (auf einen Grundkreis mit dem Radius $\sqrt{E}$ bezogen) jedem Punkte P eines Widerstandes $\overline{OP} = r$

ein reziproker Punkt Q mit der Entfernung $\overline{OQ} = \overline{OS}^2 . r$ zugewiesen wird. Rückt P der Kreislinie K näher oder weiter, so tut Q das Gleiche von entgegengesetzter Seite. Denn $\overline{QS}$ ist die Polare des Kreises K für den Pol P, und eine Senkrechte zu $\overline{OP}$ durch P wäre Polare für den Pol Q. Wenn also $r = \overline{OQ}$ wäre, müßte $i = \overline{OP}$ werden. P und Q sind konjugierte Pole, weil sie

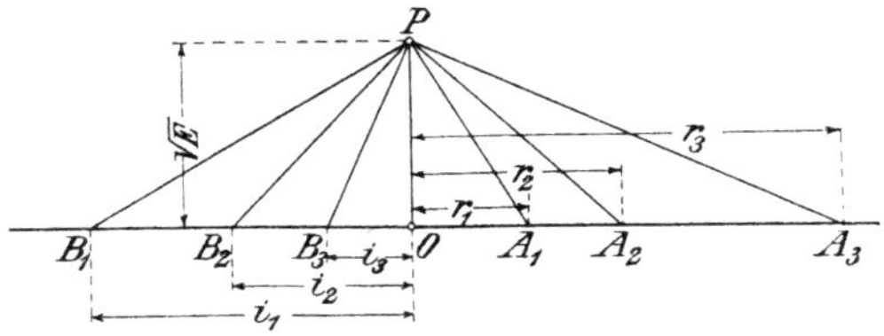

Fig. 60.

auf derselben Seite von O liegen und der Halbmesser $\overline{OS}$ des Kreises K die mittlere Proportionale zwischen ihren Entfernungen von O ist. Liegt der eine von diesen konjugierten Polen Q innerhalb des Kreises K, so liegt der andere außerhalb und umgekehrt. Liegt ein Pol auf der Peripherie des Kreises, so ist er sein eigener konjugierter Pol.

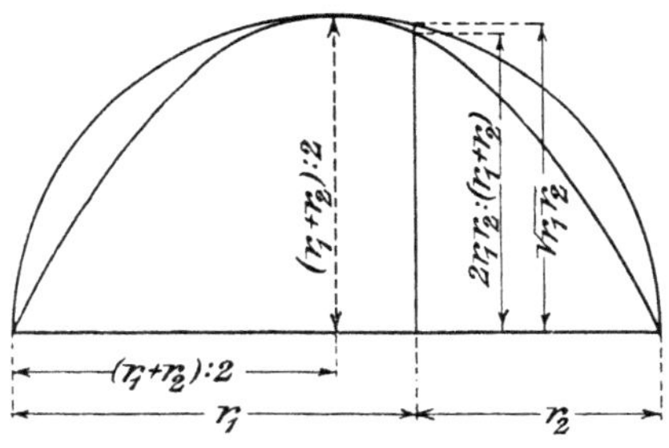

Fig. 61.

Zu weiterer Ausführung einer ähnlichen Konstruktion kann man aus den rechtwinkligen Dreiecken (Fig. 60) für verschiedene parallele geschaltete Ohmsche Widerstände die jeweiligen Stromstärken konstruieren, wenn man als gemeinsame Höhe $\overline{OP} = \sqrt{E}$, als den einen Abschnitt $\overline{OA_1}$, $\overline{OA_2}$, ... der Hypotenuse die Widerstände r_1, r_2, r_3 ... aufträgt. Der andere Abschnitt $\overline{OB_1}$, $\overline{OB_2}$ ... der Hypotenuse ist dann i_1, i_2 ..., da

$$(\sqrt{E})^2 = E = r_1 i_1 = r_2 i_2 = \ldots$$

Ebenso wie man die mittlere Proportionale $\sqrt{r_1 r_2}$ findet durch Überschlagen eines Kreises über $r_1 + r_2$, kann man durch Überschlagen einer (unveränderlichen, als Werkzeug benützten Parabel)[5]) (Fig. 61) das harmonische Mittel $\frac{2 r_1 r_2}{r_1 + r_2}$ finden, welches gleich dem doppelten Werte der Parallelschaltung von r_1 und r_2 ist.

Daraus geht hervor, daß der Wert des Widerstandes einer Schleife aus einem gleichförmigen Draht vom Widerstande $(r_1 + r_2)$ zwischen der Stromzuführung bei A und der Stromabnahme am Gleitstück B mit Veränderung der Zweige nach obiger Kurve sich verändert. Wenn z. B. der Widerstand eines solchen Rheostats

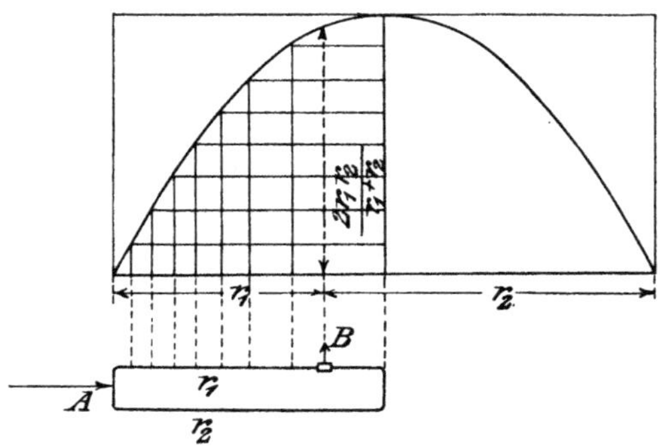

Fig. 62.

in n gleichen Stufen absetzen soll, so erhält man sofort die Stellungen des Gleitstückes, indem man die Höhe in n gleiche Teile teilt und die entsprechenden Abszissen ermittelt. (Fig. 62.)

Beispiel:

Die drei Widerstände $r_1 = 15$, $r_2 = 20$ und $r_3 = 7$ Ohm seien nebeneinander geschaltet und an ihre Endpunkte werde eine Spannung von 100 Volt angelegt. Zu ermitteln sind der resultierende Widerstand, die Zweigströme und der Gesamtstrom.

Es ist

$$R = \frac{1}{r_1} + \frac{1}{r_2} + \frac{1}{r_3} = \frac{r_1 r_2 r_3}{r_1 r_2 + r_1 r_3 + r_2 r_3} =$$

$$\frac{15 \cdot 20 \cdot 7}{15 \cdot 20 + 15 \cdot 7 + 20 \cdot 7} = 3{,}85 \text{ Ohm.}$$

Als Zweigströme erhalten wir

aus $i_1 r_1 = 100$ Volt: $i_1 = 6{,}66$ Ampère
- $i_2 r_2 = 100$ - : $i_2 = 5$ -
- $i_3 r_3 = 100$ - : $i_3 = 14{,}28$ -

Also ist der Gesamtstrom

$$J = i_1 + i_2 + i_3 = (6{,}66 + 5 + 14{,}28) = 25{,}94 \text{ Ampère},$$

aber es ist auch

$$\frac{100}{R} = \frac{100}{3{,}85} = 25{,}94 \text{ Ampère}.$$

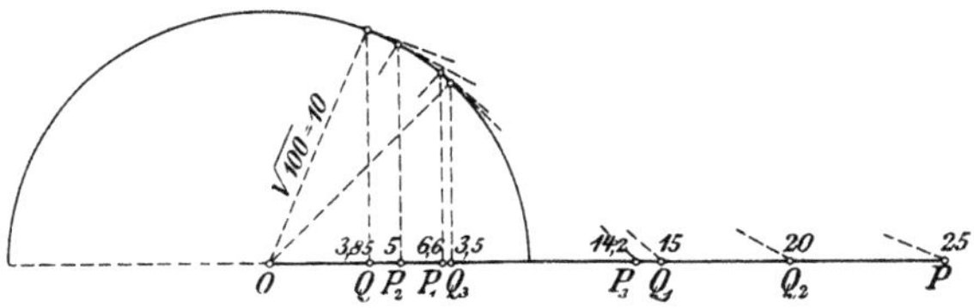

Fig. 63.

Diese Rechnung können wir mittelst der oben angegebenen Methode auch graphisch durchführen, wie es in Fig. 63 dargestellt ist. Wir zeichnen mit $\sqrt{100} = 10$ einen Kreis mit dem Mittelpunkt O. Von O werden die Widerstände $r_1 = \overline{OQ_1} = 15$, $r_2 = \overline{OQ_2} = 20$ und $r_3 = \overline{OQ_3} = 7$ aufgetragen und dann werden die reziproken Punkte $P_1 P_2 P_3$ konstruiert, wobei $\overline{OP_1} = i_1 = 6{,}66$ Ampère, $\overline{OP_2} = i_2 = 5$ Ampère und $\overline{OP_3} = i_3 = 14{,}28$ Ampère sich ergeben. Durch Zusammensetzung folgt dann $6{,}66 + 5 + 14{,}28 = J = 25{,}94$.

Dieses $J = 25{,}94$ tragen wir vom Punkt O aus auf die Gerade $\overline{OP}$ und erhalten den Punkt P; haben wir den dem Punkte P reziproken Punkt Q bestimmt, so ist $\overline{OQ} = 3{,}85$ Ohm der resultierende Widerstand des Systems.

Hat man Verzweigungen mit mehreren Ohmschen Widerstandszweigen, so kann man durch sukzessives Zusammenfügen von r_1 mit r_2 zu $R_{1,2}$, von $R_{1,2}$ mit r_3 zu $R_{1,2,3}$ u. s. w. die Verallgemeinerung dieser Konstruktion vornehmen. Übersichtlicher gestaltet sich folgendes Verfahren.

Sind beliebig viele Ohmsche Widerstände $r_1 r_2 r_3 \ldots$ parallelgeschaltet, so ist der resultierende Widerstand gegeben durch

$$\frac{1}{R} = \frac{1}{r_1} + \frac{1}{r_2} + \frac{1}{r_3} + \ldots \qquad 17\text{a)}$$

Tragen wir nun auf die drei unter beliebigen Winkeln α_1 α_2 (Fig. 64) gegen einander geneigten Geraden, die einen Punkt O gemeinsam haben, die drei Maßstäbe mit den Einheiten e_1, e_2, e_3 . . . auf, von denen zwei willkürlich sind, während sich der dritte aus dem Parallelogramm der beiden anderen ergibt, dann teilt ein beliebiger

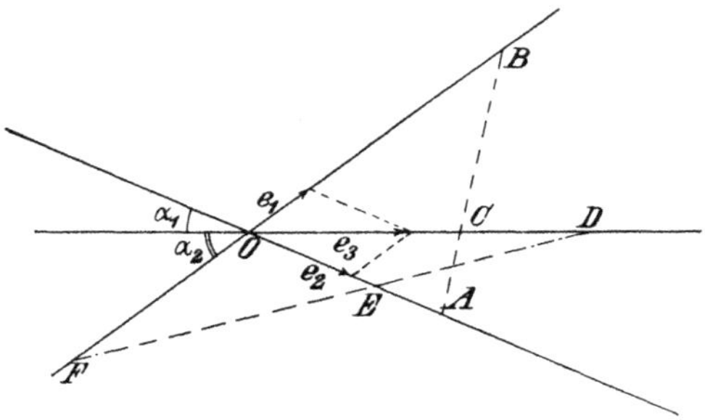

Fig. 64.

Strahl $\overline{AB}$ einen gegebenen Widerstand $r = \overline{OC}$ in zwei Spalt- oder Teilwiderstände $r' = \overline{OA}$ und $r'' = \overline{OB}$, die parallelgeschaltet r ergeben. Dieser Satz gilt auch für negative Widerstände. Es ist z. B. $\overline{OD}$ der Widerstand, der aus der Parallelschaltung von $\overline{OE}$ und $(-\overline{OF})$ sich ergibt.

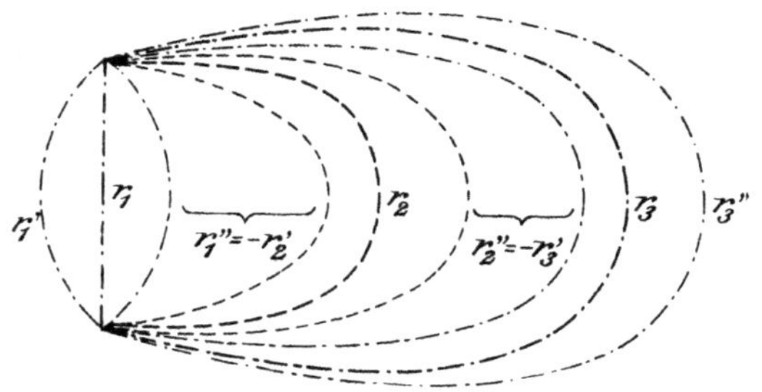

Fig. 65.

Mit diesem einfachen und grundlegenden Satze läßt sich nun ein elegantes Verfahren zur fortlaufenden Konstruktion des Ausdruckes (17a) aufbauen. Angenommen, es seien $r_1 = 10{,}3$ Ohm, $r_2 = 5{,}7$ Ohm, $r_3 = 3{,}8$ Ohm parallelgeschaltet. Wir zerlegen r_1 in zwei parallele Zweige r_1' und r_1'', ebenso r_2 in r_2' und r_2'', r_3 in r_3' und r_3'', so zwar, daß

$$r_1'' = -r_2'$$
$$r_2'' = -r_3',$$

sodaß also, da diese Teile sich gegenseitig annullieren, nur r_1' und r_3'' übrig bleiben (Fig. 65).

Dies ergibt folgende Konstruktion: Ziehe durch r_1 (Fig. 66) den beliebigen Strahl $\overline{r_1 C}$, der r_1 spaltet in $\overline{OC}$ und $(-\overline{OA})$ Einheiten. Ziehe $\overline{AB} \mathbin{/\!/} \overline{Or_1}$ und spalte r_2 durch den Strahl $\overline{r_2 B}$ in $OB = (-\overline{OA})$ und $(-\overline{OD})$. Wenn dann $\overline{DE} \mathbin{/\!/} \overline{Or_3}$ gezogen wird,

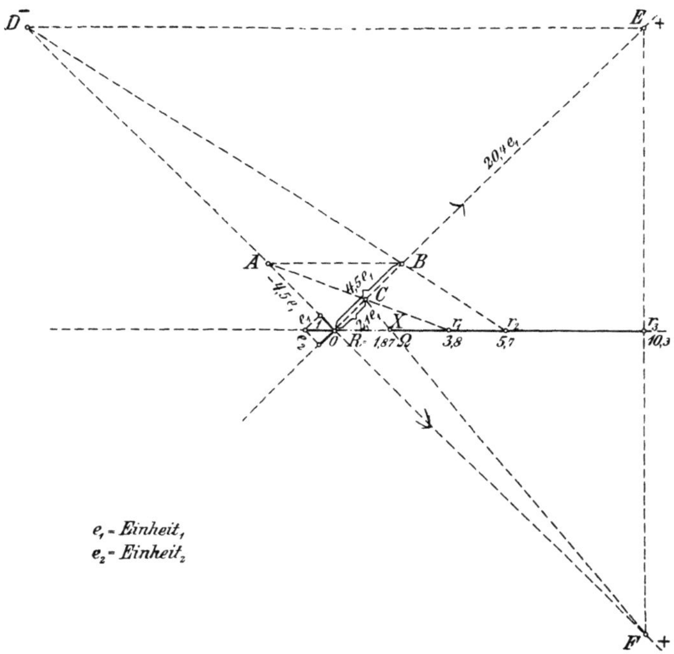

Fig. 66.

ergibt der Schnittpunkt des Strahls $\overline{E r_3}$ mit der Verlängerung von $\overline{OA}$ die Zerlegung von r_3 in $\overline{OE} = (-\overline{OD})$ und $\overline{OF}$, und der Schlußstrahl $\overline{FC}$ gibt durch den Schnittpunkt X mit $\overline{Or_3}$ den aus der Parallelschaltung von r_1' und r_3'' resultierenden Gesamtwiderstand $R = 1{,}87$ Ohm. Dasselbe ergibt auch die Rechnung:

$$\frac{1}{R} = \frac{1}{10{,}3} + \frac{1}{5{,}7} + \frac{1}{3{,}8} = \frac{1}{1{,}87} \text{ Ohm.}$$

2. Richtungswiderstände.

Nun schreiten wir zur Parallelschaltung von Richtungswiderständen und bringen zuerst die Nebeneinandersetzung eines Ohmschen zu einem rein induktiven Widerstande zur Betrachtung (Fig. 67).

Die Größe der Spannung E ist natürlich auf den äquivalenten Widerstand ohne Einfluß und wir dürfen darum den Grundkreis K, der zur reciproken Darstellung dienen soll und die Stromstärken ergibt, gleich der Höhe $\overline{OH}$ des Dreiecks OPP' wählen, dessen Katheten $\overline{OP}$ und $\overline{OP'}$ resp. dem Ohmschen Widerstand X und dem induktiven Y (oder der Richtungszahl jY) entsprechen. Die denselben zugewiesenen Strecken $\overline{OQ}$ und $\overline{OQ'}$ bedeuten die Ströme i_x und i_y, welche, geometrisch addiert, durch das Parallelogramm OQHQ' zum resultierenden Strom und gleichzeitig zur Gesamtleitfähigkeit führen, weil H im Grundkreis liegt. Demnach läßt sich behaupten, daß der Höhenwiderstand des rechtwinkligen Dreiecks seine beiden Kathetenwiderstände parallelschaltet, und umgekehrt kann hiernach ein Richtungswiderstand in zwei um einen Phasenunterschied von 90° von einander abweichende Teilwiderstände auf die einfachste Weise gespalten werden[6]). Diese Spaltungskomponenten X und Y berechnen sich aus dem gegebenen Richtungswiderstand $\mathfrak{r}$ demnach wie folgt (Fig. 68):

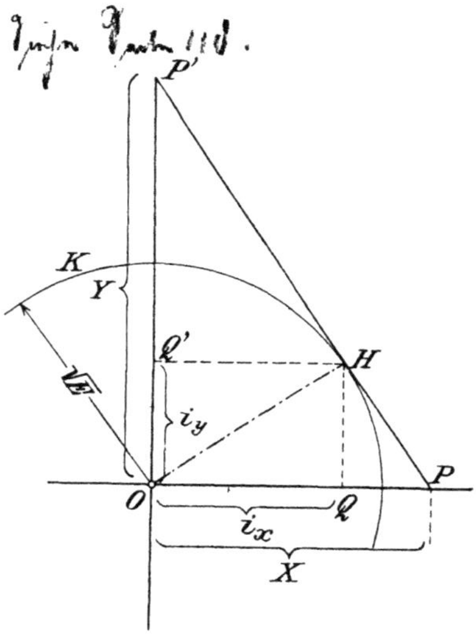

Fig. 67.

$$(X//Y) \qquad X = \mathfrak{r} : \cos\varphi \qquad Y = \mathfrak{r} : \sin\varphi$$

und die Komponenten von $\mathfrak{r} = [r, \varphi]$ sind

$$x = \mathfrak{r} \cdot \cos\varphi = \frac{X \cdot Y}{\mathfrak{R}} \cos\varphi \quad \text{und} \quad y = \mathfrak{r} \cdot \sin\varphi = \frac{X \cdot Y}{\mathfrak{R}} \sin\varphi,$$

wobei $\mathfrak{R}$ jener Richtungswiderstand ist, den X und Y in Hintereinanderschaltung ergeben hätten.

Sind viele Richtungswiderstände parallel zusammenzufassen, so zerspaltet man jeden nach obiger Regel auf zwei beliebig gewählte Axen entweder konstruktiv, was wohl das Einfachste ist, oder rechnerisch und setzt nach der bereits erörterten Weise die gleichnamigen Spaltkomponenten zusammen. Mit diesen Schlußkomponenten ist der resultierende Richtungswiderstand durch die Höhe des Dreiecks noch zu ermitteln[7]).

a) Weitere graphische Methoden.

Eine weitere Konstruktion (Fig. 69), aus zwei Widerständen den äquivalenten ihrer Nebenschaltung zu ermitteln, lehren die bereits gegebenen Regeln für Richtungszahlen. Wenn

$$\frac{1}{\mathfrak{R}} = \frac{1}{\mathfrak{r}_1} + \frac{1}{\mathfrak{r}_2}$$

sein soll, muß

$$\mathfrak{R} = \frac{\mathfrak{r}_1\,\mathfrak{r}_2}{\mathfrak{r}_1 + \mathfrak{r}_2}$$

oder

$$\frac{\mathfrak{R}}{\mathfrak{r}_2} = \frac{\mathfrak{r}_1}{\mathfrak{r}_1 + \mathfrak{r}_2}$$

sein. D. h.: der gesuchte Widerstand $\mathfrak{R}$ verhält sich zu $\mathfrak{r}_2$, wie $\mathfrak{r}_1$ zur Diagonale von $\mathfrak{r}_1$ und $\mathfrak{r}_2$, worin die Ähnlichkeit der $\Delta O A_1 C \sim O N A_2$ (Fig. 69) begründet liegt. Um dies ohne weiteres einzusehen, rechnen wir obigen Ausdruck symbolisch aus, nehmen jedoch an, daß $\varphi_1 = 0$, d. h.

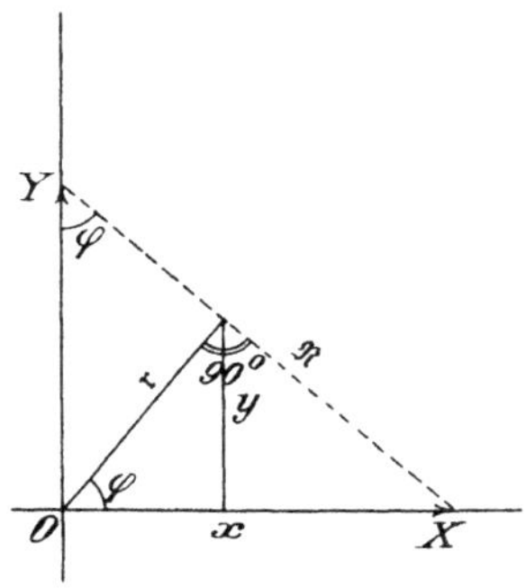

Fig. 68.

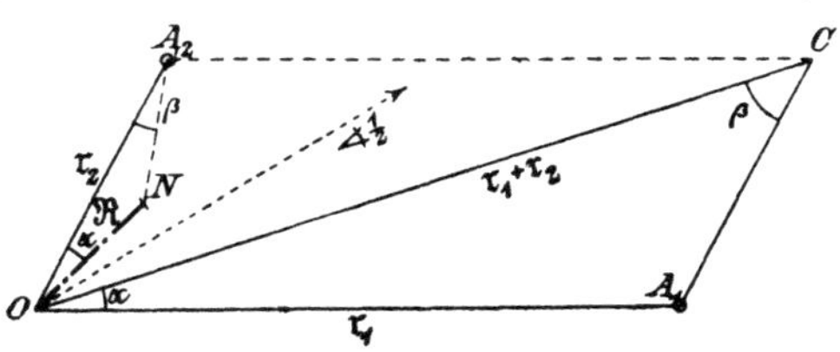

Fig. 69.

$\mathfrak{r}_1$ mit der Richtung der Ohmschen Widerstände zusammenfiele. Also:

$$[\mathrm{R}, \varphi] = \frac{[\mathrm{r}_1, 0] \cdot [\mathrm{r}_2, \varphi_2]}{[\mathrm{d}, \alpha]},$$

wenn mit d die Diagonale $\overline{OC}$ bezeichnet wird.

Es muß also

$$R = \frac{r_1 r_2}{d} \text{ und } \varphi = \varphi_2 - \alpha$$

sein, was dadurch erfüllt wird, daß man den Winkel α, den die Diagonale $d = \overline{OC}$ mit r_1 bildet, von r_2 symmetrisch zur Halbierungslinie des Winkels zwischen r_1 und r_2 abträgt. Dadurch ist die gesuchte Lage der Resultierenden gefunden, während sich ihre Größe durch die Auftragung des Winkels β wegen jener Ähnlichkeit bestimmt. Das $\Delta\, O A_2 N$ besagt auch, daß der äquivalente Widerstand $\overline{ON} = \overline{OA_2} + (-\overline{NA_2})$ ist, d. h. physikalisch, daß derselbe auch durch Vorschaltung eines negativen Widerstands in der Größe:

$$\overline{NA_2} = r_2 \cdot \frac{r_2}{(r_1 + r_2)} = \frac{r_2^2}{r_1 + r_2}$$

vor r_1 erhalten werden kann. Man kann darnach jede Neben-

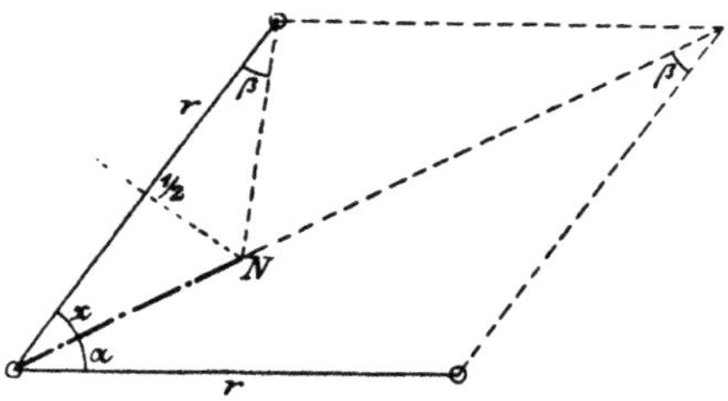

Fig. 70.

schaltung durch eine Serienschaltung ersetzen, worauf wir nochmals später zurückkommen müssen[8]).

Lassen wir die gefundene Konstruktion auf den bereits behandelten Fall zweier aufeinander senkrecht stehender Richtungswiderstände gelten, so führt sie unmittelbar zu der bereits erklärten Höhenlösung, wie Fig. 67 erkennen läßt.

Zwei Widerstände von gleichem absoluten Werte und verschiedenem Phasenwinkel ergeben bei ihrer Parallelschaltung den äquivalenten Widerstand selbstverständlich in der Winkelhalbierenden auf die in Fig. 70 ersichtliche Weise, wonach $\mathfrak{R} = r : 2 \cos \varphi/2$ ist.

Die in Fig. 55 erörterte Konstruktion des äquivalenten Wertes R zweier Ohmschen Widerstände läßt noch eine klare physikalische Deutung zu, bei welcher der Höhensatz von Richtungswiderständen als Stütze dient. Dieses Zurückgreifen auf den allgemeineren Fall vom speziellen kommt auch bei der Zusammensetzung paralleler Kräfte vor. So werden die Kräfte $\mathfrak{p}_1$, $\mathfrak{p}_2$, Fig. 71, durch Hinzufügen gleicher entgegengesetzter Hilfskräfte $\pm \mathfrak{l}$ auf den allgemeinen Kräftefall zurückgeführt.

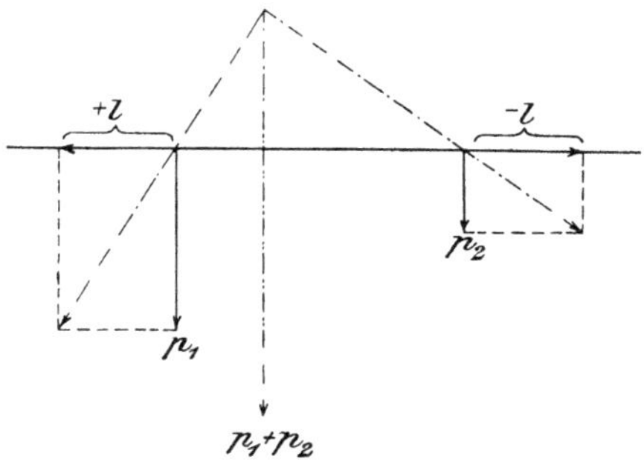

Fig. 71.

Um bei zwei Ohmschen Widerständen $\mathfrak{r}_1$, $\mathfrak{r}_2$ den gleichen Vorgang einzuhalten, fügen wir einen Induktions- und einen Kapazitätswiderstand, $\pm l\omega$, von gleicher Größe bei und setzen $\mathfrak{r}_1$ mit $+ l\omega$ zu $\mathfrak{r}_1$, ebenso $\mathfrak{r}_2$ mit $- l\omega$ zu $\mathfrak{r}_2$ zusammen. Aus den $\mathfrak{r}_1$ und $\mathfrak{r}_2$ folgt dann $\mathfrak{R}$. (Fig. 72.)

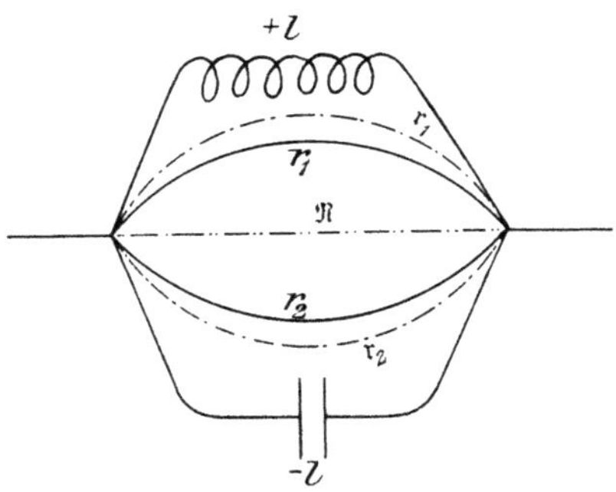

Fig. 72.

Da die beiden $\pm l\omega$ beliebig groß gewählt werden können, so bestimmen wir sie derart, daß die Kreuzlinien aufeinander senkrecht stehen. (Fig. 73.) Dann vollführt die Konstruktion genau obiges Programm. Denn $\overline{OA_1} = \mathfrak{r}_1$ ist äquivalent dem

Paare $\mathfrak{r}_1$, $+\mathfrak{l}_\omega$; ferner ist $\overline{OA}=\mathfrak{r}_2$ äquivalent dem anderen Seitenpaare $\mathfrak{r}_2$, $-\mathfrak{l}_\omega$; und schließlich ist $\mathfrak{R}$ als Höhe von $\Delta A_1 O A_2$ äquivalent den neuen Katheten $\mathfrak{r}_1$ und $\mathfrak{r}_2$, womit das gewünschte Resultat erhalten wird. Die Graphostatik kleidet ihre Lösungen in ein mechanisches Gewand. Analoges kann man auch bei der Elektrographik anstreben, für die wir hier einige neue Beiträge geliefert haben.

Fragen wir nun, wie sich der äquivalente Widerstand zweier parallel geschalteten Richtungswiderstände verändert, wenn bei konstantem Werte von $\mathfrak{r}_2$ der Richtungswiderstand $\mathfrak{r}_1$ seiner Größe nach von Null bis unendlich anwächst. Im Dreiecke ONA_2 verbleibt dabei der Winkel bei N konstant (Fig. 74); es beschreibt also N_1, der Endpunkt des äquivalenten Widerstandes, einen Kreis k_2. Das Gleiche hat Geltung, wenn umgekehrt $\mathfrak{r}_2$ konstant und $\mathfrak{r}_1$ veränderlich wird, wodurch der Kreis k_1 als geometrischer Ort des Endpunktes des jeweiligen äquivalenten Widerstandes sich ergibt.

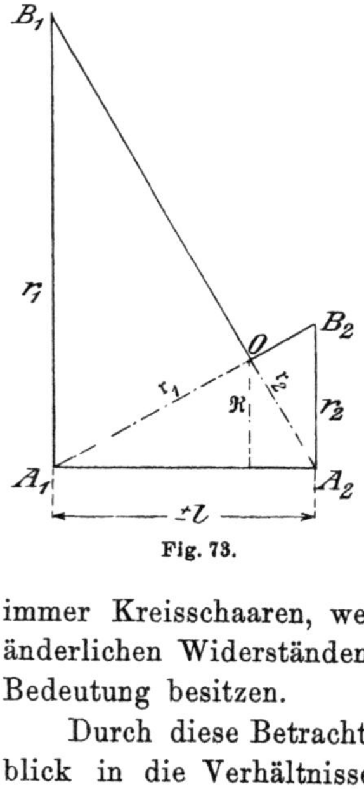

Fig. 73.

Wenn der Endpunkt von $\mathfrak{r}_2$ einen Kreis aus O beschreibt, oder sich auf einer beliebigen Geradenbewegt, so beschreibt jener Endpunkt des $\mathfrak{R}$ noch immer Kreisschaaren, welche bei der Parallelschaltung von veränderlichen Widerständen, wie Maschinen und Motoren, praktische Bedeutung besitzen.

Durch diese Betrachtung gewinnt man einen interessanten Einblick in die Verhältnisse, aus welchem sich unter anderem auch unmittelbar der Beweis für eine neue Konstruktion der Parallelschaltung lesen läßt, die wir der persönlichen Mitteilung Sylv. P. Thompsons verdanken. Es wird (Fig. 74)

$$\mathfrak{r}_1 = OA_1 \perp OP_2 \qquad \mathfrak{r}_2 = OA_2 \perp OP_1$$
$$OA_1 \perp A_1P_1 \qquad OA_2 \perp A_2P_2$$

und dann P_1P_2 gezogen und ON senkrecht darauf errichtet, das den gesuchten Äquivalentwiderstand für $\mathfrak{r}_1 /\!/ \mathfrak{r}_2$ gibt.

Ein weiteres interessantes Verfahren ergibt sich nach Fig. 75, indem man die beiden gegebenen Richtungswiderstände $\mathfrak{r}_1$ und $\mathfrak{r}_2$

($\overline{OA}$ und $\overline{OB}$) in Komponenten derart zerlegt, daß ein Paar derselben zusammenfallen. Man errichtet zu diesem Behufe in A und B Senkrechte, die sich in E schneiden. $\mathfrak{r}_1$ zerlegt sich in $\overline{OE}$ und $\overline{OA''}$, $\mathfrak{r}_2$ in $\overline{OE}$ und $\overline{OB''}$. Die beiden gleichen $\overline{OE}$ geben parallelgeschaltet die halbsogroße $\overline{OG}$ als Äquivalente, während $\overline{OA''}$ und $\overline{OB''}$ nach dem bereits Gelehrten zu $\overline{OF} = {}^1/_2\overline{OC''}$ führen. Verbindet man G mit F und errichtet von O die Senkrechte $\overline{OC}$ darauf, so muß dies die Äquivalente von $\mathfrak{r}_1 /\!/ \mathfrak{r}_2$ sein. Das Doppelte von $\overline{OC}$ weist auf C_1 im Kreise über $\overline{OE}$ hin. Da die vier

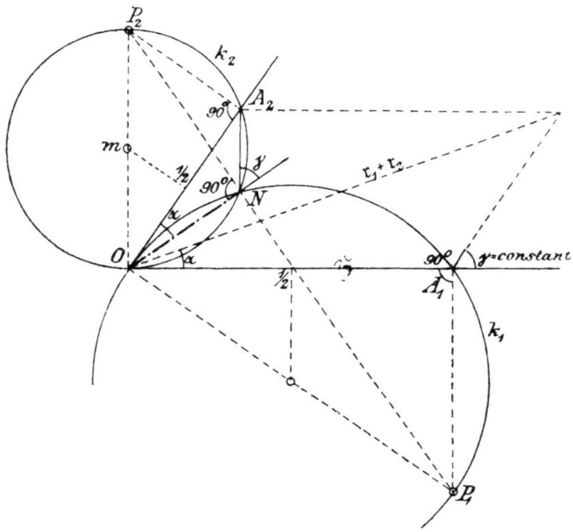

Fig. 74.

Strahlen 1, 2, 3, 4 aus E den vier harmonischen Punkten O B'' C'' A'' entsprechen, diesen wieder die Senkrechten 1' 2' 3' 4'', so müssen diese letzteren ein harmonisches Büschel bilden. Dieses wird durch E B', parallel zu Strahl 1' geschnitten; es muß daher nach den elementarsten Erkenntnissen der Geometrie $\overline{A'C'} = \overline{C'B'}$ sein. Man kann diese Eigenschaft zur Aufsuchung des äquivalenten Richtungswiderstandes benutzen, wie dies uns Sylv. P. Thompson ohne Beweisführung als Tischgespräch im Jahre 1899 zum besten gab. Den vorstehenden Betrachtungen liegt im übrigen ein tieferer Sinn zu Grunde. Wir haben bei den Ohmschen Widerständen bereits auf die harmonische Punktreihe hingewiesen. Nun finden wir die naturgemäße Erweiterung für Wechselstrom und induktive Widerstände in den harmonischen Punkten OBC_1A auf der Kreislinie!

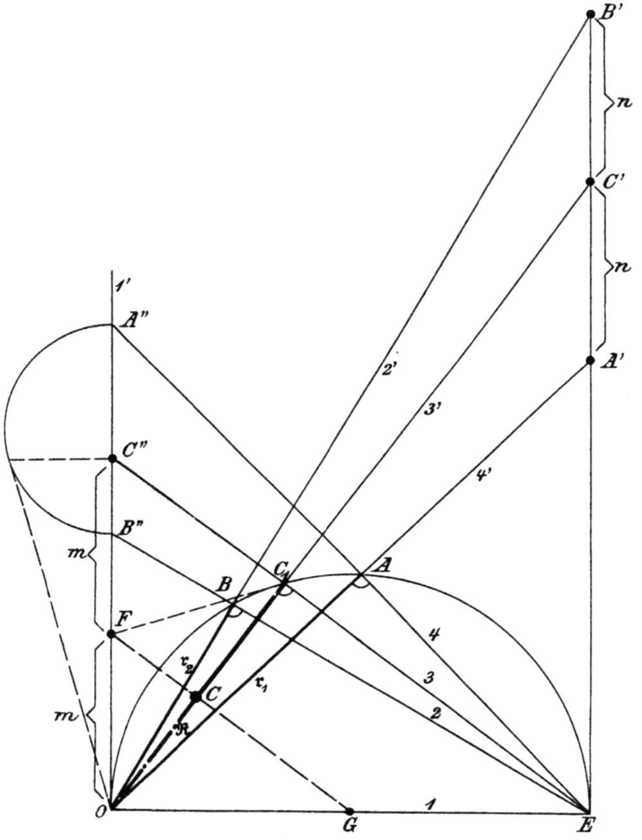

Fig. 75.

Ein Beispiel mögen die verschiedenen Methoden erläutern:

Zwei Widerstände (Fig. 76), die mit Induktion behaftet sind, sollen parallel geschaltet werden. Für den ersten Widerstand sei $r_1 = 20$ Ohm, $L_1 = 0{,}04$ Henry; für den zweiten sei $r_2 = 15$ Ohm und $L_2 = 0{,}05$ Henry. Es ist der resultierende Widerstand des Systems zu ermitteln unter der Voraussetzung, daß der Wechselstrom 100 Perioden hat. An den Klemmen MN herrscht eine Spannung von 200 Volt; wieviel Strom nimmt dann das System auf? Die Ermittelung der Werte kann nach mehreren Methoden geschehen und zwar auf trigonometrischem, graphischem und analytischem Wege.

a) Trigonometrische Methode.

Bei der trigonometrischen Methode, die im allgemeinen nicht die bequemste ist, sollen vor allem die Widerstandswerte der einzelnen Zweige berechnet werden. Man erhält

$$R_1 = \sqrt{r_1^2 + L_1^2 \omega^2} = \sqrt{20^2 + (0{,}04 \cdot 2\pi \cdot 100)^2} = 32{,}1 \text{ Ohm}$$
$$R_2 = \sqrt{r_2^2 + L_2^2 \omega^2} = \sqrt{15^2 + (0{,}05 \cdot 2\pi \cdot 100)^2} = 34{,}8 \quad -$$
$$\operatorname{tg} \varphi_1 = L_1 \omega : r_1 = (0{,}04 \cdot 2\pi \cdot 100) : 20 = 1{,}2566; \text{ also } \varphi_1 = 51^0\,29'$$
$$\operatorname{tg} \varphi_2 = L_2 \omega : r_2 = (0{,}05 \cdot 2\pi \cdot 100) : 15 = 2{,}09 \;;\; \text{„} \;\; \varphi_2 = 64^0\,29'.$$

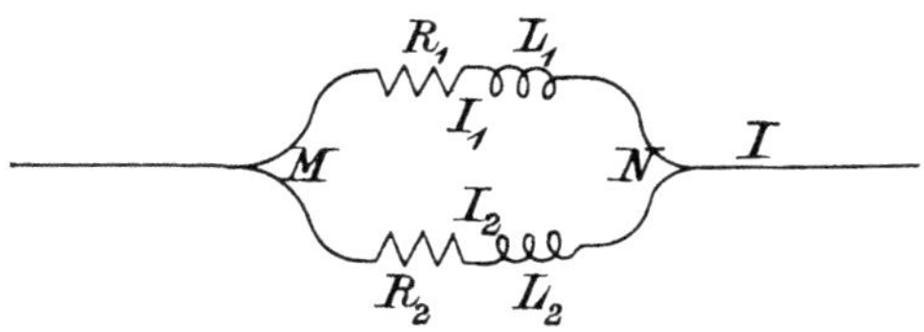

Fig. 76.

Nun berechnen wir den Winkel β, der in der Fig. 77 bezeichnet ist, aus $\Delta ACF \cong \Delta OBD$

$$\operatorname{tg}(90^0 - \varphi_2 + \beta) = \frac{r_1 + r_2}{L_1\omega + L_2\omega} = \frac{20 + 15}{25{,}132 + 31{,}141}$$

oder, da $\varphi_2 = 64^0\,29'$

$$\operatorname{tg}(25^0\,31' + \beta) = \frac{20 + 15}{25{,}132 + 31{,}141}, \text{ woraus } \beta = 6^0\,22'.$$

Aus ΔOAC folgt:

$$\alpha + \beta + [180 - (\varphi_2 - \varphi_1)] = 180^0 \text{ oder } \alpha = 6^0\,45'$$

und mithin $\varphi_2 - \alpha = \varphi = 57^0\,44'$.

Die Diagonale $\overline{OC'}$ berechnet sich aus dem Dreieck entweder nach dem Carnotschen oder nach dem Sinuslehrsatze und man findet für die Länge der Diagonale $\alpha = 66{,}47$, woraus sich

$$\mathfrak{R} = \frac{r_1 r_2}{d} = 16{,}8 \text{ Ohm}$$

ergibt.

Der Gesamtstrom J ergibt sich:

$$J = \frac{E}{R} = \frac{200}{16,7} = 11,96 \text{ Ampère.}$$

Für die Zweigströme folgt

$$i_1 = \frac{E}{R_1} = \frac{200}{32,1} = 6,23 \text{ Ampère}$$

$$i_2 = \frac{E}{R_2} = \frac{200}{34,8} = 5.75 \text{ Ampère.}$$

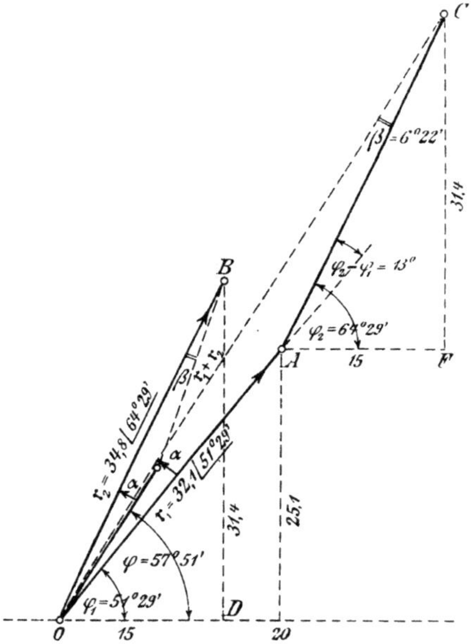

Fig. 77.

b) Graphisch-rechnerische Methode.

Wir zeichnen (Fig. 78) in ein rechtwinkliges Koordinatensystem $\overline{XX'}$ und $\overline{YY'}$ die Richtungswiderstände $\overline{OA_1} = \mathfrak{R}_1 = [32,1;\ 51^0 29']$ $= 20 + 25,1\ j$ und $\overline{OA_2} = \mathfrak{R}_2 = [34,8;\ 64^0 29'] = 15 + 31,4\ j$ ein und errichten auf den Geraden $\overline{OA_1}$ und $\overline{OA_2}$ die Senkrechten $\overline{B_1C_1}$ und $\overline{B_2C_2}$. Wir erhalten

$$X_1 = \overline{OB_1} = 51,55 \qquad Y_1 = \overline{OC_1} = 41,02$$

$$X_2 = \overline{OB_2} = 80,78 \qquad Y_2 = \overline{OC_2} = 38,56.$$

Nun werden die Widerstände X_1, X_2 und Y_1, Y_2 parallelgeschaltet nach der Methode, die wir für die Parallelschaltung von Ohmschen Widerständen anführten.

Wir erhalten so $X = \overline{OB} = 31{,}47$ und $Y = \overline{OC} = 19{,}88$. Verbinden wir nun B mit C und errichten von O aus eine Senkrechte auf $\overline{BC}$, so erhalten wir den Punkt A, derart, daß $\overline{OA} =$ 16,8 Ohm der resultierende Widerstand ist.

Bei der Parallelschaltung von X_1 und X_2 haben wir $\overline{OB} = X$ bestimmt, indem wir über $\overline{B_1 B_2}$ einen Kreis mit dem Mittelpunkt M schlugen, an diesen von O aus eine Tangente zogen und vom

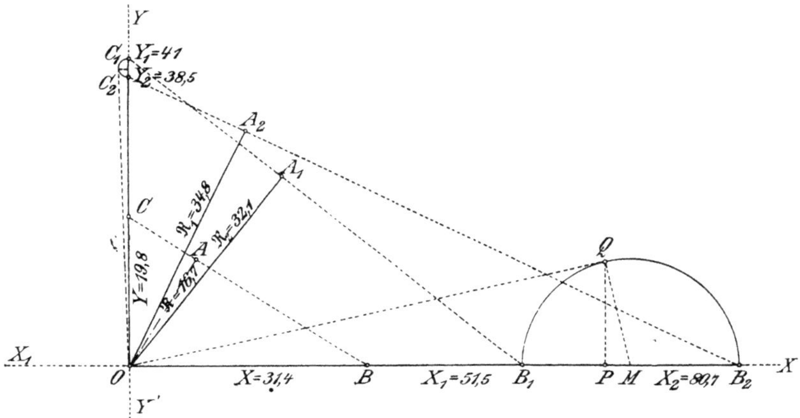

Fig. 78.

Berührungspunkt Q eine Senkrechte QP zeichneten. Dann war $\overline{OB} = \frac{\overline{OP}}{2} = X$. Analog erhält man C, indem man über $\overline{C_1 C_2}$ einen Kreis schlägt, von O an ihn eine Tangente zieht und die Entfernung des Fußpunkts des vom Berührungspunkt auf OY gefällten Lotes von O halbiert.

c) Die analytische Methode.

$$\mathfrak{R}_1 = 20 - 25{,}1\,j = [32{,}1;\ 51^0\,29']$$

$$\mathfrak{R}_2 = 15 - 31{,}4\,j = [34{,}8;\ 64^0\,29']$$

$$\mathfrak{R} = \frac{\mathfrak{R}_1 \cdot \mathfrak{R}_2}{\mathfrak{R}_1 + \mathfrak{R}_2} = \frac{(20 - 25{,}1\,j)(15 - 31{,}4\,j)}{(20 - 25{,}1\,j + 15 - 31{,}4\,j)} = 92 - 14{,}5\,j,$$

woraus $\mathfrak{R} = 16{,}8$ Ohm und $\operatorname{tg}\varphi = \frac{14{,}2}{9{,}0}$, oder $\varphi = 57^0\,40'$.

C. Die Beziehungen zwischen der Serien- und Parallelschaltung.

Vergleicht man die gewonnenen Ergebnisse für diese beiden grundlegenden Schaltungsarten, so erkennt man, daß ihre mathematischen Ausdrücke in gewissem Sinne reziprok und einander entsprechend sind, wie dies im nachfolgenden Schema veranschaulicht:

Hintereinander-Schaltung.	Nebeneinander-Schaltung.
Gegeben:	Gegeben:
Der Strom J = konstant, die Einzelwiderstände $\mathfrak{r}_1, \mathfrak{r}_2, \ldots$	Die Spannung V = konstant, die Einzelleitfähigkeiten $\mathfrak{g}_1, \mathfrak{g}_2, \ldots$ oder Einzelwiderstände $\mathfrak{r}_1 = 1/\mathfrak{g}_1$, $\mathfrak{r}_2 = 1/\mathfrak{g}_2$.
Gesucht:	Gesucht:
Die Teilspannung $\mathfrak{v} = J \cdot \mathfrak{r}$,	Der Teilstrom $\mathfrak{i} = V : \mathfrak{r} = V \cdot \mathfrak{g}$,
die Gesamtspannung $\mathfrak{V} = \mathfrak{v}_1 + \mathfrak{v}_2 + \ldots$	der Gesamtstrom $\mathfrak{J} = \mathfrak{i}_1 + \mathfrak{i}_2 + \ldots$
der Gesamtwiderstand $\mathfrak{R} = \mathfrak{r}_1 + \mathfrak{r}_2 + \ldots$	die Gesamtleitfähigkeit $\mathfrak{G} = \mathfrak{g}_1 + \mathfrak{g}_2 + \ldots$
der Gesamteffekt $= J^2 R =$ der Summe der Einzeleffekte $= J^2 r_1 + J^2 r_2 + \ldots$	der Gesamteffekt $= V^2 \cdot G =$ der Summe der Einzeleffekte $= V^2 g_1 + V^2 g_2 + \ldots$

Es entspricht in allen diesen Gleichungen im mathematischen Ausdruck

dem Strom bei Serienschaltung,	die Spannung bei Parallelschaltung,
dem Widerstand bei Serienschaltung.	die Leitfähigkeit bei Parallelschaltung.

Wir erkannten ferner bei beiden Schaltungen die Möglichkeit, die Gesetze der Ohmschen Widerstände sinngemäß auf Richtungswiderstände zu erweitern, indem wir an die Stelle des Ohmschen Widerstandes ($r = 1/g$) den Richtungswiderstand ($\mathfrak{r} = 1/\mathfrak{g}$) und an die Stelle der algebraischen Addition die geometrische treten lassen.

In diesem Sinne sind auch die obigen Gleichungen dann als Vektorgleichungen aufzufassen, wenn die mit deutschen Buchstaben angedeuteten Widerstände und Leitfähigkeiten Ohmsche und induktive Komponenten besitzen, also Richtungswiderstände (Impedanzen) oder deren reziproke Werte (Durchlässigkeiten, Admittanzen) sind. Das Zeichen der Addition muß dann geometrisch aufgefaßt werden, oder es muß jeder induktiven Komponente zur Charakterisierung ein $j = \sqrt{-1}$ vorgesetzt werden, was ebenfalls einer geometrischen Addition der resultierenden Größen oder nur einer algebraischen ihrer gleichgerichteten, wattleistenden oder wattverzehrenden Komponenten und ihrer wattlosen Komponenten entspricht. Wir können diese Erkenntnis dahin noch erweitern, daß wir den allgemein gültigen Satz aufstellen:

Alle Beziehungen, die für die Augenblickswerte des Stromes und der Spannung in einem Wechselstromkreise gelten, lassen sich direkt auf die Mittelwerte übertragen, sobald wir an die Stelle der algebraischen Addition die geometrische, an die Stelle der Ohmschen Widerstände die Richtungswiderstände treten lassen.

Wir werden auf diesen Satz noch mehrfach zurückzukommen Gelegenheit haben. Seine Richtigkeit folgt ohne weiteres aus den früher gegebenen Entwickelungen über die Mittelwerte und die Gesetze des Wechselstromkreises.

Eine den oben geschilderten Beziehungen ähnliche haben wir bereits in dem Satze kennen gelernt, daß eine Kapazität C einen wattlosen Strom von solcher Richtung und Stärke hervorruft, als ob sie einer negativen Induktanz entspräche, deren Größe sich aus der Beziehung

$$-L'\omega = \frac{1}{C\omega}$$

ergibt. Der wattlose Strom ist im Falle eines rein induktiven Widerstandes, also einer positiven Induktanz L gegeben durch

$$J_0 = \frac{E}{jL\omega} = -j\frac{E}{L\omega}$$

im Falle einer Kapazität durch

$$J_0' = -E j \omega C = j\frac{E}{L'\omega} = -J_0.$$

Wenn also davon abgesehen wird, daß die beiden Ströme sich um 180° unterscheiden, kann man die mathematischen Ausdrücke allein in Bezug auf ihre Form ins Auge fassen und erkennt dann, daß eine Reihe in Serie geschalteter Kondensatoren C_1, C_2.... dieselben Formeln ergeben muß, wie eine Reihe parallel geschalteter Induktanzen. Es gelten also folgende reziproken Beziehungen, bei denen auch wieder Ströme und Spannungen, je nach der Schaltung, einander korrespondierende Formeln ergeben:

Induktanzen:	Kapazitäten:
in Serie $L = l_1 + l_2 + \ldots$	parallel $C = c_1 + c_2 + \ldots$
parallel $\frac{1}{L} = \frac{1}{l_1} + \frac{1}{l_2} + \ldots$	in Serie $\frac{1}{C} = \frac{1}{c_1} + \frac{1}{c_2} + \ldots$
Teilspannung $v_1 = j J l_1 \omega$,	Teilstrom $i_1 = j V \cdot c_1 \omega$,
Gesamtspannung $V = j J \omega (l_1 + l_2 + \ldots)$,	Gesamtstrom $J = j V \cdot \omega (c_1 + c_2 + \ldots)$,
Teilstrom $i = \frac{j V}{l \omega}$,	Teilspannung $v = \frac{j J}{c \omega}$,
Gesamtstrom = $J = \frac{j V}{\omega}\left(\frac{1}{l_1} + \frac{1}{l_2} + \ldots\right)$.	Gesamtspannung $V = \frac{j J}{\omega}\left(\frac{1}{c_1} + \frac{1}{c_2} + \ldots\right)$.

Aus diesen Beziehungen, daß bei einer Serienschaltung von Kondensatoren die Gesamtspannung sich im umgekehrten Verhältnis der Kapazitäten verteilt, daß also der kleinste der vom gleichen Strome durchlaufenen oder geladenen Wechselstromkondensatoren die höchste Spannungsdifferenz zwischen seinen Belegungen aufweist. Sind nur zwei Kondensatoren in Serie geschaltet, so muß

$$v_1 : v_2 = c_2 : c_1$$

Bei einem konzentrischen Wechselstromkabel hat die Kapazität des Innenleiters gegen Erde den kleinen Wert c_1, jene des Außenleiters gegen Erde den wesentlich größeren Wert c_2. Werden Außen- und Innenleiter an eine Wechselstromquelle V mit der Periodengeschwindigkeit $\omega = 2\pi \sim$ angeschlossen, so durchfließt derselbe Ladestrom die Kondensatoren c_1 und c_2. Die Spannungsdifferenz v_1 des Innenleiters gegen Erde wird also wesentlich höher sein, als jene K_2 des Außenleiters gegen Erde. Und da $v_1 + v_2 = V$ sein muß, folgt

$$v_1 = \frac{c_2}{c_1 + c_2} \cdot V \quad \text{und} \quad v_2 = \frac{c_1}{c_1 + c_2} \cdot V$$

Wenn also c_1 sehr klein gegen c_2 ist, wird V_2 sich dem Grenzwert 0 und V_1 dem Grenzwert V nähern. Es wird also bei einem konzentrischen Kabel der Innenleiter fast die ganze Spannung zwischen beiden Leitern als Spannungsdifferenz gegen Erde aufweisen[9]).

D. Über gegenseitige und eigene Induktion.

Wenn zwei Spulen mit den Windungszahlen n_1 und n_2 dicht neben einander angeordnet sind, wird die Entstehung oder das Verschwinden eines Stromes in der ersten dieser Spulen gewisse Einwirkungen auf die zweite Spule hervorrufen. Experimentell läßt sich feststellen, daß das beim Entstehen oder Anwachsen eines Stromes in der ersten oder primären Spule entstehende Feld auch die zweite Spule mit (nahezu) der Gesamtheit seiner Kraftlinien durchsetzt und daß unter der Einwirkung dieses wachsenden Feldes in der zweiten oder sekundären Spule eine EMK und in ihrem geschlossenen Kreise ein Strom entstehen, deren Richtung das Anwachsen des Feldes zu verhindern strebt. Ebenso sind beim Abnehmen oder Verschwinden des Stromes in der primären Spule nach dem Lentzschen Gesetz, das nur eine Form des allgemeinen Gesetzes von der Erhaltung der Energie ist, die in der sekundären Spule entstehenden Induktionswirkungen, d. i. die EMK und der Strom, so gerichtet, daß sie die Abnahme oder das Verschwinden des beiden Spulen gemeinsamen Feldes zu verhüten streben. Beim Entstehen des primären Stromes wird also der sekundäre Strom ihm entgegengesetzt gerichtet sein; die beiden Strombahnen werden einander abzustoßen streben und diesem Bestreben auch folgen, wenn sie nicht durch mechanische Mittel daran verhindert werden. Wir können also eine derartige Vorrichtung entweder zur Erzeugung induzierter Ströme in ruhenden sekundären Strombahnen (beim ruhenden Transformator), oder zur Erzeugung mechanischer Bewegung in beweglich angeordneten sekundären Strombahnen (bei asynchronen Motoren) verwenden und erhalten daraus den von Steinmetz eingeführten Begriff des allgemeinen Transformators, auf den wir im folgenden näher eingehen werden.

Wenn wir zunächst annehmen, daß von den primär erzeugten Linien alle auch den Sekundärkreis durchsetzen und daß die Zahl dieser beiden Stromkreisen gemeinsamen Kraftlinien den Wert N erreicht, wenn der Strom in der primären Spule von 0 auf 1 angewachsen ist, dann werden mit jeder Windung der sekundären Spule N Linien und mit ihren n_2 Windungen also $n_2 . N$ Linien verkettet sein. Dieses Produkt wird gewöhnlich mit dem Buchstaben M bezeichnet und stellt den Koeffizienten der gegenseitigen Induktion oder die gegenseitige Induktanz dar. Es ist dies also jene Zahl von Kraftlinienverkettungen, die in einem der zwei Stromkreise auftritt, wenn im anderen die absolute Einheit der Stromstärke, d. i. 0,1 Ampère fließt. M hängt dabei für zwei gegebene Kreise nur von der geometrischen Form und Lage der beiden Stromkreise ab, solange die Permeabilität des Mediums, in dem die magnetische Strömung zustande kommt, unabhängig von der Stromstärke ist; dies trifft für alle unmagnetischen Materialien, also z. B. Luft, zu.

Jetzt denken wir uns die zwei Spulen einander mehr und mehr genähert und schließlich derart ineinander geschoben, daß sie nur mehr eine Spirale bilden. Dann muß offenbar diese Spirale mit z. B. n Windungen wiederum N Kraftlinien in ihrer eigenen Fläche erzeugen, wenn in ihr ein Strom = 1 fließt. Man sagt dann, die Spule erzeugt auf sich selbst $n . N = L$ Kraftlinienverkettungen und nennt dann L den Koeffizienten der Selbstinduktion oder die Induktanz. In diesem Sonderfalle ist also $L = M$, weil wir angenommen hatten, daß alle vom Primärkreise erzeugten Linien den Sekundärkreis durchsetzen. Und nun denken wir uns den Fall etwas umgestaltet, indem wir den zwei Spulen einen gemeinsamen Eisenkern von rechteckigem Querschnitt f geben und ihn zum Ringe mit dem Außendurchmesser D und Innendurchmesser d zusammenbiegen. Die mittlere Länge dieses ringförmigen Eisenstückes, d. i. das harmonische Mittel der beiden Kreisumfänge

$$l = \pi \frac{D - d}{\lg \text{nat} \frac{D}{d}}$$

sei l, sein Querschnitt sei f und seine magnetische Leitfähigkeit oder Permeabilität sei μ. Dann nennt man in Analogie zum elektrischen Kreise den Wert

$$\varrho = \frac{l}{\mu f}$$

den magnetischen Widerstand des Eisenringes. Während also beim elektrischen Widerstand

$$r = \frac{l}{k\,f}$$

die Leitfähigkeit k vom Strome unabhängig ist (sofern der Strom nicht eine Temperaturerhöhung und dadurch eine Verminderung von k bewirkt), ist beim magnetischen Widerstand die magnetische Leitfähigkeit μ in hohem Maße von der Dichte der magnetischen Strömung $B = \frac{N}{f}$ abhängig. Für die Kraftlinienströmung gilt ein dem Ohmschen Gesetze analoges:

$$\text{Kraftlinienstrom} = \frac{\text{Magnetomotorische Kraft}}{\text{Magnetischen Widerstand}}$$

oder in Buchstaben

$$N = \left(\frac{4\pi}{10} \cdot n\, i\right) \cdot \frac{1}{\varrho}.$$

Der Klammerausdruck stellt darin die magnetomotorische Kraft dar, wenn n die Zahl der Windungen, i der Strom in Ampère in ihnen ist. Wickeln wir nun die primären Windungen n_1 und die sekundären n_2 der vorerwähnten Spulen in ganz gleichmäßiger Verteilung auf den Ring auf, dann durchsetzen alle im primären Kreise entstehenden Linien bei passender Wahl der Verhältnisse auch den sekundären Kreis und man hat für beide

$$N = \frac{4\pi}{10} \cdot \frac{n_1\, i}{\varrho}$$

und somit, wenn $i = 0{,}1$ Ampère gesetzt wird,

$$M = 4\pi \frac{n_1\, n_2}{\varrho}$$

und

$$L_1 = 4\pi \frac{n_1^2}{\varrho}$$

$$L_2 = 4\pi \frac{n_2^2}{\varrho}$$

woraus

$$L_1 \cdot L_2 = M^2.$$

Dies ist die Bedingung des streuungslosen Transformators.

Ist aber z. B. die sekundäre Spule einseitig angeordnet, oder treten aus anderen Gründen nicht alle primären Linien durch die sekundäre Spule, so wird $M^2 < L_1 . L_2$ werden, weil eben ein Teil der Linien durch Streuung verloren geht. Dies ist z. B. stets der Fall bei Anbringung eines Luftspaltes im Transformator, also z. B. bei einem als allgemeinen Transformator betrachteten Asynchronmotor. Wenn in diesem Falle die primäre Spule λ_1 Linien streut und nur M Linien in die sekundäre entsendet und analog die sekundäre Spule λ_2 Linien verliert, bevor sie M Linien in die primäre einbringen kann, muß

$$L_1 = M + \lambda_1$$
$$L_2 = M + \lambda_2$$

und somit

$$L_1 \cdot L_2 > M^2$$

sein.

Da nun aber alle diese Koeffizienten von ϱ abhängig, also Funktionen der Stromstärke sind, sobald μ von 1 abweicht, ist es streng genommen für alle Apparate mit Eisenkernen unzulässig, sich ihrer zu bedienen. Die Konstrukteure tun dies auch nicht, und wir werden uns derselben aus den soeben und den früher schon erwähnten Gründen nur zu Zwecken bestimmter Ableitungen und bei Luftleitungen oder Leitungen überhaupt bedienen, bei denen μ und damit ϱ, M und L stets als konstant angesehen werden dürfen. Bei der Besprechung der Generatoren, Motoren und Apparate werden wir meistens mit den Feldern, den Ampèrewindungen (ni) oder den Leerströmen rechnen, wie dies mit guter Begründung in der Praxis allgemein geschieht.

Betrachten wir nun zunächst Leitungsteile mit vollkommen oder annähernd konstanter Permeabilität. Auf die bei den Leitungen selbst auftretenden induktiven Erscheinungen und ihr Zusammenwirken mit Kapazität werden wir erst später näher eingehen.

a) Richtungswiderstand zweier Stromkreise mit gegenseitiger Induktanz.

Wenn ein primärer Stromkreis A der Einwirkung einer effektiven EMK e_1 Volt unterliegt, die in der Sekunde $\sim = \omega/2\pi$ Perioden durchläuft, wird sie in dem Richtungswiderstand

$$\overline{\mathfrak{R}_1} = \sqrt{r_1^2 + \omega^2 l_1^2}$$

desselben einen Strom $i_1' = e_1/\mathfrak{R}_1$ Ampère erzeugen.

Wird jetzt ein sekundärer Stromkreis B mit dem Richtungswiderstand

$$\overline{\mathfrak{R}_2} = \sqrt{r_2^2 + \omega^2 l_2^2}$$

derart elektromagnetisch mit dem eben betrachteten Kreise verkettet, daß die gegenseitige Induktanz M Henry beträgt, so wird zunächst der bereits als vorhanden betrachtete Strom i_1 versuchen, in diesem zweiten Stromkreis B eine EMK $e_2 = i_1 M \omega$ Volt zu induzieren, unter deren Einfluß im sekundären Kreise B ein Strom $i_2' = e_2/\mathfrak{R}_2$ Ampère zustande käme. Dieser Strom i_2 würde aber nun seinerseits auf den primären Kreis A durch die Kraftlinien $M i_2'$ einwirken und in ihm eine EMK $(i_2' M \omega)$ Volt erzeugen, die sich der dort wirkenden EMK e_1 superponieren und somit den Strom i_1' mit verändern würde. Der veränderte Strom i_1' würde nun auch wieder den sekundären Stromkreis B und dessen Strom i_2' beeinflussen, bis schließlich nach ganz kurzer Zeit in beiden Stromkreisen jene Ströme i_1 und i_2 fließen, die der vorhandenen EMK e_1 und den durch die gegenseitige Induktanz veränderten Richtungswiderständen der beiden Stromkreise entsprechen[10]).

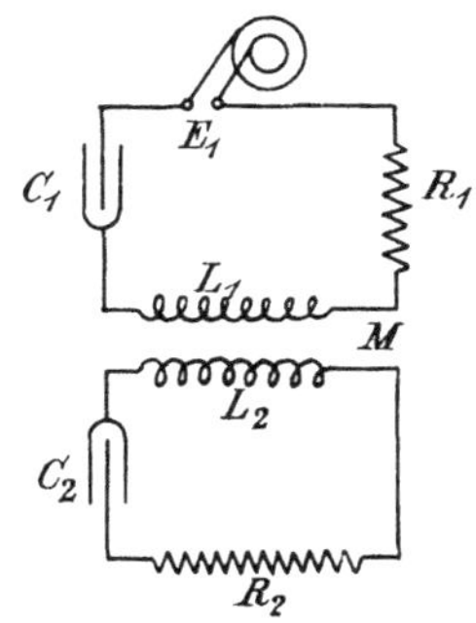

Fig. 79.

Welcher Art sind nun diese Veränderungen der Richtungswiderstände? Um sie zu ermitteln, greifen wir auf den allgemeinen Fall zurück, daß zwei nur durch ihr gemeinsames Feld verkettete Stromkreise Widerstand, Induktanz und Kapazität in Serie besitzen (Fig. 79).

Die Gleichungen für die EMKe sind:

$$e_1 = R_1 i_1 + L_1 \frac{d\,i_1}{d\,t} + \frac{q_1}{C_1} + M \frac{d\,i_2}{d\,t} = E_1 \sin \omega t \quad . \quad 18)$$

und

$$o = R_2 i_2 + L_2 \frac{d\,i_2}{d\,t} + \frac{q_2}{C_2} + M \frac{d\,i_1}{d\,t} \quad . \quad . \quad . \quad . \quad 19)$$

worin q_1 und q_2 die Ladungen der Kondensatoren bedeuten. Die Lösung dieser Gleichungen ergibt für den primären Strom

$$i_1 = J_1 \cdot \sin(\omega t + \varphi_1),$$

worin

$$J_1 = \frac{E_1 \overline{\mathfrak{R}_2}}{\sqrt{a^2 + b^2}}$$

und

$$\operatorname{tg}\varphi_1 = -\frac{b\,R_2 - a\left(\frac{1}{C_2\,\omega} - L_2\,\omega\right)}{a\,R_2 + b\left(\frac{1}{C_2\,\omega} - L_2\,\omega\right)} = -\frac{b\,R_2 - a\,X_2}{a\,R_2 + b\,X_2}\,.$$

Die Abkürzungen a und b entsprechen den Ausdrücken

$$a = -\omega^2(L_1\,L_2 - M^2) + \left(\frac{L_1}{C_2} + \frac{L_2}{C_1} + R_1\,R_2\right) - \frac{1}{C_1\,C_2\,\omega^2}$$
$$= R_1\,R_2 - X_1\,X_2 + M^2\,\omega^2$$

$$b = \omega\,(R_1\,L_2 + R_2\,L_1) - \left(\frac{R_1}{C_2\,\omega} + \frac{R_2}{C_1\,\omega}\right) = R_1\,X_2 + R_2\,X_1$$

während

$$X_1 = \left(\frac{1}{C_1\,\omega} - L_1\,\omega\right); \quad X_2 = \left(\frac{1}{C_2\,\omega} - L_2\,\omega\right)$$

bedeuten soll.

Setzen wir diese Ausdrücke ein und ordnen neu, so erhalten wir

$$J_1 = \frac{E_1}{\mathfrak{R}_1'} = \frac{E_1}{\sqrt{(R_1 + u^2\,R_2)^2 + (X_1 - u^2\,X_2)^2}} \quad . \; . \; 20)$$

$$\operatorname{tg}\varphi_1 = -\frac{X_1'}{R_1'} = -\frac{X_1 - u^2\,X_2}{R_1 + u^2\,R_2} \quad . \; . \; . \; 20\,a)$$

worin

$$u = \frac{M\,\omega}{\mathfrak{R}_2} = \frac{J_2}{J_1} \quad . \; . \; . \; . \; . \; . \; . \; 21)$$

das Verhältnis des sekundären Stroms zum primären (das Umsetzungsverhältnis des Transformators) bedeutet. Die Wirkung der elektromagnetischen Verkettung durch die gegenseitige Induktion äußert sich also in:

einer scheinbaren Erhöhung des Widerstandes auf

$$R_1' = R_1 + u^2\,R_2,$$

einer scheinbaren Verringerung der Reaktanz auf

$$X_1' = X_1 - u^2\,X_2, \qquad . \; 22)$$

einer scheinbaren Veränderung des Richtungswiderst. in

$$\mathfrak{R}_1' = \sqrt{R_1^2 + X_1'^2},$$

Die Reaktanz beträgt dabei (für den primären oder sekundären Stromkreis mit entsprechendem Index versehen)

$$X = \frac{1}{C\,\omega} - \omega\,L.$$

Der Vollständigkeit halber mag hinzugefügt werden, daß die im sekundären Kreise induzierte EMK

$$E_2 = M\,\omega\,J_1$$

der sekundäre Strom

$$J_2 = E_2 : \mathfrak{R}_2$$

und

$$\operatorname{tg}\varphi_2 = \frac{X_2}{R_2}.$$

Bei der graphischen Behandlung dieser Gleichungen können wir entweder ein Diagramm der EMKe wie in Fig. 79 oder ein solches der Richtungswiderstände oder Ströme entwerfen.

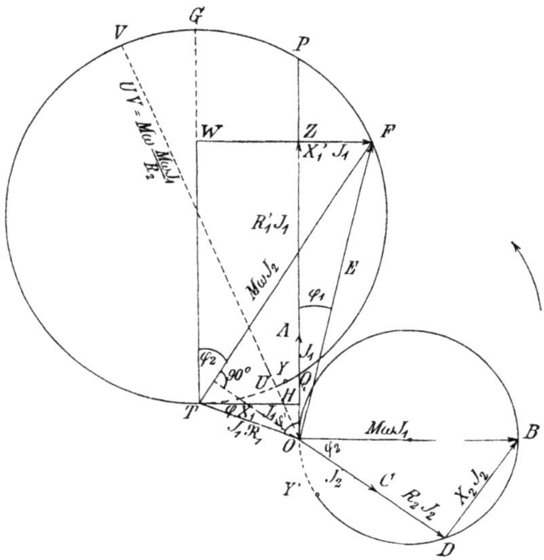

Fig. 80.

Wir bauen zunächst Fig. 80 auf und gehen von dem als konstant angesehenen Primärstrome $J_1 = \overline{OA}$ aus; dann ist der Momentanwert der im Sekundärkreise durch den Primärstrom induzierten EMK $= M\frac{di}{dt}$, und ihr Maximalwert $\overline{OB} = M\omega J_1$ muß also um 90^0 hinter $\overline{OA}$ zurückbleiben. Positive Drehrichtung ist hier entgegen der Uhrzeigerbewegung.

Der sekundäre Strom $J_2 = \overline{OC}$ bleibt hinter $\overline{OB}$ um einen Winkel φ_2 zurück, dessen Tangente $\operatorname{tg} \varphi_2 = \frac{X_2}{R_2}$. X_2 bedeutet hier die sekundäre Reaktanz

$$X_2 = \omega L_2 - \frac{1}{\omega C_2}.$$

Die primäre EMKE ist die Richtungssumme der 3 Komponenten
$\overline{OH} = R_1 J_1$, die den primären Widerstand überwindet,
$\overline{HT} = X_1 J_1$, welche die primäre Reaktanz überwindet,
$\overline{TF} = M J_2 \omega$, welche die im primären Kreise vom sekundären Strome induzierte EMK überwindet.

Von diesen 3 Komponenten ist $\overline{OH}$ in Richtung von J_1, $\overline{HT}$ senkrecht zu J_1, $\overline{TF}$ senkrecht zu J_2.

$\overline{OH}$ ist die wattleistende EMK für alle Energieverausgabung außer der im sekundären Kreise; Hysteresis und Wirbelströme sind hier also einzuschließen. Da Hysteresis eine Verzögerung der Magnetisierung hinter dem magnetisierenden Strome bewirkt, würde $\overline{OB}$ eigentlich um ewas mehr als 90° hinter $\overline{OA}$ zurückbleiben.

Die Vektorsumme von $\overline{OH}$ und $\overline{HT}$ bestimmt $\overline{OT} = J_1 \mathfrak{R}_1$ oder jenen Teil der EMK, der die primäre Impedanz überwindet.

Die eingeprägte EMK oder die EM-Gesamtkraft $\overline{OF}$ ist dann die Summe von $\overline{OT}$ und $\overline{TF}$.

Nimmt man J_1 als konstant an, so ist auch $\overline{OB}$ konstant. Wird die sekundäre Kapazität oder Reaktanz variiert, so wandert D über den Kreis ODB und F in ähnlicher Weise über den Kreis TQFPG. Dadurch wird die Phase der primären Gesamtkraft $\overline{OF}$ bestimmt, die vor oder hinter J_1 liegen kann und sich mit ihm deckt in den 2 Punkten P und Q. In dem dargestellten Falle ist E um den Winkel φ_1 hinter J_1.

Die Linie $\overline{TF}$ stellt die vom sekundären Strome herrührende Gegen-EMK dar und kann zerlegt werden in

die aktive EMK $\overline{TW} = \overline{TF} \cos \varphi_2 =$

$$\left(\frac{M\omega}{\mathfrak{R}_2}\right)^2 \cdot R_2 J_1 = (R_2 \,.\, u^2)\, J_1$$

die reaktive EMK $\overline{WF} = \overline{TF} \sin \varphi_2 =$

$$\left(\frac{M\omega}{\mathfrak{R}_2}\right)^2 \cdot X_2 J_1 = (X_2 \cdot u^2)\, J_1.$$

Addiert man zu diesen Komponenten der Gegen-EMK bezw. $\overline{OH}$ und $\overline{HT}$, so erhält man die Gesamtwerte der

$$\left.\begin{array}{l}\text{aktiven EMK im Primärkreise:}\\ \qquad \overline{OZ} = R_1 J_1 + u^2 R_2 \cdot J_1 = R_1' J_1\\ \text{reaktiven EMK im Primärkreise:}\\ \qquad \overline{ZF} = X_1 J_1 - u^2 X_2 \cdot J_1 = X_1' J_1\end{array}\right\} \quad . \; . \quad 22\text{a})$$

Der Durchmesser dieses primären Kreises, auf dem sich bei einer Veränderung von $\mathfrak{R}_2$ das Ende des Vektors $\overline{OF}$ der primären EM-Gesamtkraft bewegt, ist der Wert, den $\overline{TF}$ in der Stellung $\overline{TG}$ besitzt, die für $X_2 = 0$ eintritt. Der Sekundärstrom hat dann die Richtung $\overline{OB}$ und ist

$$J_2' = \frac{M \omega J_1}{R_2}.$$

Der Kreisdurchmesser $\overline{UV}$ ist also

$$M \omega J_2' = M \omega \cdot \frac{M \omega J_1}{R_2}.$$

Ein primärer Kondensator verändert die Länge $\overline{HT}$, indem er den Punkt T mit wachsender Kondensatorreaktanz (Vorwirkung) nach H hin, ev. über H hinaus verschiebt. Für einen Fall, in dem die primäre Reaktanz nur von einer Induktanz herrührt, nimmt das Diagramm die gezeichnete Gestalt an.

Ohne Kondensator im sekundären Kreis würde F etwa nach Y wandern und D nach einem entsprechenden Punkte Y', dessen Lage vom Widerstand des sekundären Kreises und der magnetischen Streuung abhängt, die hier in geringem Maße als vorhanden angenommen worden ist. Die Grenzstellungen von F sind deshalb nach links T, nach rechts Y. Da $\overline{TF}$ ohne sekundären Kondensator die Lage $\overline{TY}$ einnehmen würde, muß für jede Lage von F eine von Y nach F gezogene Linie die vom sekundären Kondensator herrührende Komponente der primären EMK andeuten. F kann dabei aber nie auf dem punktierten Teil des Kreises liegen.

Dividieren wir dieses Diagramm der EMK (Fig. 80) durch den primären Strom, so erhalten wir ein Diagramm der Richtungswiderstände (Fig. 81), das unabhängig von Strom oder EMK ist. Hier stellt $\overline{OH}$ den Ohmschen Widerstand R_1 dar. $\overline{HT}$ ist die primäre Reaktanz X_1; $\overline{OT}$ der primäre Richtungswiderstand $\mathfrak{R}_1$.

Der scheinbare primäre Richtungswiderstand ist $\overline{OF} = \overline{OT} + \overline{TF}$, wobei $\overline{TF}$ die von der Rückwirkung des Sekundärkreises herrührende Komponente ist; dieselbe kann zerlegt werden in $\overline{YF}$, das vom sekundären Kondensator herrührt, und $\overline{TY}$, das auf die magnetische Streuung zurückzuführen ist. Aus Fig. 80 folgt wieder

$$\overline{OZ} = R_1' = R_1 + u^2 R_2$$
$$\overline{ZF} = X_1' = X_1 - u^2 X_2$$
$$\overline{OF} = \Re_1' = \sqrt{R_1'^2 + X_1'^2}$$

In Fig. 81 haben wir für den maximalen und den minimalen Wert des scheinbaren Richtungswiderstandes $\overline{OU}$ und $\overline{OV}$.

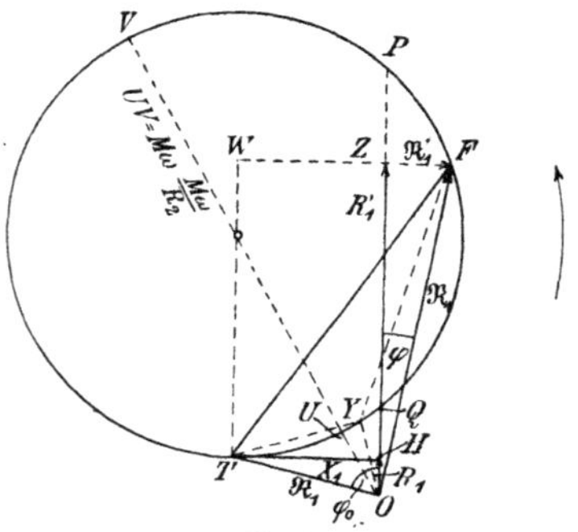

Fig. 81.

Wenn nun der primäre scheinbare Richtungswiderstand $\Re_1' = \overline{OF}$ in der letzten Figur als geometrischen Punkt seines einen Endes einen Kreis besitzt, muß auch der reziproke Wert desselben für veränderliche, sekundäre Reaktanz einen Kreis als geometrischen Ort des einen Endpunktes besitzen, wie wir später erkennen werden[11]).

Ein Zahlenbeispiel möge zur Erläuterung der Verhältnisse dienen. Der primäre, eisenfrei gedachte oder doch mit konstanten Induktionskoeffizienten versehene Stromkreis (Fig. 79) besteht aus einer Wechselstrommaschine mit der effektiven EMK E = 100 Volt, einem Kondensator $C_1 = 10$ Mikrofarad, einer Induktanz $L_1 = 0{,}2$ Henry und dem Schließungswiderstand $R_1 = 20$ Ohm. Er ist mit dem sekundären Richtungswiderstand $\Re_2$, der einen Kondensator $C_2 = 10$ Mikrofarad, eine Induktanz $L_2 = 0{,}05$ Henry und einen Widerstand $R_1 = 50$ Ohm in Serie enthält, durch die dem Induktionskoeffizienten $M = 0{,}05$ Henry entsprechenden Kraftlinien elektromagnetisch verkettet. Wir können dann die Ohmschen und die induktiven Widerstände der Maschine, der Zuleitungen und der Spule jeweilig zusammenfassen, so daß wir für $\omega = 1000$ folgendes Diagramm für den primären und sekundären scheinbaren Richtungswiderstand erhalten (Fig. 82a und 82b).

Wir tragen $\overline{OA_1} = R_1 = 20$ Ohm auf, errichten senkrecht darauf $\overline{OB} = \omega L_1 = 200$ Ohm und ziehen dann $\overline{B_1D_1} = \frac{1}{\omega C_1} = 100$ Ohm ab. Dann stellt $\overline{A_1D_1} = 102$ Ohm den normalen Wert des primären Richtungswiderstandes ohne gegenseitige Induktion dar. Analog erhält man für den sekundären Kreis als Richtungswiderstand $\overline{A_2D_2} = 70{,}7$ Ohm als Resultante vom $\overline{OA_2} = 50$ Ohm und $\overline{OB_2} - \overline{B_2D_2} = -(\overline{OD_2}) = (-50)$ Ohm. Der Faktor u folgt hier aus

$$u^2 = \left(\frac{\omega M}{\mathfrak{R}_2}\right)^2 = \left(\frac{0{,}05 \cdot 1000}{70{,}7}\right) = 0{,}5,$$

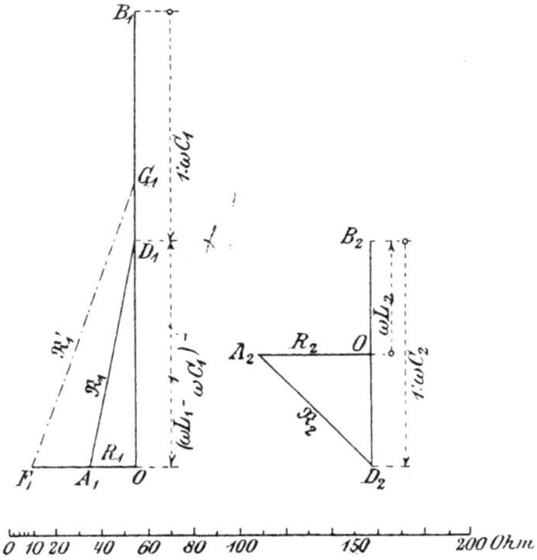

Fig. 82a und 82b.

so daß nach den früheren Erläuterungen R_1 zu vermehren ist um $u^2R_2 = 0{,}5 \,.\, 50 = 25$ Ohm $= \overline{A_1F_1}$ und der induktive Teil X_1 zu vermindern ist um u^2X_2, so daß jetzt $\overline{OG_1} = X_1' = X_1 - u^2 X_2 = 100 - 0{,}50\,(-50) = 125$ Ohm $= \overline{OD_1} + \overline{D_1G_1}$.

$\mathfrak{R}_1'$ wird also jetzt $\overline{F_1G_1} = 133$ Ohm sein; und der primäre Strom $J_1 = \frac{100}{133} = 0{,}752$ Ampère wird eine sekundäre EMK $E_2 = \omega M J_1 = 1000 \,.\, 0{,}05 \,.\, 0{,}752 = 37{,}6$ Volt induzieren, unter deren Einwirkung im sekundären Kreise ein Strom $J_2 = \frac{37{,}6}{70{,}7} = 0{,}532$ Ampère fließen muß. Dieser Strom wird der sekundären

EMK voreilen, weil in dem vorliegenden Beispiel[12]) die Wirkung des sehr großen Kondensators jene der kleinen Induktanz überwiegt.

Fig. 83 stellt das der Fig. 80 entsprechende Diagramm der Richtungswiderstände für dieses Beispiel dar. Wenn $\mathfrak{R}_2$ konstant ist, bleibt der Durchmesser des Kreises O C B ebenfalls konstant;

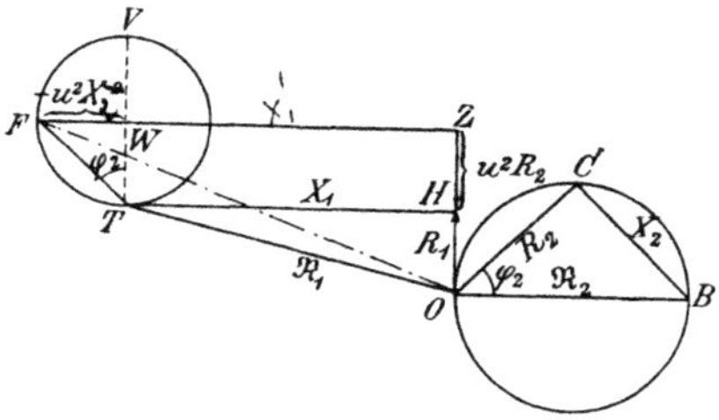

Fig. 83.

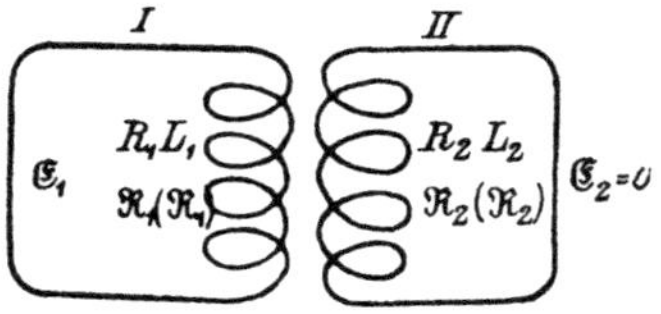

Fig. 84.

der Durchmesser des Kreises T F V folgt dann aus der Erwägung, daß für $X_2 = 0$ die zu R_2 stets senkrechte Komponente $\overline{TF} = u^2 \mathfrak{R}_2$ übergeht in den Durchmesser $\overline{TV} = \overline{TF} \cdot \frac{\mathfrak{R}_2}{R_2}$, welcher für $X_2 = 0$

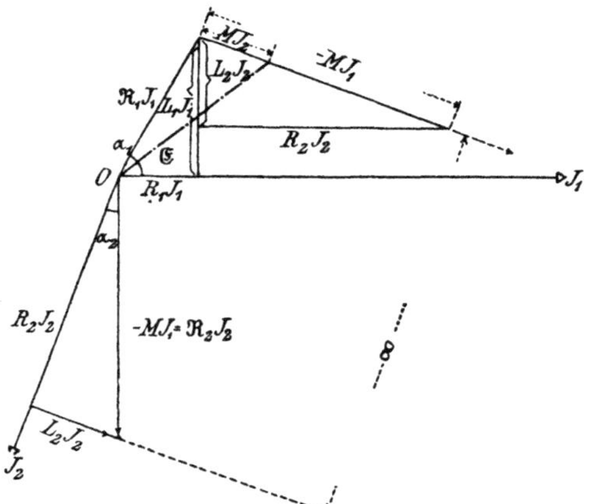

Fig. 85.

der im Verhältnis $\frac{\mathfrak{R}_2}{R_2}$ vergrößerten Rückwirkung des sekundären Stromkreises auf den primären entspricht. F liegt hier links von $\overline{TV}$, so lange bei X_2 die Kondensatorwirkung überwiegt; für allmähliche Abnahme der Voreilung φ_2 vom R_2 gegen $\mathfrak{R}_2$ wandert C nach B, F nach V zu. Für $\varphi_2 = 0$ decken sich je zwei dieser Punkte und bei überwiegender Induktanzwirkung liegt C auf dem unteren Teil, F auf dem rechten Teil des entsprechenden geometrischen Orts.

Die analytische Darstellung greift auch hier wieder auf die Beziehung zurück, daß statt der Augenblickswerte die Maximal- oder die ihnen proportionalen Effektivwerte eingesetzt werden dürfen, sofern man unter den so erhaltenen Gleichungen Vektor-

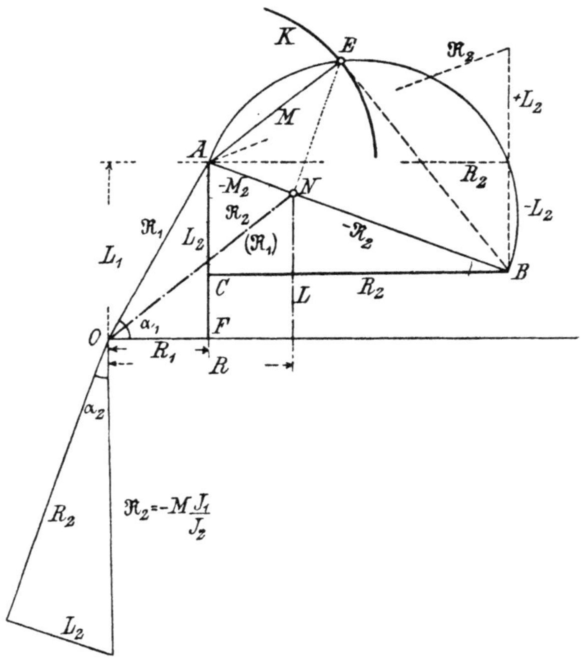

Fig. 86.

gleichungen versteht. Die Differentialgleichungen 18 und 19 lassen sich also für den in Fig. 84 dargestellten Fall ersetzen durch die Vektorgleichungen

$$\mathfrak{E}_1 = \mathfrak{R}_1 J_1 + M \omega J_2 \quad . \quad . \quad . \quad . \quad . \quad . \quad 18\text{a})$$

und

$$0 = \mathfrak{R}_2 J_2 + M \omega J_1 \quad . \quad . \quad . \quad . \quad . \quad . \quad 19\text{a})$$

in denen alle mit deutschen Buchstaben bezeichneten Größen Richtungsgrößen sind. Diesem einfacheren Falle entspricht das Spannungsdiagramm Fig. 85 oder das Diagramm der Richtungswiderstände Fig. 86, das aus dem Vorhergehenden folgt, wenn man alle Größen für den ersten Stromkreis durch die Stromstärke J_1, für den zweiten durch die Stromstärke J_2 dividiert. Der Fig. 86 entsprechen die Vektorgleichungen

$$\frac{\mathfrak{E}_1}{J_1} = (\mathfrak{R}_1) = \mathfrak{R}_1 + M\omega \frac{J_2}{J_1}$$

und

$$0 = \mathfrak{R}_2 + M\omega \frac{J_1}{J_2},$$

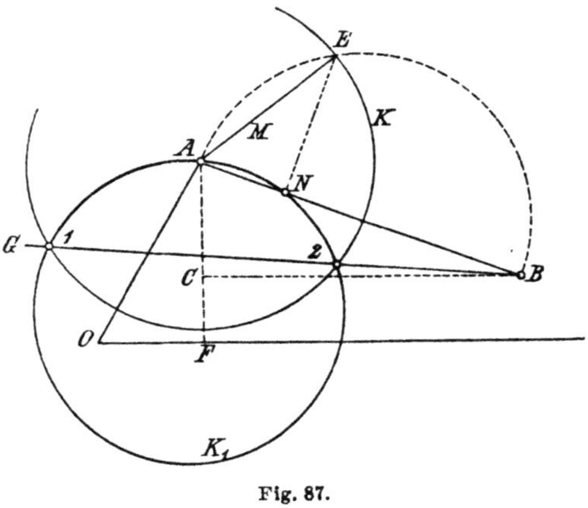

Fig. 87.

woraus sich der gesuchte Richtungswiderstand des ersten Kreises mit Berücksichtigung der Wirkung des zweiten zu

$$(\mathfrak{R}_1) = \mathfrak{R}_1 - \frac{M^2\omega^2}{\mathfrak{R}_2}$$

ergibt, was auch aus Fig. 86 unmittelbar herausgelesen werden kann. (Bei allen diesen Figuren ist der Faktor ω bei L oder M fortgelassen worden.) Man braucht also nur zum Richtungswiderstande $\mathfrak{R}_1$ des ersten Leitungskreises jenen des zweiten, aber im negativen Sinne bezüglich L_2, in Serie zu schalten und statt des Schlußwiderstandes $\overline{OB}$ die Verbindungslinie $\overline{ON}$ zu nehmen. Der Punkt N ergibt sich, wenn man über $\overline{AB}$ einen Halbkreis errichtet, aus A einen Kreis K mit dem Radius $M\omega$ schlägt und von dem Schnittpunkt E der beiden Kreise das Lot $\overline{EN}$ auf $\overline{AB}$ fällt. Es ist dann nämlich

$$\overline{AE}^2 = \overline{AB} \cdot \overline{AN}.$$

Aus dieser Entwickelung erkennt man, daß N und B reziprok entsprechende Punkte für den Grundkreis K sind. Die Wirkung der gegenseitigen Induktion besteht, wie aus Fig. 86 ersichtlich, in einer scheinbaren Vermehrung des Ohmschen Widerstandes und einer scheinbaren Verminderung der induktiven Komponente von $\mathfrak{R}_1$, und zwar liest man aus der Figur leicht ab, daß

$$R = R_1 + R_2 \cdot \frac{M^2 \omega^2}{\mathfrak{R}_2^2}$$

und

$$L = L_1 - L_2 \cdot \frac{M^2 \omega^2}{\mathfrak{R}_2^2}$$

ist, wonach sich der resultierende Richtungswiderstand

$$(\mathfrak{R}_1) = R + j\,L$$

als Hypotenuse aus R und L findet.

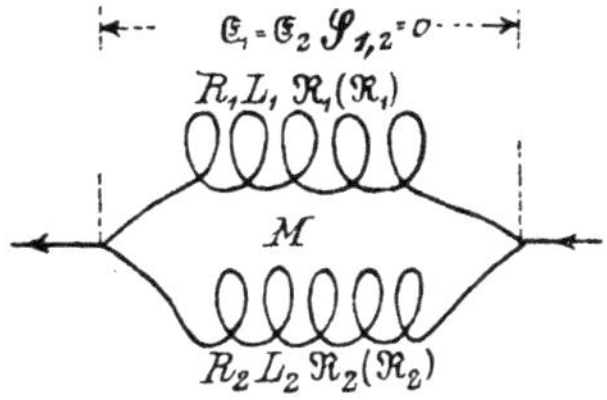

Fig. 88.

Um den Einfluß einer Veränderung des sekundären Richtungswiderstandes $\mathfrak{R}_2$ zu ermitteln, muß nur die Abhängigkeit von B zu N beobachtet werden. Beschreibt Punkt B (Fig. 87) eine Gerade G, so zieht Punkt N einen durch A gehenden Kreis K_1, der auch durch die Schnittpunkte 1 und 2 der Geraden G mit dem Grundkreise K geht. Man kann somit jedem Punkte N des Kreises K_1 einen bestimmten sekundären Richtungswiderstand $\mathfrak{R}_2$ zuweisen.

Hat man mehrere Leiterkreise und wirkt Kreis I induktiv auf Kreis II, II ebenso auf III u. s. f., so kann man obiges Verfahren mehrmals anwenden, indem man zuerst den letzten Kreis mit dem vorletzten, diesen mit dem vorhergehenden u. s. w. kombiniert.

Hat man wieder nur zwei Leitungskreise I und II, die jedoch beide mit selbständigen Wechselstromquellen versehen sind, und besitzen diese Quellen gegen einander eine dem Phasenwinkel $\varphi_{1,2}$ entsprechende zeitliche Verschiebung, so haben die folgenden Vektor-Gleichungen Geltung:

$$\mathfrak{E}_1 = J_1 \mathfrak{R}_1 + J_2 M \omega$$
$$\mathfrak{E}_2 = J_2 \mathfrak{R}_2 + J_1 M \omega$$

woraus für

$$\frac{\mathfrak{E}_1}{J_1} = (\mathfrak{R}_1)$$

und

$$\frac{\mathfrak{E}_2}{J_2} = (\mathfrak{R}_2)$$

die Relation

$$[(\mathfrak{R}_1) - \mathfrak{R}_1] \cdot [(\mathfrak{R}_2) - \mathfrak{R}_2] = M^2 \omega^2$$

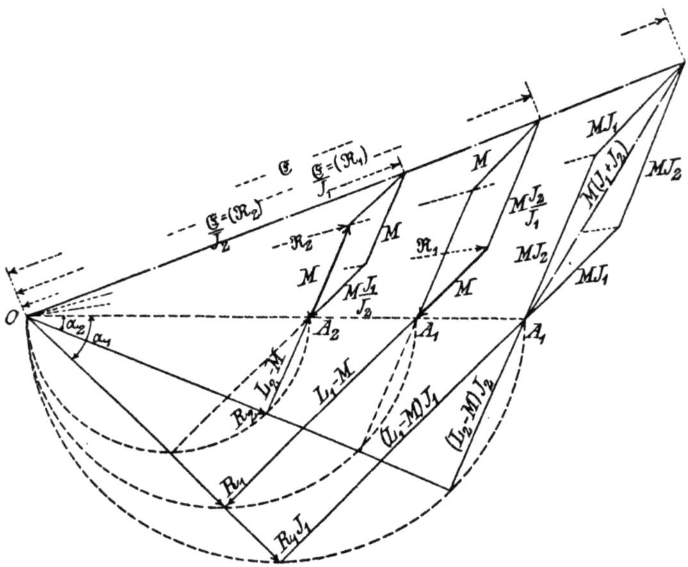

Fig. 89.

folgt. Dies bedeutet, daß für jedes beliebige $(\mathfrak{R}_1)$ des Leitungskreises I sich bestimmte $(\mathfrak{R}_2)$ berechnen lassen. Diese Richtungswiderstände werden aber erst durch die Festsetzung des Phasenwinkels $\varphi_{1,2}$ zwischen $\mathfrak{E}_1$ und $\mathfrak{E}_2$ vollkommen bestimmt.

Wir wollen auf diesen allgemeinen Fall hier nicht näher eingehen, sondern nur den für die Praxis wichtigen Sonderfall $\mathfrak{E}_1 = \mathfrak{E}_2$ und $\varphi_{1,2} = 0$ behandeln, der zwei parallel geschalteten, sich gegenseitig beeinflussenden Widerständen entspricht (Fig. 88).

In jedem Zweige muß dann die effektive EMK ausreichen, um den Ohmschen Verlust $J_1 R_1$ in Richtung des Stromes, den senkrecht zu dieser Richtung gelegenen induktiven Verlust $J_1 L_1 \omega$ und die vom anderen Strom J_2 in diesem Kreise induzierte EMK $J_2 M \omega$ abzubalancieren. Daraus ergibt sich folgende Konstruktion (Fig. 89). Ziehe $\overline{O R_1} = R_1$ und seine Verlängerung $= (R_1 . J_1)$ in Richtung des Stromes J_1, errichte senkrecht darauf eine Gerade $= J_1 L_1 \omega$ und lege an das Ende dieser Linie eine Gerade $= J_2 M \omega$ senkrecht zur Richtung $\overline{O R_2}$ des Stromes J_2. Dann gibt die Verbindung vom O mit diesem Endpunkt die treibende EMK $\mathfrak{E}$. Verfahre ähnlich mit den Widerständen und Verlusten des zweiten Kreises. Dann werden sich die den Endpunkten der den Ohmschen Verlusten entsprechenden Strecken $R_1 J_1$ und $R_2 J_2$ im Punkt A_1 schneiden, und von diesem Punkt aus wird im Parallelogramm mit den Seiten $\omega M J_1 \perp J_1$ und $M J_2 \omega \perp J_2$ nach dem Endpunkt von $\mathfrak{E}$ sich erstrecken. Teilen wir alle Strecken der so entstandenen Figur durch J_1, so erhalten wir das Diagramm des Richtungswiderstandes $(\mathfrak{R}_1)$, nehmen wir die Division mit J_2 vor, so ergibt sich $(\mathfrak{R}_2)$. (Vergl. Fig. 89, in der bei L und M jeweils der Faktor ω weggelassen worden ist.)

Die analytische Behandlung geht wieder von den Vektorgleichungen (18a und 19a) aus:

$$\mathfrak{E}_1 = J_1 \mathfrak{R}_1 + J_2 \omega M$$
$$\mathfrak{E}_2 = J_2 \mathfrak{R}_2 + J_1 \omega M.$$

Man bildet hieraus durch Division mit J_1, bezw. J_2

$$\frac{\mathfrak{E}_1}{J_1} = (\mathfrak{R}_1) = \mathfrak{R}_1 + \frac{(\mathfrak{R}_1)}{(\mathfrak{R}_2)} \omega M$$
$$\frac{\mathfrak{E}_2}{J_2} = (\mathfrak{R}_2) = \mathfrak{R}_2 + \frac{(\mathfrak{R}_2)}{(\mathfrak{R}_1)} \omega M,$$

aus diesen Gleichungen entweder die schon oben erwähnte Beziehung

$$[(\mathfrak{R}_1) - \mathfrak{R}_1] \cdot [(\mathfrak{R}_2) - \mathfrak{R}_2] = \omega^2 M^2$$

oder für unsere Zwecke passender

$$\frac{1}{\mathfrak{R}_1} = \frac{1}{(\mathfrak{R}_1)} + \frac{\omega M}{\mathfrak{R}_1 (\mathfrak{R}_2)}$$
$$\frac{1}{\mathfrak{R}_2} = \frac{1}{(\mathfrak{R}_2)} + \frac{\omega M}{\mathfrak{R}_2 (\mathfrak{R}_1)}.$$

Setzt man die erste dieser Gleichungen in die zweite ein, so erhält man

$$\frac{1}{\mathfrak{R}_2}\left(1-\frac{\omega\,M}{\mathfrak{R}_1}\right)=\frac{1}{(\mathfrak{R}_2)}\left(1-\frac{\omega^2\,M^2}{\mathfrak{R}_1\,\mathfrak{R}_2}\right)$$

oder schließlich

$$(\mathfrak{R}_2)=\frac{\mathfrak{R}_1\,\mathfrak{R}_2-\omega^2\,M^2}{\mathfrak{R}_1-\omega\,M}$$

und analog

$$(\mathfrak{R}_1)=\frac{\mathfrak{R}_1\,\mathfrak{R}_2-\omega^2\,M^2}{\mathfrak{R}_2-\omega\,M}$$

M kann hierbei $= L_1$ oder $= L_2$ sein, zwischen L_1 und L_2 liegen und schließlich je nach der Anordnung der Spulen positive oder negative Werte besitzen. Löst man die obige Richtungsgleichung mittelst komplexer Größen auf, so erhält man für den ersten Kreis

als scheinbaren Ohmschen Widerstand

$$R_1{}'=\frac{R_1\,R_2-\omega^2\,L_1\,L_2}{\sqrt{R_1{}^2-\omega^2\,(L_1-M)^2}},$$

als scheinbare Reaktanz

$$\omega\,L_1{}'=\omega\cdot\frac{L_1\,R_2+L_2\,R_1-\omega\,M}{\sqrt{R_1{}^2-\omega^2\,(L_1-M)^2}}$$

und als Größe des scheinbaren Richtungswiderstandes

$$(\overline{\mathfrak{R}_1})=\sqrt{\frac{(R_1\,R_2-\omega^2\,L_1\,L_2)^2+\omega^2\,(L_1\,R_1+L_2\,R_1-\omega\,M^2)}{R_1-\omega^2\,(L_1-M)}}$$

Analoge Beziehungen ergeben sich für den zweiten Stromkreis.

Um zu verstehen, daß M positiv oder negativ wirken kann, betrachten wir den Fall, daß zwei Spulen I und II einmal hintereinander und einmal gegeneinander geschaltet werden. Im ersten Fall wird die gegenseitige Induktanz M oder die ihr entsprechende EMK auf jede der Spulen im selben Sinne wirken, wie die Selbstinduktanzen L_1 und L_2 oder die ihnen entsprechenden EMKe; im letzteren Fall wird sie diesen EMKen entgegenwirken. Es wird also die scheinbare Induktanz bei Fig. 90

$$(L')=L_1+L_2+M,$$

bei Fig. 91

$$(L'')=L_1+L_2-M$$

und somit der scheinbare Richtungswiderstand der Gruppe aus zwei hinter- bezw. gegeneinander geschalteten Spulen

$$(\mathfrak{R}) = \left\{ R_1 + j\,\omega\,(L_1 \pm M) \right\} + \left\{ R_2 + j\,\omega\,(L_2 \pm M) \right\}$$
$$= \mathfrak{R}_1 + \mathfrak{R}_2 \pm 2\,M\,\omega = (\mathfrak{R}_1) + (\mathfrak{R}_2)$$

sein. $\mathfrak{R}_1$, $\mathfrak{R}_2$ bedeuten hierin, wie sich aus den entsprechenden Diagrammen ergibt, die Richtungswiderstände der Spulen I und II allein, ohne Berücksichtigung der durch die gegenseitige Induktion erzeugten EMKe, bezw. Widerstandskomponenten; $(\mathfrak{R}_1)$ und $(\mathfrak{R}_2)$ stellen die scheinbaren Richtungswiderstände der Spulen I und II unter Berücksichtigung dieser Komponenten dar.

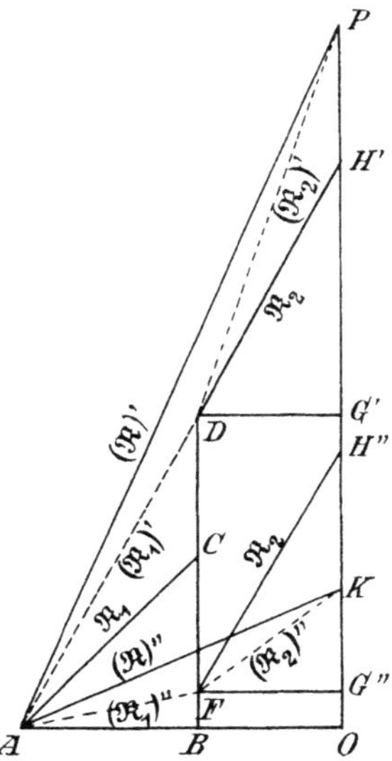

Fig. 92.

Das Diagramm (Fig. 92) für die beiden Fälle ergibt sich, indem wir zunächst in bekannter Weise das Dreieck ABC des Richtungswiderstandes $\mathfrak{R}_1$ entwerfen, und dann auf $\overline{BC}$ die Strecken $\overline{CD} = -\overline{CF} = M\,\omega$ im positiven und nega-

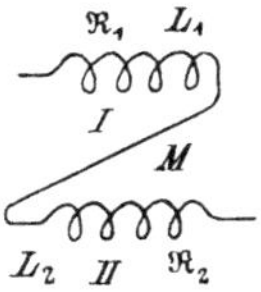

Fig. 90.

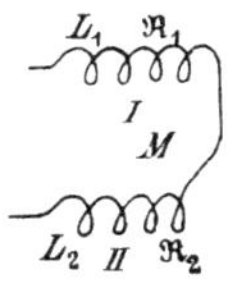

Fig. 91.

tiven Sinn auftragen. Dem Entwurf des Diagramms sind die Werte

$$\begin{aligned} R_1 &= 2{,}5 \text{ Ohm} \\ L_1\,\omega &= 2{,}5 \text{ -} \\ R_2 &= 2 \text{ -} \\ L_2\,\omega &= 3{,}5 \text{ -} \\ M\,\omega &= \pm 2 \text{ -} \end{aligned}$$

zu Grunde gelegt worden, so daß aus Rechnung und Diagramm

$$(\mathfrak{R}_1)' = \sqrt{2{,}5^2 + (2{,}5 + 2)^2} = 5{,}15 \text{ Ohm}$$
$$(\mathfrak{R}_1)'' = \sqrt{2{,}5^2 + (2{,}5 - 2)^2} = 2{,}55 \text{ - .}$$

An die so erhaltenen Punkte D bezw. F legen wir das Dreieck des Richtungswiderstandes $\mathfrak{R}_2$ so an, daß die Ohmschen Komponenten parallel $\overline{AB}$, die induktiven parallel $\overline{BC}$ liegen. Dann subtrahieren wir von $\overline{G''H''}$ die Strecke $\overline{H''K} = M\,\omega = 2$ Ohm und addieren dieselbe Strecke $\overline{H'P}$ zu $\overline{G'H'}$. Die so erhaltenen Punkte K und P ergeben, mit F bezw. D verbunden, die scheinbaren Richtungswiderstände der zweiten Spule

$$(\mathfrak{R}_2)' = 5{,}85 \text{ Ohm}$$
$$(\mathfrak{R}_2)'' = 2{,}5 \quad \text{-}$$

und mit A verbunden die scheinbaren Richtungswiderstände der ganzen Gruppe für + oder — M:

$$(\mathfrak{R})' = \overline{AK} = 11 \text{ Ohm}$$
$$(\mathfrak{R})'' = \overline{AP} = 4{,}9 \quad \text{-} .$$

Die Strecke $\overline{AO}$ entspricht dem Ohmschen Widerstand $R_1 + R_2 = 4{,}5$ Ohm bei beiden Schaltungen, die Differenzstrecke $\overline{OK} = 4\,M\,\omega = 8$ Ohm. Denkt man sich alle Strecken mit dem Strom J multipliziert, so bedeuten die Strecken des Diagramms in diesem neuen, im Verhältnis $\frac{1}{J}$ kleineren Maßstabe, die Spannungsdifferenzen oder EMKe. J tritt hier als skalare Größe auf, weil wir den Widerständen $\mathfrak{R}_1$, $(\mathfrak{R}_1)$ und $\mathfrak{R}$ schon die entsprechende Richtung verliehen haben, bezw. alle Richtungen auf J als Grundlinie bezogen sind.

b) Ersatz der gegenseitigen Induktanz durch eine Parallelschaltung.

Wir haben früher gesehen, daß die Anlegung eines Nebenschlusses vom Widerstand R_2 an einen Widerstand R_1 letzteren reduziert auf

$$R = \frac{R_1 \cdot R_2}{R_1 + R_2} = R_1 - \frac{R_1^2}{R_1 + R_2} \quad . \quad . \quad . \quad . \quad 23)$$

Die Wirkung ist also dieselbe, als ob statt der Parallelschaltung ein negativer Widerstand von der Größe $-\left(\frac{R_1^2}{R_1 + R_2}\right)$ in Serie zu R_1 geschaltet worden wäre. Gleiches gilt auch von Richtungswiderständen, sodaß statt R die Vektorbezeilhnung $\mathfrak{R}$ in die Formeln eintritt.

Betrachten wir jetzt zwei Spulen I und II mit vernachlässigbaren Widerständen und Streuungen und mit den Induktanzen $L_1 = L_2 = M$ der gegenseitigen Induktanz[12]. So lange die sekundäre Spule II stromlos ist, beträgt der Richtungswiderstand der primären Spule $\mathfrak{R}_1 = j\,\omega\,L_1$; wird II aber durch den Schalter S auf einen Richtungswiderstand $\mathfrak{R}_2$ geschlossen, so äußert sich die Wirkung in einer Verkleinerung von $\mathfrak{R}_1$ auf den Wert

$$\mathfrak{R}_1' = j\left(L_1\,\omega - \frac{M^2\,\omega^2}{\overline{\mathfrak{R}_2}}\right).$$

Die Wirkung ist also dieselbe, als ob man zu L_1 einen negativen Widerstand (rein induktiver Natur) von der Größe $-\left(\frac{M^2 \omega^2}{\overline{\Re_2}}\right)$ eingeschaltet hätte. Wird die sekundäre Spule kurzgeschlossen, dann wird $\overline{\Re_2} = j\,\omega\,L_2$ und somit

$$\Re_1' = j\left(L_1 \omega - \frac{M^2 \omega^2}{L_2 \omega}\right) = 0;$$

die primäre Spule wird sich also, wenn von ihrem Ohmschen Widerstand abgesehen wird, so betragen, als ob sie auch primär kurzgeschlossen wäre. Es ist deshalb klar, daß bei einer Induktionsspule oder einem Transformator von gleichen Werten für

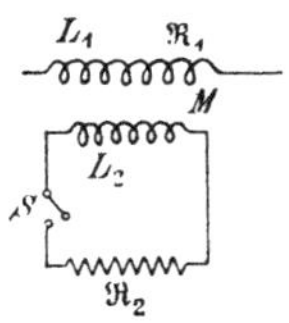

Fig. 93.

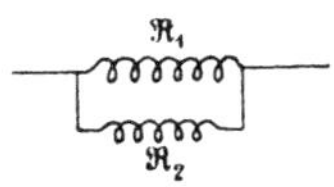

Fig. 94.

$L_1 L_2$ und M die Wirkung des Schließens des induktiv mit dem primären verketteten sekundären Kreises durch einen Richtungswiderstand $\Re_2$ dieselbe ist, als ob man den primären Stromkreis durch einen nur elektrisch leitend mit ihm verbundenen sekundären Stromzweig $\Re_2$ nebengeschlossen hätte. Die Wirkung der elektromagnetischen Verkettung kann also durch eine elektrische Nebenschließung ersetzt werden und die Fig. 93 kann umgeformt oder transfiguriert werden in Fig. 94, bei der die beiden parallelen Richtungswiderstände $\Re_1$ und $\Re_2$ keine gegenseitige Induktionswirkung besitzen. Die Betrachtung, auf die wir später noch einmal zurückgreifen werden, führt uns zum Studium der Transformatordiagramme.

E. Der allgemeine Wechselstromtransformator und sein Diagramm.

a) Ersatz der magnetischen durch eine elektrische Verkettung.

Die einfache Anordnung zweier benachbarter, nur elektromagnetisch verketteter Spulen, mit deren Betrachtung wir den vorhergehenden Abschnitt begonnen, stellt eigentlich schon eine primitive Form eines Wechselstromtransformators dar. Der ruhende Wechselstromtransformator besteht nämlich nur aus zwei elektromagnetisch durch ein gemeinsames Feld verketteten Spulensystemen, von denen das eine, primäre durch Wechselströme von einer Stromquelle aus gespeist wird, während das andere, sekundäre Spulensystem unter der Einwirkung des gemeinsamen Wechselfeldes selbst wieder zu einer Quelle wechselnder EMKe wird und als solche betrachtet und behandelt werden kann. Aus den früheren Erläuterungen geht hervor, daß die Induktionswirkung um so vollkommener ausgenutzt, oder mit anderen Worten, das Streufeld um so geringer werden wird, je vollkommener wir den magnetischen Kreis des gemeinsamen Feldes ausbilden. Alle praktischen Ausführungen von Transformatoren besitzen deshalb einen vollkommenen oder nahezu geschlossenen magnetischen Kreis in Form eines Eisengestelles, das als Kern oder als Kern und Mantel die beiden Spulensysteme durchsetzt und umgibt; bei den meisten Ausführungen sind außerdem die Spulengruppen derart geformt und angeordnet, daß die Streufelder so klein als möglich und die Felder in beiden Spulen so nahe als möglich einander und dem gemeinsamen Feld gleich werden.

Fig. 79 (Seite 133) stellt einen ruhenden Transformator in schematischer Anordnung dar, und die für sie aufgestellten Gleichungen und Diagramme (Fig. 80—82) sind somit bereits als Transformatorendiagramme für einen besonders komplizierten Fall anzusehen. In dem praktisch meist vorliegenden, wesentlich einfacheren Falle kann man C_1 und C_2 als unendlich groß ansehen, die Kondensatoren also fortfallen lassen (Fig. 84). Unsere Aufgabe ist es dann, bei einem Transformator mit gegebenem Verhältnis n der Zahl der primären zu den sekundären Windungen die bei konstanter primärer Klemmenspannung für beliebige sekundäre Belastung auftretenden Ströme und Phasenverschiebungen zu ermitteln. Der Zweck des Transformators ist ja in dem bei weitem häufigsten Falle nur der, eine indirekte Art der Stromverteilung unter der für die sekundär angeschlossene Belastung günstigen oder erforderlichen Spannung zu ermöglichen, wenn aus irgend welchen, später noch zu erörternden Gründen die direkte Verwendung der zu hohen oder zu niedrigen primären Spannung nicht möglich oder wünschenswert ist. Der Transformator dient also in der von uns nunmehr zu betrachtenden Form (Fig. 84, Seite 140) wesentlich als

Spannungswandler, als Mittel zur Übersetzung oder Umsetzung hoher primärer Spannung in niedrigere Gebrauchsspannung. Ist der Transformator also sekundär unbelastet, so stellt seine primäre Spule nur einen Richtungswiderstand $\mathfrak{R}_0$ dar, in dem die primäre Klemmenspannung einen Strom, den sogenannten Leerstrom i_0 hervorruft. Wird dann der sekundäre Kreis durch einen Richtungswiderstand $\mathfrak{R}_2$ belastet, so wird dadurch $\mathfrak{R}_0$ vermindert auf den Wert $\mathfrak{R}_1$, der sich wie folgt ermitteln läßt.

Sei die in der primären Spule vom Sekundärstrom erzeugte Gegen-EMK E_1, dann ist der primäre Richtungswiderstand bei Leerlauf

$$R_0 = \frac{E_1}{i_0}.$$

Die durch den Primärstrom i_1 im Sekundärkreis erzeugte EMK ist

$$M\omega\, i_1 = E_2 = -\frac{E_1}{\alpha}$$

wenn $\alpha = \frac{n_1}{n_2}$ das Verhältnis der primären Windungszahl zur sekundären ist. Der sekundäre Strom ist dann

$$i_2 = \frac{E_2}{\mathfrak{R}_2} = -\frac{E_1}{\alpha\,\mathfrak{R}_2}.$$

Er besteht aus einer Wattkomponente, $i_{2,n}$, und einer wattlosen, $i_{2,0}$, die sich aus den folgenden Gleichungen ergeben:

$$i_{2,n} = E_2 \cdot \frac{R_2}{\mathfrak{R}_2^2}$$

$$i_{2,o} = E_2 \cdot \frac{L_2\,\omega}{\mathfrak{R}_2^2}.$$

Dem sekundären Strom entspricht eine Komponente $i_1' = -\frac{i_2}{\alpha}$ des primären Stromes, die ihr gerade das Gleichgewicht hält:

$$i_1' = -\frac{i_2}{\alpha} = \frac{E_1}{\mathfrak{R}_2\,\alpha^2}.$$

Die zweite, geometrisch hiermit zusammenzusetzende Komponente ist der Leerstrom i_0, sodaß der primäre Gesamtstrom gegeben ist durch die Vektorgleichung

$$i_1 = i_1' + i_0 = E_1\left(\frac{1}{\mathfrak{R}_0} + \frac{1}{\mathfrak{R}_2\,\alpha^2}\right)$$

mit den Komponenten

primärer Wattstrom $i_{1,n} = E_1 \left(\frac{r_0}{\mathfrak{R}_0^2} + \frac{R_2}{\mathfrak{R}_2^2}\right) = i_1 \cos \varphi_1$

- wattloser Strom $i_{1,o} = E_1 \left(\frac{L_0 \omega}{\mathfrak{R}_0^2} + \frac{L_2 \omega}{\mathfrak{R}_2^2}\right) = i_1 \sin \varphi_1.$

r_0 und L_0 sind hierin so zu bestimmen, daß sie dem Wattverlust W_0 und der Phasenverschiebung φ_0 bei Leerlauf entsprechen. Es ist also

$$r_0 = \frac{E_1^2}{W_0}$$

$$\cos \varphi_0 = \frac{r_0}{\mathfrak{R}_0}.$$

Der Richtungswiderstand $\mathfrak{R}_2$ des sekundären Kreises besteht aus zwei Teilen, jenem des sekundären Spulensystems selbst (dem innern Teil)

$$\mathfrak{r}_2 = r_2 + j\,\omega\,\lambda_2$$

und jenem der Belastung (dem äußeren Teil des sek. Richtungswiderstandes)

$$\mathfrak{R}_2 - \mathfrak{r}_2 = \mathfrak{R}_2' = R_2 + j\,\omega\,L_2.$$

Beim Durchgang des Stromes i_2 wird also in der sekundären Spule durch den Richtungswiderstand verzehrt der Betrag $i_2\,\mathfrak{r}_2$, so daß die sekundäre Klemmenspannung wird

$$e_2 = E_2 - i_2\,\mathfrak{r}_2 = E_2 \left(1 - \frac{\mathfrak{r}_2}{\mathfrak{R}_2}\right).$$

In der primären Spule wird durch den Richtungswiderstand verzehrt der Betrag $\mathfrak{r}_1\,i_1$, so daß also die primäre Klemmenspannung e_1 um diesen Betrag größer sein muß als die primäre Gegen-EMK

$$e_1 = E_1 + i_1\,\mathfrak{r}_1$$

oder

$$e_1 = E_1 \left(1 + \frac{\mathfrak{r}_1}{\mathfrak{R}_0} + \frac{\mathfrak{r}_1}{\mathfrak{R}_2\,\alpha^2}\right)$$

aus den Gleichungen für e_1 und e_2 folgt:

$$\frac{e_1}{e_2} = -\alpha \left(\frac{1 + \frac{\mathfrak{r}_1}{\mathfrak{R}_0} + \frac{\mathfrak{r}_1}{\mathfrak{R}_2\,\alpha^2}}{1 - \frac{\mathfrak{r}_2}{\mathfrak{R}_2}}\right)$$

Aus jener für i_1 und i_2 ergibt sich

$$\frac{i_1}{i_2} = -\frac{1}{\alpha} \cdot \left(1 + \frac{\mathfrak{R}_2\,\alpha^2}{\mathfrak{R}_0}\right)$$

Der Richtungswiderstand des primären Kreises verringert sich also scheinbar durch die sekundäre Belastung von $\mathfrak{R}_0$ auf

$$\mathfrak{R}_1 = \frac{e_1}{i_1} = \frac{1 + \frac{r_1}{\mathfrak{R}_0} + \frac{r_1}{\mathfrak{R}_2 \alpha^2}}{\frac{1}{\mathfrak{R}_0} + \frac{1}{\mathfrak{R}_2 \alpha^2}} = r_1 + \frac{1}{\frac{1}{\mathfrak{R}_0} + \frac{1}{\mathfrak{R}_2 \alpha^2}} \quad . \quad 24)$$

In diesem Ausdruck bedeutet r_1 den inneren Richtungswiderstand $(r_1 + j\,\omega\,\lambda_1)$ der primären Spule selbst, der ihrem Ohmschen Widerstand und dann nur die primäre Spule durchsetzenden Streufluß λ_1 entspricht. Der Bruch aber stellt die parallel geschalteten Werte des primären Widerstandes $\mathfrak{R}_0$ und des auf den Primärkreis reduzierten gesamten sekundären Richtungswiderstandes dar.

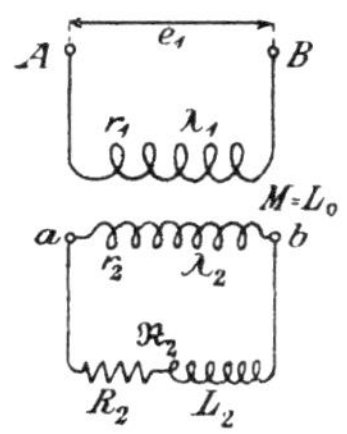

Fig. 95.

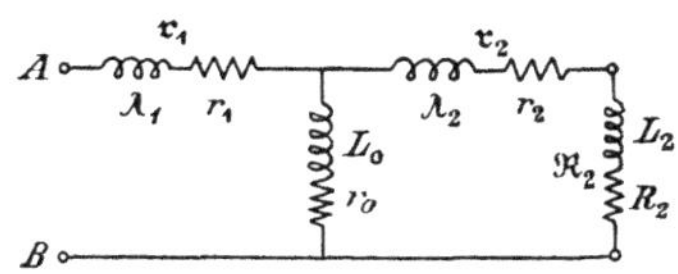

Fig. 96.

Wir können also die Gleichung graphisch und physikalisch wie folgt auslegen (Fig. 95): Ein an den primären Klemmen AB mit der Klemmenspannung e_1 angeschlossener Transformator, von dessen primärem Felde proportional $L_1 = (M + \lambda_1)$ die dem Werte λ_1 proportionalen Linien ausschließlich innerhalb der primären Spule verlaufen, während die Linien proportional $M = L_0$ sich mit der sekundären Spule verketten und zwischen deren Klemmen ab bei der Belastung mit $\mathfrak{R}_2$ die Spannungsdifferenz e_2 hervorrufen, besitzt einen Richtungswiderstand $\mathfrak{R}_1$, der auch erzielt werden kann, wenn man die parallel zu einander geschalteten Werte $\mathfrak{R}_0$ und $(\mathfrak{R}_2\,\alpha^2)$ in Serie zu r_1 anordnet. Fig. 96 stellt also eine Schaltung von Richtungswiderständen ohne gegenseitige Induktion dar, die dem Transformator Fig. 95 äquivalent ist.

Ein Zahlenbeispiel möge dies erläutern.

Gegeben sei ein eisengeschlossener Transformator für eine Leistung von 5 Kilowatt bei $E_1 = 200$ Volt. α sei 20, also E_2 angenähert $= 100$ Volt. Wir messen dann bei $\mathfrak{R}_2 = \infty$, d. h.

offenem Sekundärkreis, die primär aufzuwendende Leistung bei $e_1 = E_1 = 2000$ Volt und beobachten 124 Watt bei $\cos \varphi_0 = 0{,}72$. Dann ist

$$i_0 = \frac{124}{2000 \,.\, 0{,}72} = 0{,}086 \text{ Amp.}$$

$$\mathfrak{R}_0 = \frac{2000}{0{,}086} = 23\,300 \text{ Ohm.}$$

Die Summe $(\mathfrak{r}_1 + \mathfrak{r}_2 \alpha^2)$ erhält man angenähert, indem man $\mathfrak{R}_2 = 0$ macht und die für einen bestimmten Primärstrom i_1' aufzuwendende Primärspannung e_1' bestimmt. Es ist dies die sogenannte Kurzschlußspannung, die in unserem Falle 105 Volt bei 2,5 Ampère betrug. Also ist

$$(\mathfrak{r}_1 + \mathfrak{r}_2 \alpha^2) = \frac{e_1'}{i_1'} = 42 \text{ Ohm.}$$

Nehmen wir an, die beiden Widerstände und Streuungen seien gleich groß, also $\mathfrak{r}_1 = \mathfrak{r}_2 \alpha^2 = 21$ Ohm, was angenähert richtig ist.

Ist nun

$$r_1 = 10 \text{ Ohm}, \qquad r_2 = 0{,}02 \text{ Ohm},$$

so folgt

$$\omega \lambda_1 = \sqrt{21^2 - 10^2} = 18{,}45 \text{ Ohm},$$

$$\alpha^2 \omega \lambda_2 = \sqrt{21^2 - 20^2 \cdot 0{,}02} = 20{,}9 \text{ Ohm}.$$

Ist nun der Transformator mit voller induktionsfreier Belastung in Betrieb, so folgt $\mathfrak{R}_2'$ angenähert aus der Bezeichnung

$$i_2 = \frac{5000}{100} = 50 \text{ Ampère}; \qquad \mathfrak{R}_2' \cong R_2 = \frac{100}{50} = 2 \text{ Ohm.}$$

Also ist

$$\alpha^2 \mathfrak{R}_2 = (2 + 0{,}02) \cdot 20^2 + j\, 20{,}9 = 810 \text{ Ohm}$$

und somit, da $\mathfrak{R}_0$ seiner Größe wegen als Nebenschluß vernachlässigbar erscheint,

$$\mathfrak{R}_1 = \mathfrak{r}_1 + \mathfrak{R}_2 \alpha^2$$

oder ausgerechnet

$$\overline{\mathfrak{R}_1} = \left\{(r_1 + \alpha^2 (r_2 + R_2))^2 + \omega^2 (\lambda_1 + \alpha^2 (\lambda_2 + L_2))^2\right\}^{1/2}$$

$$= \sqrt{(10 + 0{,}02 \cdot 20^2 + 2 \cdot 20^2)^2 + (18{,}45 + 20{,}9)^2} \cong 819 \text{ Ohm}$$

und

$$i_1 = \frac{2000}{819} = 2{,}44 \text{ Ampère.}$$

Aus

$$\frac{i_1}{i_2} \cong -\frac{1}{\alpha}$$

folgt

$$i_2 = 48{,}8 \text{ Ampère.}$$

Da aber

$$\overline{\Re_2} = \sqrt{2{,}02^2 + \left(\frac{20{,}9}{20^2}\right)^2}$$

folgt e_2 sehr angenähert = 99 Volt und ebenso ergibt sich

$$e_1 \cong E_1 \left(1 + \frac{r_1}{\Re_2^2 \alpha^2}\right) = 2000 \left(1 + \frac{21}{808}\right) = 2052 \text{ Volt.}$$

Bequemere Rechnungsmethoden, die sich mehr dem physikalischen Verständnis anschmiegen, werden wir gegen Ende dieses Abschnittes noch kennen lernen.

Der Hauptzweck dieser Ableitungen war, den Transformator in Bezug auf sein Verhalten zum Netz als Richtungswiderstand zu charakterisieren und darzutun, daß er in Bezug auf die von seinem Primärkreise dem Netz entnommenen Ströme genau so behandelt werden kann wie jeder andere, durch einen Richtungswiderstand darstellbare Stromabnehmer.

Die Gleichung für $\Re_1$ kann auch analog Gleichung 23) geschrieben werden:

$$\Re_1 = r_1 + \frac{\Re_1 \Re_2 \alpha^2}{\Re_1 + \Re_2 \alpha^2} = (\Re_1 + r_1) - \left(\frac{\Re_1^2}{\Re_1 + \Re_2 \alpha^2}\right) \quad . \quad 24\text{a})$$

Wir können also jeden Transformator in Bezug auf den Strom, den er primär bei irgend einer Belastung aufnimmt, vollkommen als Richtungswiderstand ohne gegenseitige Induktion zwischen seinen Teilen behandeln.

Zu ganz demselben Schluß gelangen wir auch für den Induktions- oder asynchronen Motor, indem wir ihn als Transformator auffassen, dessen Sekundärkreis den Widerstand $\frac{R_2}{\sigma}$ enthält. R_2 stellt hierbei den Widerstand des Läufers, d. i. des als Läufer verwendeten sekundären Teils dar, σ ist die Schlüpfung oder das Verhältnis der Differenz der primären und sekundären Periodenzahl zur primären des zugeführten Stromes. Dann können wir den so erhaltenen Transformator (Fig. 97) transformiert denken in die Kombination Fig. 98 von Richtungswiderständen ohne gegenseitige Induktion, die in Bezug auf den Primärkreis und die Stromentnahme aus einem Netz der Fig. 97 vollkommen gleichwertig ist. Wir haben bei dieser Transfigurierung nur wie vorher den sekundären Widerstand im Verhältnis

$$\alpha^2 = \left(\frac{\text{Primäre Windungszahl}}{\text{Sekundäre Windungszahl}}\right)^2$$

vergrößert und parallel zu dem so erhaltenen neuen Richtungswiderstand $\mathfrak{R}_2 \alpha^2$ einen anderen Richtungswiderstand $\mathfrak{R}_0$ geschaltet zu denken, der den Magnetisierungsstrom i_0 aufnimmt. Ist zur

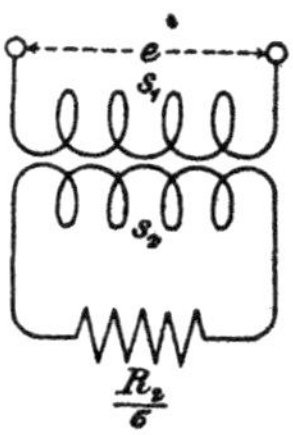

Fig. 97.

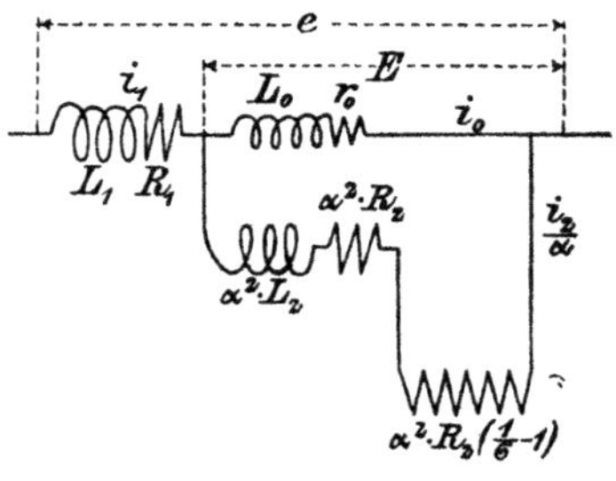

Fig. 98.

Erzeugung der primären EMK E der Magnetisierungsstrom i_0 erforderlich, so wird

$$\mathfrak{R}_0 = r_0 + j L_0 \omega = \frac{E}{i_0},$$

worin r_0 und L_0 den Leerlaufsverlusten entsprechend zu wählen sind.

In Fig. 98 bedeutet

L_1 = Induktanz der primären Streuung
L_2 = - - sekundären - .

Der Widerstand R_1 ist so gering, daß der Spannungsverlust, der durch den Strom i_0 in ihm verursacht wird, vernachlässigbar erscheint. Bringt man diese Vernachlässigung an, dann kann man Fig. 98 vereinfachen auf die in Fig. 99 dargestellte Schaltung. R und L bedeuten darin den zusammengefassten Wert:

$$R = R_1 + R_2 \alpha^2,$$
$$L = L_1 + L_2 \alpha^2.$$

Nun sind aber nach der Definition auf Seite 131 die Induktionskoeffizienten L_1 und L_2 umgekehrt proportional den magnetischen

Widerständen. Wenn wir also L_0 als den dem Hauptfelde entsprechenden Induktionskoeffizienten bezeichnen, ist das Verhältnis

$$\frac{L_1}{L_0} = \frac{\text{Magnetischer Widerstand des Hauptfeldes}}{\text{Magnetischer Widerstand des primären Streuungsfeldes}} = \tau_1$$

und analog $L_0 : L_2$ gleich dem Verhältnis der magnetischen Widerstände der sekundären Streulinien zu den Nutzlinien des Hauptfeldes oder

$$\frac{\alpha^2 L^2}{L_0} = \tau_2.$$

Es ist dann die gesamte Streuung

$$\tau = \tau_1 + \tau_2 = \frac{L_1}{L_0} + \frac{\alpha^2 L_2}{L_0} = \frac{L}{L_0}.$$

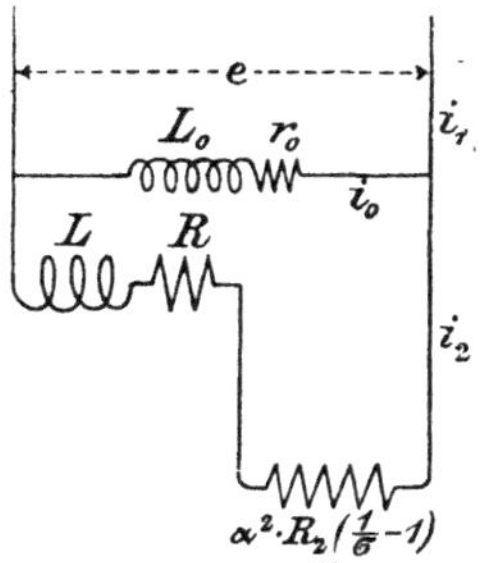

Fig. 99.

Man kann nun aus der Fig. 99 oder direkt ableiten, daß der Richtungswiderstand des asynchronen Motors, d. h. das Verhältnis des von ihm aufgenommenen primären Stromes i_1 zur Klemmenspannung e gegeben ist durch

$$(\mathfrak{R}_1) = \frac{e}{i_1} = \mathfrak{R}_1 + \frac{1}{\frac{1}{\mathfrak{R}_0} + \frac{1}{(\mathfrak{R}_2)\,\alpha^2}}$$

wenn

$$\mathfrak{R}_1 = R_1 + j\,L_1\,\omega$$
$$\mathfrak{R}_0 = r_0 + j\,L_0\,\omega$$
$$(\mathfrak{R}_2) = \left(\frac{R}{\sigma} + j\,\frac{L_2}{\sigma}\,\omega\right).$$

Damit ist bewiesen, daß es zulässig erscheint, den Asynchronmotor oder, wenn wir ihn als allgemeinen Transformator auffassen, irgend einen mit gegenseitiger Induktion behafteten und mit einem seiner Kreise an ein Netz angeschlossenen Apparat so zu behandeln, als ob er durch eine Schaltung von Richtungswiderständen ohne gegenseitige Induktion entstanden sei. Wir können mit anderen Worten die magnetische Verkettung der beiden Kreise durch eine elektrische und jeden an ein Netz angeschlossenen Apparat durch seinen äquivalenten Richtungswiderstand versetzt denken.

b) Diagramm des allgemeinen W. S.-Transformators.

Das erste Transformatorendiagramm ist 1888 von Kapp gegeben worden, dann hat Steinmetz 1896 den Begriff des allgemeinen Transformators eingeführt und durch Rechnung mit komplexen Zahlen erläutert. Die Keime zu dieser Verallgemeinerung liegen aber schon weiter zurück und schon 1894 hat Heyland[13]) ein Kreisdiagramm für konstante Klemmenspannung gegeben, dessen Verwendbarkeit er selbst für ruhende Transformatoren und für

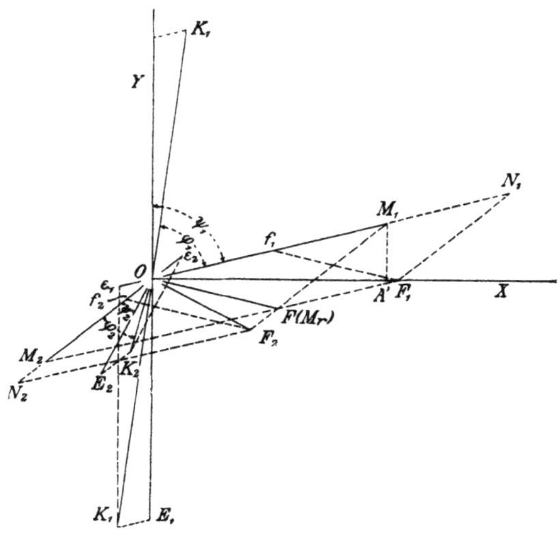

Fig. 100.

asynchrone Motoren nachwies. Dieses Diagramm ist infolge seiner schwierigen geometrischen Ableitung und wegen der im Verhältnis zu dem geringen Überschuß an Genauigkeit, der gegenüber einem Diagramm für konstante primäre EMK erzielt werden kann, von ihm selbst wesentlich vereinfacht worden. Heyland hat daher den durch den Erregerstrom im Ohmschen Widerstand in der primären Wicklung erzeugten Spannungsverlust vernachlässigt und dadurch ein Diagramm von außerordentlicher Brauchbarkeit geschaffen.

Betrachten wir zunächst das Diagramm des allgemeinen Transformators (Fig. 100). Die Richtung OX stelle die Phase des primären Feldes dar. Die von diesem Felde induzierte primäre Gegen-EMK liegt um 90^0 hinter OX und wird für das primäre Feld OF_1 nach Richtung und Größe durch OE_1 dargestellt. Wenn nun OM_1 die primäre magnetomotorische Kraft in Ampèrewindungen und, in anderem Maßstabe, auch den primären Strom darstellt, so ist OA dessen wattlose, AM_1 dessen wattleistende Komponente. OM_2 stelle analog die sekundären Ampèrewindungen oder, in anderem Maßstabe, den sekundären Strom dar. Dann muß offenbar die Resultante von OM_1 und OM_2 oder die Strecke OM die resultierenden Ampèrewindungen oder den Erregerstrom darstellen. Diesem Erregerstrom ist aber auch das gemeinsame Hauptfeld, das beide Windungssysteme durchsetzt (also das Luftfeld des Motors), direkt proportional. Wir haben deshalb[14]) die Strecke OM auch mit OF bezeichnet und können nun, indem wir das gemeinsame Hauptfeld OF mit jenen Streufeldern f_1, f_2 zusammensetzen, die ausschließlich innerhalb der primären oder der sekundären Windung vorlaufen, das primäre und sekundäre resultierende Feld OF_1, bezw. OF_2 erhalten.

Tatsächlich gingen wir ja von OF_1 aus. Nachdem wir also OF als eine Komponente von OF_1 ermittelt hatten, können wir nunmehr Of_1 finden. Und umgekehrt können wir OF_2 aus Of_2 und OF zusammensetzen. Ist OF_2 aber ermittelt, so steht die sekundäre EMK E_2 senkrecht dazu, also in Richtung von OE_2 oder um ψ_2 gegen den Sekundärstrom voreilend. Von OE_2 ist der Spannungsverlust $O\varepsilon_2$ zu subtrahieren, um die sekundäre Klemmenspannung OK_2 zu ermitteln, die um φ_2 gegen OM_2 voreilt. Die primäre Klemmenspannung muß der primären Gegen-EMK OE_1 und dem in Richtung von OM_1 gelegenen Spannungsverlust $O\varepsilon_1$ das gleiche Gewicht halten. Sie wird also die Richtung und Größe OK_1 besitzen und gegen den primären Strom OM_1 um $\varphi_1 < \psi_1$ voreilen.

Wir haben nun noch zu ermitteln, welche Ampèrewindungen wir in Anbetracht der Streufelder f_1 und f_2 tatsächlich aufwenden müssen, um die resultierenden primären und sekundären Felder OF_1 und OF_2 zu erzeugen. Verlängern wir OM_1 bis N_1 und OM_2 bis N_2 derart, daß

$$OM_1 : ON_1 = 1 : (1 + \tau_1)$$
$$OM_2 : ON_2 = 1 : (1 + \tau_2),$$

wobei $\tau_1 \gtreqless \tau_2$ die früher schon erörterte Bedeutung besitzen, dann stellen ON_1 und ON_2 diese tatsächlich aufzuwendenden Ampèrewindungen dar.

Wenn wir es nun mit einem asynchronen Motor zu tun haben, dessen Sekundärkreis in sich geschlossen ist und nur Ohmschen Widerstand enthalten kann, da ja die induktive Komponente bereits durch die Felder (f_2 oder τ_2) berücksichtigt worden ist, so geht der Winkel ψ_2 zwischen E_2 und OM_2 in 0 über und OF_2 wird senkrecht zu OM_2. Fig. 101 stellt also dann das Diagramm

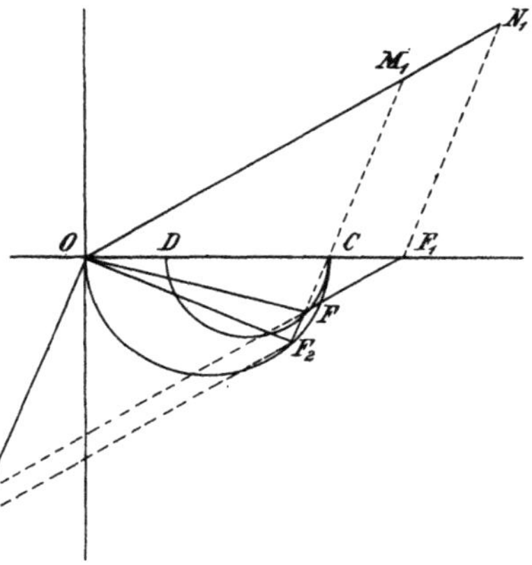

Fig. 101.

für den allgemeinen Transformator und zwar für den beim Asynchronmotor vorliegenden Fall dar. Da $CF_1 = \tau_1 . CO$, so bewegt sich für verschiedene Werte des Primärstroms der Punkt F auf einem Halbkreis vom Durchmesser CO, der obiger Beziehung entspricht. F_1O stellt nach dieser Auffassung das als konstant angenommene Statorerregerfeld dar, das bei Leerlauf aus dem Primärstreufeld F_1C und dem gemeinsamen Hauptfeld CO besteht. Bei Belastung wächst dieses primäre Streufeld proportional dem Primärstrom und fällt auch in die Richtung F_1F desselben. FO ist dann das dem Stator und Rotor gemeinsame Hauptfeld, das sich mit dem primären oder Statorstreufeld zum konstanten Erregerfeld F_1O und mit dem Rotorstreufeld $FF_2 = \tau_2 . OM_2$, das dem Rotorstrom OM_2 und τ_2 proportional ist, zum Rotorfeld F_2O

zusammensetzt. Dieses letztere erzeugt dann in Wechselwirkung mit dem Rotorstrom das Drehmoment.

Die Strecke CF_1 kann aber auch als der Magnetisierungsstrom aufgefaßt werden und es läßt sich dann zeigen, daß die Spitze F des Stromdreiecks F_1CF sich auf einem Halbkreis bewegt, dessen Mittelpunkt auf F_1O liegt und dessen Durchmesser $CD = (\tau_1 + \tau_2)\,CF_1 = \tau\,.\,CF$ ist. Dann stellt FF_1 den primären, CF den sekundären Strom dar. Da nun aber aus der Ähnlichkeit der Dreiecke OCM_1 und F_1CF folgt

$$FF_1 = \tau_1 \cdot OM_1 = \tau_1 \cdot i_1$$
$$CF_1 = \tau_1 \cdot OC = \tau_1 \cdot i_0$$
$$CF = \tau_1 \cdot CM = \tau_1 \cdot \frac{i_2}{1+\tau_1},$$

kann der wahre Wert des Sekundärstromes für den neuen Maßstab eigentlich nur aus dem ΔFCF_1 erhalten werden, wenn man CF mit $(1 + \tau_1)$ multipliziert. Die Spitze des Stromdreiecks CFF_1 bewegt sich also auf einem Halbkreis, dessen Durchmesser $CD = (\tau_1 + \tau_2)\,i_0$ ist, und der Sekundärstrom ist $i_2 = CF\,(1 + \tau_1)$. Dieser letzte Kreis ist der eigentliche Heylandsche.

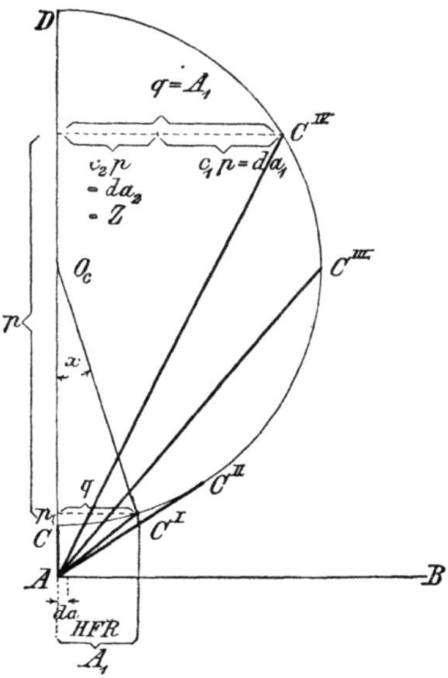

Fig. 102.

c) Das Heylandsche Diagramm[15]) für den Asynchronmotor ist ein Halbkreis mit dem Durchmesser $CD = AC$, dessen Mittelpunkt O_c auf der Verlängerung des Magnetisierungsstromes J_m — liegt (Fig. 102). AB ist die konstante EMK, die bei Vernachlässigung des Ohmschen Spannungsverlustes in der Erregerwicklung auch mit der konstanten Klemmenspannung sich nach Größe und Richtung deckt. Irgend ein Punkt des Kreises mißt dann durch seine Verbindungslinie mit A die zugehörige primäre Stromstärke J_1, durch seine Verbindungslinie mit C die zugehörige sekundäre Stromstärke J_2. Das Stromdreieck, das hier stets schiefwinklig ist, ist also dadurch charakterisiert, daß seine eine Seite $AC = J_m$ für konstante EMK konstant bleibt und daß seine Spitze auf dem Halbkreise der Reihe nach die Punkte C^I, C^{II}, C^{III}, C^{IV} durchläuft. Punkt C bezeichnet den theoretischen, nur bei Wegfall aller Verluste erreichbaren Leerlauf. Der tatsächliche Leerlaufpunkt ergibt sich also wegen der tatsächlich auftretenden Leerlaufsverluste etwas weiter nach rechts liegend. Hat die Spitze des Stromdreiecks die Stelle C^I erreicht, so ist die Verzögerung des primären Stromes gegen die Klemmenspannung gleich dem Winkel $C^I AB = \varphi_1$. Bezeichnen wir dann den Widerstand der Statorwicklung mit W_1, jenen der Rotorwicklung mit W_2, wobei wir zur Fixierung der Begriffe uns den primären Teil ruhend, d. h. als Stator, den sekundären Teil drehend, d. h. als Rotor denken wollen, so ist für die Stelle C^I der Primärstrom (J_1, φ), die primär aufgenommene Leistung also

$$A_1 = K \cdot J_1 \cos \varphi_1 = K \cdot q,$$

da die Abszisse $q = J_1 \cos \varphi_1$.

In der Erregerwicklung gehen durch den Primärstrom $d a_1 = J_1^2 . W_1$ Watt verloren, so daß auf den Rotor übertragen werden

$$A_2 = A_1 - d a_1 = K J_1 \cdot \cos \varphi_1 - J_1^2 W_1 .$$

Gehen ferner in den Bewickelungen des induzierten Teils $d a_2 = J_2^2 W_2$ Watt verloren, so muß an der Welle des Motors noch zur Verfügung stehen der Betrag

$$A_3 = A_2 - J_1^2 W_1 - J_2^2 W_2 .$$

Da $J_1 \cos \varphi_1 = q$, ferner J_1, J_2, W_1 und W_2 bekannt sind, müssen wir nur noch J_1^2 und J_2^2 im Diagramm ausdrücken. Aus dem schiefwinkligen Dreieck $C\, O_c\, C$ folgt

$$J_1^2 = (A\, C^I)^2 = A\, O_c^2 + C^I O_c^2 - 2\, A\, O_c \cdot C^I O_c \cdot \cos x =$$
$$2\, C\, O_c^2 \cdot (1 + 2\, \tau) \cdot (1 - \cos x)$$
$$J_2^2 = (C^I\, C)^2 = C\, O_c^2 + C^I O_c^2 - 2\, C\, O_c^2 \cdot \cos x =$$
$$2\, C\, O_c^2 (1 - \cos x).$$

Wenn wir also die Ordinate des Punktes C^I, von C aus gerechnet, mit p bezeichnen, ist p = Konstante o (1 — cos x), und somit $J_1^2 = C_1 . p$ und $J_2^2 = C_2 . p$, wobei C_1 und C_2 zwei durch die Widerstände und den Maßstab definierte Konstanten sind. Die verbrauchte Arbeit kann dann in entsprechendem Maßstab durch die Abszisse q, die geleistete durch $(q_1 - c_1 p - c_2 p)$, die Schlüpfung durch

$$\frac{d\,a_2}{A_2} = \frac{c_2\,p}{q - c_1\,p}$$

gemessen werden. Und schließlich läßt sich die Zugkraft Z im Maßstab der Leistung ausdrücken durch

$$Z = A_2 = A_1 - d\,a_1 = q - c_1\,p.$$

Die Größen $d\,a_1$ und $d\,a_2$ lassen sich hiernach direkt auf der Abszisse $q\,A_1$ abtragen, wenn man durch C zwei Gerade zieht, die mit CD die Winkel α und β bilden, wobei $\operatorname{tg}\alpha = c_1$, $\operatorname{tg}(\alpha + \beta) = (c_1 + c_2)$ ist.

Der Punkt C^{II} des Diagrammes ergibt, da $A\,C^{II}$ Tangente an dem Kreis ist, die günstigste Phasenverschiebung und die ihr entsprechende, etwa als normal anzusehende Belastung des Motors; C^{III} entspricht der maximal aufgenommenen Leistung und C^{IV} schließlich bezeichnet jenen Punkt, wo die aufgewendete Leistung gerade gleich den Verlusten ist, wo also der Motor anläuft. Es ist also für diesen Punkt der Primärstrom $A\,C^{IV}$, der Sekundärstrom $C\,C^{IV}$ und die Leistung

$$q = A_1 = (d\,a) + d\,a_1 + d\,a_2,$$

wobei $(d\,a)$ die Verluste durch Hysteresis (H), Wirbelströme (F) und Reibung (R) bedeutet. Punkt C^{IV} ergibt sich auch aus der Beziehung, daß bei Anlauf die Leistung = 0 ist, also

$$A_3 = q - (c_1 + c_2)\,p = 0$$

oder

$$\frac{q}{p} = (c_1 + c_2).$$

Die Zugkraft bei Anlauf ist $Z = A_1 - d\,a_1 = d\,a_2$.

Wir wenden uns nun zum

d) Diagramm des ruhenden Transformators.

Betrachten wir zunächst den streuungslosen Transformator, der mit vernachlässigbaren Widerstands- und Hysteresisverlusten arbeitet und durch einen induktionsfreien Widerstand belastet wird. Unter der Wirkung der primären EMK E_1 wird dann in den Primärwickelungen ein Leerstrom zirkulieren, der vollkommen wattlos ist, d. h. um 90^0 hinter der EMK hereilt und ein in seiner Richtung liegendes Feld N_r erzeugt (Fig. 103). Dieses Feld ist das einzige tatsächlich vorhandene und da alle seine Linien sich mit dem Sekundärkreis verketten, wird die sekundäre EMK E_2 um 90° hinter N_r oder um 180° hinter E_1 liegen. In Richtung von E_2 liegen bei induktionsfreier Belastung aber auch der Sekundärstrom J_2 oder die ihm entsprechenden resultierenden Amperewindungen AW_2. Bei wachsender Belastung und konstantem

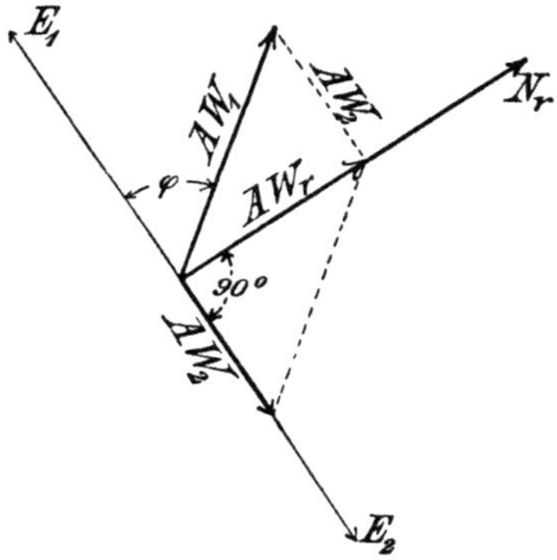

Fig. 103.

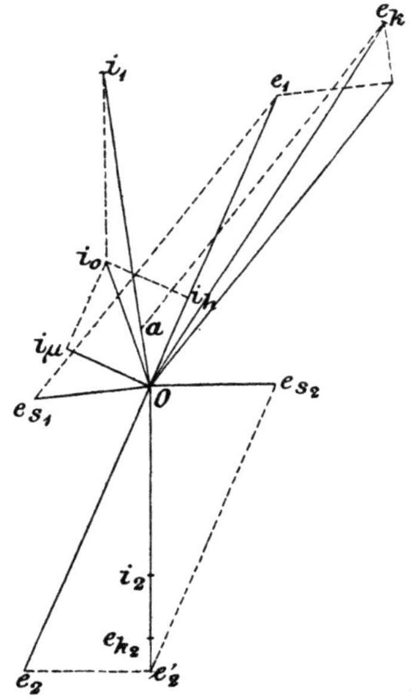

Fig. 104.

Wert von E_1 bleiben also das resultierende Feld N_r und die ihm entsprechenden resultierenden Amperewindungen AW_r des Leerstroms konstant und die primär aufzuwendenden Amperewindungen ergeben sich durch Zusammensetzung von AW_r und $(-AW_2)$ aus dem in Fig. 103 erkennbaren rechtwinkligen Dreieck. Die eine Seite dieses Dreiecks AW_r bleibt wieder konstant, die Spitze desselben bewegt sich aber mit wachsender Belastung auf einer Parallelen zu $E_1 E_2$, derart, daß der Verschiebungswinkel φ, um den J_1 hinter E_1 hereilt, dauernd kleiner wird. Der Durchmesser des Kreises der Fig. 102 ist mit anderen Werten hier unendlich groß geworden und bei den praktisch in Betracht kommenden

Werten des Erregerstromes eisengeschlossener Transformatoren ist φ bei Leerlauf etwa = 45°, bei ein Zehntel der vollen Belastung nur noch etwa 12° (cos φ = 0,98), so daß von da an J_1 praktisch in Richtung von E_1 fällt, wenn J_2 in Richtung E_2 liegt.

Ein Transformator wie der eben besprochene stellt natürlich nur einen Idealfall dar. Bei der praktischen Ausführung sind Verluste in den Widerständen durch Hysteresis, Wirbelströme und Streuung unvermeidlich. Für diesen Fall stellt Fig. 104 das komplette Diagramm mit starker Übertreibung der Verluste dar[16]). i_μ ist der wattlose Erregerstrom, dem die sekundäre EMK e_2 um 90° nacheilt, die primäre EMK e_1 um 90° voreilt. In Richtung von e_1 liegt auch die Wattkomponente i_h des gesamten Leerstromes i_o, die dem Hysteresis- und Wirbelstromverlust entspricht. i_2 ist der Sekundärstrom, der ein nur die Sekundärspule durchsetzendes Streufeld und eine diesem Feld entsprechende EMK $\overline{e_2 e'}$ erzeugt, die um 90° hinter i_2 liegt und zu deren Abbalanzierung die induzierte EMK eine um 90° voreilende Komponente e_{s_2} besitzen muß. Beide zusammen ergeben dann die Resultante e_2' in Richtung von i_2 (für die hier angenommene induktionsfreie Belastung), die infolge des Ohmschen Verlustes in der Sekundärspule als sekundäre Klemmenspannung noch den Betrag e_{k_2} liefert. Der Primärstrom muß dem Leerstrom i_o und der Komponente $\overline{i_o i_1} = -(\overline{O i_2})$ das Gleichgewicht halten. In Richtung von i_1 liegt dann auch der Ohmsche Verlust $\overline{O a}$ in der primären Wickelung, der eine Komponente der primären Klemmenspannung bildet. Die zweite Komponente ergibt sich gleich und entgegengesetzt der den primären Streulinien entsprechenden Streuspannung e_{s_1}, die um 90° hinter i_1 liegt; die dritte und letzte Komponente ist die primäre Gegen-EMK e_1. Alle drei zusammen ergeben die primäre Klemmenspannung e_{k_1}.

e) Diagramm der Generatoren und Synchronmotoren.

Das Diagramm Fig. 103, das einem Sonderfall des allgemeinen Wechselstromtransformators entspricht, kann auch so aufgefaßt werden, daß es die Verhältnisse bei Generatoren darstellt. Es ist dazu nur nötig, nach Rotherts[17]) Entwicklungen die Armaturrückwirkung als Ergebnis des durch die Armaturampèrewindungen erzeugten Feldes aufzufassen. An die Stelle der primären Amperewindungen AW_1 treten dann nur die AW des Erregerfeldes, an die Stelle der sekundären AW treten jene der Armatur. Beide zusammen ergeben dann das tatsächlich vorhandene Feld N_r, dem die EMK E_2 des Ankers entspricht.

Fig. 105 stellt das komplette Diagramm[18]) für einen Generator dar. OKa sind die den Anker durchsetzenden Kraftlinien, zu denen die EMK $\overline{OE}$ senkrecht steht. Der um den Winkel φ gegen OE verzögerte Strom ergibt die Ankeramperewindungen

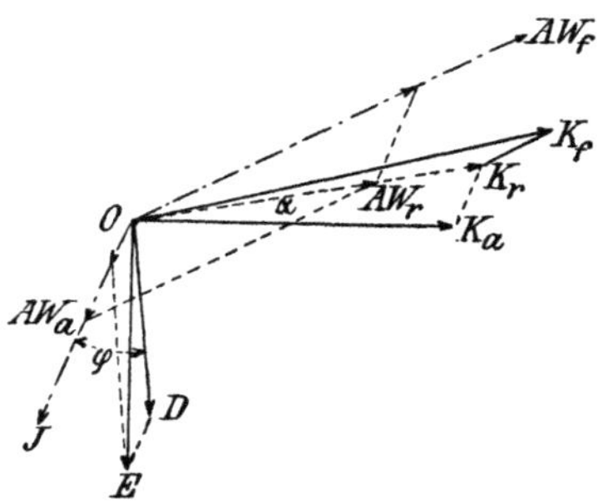

Fig. 105.

AW_a und das mit ihnen gleichgerichtete Streufeld des Ankers $\overline{K_a K_r}$, welches mit den Ankerkraftlinien zusammen das den Luftspalt zwischen Anker und Magneten durchsetzende Luftfeld $\overline{OK_r}$ ergibt. In Richtung dieser Felder müssen auch die resultierenden Amperewindungen AW_r gelegen sein, und daraus folgen die an den Feldmagneten aufzuwendenden, also primären Amperewindungen AW_f Parallel zu diesen liegt das Streufeld $\overline{K_r K_f}$ der Magnete, so daß $\overline{OK_f}$ jene Anzahl von Kraftlinien darstellt, die das Magnetfeld durchsetzen muß, damit auf den Anker OK_a Linien entfallen. Die Klemmenspannung $\overline{OD}$ ergibt sich aus der EMK $\overline{OE}$ nach Abzug des Ohmschen Verlustes $\overline{ED}$. Aus diesem Diagramm erkennt man ohne weiteres den Zusammenhang und die Analogie mit dem Diagramm des allgemeinen Transformators.

Da ein Synchronmotor nur die Umkehrung der oben behandelten Ein- und Mehrphasendynamo darstellt, muß auch sein Diagramm jenem des allgemeinen Wechselstromtransformators entsprechen. In dem aus den konstanten resultierenden Amperewindungen AC_g, den Anker- und den Erregeramperewindungen des Motors gebildeten Dreieck $A C_g C_m$ kann einer Verändernug der Erregung des synchronen, mit konstanter Spannung betriebenen Motors nur eine Änderung der Ankeramperewindungen entsprechen. Wenn das Feld allmählich verändert wird, müssen die Ankeramperewindungen um soviel zu- oder abnehmen, daß sie gerade wieder mit dem Felde zusammen den resultierenden Amperewindungen das Gleichgewicht zu halten vermögen. Es wird also die Spitze C_m des Dreiecks (Fig. 106 u. 107) der AW sich auf einer Parallelen zu den konstanten AW des resultierenden Feldes bewegen, und der Armaturstrom wird

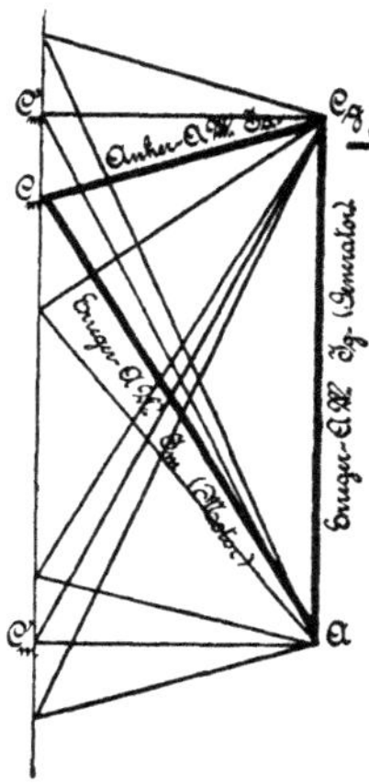

Fig. 106.

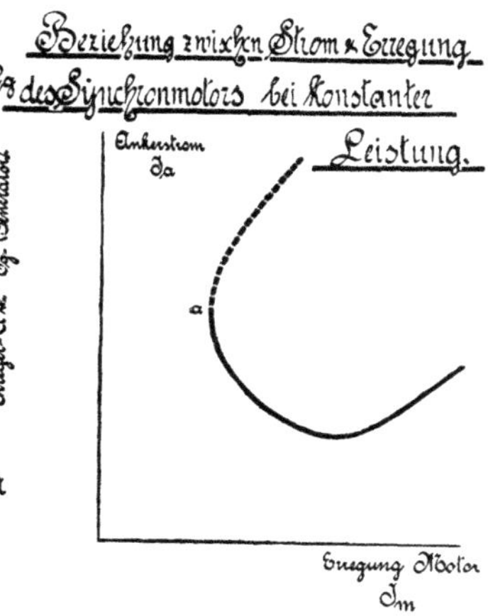

Fig. 107.

einen Minimalwert in der Stellung $C_g C_m'$ erreichen, bei welcher er senkrecht zu $A C_g$, also in Richtung der EMK gelegen ist. Erregt man noch stärker, so eilt der Strom der Spannung vor und der Synchronmotor wirkt wie ein Kondensator. Trägt man diese Beziehungen in ein rechtwinkliges Koordinatensystem ein, so erhält man die zuerst von Mordey experimentell beobachtete V-förmige Kurve, die jedoch nur bis zum Punkt a stabilen Betriebsbedingungen entspricht.

Wir haben somit erkannt, daß man Generatoren, synchrone und asynchrone Motoren und Transformatoren sämtlich nur als Sonderfälle des allgemeinen Wechselstromtransformators betrachten darf. Und da wir gesehen haben, daß ein derartiger Transformator in Bezug auf seine Stromentnahme aus einem Netze stets mit hinreichender Genauigkeit durch einen äquivalenten Richtungswiderstand ersetzt werden kann, dürfen wir den Schluß ziehen, daß alle als Stromabnehmer in Betracht kommenden Vorrichtungen und Apparate vollkommen einheitlich behandelt werden dürfen. Alle Ableitungen, die früher oder später für Richtungswiderstände gegeben worden sind oder noch werden, dürfen also sinngemäße Anwendung auch für den Fall finden, daß synchrone oder asynchrone Motoren oder Transformatoren als Stromabnehmer auftreten. Und wenn wir später statt des Richtungswiderstandes den von ihm aus dem Netze entnommenen, ihm umgekehrt proportionalen Strom in die Betrachtungen einführen, gelten alle Ableitungen einheitlich und eindeutig auch für alle Arten von Stromabnahmevorrichtungen, also für Lampen, Transformatoren, synchrone und asynchrone Motoren. Für Gleichstrom war dieser Schluß ohne weiteres einleuchtend. Für ein- oder mehrphasige Wechselströme aber mußte seine Zulässigkeit erst nachgewiesen werden.

Wir wenden uns nunmehr zur Behandlung der Netze.

---

[1]) C. P. Steinmetz, E.T.Z. 1893, S. 593, 631, 641, 653. Steinmetz verwendet ein rechtsdrehendes System; deshalb sind seine Vorzeichen umgekehrt, z. B. $\mathfrak{R} = r - j x$ für eine Spule mit Induktanz. Multiplikation mit j bedeutet bei ihm Drehung um $\pi/2$ im Sinne der Verzögerung.

[2]) W. Matzka: „Versuch einer richtigen Lehre von der Reellität der imaginären Größen“, 1850.

[3]) Silvanus P. Thompson: “Polyphase electric currents“, 1900.

[4]) Fr. Riecke: Die Rechnung mit Richtungszahlen, 1856.

[5]) (S. 99.) Aus Dr. E. Hammers klassischem Lehrbuch der Trigonometrie, 1897.

[5]) (S. 112.) Wigand, 1845.

[6]) Dieser Satz findet sich ohne Beweis in Emmet, „Alternating currents“, 1894, S. 21 bereits vor.

[7]) Die Parallelschaltung von induktiven Leitern wurde schon 1886 von Lord Rayleigh im Philosophical Magazine in analytischer Weise, ferner im gleichen Journale 1892 von Bedell und Crehore auch in graphischer Weise gelehrt.

[8]) Zuerst von Houston-Kennelly, El. World 30, S. 532 in algebraischer Weise vorgeführt.

[9]) Näheres im Handbuch der elektrischen Beleuchtung von J. Herzog und C. Feldmann. 2. Aufl., S. 447.

[10]) Vergl. hierzu auch Feldmann, E.T.Z. 1897, p. 96, Fig. 4. Houston und Kennelly, El. World 30, p. 532.

[11]) Herzog u. Feldmann, E.T.Z. 1900, p. 307.

[12]) Kennelly, El. World 33, 1899, p. 343; auch Heinke, E.T.Z. 1899, p. 205.

[13]) Alexander Heyland, E.T.Z. 1894, S. 561.

[14]) F. Emde, E.T.Z. 1900, p. 781. Vergl. auch die Diskussion zwischen ihm, Heubach, Kuhlmann, Osanna, u. A. in der E.T.Z. 1900 und 1901.

[15]) A. Heyland, E.T.Z. 1896, p. 138, 618.

[16]) G. Kapp, Transform. für Wechselstrom und Drehstrom. Berlin, J. Springer.

[17]) A. Rothert, E.T.Z. 1896, p. 575.

[18]) Nach Niethammer, E.T.Z. 1900, p. 528.

Drittes Kapitel.

Theorie der Leitungsnetze.

1. Überbrückte Parallelleiter.

Wir haben bisher nur die einfachsten Leitergebilde betrachtet und können nun zur nächsten Stufe gelangen, indem wir einzelne Leiterstücke $\mathfrak{R}_1$, $\mathfrak{R}_2$, ... bis $\mathfrak{R}_n$ in der in Fig. 108 dargestellten Weise aneinanderfügen. Sie können dann entweder als Glieder einer Kette oder als Überbrückungen zweier parallel zu einander verlaufenden Leiter angesehen und somit als Leiterketten oder als überbrückte Parallelleiter angesehen werden.

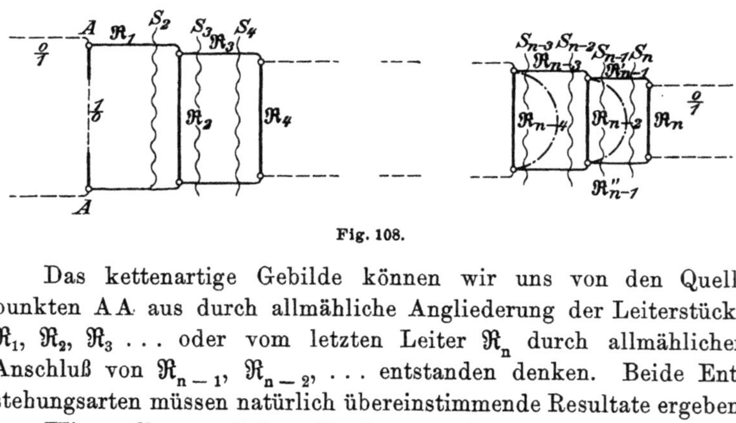

Fig. 108.

Das kettenartige Gebilde können wir uns von den Quellpunkten AA aus durch allmähliche Angliederung der Leiterstücke $\mathfrak{R}_1$, $\mathfrak{R}_2$, $\mathfrak{R}_3$ ... oder vom letzten Leiter $\mathfrak{R}_n$ durch allmählichen Anschluß von $\mathfrak{R}_{n-1}$, $\mathfrak{R}_{n-2}$, ... entstanden denken. Beide Entstehungsarten müssen natürlich übereinstimmende Resultate ergeben.

Wir wollen zunächst die letztere Bildungsweise ins Auge fassen und erkennen dann, indem wir an dem fertigen Leitergebilde zur Veranschaulichung der Entstehungsweise die fiktiven Schnittlinien S_n, S_{n-1}, S_{n-2} ... angebracht denken, daß zuerst $\mathfrak{R}_n$ allein vorhanden war und an der Schnittlinie S_{n-1} der Gesamtwiderstand besteht aus den in Serie geschalteten Widerständen

$$\mathfrak{R}_n + (\mathfrak{R}'_{n-1} + \mathfrak{R}''_{n-1}) = \mathfrak{R}_n + \mathfrak{R}_{n-1} \cdots$$

Die Widerstände sind hier als Richtungswiderstände gedacht und deshalb mit deutschen Buchstaben bezeichnet worden.

An der Schnittstelle S_{n-2} direkt hinter $\mathfrak{R}_{n-2}$ besteht der Gesamtwiderstand aus der Parallelschaltung von $\mathfrak{R}_{n-2}$ und dem bei S_{n-1} vorhandenen Gesamtwiderstand; es kann also die Parallelschaltung ersetzt gedacht werden durch den bogenförmig gezeichneten Ersatzwiderstand. Wird dieser wieder mit $\mathfrak{R}_{n-3}$ in

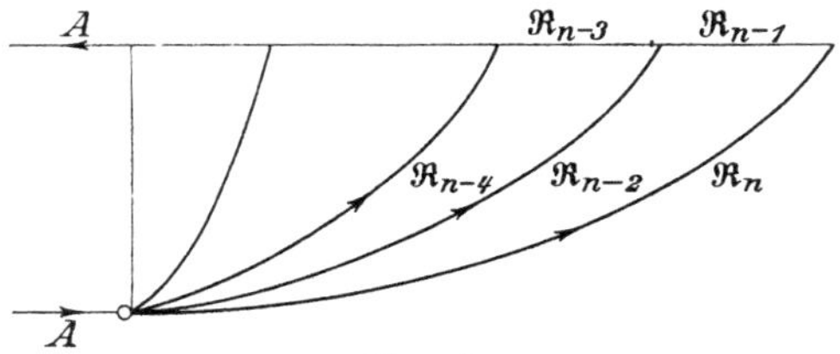

Fig. 109.

Serie geschaltet, so ergibt sich der Widerstand an der Stelle S_{n-3}, und wird darauf wieder $\mathfrak{R}_{n-4}$ parallel geschaltet, so erhält man den bogenförmig angedeuteten Ersatz oder Äquivalentwiderstand jenseits $\mathfrak{R}_{n-4}$. Schreitet man schließlich in dieser Weise allmählich nach den Quellpunkten AA hin weiter, so erhält man zuletzt den Gesamtwiderstand der Leiterkette.

Teilt man nun die Spannungsdifferenz zwischen diesen Quellpunkten durch den so ermittelten Gesamtwiderstand, so erhält man den Gesamtstrom, den die Leiterkette aufnimmt. Und in ähnlicher Weise kann man für jeden einzelnen Querleiter $\mathfrak{R}_2$, $\mathfrak{R}_4$ … $\mathfrak{R}_{n-2}$, $\mathfrak{R}_n$ den Strom ermitteln, indem man seine Anschlußpunkte an die Längs- oder Seitenleiter $\mathfrak{R}_1$, $\mathfrak{R}_3$, … $\mathfrak{R}'_{n-1}$, $\mathfrak{R}''_{n-1}$ als seine Quellpunkte betrachtet und die dort vorhandene Spannungsdifferenz durch den Widerstand des Querleiters dividiert. Für die Abnahme der Spannung von Schnittstelle zu Schnittstelle und somit auch für die Ströme in den Querleitern kommt also wesentlich die Summe der Seitenwiderstandsteile $\mathfrak{R}'_{n-1}$, $\mathfrak{R}''_{n-1}$ … in Betracht. Man kann sich also die Leiterkette Fig. 108 in ein anderes Leitergebilde Fig. 109 verwandelt denken, bei dem einer der Parallel- oder Seitenleiter bis auf einen Punkt A zusammengeschrumpft ist, während beim anderen die Teilwiderstände zwischen den Abzweigungen zweier benachbarten Querleiter auf die Summe entsprechender Gegenstücke $(\mathfrak{R}'_{n-1} + \mathfrak{R}''_{n-1}) = \mathfrak{R}_{n-1}$ anwachsen. Es ergeben sich dann nach dieser physikalischen Auseinandersetzung der Entstehungsweise folgende Widerstandswerte:

$$\text{Bis zum Schnitt } S_n \ldots \quad \mathfrak{R}_n = \frac{\mathfrak{Z}_1}{\mathfrak{N}_1} \uparrow$$

$$\text{Bis zum Schnitt } S_{n-1} \ldots \quad \mathfrak{R}_{n-1} + \mathfrak{R}_n = \mathfrak{R}_{n-1} + \frac{1}{\left(\frac{1}{\mathfrak{R}_n}\right)} =$$

$$= \left[\mathfrak{R}_{n-1} + \frac{1}{\mathfrak{R}_n^{-1}}\right] = \frac{\mathfrak{Z}_2}{\mathfrak{N}_2} \uparrow$$

$$\text{Bis zum Schnitt } S_{n-2} \ldots \quad \mathfrak{R}_{n-2} \,\|\, (\mathfrak{R}_{n-1} + \mathfrak{R}_n =$$

$$= \frac{1}{\mathfrak{R}_{n-2}^{-1} + \left[\mathfrak{R}_{n-1} + \frac{1}{\mathfrak{R}_n^{-1}}\right]} = \frac{\mathfrak{Z}_3}{\mathfrak{N}_3} \uparrow .$$

$\mathfrak{Z}_1$, $\mathfrak{Z}_2$, $\mathfrak{Z}_3 \ldots$ bedeuten hier die Zähler, $\mathfrak{N}_1$, $\mathfrak{N}_2$, $\mathfrak{N}_3 \ldots$ die Nenner der Brüche. Durch den rechts liegenden, aufsteigenden Pfeil soll angedeutet werden, daß wir den Widerstand des Kettenleiters von der entferntesten Leiterbrücke aus, also in aufsteigender Linie, uns entstanden denken.

Verfolgt man dieses Verfahren bis zu den Klemmen AA, so ergibt sich als Gesamtwiderstand ein gemeiner Kettenbruch mit so vielen Gliedern, als das Leitergebilde überhaupt Widerstandsteile besitzt. Jeder zweite Teilnenner dieses Kettenbruchs entspricht dabei einer Überbrückung oder einem Querleiter und enthält statt seines Widerstandes seine Leitfähigkeit. Der Gesamtwiderstand der Leiterkette zwischen den Punkten AA ist also gleich dem Kettenbruch

$$\cfrac{1}{\mathfrak{R}_0^{-1} + \cfrac{1}{\mathfrak{R}_1 + \cfrac{1}{\mathfrak{R}_2^{-1} + \ldots \quad \ldots \cfrac{1}{\mathfrak{R}_{n-1} + \cfrac{1}{\mathfrak{R}_n^{-1}}}}}} =$$

$$= \frac{1}{\mathfrak{R}_0^{-1}} + \frac{1}{\mathfrak{R}_1} + \frac{1}{\mathfrak{R}_2^{-1}} + \ldots \quad \ldots + \frac{1}{\mathfrak{R}_{n-1}} + \frac{1}{\mathfrak{R}_n^{-1}}$$

wofür in abgekürzter Form auch geschrieben werden kann

$$(1/\mathfrak{R}_0^{-1};\ \mathfrak{R}_1;\ \mathfrak{R}_2^{-1} \ldots \mathfrak{R}_{n-1};\ \mathfrak{R}_n^{-1}).$$

Die Brüche $\frac{\mathfrak{Z}_1}{\mathfrak{R}_1}, \frac{\mathfrak{Z}_2}{\mathfrak{R}_2} \ldots$ sind Näherungsbrüche, von denen jeder aus seinem Vorgänger auf einfache Weise hervorgeht. Es ist z. B. der kte Näherungsbruch

$$\frac{\mathfrak{Z}_k}{\mathfrak{R}_k} = \frac{1}{\mathfrak{U}_{n-k+1} + \frac{\mathfrak{Z}_{k-1}}{\mathfrak{R}_{k-1}}} \uparrow = \frac{\mathfrak{R}_{k-1}}{\mathfrak{U}_{n-k+1} \cdot \mathfrak{R}_{k-1} + \mathfrak{Z}_{k-1}}. \qquad 1)$$

$\mathfrak{U}_{n-k+1}$ bedeutet hierin die Werte der aufeinanderfolgenden Teilnenner. Um dieses einfache Rechenschema auch für den ersten Näherungsbruch $\frac{\mathfrak{Z}_1}{\mathfrak{R}_1}$ gelten zu lassen, kann man einen fingierten Bruch $\frac{\mathfrak{Z}_0}{\mathfrak{R}_0} = \frac{0}{1} = 0$ voranstellen, der einem ungeschlossenen Endwiderstand der Seitenleiter vom Werte 0 entspricht (Fig. 108, rechte Seite).

Die Bildung des obigen Kettenbruches wird auch verständlich, wenn man sich den entsprechenden Kettenleiter von den Quellpunkten aus nach rechts fortschreitend durch allmähliche Angliederung entstanden denkt. Denkt man sich nämlich bei den Linien S_2, S_4 ... (Fig. 108) das denselben nachfolgende Reststück des Leitergebildes durch den Widerstand Null kurzgeschlossen und andererseits bei den Stellen S_3, S_5 ... diese Reststücke einfach abgetrennt, so ergeben sich die sukzessiven absteigenden Näherungswerte der Leiterkette wie folgt:

Widerstand bis zur Kurzschlußstelle S_2: $\mathfrak{R}_1 + \text{Null} = \mathfrak{R}_1$

- - - Schnitt- - S_3: $\left[\mathfrak{R}_1 + \frac{1}{\mathfrak{R}_2^{-1}}\right]$

- - - Kurzschluß- - S_4: $\left\{\left[\mathfrak{R}_1 + \frac{1}{\mathfrak{R}_2^{-1}}\right] + \frac{1}{\mathfrak{R}_3}\right\}$

Ermittelt man die absteigenden Näherungsbrüche

$$\downarrow\frac{\mathfrak{Z}_1}{\mathfrak{R}_1},\ \downarrow\frac{\mathfrak{Z}_2}{\mathfrak{R}_2} \ldots,$$

so zeigt sich gleichfalls eine Beziehung, wie jeder dieser Brüche sich aus seinen beiden Vorläufern ableitet. Es findet sich nämlich:

$$\downarrow \frac{\mathfrak{Z}_k}{\mathfrak{N}_k} = \frac{\mathfrak{U}_k \cdot \mathfrak{Z}_{k-1} + \mathfrak{Z}_{k-2}}{\mathfrak{U}_k \cdot \mathfrak{N}_{k-1} + \mathfrak{N}_{k-2}} \quad . \; . \; . \; . \; . \quad 2)$$

wobei $\mathfrak{U}_k$ entweder $\mathfrak{R}_k$ oder $\mathfrak{R}_k^{-1}$ bedeutet, je nachdem ein Seiten- oder Querwiderstand in Betracht kommt. Um für den ersten absteigenden Näherungswert keine Ausnahme von dieser Regel aufkommen zu lassen, fügt man gleichfalls einen Anfangswiderstand $\frac{0}{1} = 0$ und einen Querwiderstand $\frac{1}{0}$, welcher einem unendlich großen, also offenen Querleiter entspricht, voran. (Fig. 108, linke Seite.)

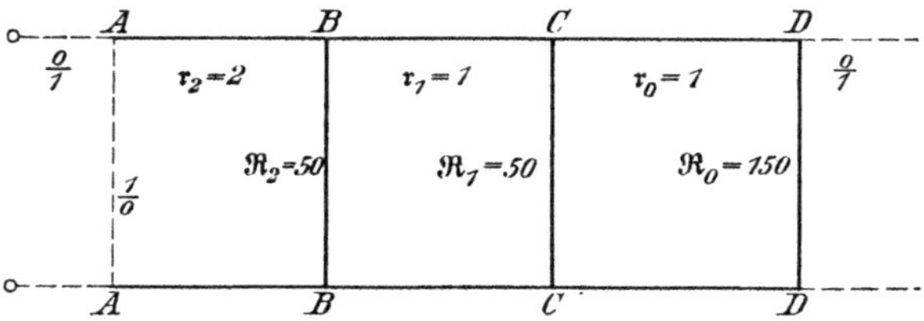

Fig. 110.

Der auf- oder absteigende Pfeil soll also die Entwickelung nach zur Quelle aufsteigenden oder von ihr absteigenden Ketten- oder Teilbrüchen andeuten.

a) Nach diesen allgemeinen Erklärungen soll ein Zahlenbeispiel folgen, bei welchem nach Fig. 110 die Spannung 100 Volt zwischen AA auf die Ohmschen Widerstände

$$\mathfrak{R}_0 = 150, \; \mathfrak{R}_1 = 50, \; \mathfrak{R}_2 = 50, \; \mathfrak{r}_0 = 1, \; \mathfrak{r}_1 = 1, \; \mathfrak{r}_2 = 2 \text{ Ohm}$$

wirkt. Der Gesamtwiderstand ist gleich dem Kettenbruch

$$2 + \cfrac{1}{50^{-1} + \cfrac{1}{1 + \cfrac{1}{50^{-1} + \cfrac{1}{1 + \cfrac{1}{150^{-1}}}}}},$$

dessen Wertermittlung nach Gleichung 1 folgendes Rechnungsschema gibt:

	150^{-1}	1	50^{-1}	1	50^{-1}
0	1	1	151	201	7751
1	$150^{-1} + 0$	$1 \cdot 1 + 150$	$50^{-1} \cdot 151 + 1$	$1 \cdot 201 + 7550$	$50^{-1} \cdot 7751 + 201$
	$\frac{150}{1}$	$\frac{1}{151}$	$\frac{7550}{201}$	$\frac{201}{7751}$	$\frac{387\,550}{17\,801}$

= **21,7712**; hierzu 2 Ohm Anfangswiderstand, ergibt als Gesamtwiderstand **23,7712**.

Nach Gleichung 2 stellt sich die Berechnung der absteigenden Näherungsbrüche wie folgt:

		2	$\frac{1}{50} = 0{,}02$	1	$\frac{1}{50} = 0{,}02$	1	$\frac{1}{150}$
0	1	2	$2 \cdot 0{,}02 + 1$	$1{,}04 \cdot 1 + 2$	$3{,}04 \cdot 0{,}02 + 1{,}04$	$1{,}1008 \cdot 1 + 3{,}04$	$4{,}1408 \cdot \frac{1}{150} + 1{,}1008$
1	0	1	$1 \cdot 0{,}02 + 0$	$0{,}02 \cdot 1 + 1$	$1{,}02 \cdot 0{,}02 + 0{,}02$	$0{,}0404 \cdot 1 + 1{,}02$	$1{,}0604 \cdot \frac{1}{150} + 0{,}0404$
			$\frac{1{,}04}{0{,}02}$	$\frac{3{,}04}{1{,}02}$	$\frac{1{,}1008}{0{,}0404}$	$\frac{4{,}1408}{1{,}0604}$	$\frac{4{,}1408 + 1{,}1008 \cdot 150}{1{,}0604 + 0{,}0404 \cdot 150}$
							$\frac{169{,}2068}{7{,}1204} =$ **23,7712** Ohm.

Der Gesamtstrom $\mathfrak{J} = \frac{\mathfrak{E}}{\mathfrak{R}} = \frac{100}{23{,}7712} = 4{,}2067$ Ampère. Der Spannungsverlust bis BB sei $\mathfrak{v}_2 = \mathfrak{J} \cdot \mathfrak{r}_2 = 4{,}2067 \cdot 2 = 8{,}4134$ Volt. Zwischen BC herrscht also $\mathfrak{E}_2 = \mathfrak{E} - \mathfrak{v}_2 = 100 - 8{,}4134 = 91{,}5866$ Volt. Durch $\mathfrak{R}_2$ fließt $\mathfrak{J}_2 = \frac{\mathfrak{E}_2}{\mathfrak{R}_2} = \frac{91{,}5866}{50} = 1{,}8317$ Amp.

Der Spannungsverlust von BB bis CC ist $\mathfrak{v}_1 = (\mathfrak{J} - \mathfrak{J}_2)\, \mathfrak{r}_1 = (4{,}2067 - 1{,}8317) \cdot 1 = 2{,}375$ Volt.

Zwischen CC herrscht die Spannung $\mathfrak{E}_1 = \mathfrak{E} - (\mathfrak{v}_2 + \mathfrak{v}_1) = \mathfrak{E}_2 - \mathfrak{v}_1 = 91{,}5866 - 2{,}375 = 89{,}2116$ Volt.

Der durch $\mathfrak{R}_1$ fließende Strom $\mathfrak{J}_1 = \frac{\mathfrak{E}_1}{\mathfrak{R}_1} = \frac{89{,}2116}{50} = 1{,}7842$.

Der Spannungsabfall von CC bis DD ist $\mathfrak{v}_0 = [\mathfrak{J} - (\mathfrak{J}_2 + \mathfrak{J}_1)]\, \mathfrak{r}_0 = [4{,}2067 - (1{,}8317 + 1{,}7842)] \cdot 1 = 0{,}5908$.

Zwischen DD herrscht die Spannung $\mathfrak{E}_0 = \mathfrak{E}_1 - \mathfrak{v}_0 = 89{,}2116 - 0{,}5908 = 88{,}6208$ und der durch den Widerstand $\mathfrak{R}_0$ fließende Strom $\mathfrak{J}_0 = \frac{\mathfrak{E}_0}{\mathfrak{R}_0} = [\mathfrak{J} - (\mathfrak{J}_2 + \mathfrak{J}_1)] = 0{,}5908$.

Statt dieser umständlichen, aber genauen Methode kann man sich auch der folgenden Annäherung bedienen. Man vernachlässigt zuerst den Widerstand der Seitenleiter, nimmt also an, daß AA, BB, CC, DD gleiche Spannungsdifferenzen gegen einander aufweisen. Dieser vorläufigen Annahme mögen die Ströme $\mathfrak{J}_2'$, $\mathfrak{J}_1'$, $\mathfrak{J}_0'$ entsprechen. Sie werden dann je nach der Größe des in den Seitenleitern tatsächlich auftretenden Spannungsverlustes den bereits ermittelten genauen Werten $\mathfrak{J}_2$, $\mathfrak{J}_1$, $\mathfrak{J}_0$ mehr oder weniger nahe kommen. Es ist

$$\mathfrak{J}_2' = \frac{\mathfrak{E}}{\mathfrak{R}_2} = \frac{100}{50} = 2 \text{ Amp.}$$

$$\mathfrak{J}_1' = \frac{\mathfrak{E}}{\mathfrak{R}_1} = \frac{100}{50} = 2 \text{ Amp.}$$

$$\mathfrak{J}_0' = \frac{\mathfrak{E}}{\mathfrak{R}_0} = \frac{100}{150} = 0{,}667 \text{ Amp.}$$

Daher ist $\mathfrak{J}' = \mathfrak{J}_2' + \mathfrak{J}_1' + \mathfrak{J}_0' = 4{,}6666$ Amp.

Nun verwenden wir diese Näherungswerte von $\mathfrak{J}_2'$, $\mathfrak{J}_1'$, $\mathfrak{J}_0'$ und $\mathfrak{J}_1'$ zur genaueren Auswertung der Spannungsverluste $\mathfrak{V}_2'$, $\mathfrak{V}_1'$, $\mathfrak{V}_0'$ und der ihnen entsprechenden Spannungsdifferenzen $\mathfrak{E}_2' \ldots \mathfrak{E}_0'$ und erhalten

$$\mathfrak{V}_2' = \mathfrak{J}' \cdot \mathfrak{r}_2 = 4{,}6666 \times 2 = 9{,}3333 \text{ Volt,}$$

$$\mathfrak{V}_1' = (\mathfrak{J}_1' + \mathfrak{J}_0') \cdot \mathfrak{r}_1 = (2 + 0{,}6666) \times 1 = 2{,}6666 \text{ Volt,}$$

$$\mathfrak{V}_0' = \mathfrak{J}_0' \cdot \mathfrak{r}_0 = 0{,}6666 \times 1 = 0{,}6666 \text{ Volt,}$$

$$\mathfrak{E}_2' = \mathfrak{E} - \mathfrak{v}_2' = 100 - 9{,}3333 = 90{,}6666 \text{ Volt,}$$

$$\mathfrak{E}_1' = \mathfrak{E}_2' - \mathfrak{v}_1' = 90{,}6666 - 2{,}6666 = 88 \text{ Volt,}$$

$$\mathfrak{E}_0' = \mathfrak{E}_1' - \mathfrak{v}_0' = 88 - 0{,}6666 = 87{,}3333 \text{ Volt.}$$

Und zum Schluß verbessern wir die früher erhaltenen Stromwerte unter Verwendung dieser verbesserten Spannungswerte und erkennen dann, daß diese Stromwerte mit den absolut richtigen (die in Klammern neben sie gesetzt worden sind) bis zur ersten Dezimalstelle einschließlich übereinstimmen.

$$\mathfrak{J}_2'' = \frac{\mathfrak{E}_2'}{\mathfrak{R}_2} = \frac{90{,}6666}{50} = 1{,}8133 \text{ Amp.} \quad (\mathfrak{J}_2 = 1{,}8317 \text{ Amp.})$$

$$\mathfrak{J}_1'' = \frac{\mathfrak{E}_1'}{\mathfrak{R}_1} = \frac{88{,}00}{50} = 1{,}76 \quad - \quad (\mathfrak{J}_1 = 1{,}7842 \quad - \quad)$$

$$\mathfrak{J}_0'' = \frac{\mathfrak{E}_0'}{\mathfrak{R}_0} = \frac{87{,}3333}{150} = 0{,}5828 \quad - \quad (\mathfrak{J}_0 = 0{,}5908 \quad - \quad)$$

$$\mathfrak{J}'' = \mathfrak{J}_2'' + \mathfrak{J}_1'' + \mathfrak{J}_0'' = 4{,}1561 \quad - \quad (\mathfrak{J} = 4{,}2067 \quad - \quad)$$

Die hier durchgeführten Rechnungen, und zwar sowohl die genaue als die Näherungsmethode, sind für Richtungswiderstände ebenso gültig wie für Ohmsche, wenn auch die mechanische Durchführung der Rechnungen umständlich wird.

Bevor wir nunmehr auf Grund der erworbenen Kenntnisse zur physikalischen Betrachtung der Leitungsnetze schreiten können, müssen wir die mathematischen Behelfe, das unentbehrliche Werkzeug, die Determinanten und die linearen Gleichungen kennen lernen.

2. Determinanten.

Ein System von n^2 Größen

$$\begin{matrix} a_{11} & a_{12} & \cdot & \cdot & \cdot & a_{1n} \\ a_{21} & a_{22} & \cdot & \cdot & \cdot & a_{2n} \\ a_{31} & a_{32} & \cdot & \cdot & \cdot & a_{3n} \\ \cdot & \cdot & & & & \cdot \\ \cdot & \cdot & & & & \cdot \\ \cdot & \cdot & & & & \cdot \\ a_{n1} & a_{n2} & \cdot & \cdot & \cdot & a_{nn} \end{matrix}$$

in der angedeuteten quadratischen Anordnung soll Matrix heißen. Die Bestandteile derselben werden Elemente genannt. Man unterscheidet n horizontale Reihen oder Zeilen und n vertikale Reihen, Kolonnen oder Spalten. Die Stellung eines Elementes in der Matrix wird durch zwei beigefügte Indices oder Weiser gekennzeichnet, wovon der erste sich auf die Zeile, der zweite auf die Kolonne bezieht.

Die zwischen zwei Vertikalstriche gesetzte Matrix von n^2 Elementen bedeute einen nach festen Regeln zu bildenden algebraischen Ausdruck, die Determinante n-ten Grades oder n-ter Ordnung. So ist

$$D = \begin{vmatrix} 4 & 12 & -1 \\ 9 & 3 & 0 \\ 12 & 5 & 7 \end{vmatrix}$$

eine Determinante 3. Grades.

Für solche Determinanten gelten nun folgende Sätze:

1. Streicht man in einer Determinante n-ten Grades die Zeile und Kolonne eines beliebig gewählten Elementes A_{ik}, so läßt sich aus den unverändert bleibenden übrigen Elementen eine neue Determinante (n—1)-ten Grades bilden. Derselben wird das positive oder das negative Vorzeichen beigefügt, je nachdem die Summe $(i + k)$ von Zeilen- und Kolonnenweiser des Elementes A_{ik} eine gerade oder ungerade Zahl ergibt; diese Determinante heißt die Unter- oder Subdeterminante dieses Elementes und sie soll mit D_{ik} bezeichnet werden. In der obigen Determinante ist zum Beispiel die dem Elemente 3 zugeordnete Unterdeterminante

$$(+1) \begin{vmatrix} 4 & -1 \\ 12 & 7 \end{vmatrix}.$$

Dieser Unterdeterminante wird das positive Zeichen vorgesetzt, da 3 in der zweiten Zeile und zweiten Kolonne steht und $2+2=4$ eine gerade Zahl ist.

Nun wollen wir auf die Bedeutung der Determinante eingehen. Man versteht darunter eine Summe aus Produkten, welche aus den n^2 Elementen der Determinante gebildet werden,

$$D = \Sigma (a_{1j}\, a_{2k} \ldots\ldots a_{nz}),$$

worin j, k .... z irgend eine Permutation von 1, 2 .... n vorstellt, die das positive oder negative Vorzeichen trägt, je nachdem die Zahl ihrer Inversionen gerade oder ungerade ist. So hat z. B. die Permutation 1432 die Zahl 1 gegen die nachfolgenden in natürlicher Folge, dagegen 4 gegen 3 und 2, wie auch 3 gegen 2 versetzt. Also sind 3 Inversionen vorhanden und es kommt demnach das negative Vorzeichen vor dieses Glied der Summe. Da sich aus n Elementen $1.2\ldots n = n!$ Permutationen bilden lassen, so besteht die Determinante n-ten Grades bei n^2 Elementen aus $\frac{n!}{2}$ positiven und ebenso vielen negativen Gliedern. Z. B.

$$D = \begin{vmatrix} a_{11} & a_{12} & a_{13} \\ a_{21} & a_{22} & a_{23} \\ a_{31} & a_{32} & a_{33} \end{vmatrix} = \begin{aligned} &+ a_{11}\, a_{22}\, a_{33} + a_{12}\, a_{23}\, a_{31} + a_{13}\, a_{21}\, a_{32} \\ &- a_{11}\, a_{23}\, a_{32} - a_{12}\, a_{21}\, a_{33} - a_{13}\, a_{22}\, a_{31}. \end{aligned}$$

Man sieht, daß die ersten Weiser 1, 2, 3 bei allen 6 Gliedern in der natürlichen Reihenfolge angeordnet sind, während die zweiten die Permutationen der ersten Weiser bilden. Zu demselben Resultate gelangt man, wenn die zweiten Weiser unverändert bleiben und die ersten dagegen permutiert werden.

2. Es erklärt sich hieraus, daß der Wert einer Determinante unverändert bleibt, wenn unter Beibehaltung der Reihenfolge die Zeilen zu Kolonnen werden, oder umgekehrt. Demnach ist z. B.

$$\begin{vmatrix} 4 & 10 & -1 \\ 9 & 3 & 0 \\ 12 & 5 & 7 \end{vmatrix} = \begin{vmatrix} 4 & 9 & 12 \\ 10 & 3 & 5 \\ -1 & 0 & 7 \end{vmatrix}$$

Vergleicht man die transponierte Matrix dieser beiden Determinanten, so sieht man, daß die Elemente der beiden Diagonalen dieselben geblieben sind und daß die Hauptdiagonale von links oben nach rechts unten insbesonders völlig unverändert blieb. Diese Eigenschaft hat Jacobi zur Bezeichnung der Determinanten benützt und zwar schreibt er

$$D = \Sigma \pm (a_{11}\, a_{22} \ldots\ldots a_{nn}).$$

3. Den Wert einer Determinante erhält man als Summe von Produkten, die sich aus den Elementen einer Reihe mit den zugeordneten Unterdeterminanten ergeben. Also

$$D = a_{i1} D_{i1} + a_{i2} D_{i2} + \dots + a_{in} D_{in}.$$

Für obiges Beispiel:

$$D = \begin{vmatrix} 4 & 10 & -1 \\ 9 & 3 & 0 \\ 12 & 5 & 7 \end{vmatrix} =$$

$$= 4 \cdot (+1) \begin{vmatrix} 3 & 0 \\ 5 & 7 \end{vmatrix} + 9 \cdot (-1) \begin{vmatrix} 10 & -1 \\ 5 & 7 \end{vmatrix} + 12 \cdot (+1) \begin{vmatrix} 10 & -1 \\ 3 & 0 \end{vmatrix}$$

Die Glieder der ersten Kolonne wurden mit den bezüglichen Unterdeterminanten multipliziert, wobei das Zeichen der letzteren nach 1. berücksichtigt wurde.

4. Vertauscht man in einer Matrix zwei beliebige Zeilen untereinander oder ebenso zwei Kolonnen, so ändert der Wert ihrer Determinante nur das Vorzeichen. Z. B.

$$D = \begin{vmatrix} 4 & 10 & -1 \\ 9 & 3 & 0 \\ 12 & 5 & 7 \end{vmatrix} = (-1) \begin{vmatrix} 10 & 4 & -1 \\ 3 & 9 & 0 \\ 5 & 12 & 7 \end{vmatrix}$$

5. Der Wert einer Determinante, deren Matrix zwei und mehr gleiche Zeilen resp. Kolonnen enthält, ist gleich Null. Vertauscht man nämlich die zwei gleichen Reihen, so müßte das Vorzeichen der Determinante sich ändern, da aber an der Determinante infolge der gleichen Reihen eigentlich keine Änderung stattfand, so kann ihr Wert nur Null sein (weil bei dieser die Zeichenänderung keine Wertänderung hervorbringt).

Demnach ist z. B.

$$\begin{vmatrix} 1 & 3 & 5 \\ 7 & 8 & 2 \\ 1 & 3 & 5 \end{vmatrix} = 0.$$

6. Multipliziert man die Elemente einer Reihe mit den Unterdeterminanten der korrespondierenden Elemente einer zu ihr parallelen Reihe und bildet die Summe der Produkte, so hat diese den Wert Null, da in jeder Determinante, welche durch diese Summe dargestellt ist, zwei Reihen identisch werden. So hat man für die Determinante

$$\begin{vmatrix} 1 & 7 & 8 \\ 4 & 2 & 3 \\ 5 & 1 & 6 \end{vmatrix}$$

in Anwendung dieses Satzes

$$1\cdot(+1)\begin{vmatrix} 7 & 8 \\ 2 & 3 \end{vmatrix} + 7\cdot(-1)\begin{vmatrix} 1 & 8 \\ 4 & 3 \end{vmatrix} + 8\cdot(+1)\begin{vmatrix} 1 & 7 \\ 4 & 2 \end{vmatrix} = 0.$$

Die Elemente der ersten Zeile wurden mit den entsprechenden Unterdeterminanten der dritten Zeile multipliziert, demnach ist der aufgeschriebene Ausdruck laut Absatz 6 gleich Null.

7. Sind die Elemente einer Reihe mehrgliedrige Summen, so kann man sie in ebenso viele Determinanten mit einfachen Elementen zerlegen, z. B.

$$\begin{vmatrix} 3+1 & 12 & -1 & 5 \\ 5+4 & 3 & 0 & 2 \\ 6+6 & 5{,}1 & -{}^1\!/_3 & 12 \\ 2+4 & 5 & 4 & \sqrt{2} \end{vmatrix} =$$

$$= \begin{vmatrix} 3 & 12 & -1 & 5 \\ 5 & 3 & 0 & 2 \\ 6 & 5{,}1 & -{}^1\!/_3 & 12 \\ 2 & 5 & 4 & \sqrt{2} \end{vmatrix} + \begin{vmatrix} 1 & 12 & -1 & 5 \\ 4 & 3 & 0 & 2 \\ 6 & 5{,}1 & -{}^1\!/_3 & 12 \\ 4 & 5 & 4 & \sqrt{2} \end{vmatrix}$$

8. Eine Determinante wird mit einem Faktor multipliziert, indem man alle Elemente irgend einer Reihe mit demselben multipliziert. Daraus folgt, daß man umgekehrt einen gemeinsamen Faktor der Elemente einer Reihe als Faktor vor die Determinante aussondern kann, z. B.

$$\begin{vmatrix} 4\cdot 3 & 2 & -5 \\ 4\cdot 5 & 7 & 13 \\ 4\cdot 1 & 9 & 0 \end{vmatrix} = 4\cdot\begin{vmatrix} 3 & 2 & -5 \\ 5 & 7 & 13 \\ 1 & 9 & 0 \end{vmatrix}$$

9. Der Wert einer Determinante bleibt ungeändert, wenn man die mit dem nämlichen Faktor multiplizierten Elemente einer Zeile oder Kolonne zu den entsprechenden Elementen einer anderen Zeile bezw. Kolonne addiert, z. B.

$$\begin{vmatrix} 1 & 2 & 3 \\ 2 & 3 & 4 \\ 5 & 7 & 3 \end{vmatrix} = \begin{vmatrix} 1+2\cdot 5 & 2+2\cdot 7 & 3+2\cdot 3 \\ 2 & 3 & 4 \\ 5 & 7 & 3 \end{vmatrix} = \begin{vmatrix} 11 & 16 & 9 \\ 2 & 3 & 4 \\ 5 & 7 & 3 \end{vmatrix}$$

10. Sind in einer Reihe bis auf ein Element alle gleich Null, so verändert sich diese Determinante sofort in eine n—1-ten Grades.

Dabei ist das Vorzeichen der Unterdeterminante laut 1. in Betracht zu nehmen, z. B.

$$\begin{vmatrix} 1 & 2 & 3 & 4 \\ -11 & 9 & {}^{1}\!/_{2} & 9 \\ 0 & 0 & 0 & 9 \\ 12 & 13 & 5 & 2 \end{vmatrix} = 9\cdot(-1)\begin{vmatrix} 1 & 2 & 3 \\ -11 & 9 & {}^{1}\!/_{2} \\ 12 & 13 & 5 \end{vmatrix}$$

Beispiele zur Auswertung von Determinanten:

$$\begin{vmatrix} a_{11} & a_{12} \\ a_{21} & a_{22} \end{vmatrix} = a_{11}\cdot a_{22} - a_{12}\cdot a_{21}$$

$$\begin{vmatrix} 5 & 6 \\ 7 & 8 \end{vmatrix} = 5\cdot 8 - 6\cdot 7 = -2$$

$$\begin{vmatrix} 1 & 2 & 3 \\ 2 & 9 & 6 \\ 1 & 2 & 1 \end{vmatrix} = \begin{vmatrix} 1-1 & 2-2 & 3-1 \\ 2 & 9 & 6 \\ 1 & 2 & 1 \end{vmatrix} = \begin{vmatrix} 0 & 0 & 2 \\ 2 & 9 & 6 \\ 1 & 2 & 1 \end{vmatrix} =$$

$$= 2\cdot(+1)\begin{vmatrix} 2 & 9 \\ 1 & 2 \end{vmatrix} = 2\,(2\cdot 2 - 9) = -10.$$

Bei den Determinanten dritten Grades kann die folgende, rasch zum Ziel führende Methode angewendet werden: Man schreibe die ersten zwei Kolonnen noch einmal auf die rechte Seite der Determinante und multipliziere die in eine Diagonale fallenden Elemente. Alle Glieder auf Diagonalen von links oben nach rechts unten sind positiv und jene von links unten nach rechts oben sind negativ.

$$\begin{vmatrix} 1 & 2 & 3 \\ 2 & 9 & 6 \\ 1 & 2 & 1 \end{vmatrix} =$$

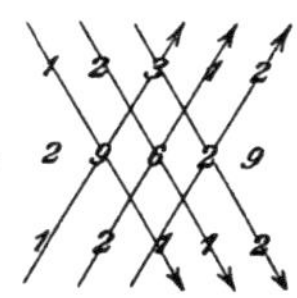

$$= 1\cdot 9\cdot 1 + 2\cdot 6\cdot 1 + 3\cdot 2\cdot 2 - 1\cdot 9\cdot 3 - 2\cdot 6\cdot 1 - 1\cdot 2\cdot 2 = -10.$$

Der Wert der folgenden Determinante fünften Grades sei zu bestimmen.

$$\begin{vmatrix} 3 & 5 & 1{,}2 & 4 & 2 \\ 2 & 3 & 5 & 4{,}2 & 14 \\ 12 & 9 & 6 & 8 & 6 \\ 7 & 4 & 10 & 12 & 10 \\ 9 & 8 & 7 & 1 & 6 \end{vmatrix} = 2\begin{vmatrix} 3 & 5 & 1{,}2 & 4 & 1 \\ 2 & 3 & 5 & 4{,}2 & 7 \\ 12 & 9 & 6 & 8 & 3 \\ 7 & 4 & 10 & 12 & 5 \\ 9 & 8 & 7 & 1 & 3 \end{vmatrix} =$$

$$= 2 \begin{vmatrix} 3-3\cdot 1 & 5-5\cdot 1 & 1{,}2-1{,}2\cdot 1 & 4-4\cdot 1 & 1 \\ 2-3\cdot 7 & 3-5\cdot 7 & 5-1{,}2\cdot 7 & 4{,}2-4\cdot 7 & 7 \\ 12-3\cdot 3 & 9-5\cdot 3 & 6-1{,}2\cdot 3 & 8-4\cdot 3 & 3 \\ 7-3\cdot 5 & 4-5\cdot 5 & 10-1{,}2\cdot 5 & 12-4\cdot 5 & 5 \\ 9-3\cdot 3 & 8-5\cdot 3 & 7-1{,}2\cdot 3 & 1-4\cdot 3 & 3 \end{vmatrix} =$$

$$= 2 \begin{vmatrix} 0 & 0 & 0 & 0 & 1 \\ -19 & -32 & -3{,}4 & -23{,}8 & 7 \\ 3 & -6 & 2{,}4 & -4 & 3 \\ -8 & -21 & 4 & -8 & 5 \\ 0 & -7 & 3{,}4 & -11 & 3 \end{vmatrix} = 2 \begin{vmatrix} -19 & -32 & -3{,}4 & -23{,}8 \\ 3 & -6 & 2{,}4 & -4 \\ -8 & -21 & 4 & -8 \\ 0 & -7 & 3{,}4 & -11 \end{vmatrix} =$$

$$= -2 \begin{vmatrix} 19 & 32 & 3{,}4 & 23{,}8 \\ 3 & -6 & 2{,}4 & -4 \\ -8 & -21 & 4 & -8 \\ 0 & -7 & 3{,}4 & -11 \end{vmatrix} = -2 \begin{vmatrix} 19 & 39 & 0 & 34{,}8 \\ 3 & -6 & 2{,}4 & -4 \\ -8 & 0 & -6{,}2 & 24 \\ 0 & -7 & 3{,}4 & -11 \end{vmatrix} =$$

$$= -2 \left(19 \begin{vmatrix} -6 & 2{,}4 & -4 \\ 0 & -6{,}2 & 24 \\ -7 & 3{,}4 & -11 \end{vmatrix} - 3 \begin{vmatrix} 39 & 0 & 34{,}8 \\ 0 & -6{,}2 & 24 \\ -7 & 3{,}4 & -11 \end{vmatrix}\right.$$

$$\left. - 8 \begin{vmatrix} 39 & 0 & 34{,}8 \\ -6 & 2{,}4 & -4 \\ -7 & 3{,}4 & -11 \end{vmatrix}\right) = -2(-2834{,}8 + 6098{,}76 + 4995{,}84) = -16519{,}6.$$

Enthält eine Determinante zum Teil große Zahlen, so können diese reduziert werden, indem man von dem Satz 9 Gebrauch macht[1]).

Die Determinanten finden ausgiebige Anwendung bei der Auflösung linearer Gleichungen, auf welche die Energieverteilung in Netzen führt.

3. Lineare Gleichungen.

Das System von n linearen Gleichungen mit n Unbekannten $x_1\, x_2 \ldots\ldots x_n$ sei:

$$\left.\begin{array}{l} a_{11} x_1 + a_{12} x_2 + \ldots + a_{1j} x_j + \ldots + a_{1n} x_n + a_{1(n+1)} = 0 \\ \quad\vdots \\ a_{i_1} x_1 + a_{i_2} x_2 + \ldots + a_{ij} x_j + \ldots + a_{in} x_n + a_{i(n+1)} = 0 \\ \quad\vdots \\ a_{n_1} x_1 + a_{n_2} x_2 + \ldots + a_{nj} x_j + \ldots + a_{nn} x_n + a_{n(n+1)} = 0 \end{array}\right\} \quad 3)$$

Jene Werte der Unbekannten, welche das System (3) befriedigen, geben die Lösung desselben. So lange weniger Gleichungen vorhanden sind, als Unbekannte, hat das System unendlich viele Lösungen. Enthält das System n von einander unabhängige Gleichungen mit n Unbekannten, so hat es nur eine einzige Lösung. Diese Werte der Unbekannten sollen ermittelt werden. Das Eliminations-Verfahren besteht in folgendem: Bildet man aus den Koeffizienten der Unbekannten die Determinante des Systems

$$D = \begin{vmatrix} a_{11} \; a_{12} \dots a_{1j} \dots a_{1n} \\ \vdots \\ a_{i1} \; a_{i2} \dots a_{ij} \dots a_{in} \\ \vdots \\ a_{n_1} \; a_{n_2} \dots a_{nj} \dots a_{nn} \end{vmatrix} \quad \dots \dots 4)$$

und multipliziert sie mit x_j, indem man die Elemente der j-ten Kolonne mit x_j vervielfältigt, so hat man

$$D \cdot x_j = \begin{vmatrix} a_{11} \; a_{12} \dots a_{1j} \, x_j \dots a_{1n} \\ \vdots \\ a_{i1} \; a_{i2} \dots a_{ij} \, x_j \dots a_{in} \\ \vdots \\ a_{n_1} \; a_{n_2} \dots a_{nj} \, x_j \dots a_{nn} \end{vmatrix} \quad \dots 5)$$

Multipliziert man in (5) die erste Kolonne mit x_1, die $(j-1)$-te mit $x_{(j-1)} \dots$, die n-te mit x_n, und addiert diese zur j-ten Kolonne, setzt man ferner

$$\begin{matrix} a_{11} x_1 + \dots + a_{1j} x_j + \dots a_{1n} x_n + = - a_{1(n+1)} \\ \vdots \\ a_{i_1} x_1 + \dots + a_{ij} x_j + \dots a_{in} x + = - a_{i\,(n+1)}, \end{matrix}$$

so resultiert

$$D \cdot x_j = \begin{vmatrix} a_{11} & \cdots & -a_{1(n+1)} & \cdots & a_{1n} \\ \vdots & & \vdots & & \vdots \\ a_{i_1} & \cdots & -a_{i(n+1)} & \cdots & a_{in} \\ \vdots & & \vdots & & \vdots \\ a_{n_1} & \cdots & -a_{n(n+1)} & \cdots & a_{nn} \end{vmatrix} \quad \ldots \quad 6)$$

und schließlich

$$x_j = \begin{vmatrix} a_{11} & \cdots & -a_{1(n+1)} & \cdots & a_{1n} \\ \vdots & & \vdots & & \vdots \\ a_{i_1} & \cdots & -a_{i(n+1)} & \cdots & a_{in} \\ \vdots & & \vdots & & \vdots \\ a_{n_1} & \cdots & -a_{n(n+1)} & \cdots & a_{nn} \end{vmatrix} : \begin{vmatrix} a_{11} & \cdots & a_{1j} & \cdots & a_{1n} \\ \vdots & & \vdots & & \vdots \\ a_{i_1} & \cdots & a_{ij} & \cdots & a_{in} \\ \vdots & & \vdots & & \vdots \\ a_{n_1} & \cdots & a_{nj} & \cdots & a_{nn} \end{vmatrix} \qquad 7)$$

Die Unbekannte bildet demnach einen Bruch $x_j = D_j : D$, dessen Nenner die Determinante des Systems ist und dessen Zähler aus derselben sich bildet, indem man für x_j statt der Elemente der j-ten Kolonne die negativen unabhängigen Glieder des Systems einsetzt.

Die Lösung kann demnach auch in folgender Form geschrieben werden:

$$x_1 : \ldots : x_j : \ldots : x_n = D_1 : \ldots : D_j : \ldots : D_n .$$

1. Beispiel:

$$\begin{aligned} 3x + 5y + 1 &= 0 \\ 11x - 7y - 47 &= 0. \end{aligned}$$

Die Determinante des Systems ist

$$D = \begin{vmatrix} 3 & 5 \\ 11 & -7 \end{vmatrix} = -21 - 55 = -76$$

$$D_x = \begin{vmatrix} -1 & 5 \\ 47 & -7 \end{vmatrix} = 7 - 235 = -228, \text{ daher } x = \frac{-228}{-76} = 3$$

$$D_y = \begin{vmatrix} 3 & -1 \\ 11 & 47 \end{vmatrix} = 141 + 11 = 152, \quad \text{daher} \quad y = \frac{152}{-76} = -2.$$

2. Beispiel:

$$\begin{aligned} x + y + z + u - 10 &= 0 \\ 3x - y - z + 2u - 6 &= 0 \\ 2x + y + 3z - 5u + 7 &= 0 \\ 9x + 3y - 8z - u + 13 &= 0. \end{aligned}$$

Die Determinante des Systems ist

$$D = \begin{vmatrix} 1 & 1 & 1 & 1 \\ 3 & -1 & -1 & 2 \\ 2 & 1 & 3 & -5 \\ 9 & 3 & -8 & -1 \end{vmatrix} = 365.$$

$$x = \begin{vmatrix} 10 & 1 & 1 & 1 \\ 6 & -1 & -1 & 2 \\ -7 & 1 & 3 & -5 \\ -13 & 3 & -8 & -1 \end{vmatrix} : 365 = 1.$$

$$y = \begin{vmatrix} 1 & 10 & 1 & 1 \\ 3 & 6 & -1 & 2 \\ 2 & -7 & 3 & -5 \\ 9 & -13 & -8 & -1 \end{vmatrix} : 365 = 2.$$

$$z = \begin{vmatrix} 1 & 1 & 10 & 1 \\ 3 & -1 & 6 & 2 \\ 2 & 1 & -7 & -5 \\ 9 & 3 & -13 & -1 \end{vmatrix} : 365 = 3.$$

$$u = \begin{vmatrix} 1 & 1 & 1 & 10 \\ 3 & -1 & -1 & 6 \\ 2 & 1 & 3 & -7 \\ 9 & 3 & -8 & -13 \end{vmatrix} : 365 = 4.$$

4. Knotenspannungen eines gegebenen Netzes.

Nachdem wir bereits die Theorie der Determinanten, wie auch jene der linearen Gleichungen entwickelt haben, können wir auf die allgemeine Lösung der Spannungs- resp. Stromverteilung eines Systems fadenförmiger Leiter, eines Leiternetzes, eingehen.

Ein solches Leiternetz entsteht durch die Verbindung von n Punkten $A_1 A_2 \ldots : A_n$ (Fig. 111) zu je zweien durch $\frac{1}{2} n (n-1)$ Leiter. Bezeichnen wir mit K_{pq} die Leitfähigkeit eines von A_p nach A_q führenden Leiters, mit J_{pq} seine Stromstärke; ferner die Spannung im Knoten A_p mit V_p, jene im Knoten A_q mit V_q; endlich mit E_{pq} eine in diesem Leiter wirkende elektromotorische Kraft, so hat man nach dem Ohmschen Gesetze:

$$J_{pq} = K_{pq} (V_p - V_q + E_{pq}) \quad . \quad . \quad . \quad . \quad . \quad 8)$$

Die Leitfähigkeit des Leiters $A_p A_q$ sei jener des $A_q A_p$ gleich, während den elektromotorischen Kräften wie auch den Stromstärken eine Richtung zukommt. Demnach wird gelten:

$$K_{pq} = K_{qp}, \quad E_{pq} = -E_{qp} \quad \text{und} \quad J_{pq} = -J_{qp} \quad . \quad 9)$$

Setzt man in den Punkten $A_1 \ldots A_p \ldots A_n$ stationären Zustand voraus, soll sich daselbst also keine Elektrizität anhäufen, so muß für irgend einen Knoten A_p gelten:

$$J_{p_1} + \ldots + J_{pn} = 0 \quad . \quad . \quad . \quad . \quad . \quad . \quad 10)$$

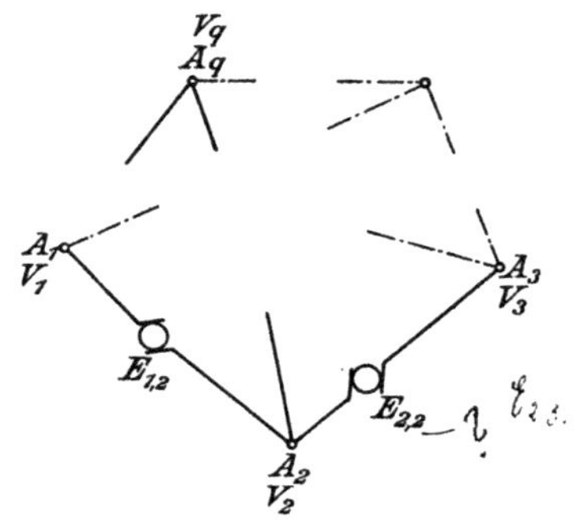

Fig. 111.

Nach Gleichung 8) und 10) ist:

$$K_{p_1}(V_p - V_1 + E_{p_1}) + \ldots + K_{pn}(V_p - V_n + E_{pn}) = 0$$

oder geordnet:

$$(K_{p_1} + \ldots + K_{pn}) V_p - (K_{p_1} V_1 + \ldots + K_{pn} V_n) +$$
$$(K_{p_1} E_{p_1} + \ldots + K_{pn} \cdot E_{pn}) = 0 \quad . \quad . \quad . \quad 11)$$

In dieser Gleichung fehlt das Zeichen K_{pp}; es würde die Leitfähigkeit eines Leiters vorstellen, der A_p mit A_{p_1} verknüpft. Da es einen solchen unserer Annahme gemäß nicht gibt, so hat jenes Zeichen noch keine physikalische Bedeutung. Im folgenden wollen wir darunter die negative Summe der Leitfähigkeiten verstehen, die sich auf den Knoten A_p beziehen.

Demgemäß wäre

$$K_{pp} = -(K_{p_1} + \ldots + K_{pn}) \quad . \quad . \quad . \quad . \quad 12)$$

und damit verwandelt sich die Gleichung 11) in folgende:

$$K_{p_1}(E_{p_1} - V_1) + \ldots + K_{pn}(E_{pn} - V_n) - K_{pp} V_p = 0 \quad 13)$$

Da p alle Werte von 1 bis n durchläuft, resultieren n Gleichungen, die sich aber, weil ihre Summe wegen 10) identisch verschwindet, auf n — 1 unabhängige Gleichungen reduzieren:

$$\left.\begin{array}{l}
K_{11} V_1 + \ldots + K_{1(n-1)} V_{(n-1)} = (K_{12} E_{12} + \ldots + K_{1n} E_{1n}) - K_{1n} V_n \\
\vdots \\
K_{q_1} V_1 + \ldots + K_{q(n-1)} V_{(n-1)} = (K_{q_1} E_{q_1} + \ldots + K_{qn} E_{qn}) - K_{qn} V_n \\
\vdots \\
K_{(n-1),1} V_1 + \ldots + K_{(n-1),(n-1)} V_{(n-1)} = \\
\quad = (K_{(n-1),1} E_{(n-1),1} + \ldots + K_{(n-1),n} E_{(n-1),n}) - K_{(n-1),n} V_n
\end{array}\right\} \quad 14)$$

Aus diesen n — 1 Gleichungen 14) lassen sich die n — 1 Unbekannten $V_1 \ldots V_q \ldots V_{n-1}$ ermitteln; die Spannung V_n im Knoten A_n kann als bekannte Grundspannung dienen und kann auch gleich Null gewählt werden. So ist nach den früher gegebenen Erläuterungen die Spannung V_p im Knoten A_p sofort als Quotient zweier Determinanten darstellbar:

$$V_p = \frac{\begin{vmatrix} K_{11} \ldots [(K_{12} E_{12} + \ldots + K_{1n} E_{1n}) - K_{1,n} V_n] \ldots K_{1,(n-1)} \\ \vdots \\ K_{(n-1),1} \ldots [(K_{(n-1)1} E_{(n-1)1} + \ldots \\ \quad + K_{(n-1)n} E_{(n-1)n}) - K_{(n-1)n} V_n] \ldots K_{(n-1)(n-1)} \end{vmatrix}}{\begin{vmatrix} K_1 \ldots K_{1p} \ldots K_{1(n-1)} \\ \vdots \\ K_{(n-1)1} \ldots K_{(n-1)p} \ldots K_{(n-1)(n-1)} \end{vmatrix}} \quad 15)$$

Bezeichnet D_{ip} die Unterdeterminante, welche durch Streichung der i-ten Zeile und der p-ten Kolonne entsteht, so hat man:

$$\left.\begin{array}{l} V_p = \frac{1}{D}\Big\{ D_{1p} [(K_{12} E_{12} + \ldots + K_{1n} E_{1n}) - K_{1n} V_n] + \ldots \\ \quad \ldots + D_{qp} [(K_{q_1} E_{q_1} + \ldots + K_{qn} E_{qn}) - K_{qn} V_n] + \ldots \Big\} \end{array}\right\} \quad 15a)$$

Hierin ist D die Nennerdeterminante von 15), die nur vom „Leiterverbund“ der gegebenen Knoten und den Leitfähigkeiten ihrer Verbindungen abhängt. Diese charakteristische Determinante des Leitungsnetzes ist eine symmetrische, weil die Elemente zur Hauptdiagonale symmetrisch gelegen sind. Daraus folgt auch die Gleichheit der bezüglichen Unterdeterminanten $D_{pq} = D_{qp}$. Hebt man die Glieder mit V_n heraus, so nimmt 15a) folgende Gestalt an:

$$\left.\begin{aligned} V_p = \frac{1}{D}\Big\{ & D_{1p}(K_{12}E_{12} + \ldots K_{1n}E_{1n}) + \ldots \\ & \ldots + D_{qp}(K_{q1}E_{q1} + \ldots + K_{qn}E_{qn}) + \ldots \\ & \ldots - \mathbf{V_n}\,(\mathbf{K_{1n}D_{1p}} + \ldots \mathbf{K_{(n-1),n}D_{(n-1),p}})\Big\} \end{aligned}\right\} \quad 15\text{b})$$

Diskutieren wir nun den durch Druck hervorgehobenen Ausdruck.

Unserer Festsetzung gemäß war:

$$K_{11} = -(K_{12} + \ldots + K_{1n}) \text{ u. s. w.}$$

Es ist daher

$$\left.\begin{aligned} K_{1n} &= -(K_{11} + \ldots + K_{1(n-1)}) \\ &\vdots \\ K_{(n-1)n} &= -(K_{(n-1)1} + \ldots + K_{(n-1)(n-1)}) \end{aligned}\right\} \quad \ldots\ldots \quad 16)$$

Multipliziert man im System 16) die erste Gleichung mit D_{1p}, ... die $(n-1)$-te mit $D_{(n-1),p}$ und addiert diese $(n-1)$ Gleichungen, so erhält man:

$$\begin{aligned} K_{1n}D_{1p} + \ldots + K_{(n-1)n}D_{(n-1)p} = -\,[& (K_{11}D_{1p} + \ldots \\ & \ldots + K_{(n-1)1}D_{(n-1)p}) + \ldots \\ & \ldots + (\mathbf{K_{1p}D_{1p}} + \ldots + \mathbf{K_{(n-1)p}D_{(n-1)p}}) + \ldots] \end{aligned}$$

In dieser Gleichung verschwinden außer dem hervorgehobenen Gliede alle anderen, weil sie dadurch gebildet werden, daß einzelne Kolonnen der Determinante D mit den Unterdeterminanten einer fremden Kolonne multipliziert werden. (Determ. Satz. 6.) Der fett gedruckte Ausdruck stellt aber die charakteristische Netzdeterminante D vor. Demnach ist

$$K_{1n}D_{1p} + \ldots + K_{(n-1),n}D_{(n-1),p} = -D$$

welcher Wert, in 15b) substituiert, ergibt:

$$\left.\begin{array}{l} V_p - V_n = \frac{1}{D}\left\{ D_{1p}(K_{12}E_{12} + \ldots + K_{1n}E_{1n}) + \ldots \right. \\ \left. \quad \ldots + D_{qp}(K_{q1}E_{q1} + \ldots + K_{qn}E_{qn}) + \ldots \right\} \end{array}\right\} \quad . \quad . \quad 17)$$

Wird, wie oben erwähnt, die Vergleichsspannung $V_n = 0$ gesetzt, so resultiert die Gleichung 17) unmittelbar aus 15b).

Setzt man in Gleichung 17) $p = 1 \ldots (n-1)$, so erhält man die Werte

$$(V_1 - V_n), \ldots (V_{(n-1)} - V_n).$$

Es ist demnach unmöglich, alle n Spannungen $V_1 \ldots V_n$ durch das Gleichungssystem 14) zu ermitteln; wohl aber gestatten sie den Spannungsunterschied der Knoten A gegen einander zu ermitteln und das genügt auch völlig zur nachträglichen Berechnung der Stromstärken, wie aus der Gleichung 8) ersichtlich ist.

5. Superposition von Spannungen und Strömen.

Es soll die Abhängigkeit der Knotenspannung resp. des Leiterstromes von den im Netz wirkenden elektromotorischen Kräften nachgewiesen werden. Entwickelt man den Ausdruck (17), so erhält man eine Summe aus Gliedern von der Form

$$\left(\frac{1}{D} \cdot D_{qp} \cdot K_{qi}\right) E_{qi},$$

wobei der Klammerausdruck eine unbenannte Zahl bedeutet. Es stellt demnach das Produkt eine Spannung dar. Diese Teilspannung ist die Einzelwirkung in einem Knoten, welche ihre Entstehung einer einzigen EMK, E_{qi}, verdankt. Kommen im Netze gleichzeitig mehrere, an verschiedenen Stellen auftretende und voneinander unabhängige elektromotorische Kräfte zur Wirkung, so ist das schließliche Ergebnis das gleiche, als ob sie nach einander zur Wirkung kämen. Die Einzelwirkungen setzen sich additiv zur Gesamtwirkung zusammen, oder es kann auch umgekehrt die Gesamtwirkung in die Einzelwirkungen gespalten gedacht werden. Das Analoge gilt für den Strom in einem Netzleiter, weil er aus den Endspannungen des letzteren nach dem Ohmschen Gesetz resultiert.

Die Zusammensetzung eines Vorganges aus von einander unabhängigen Teilvorgängen bezeichnet man überhaupt als Superposition. Der Satz des Kräfteparallelogramms von Newton, die Zusammensetzung der Saitenschwingungen von Sauveur, jene der Wärmeerscheinungen von Fourier sind die fruchtbarsten Beispiele dieses Prinzipes der Übereinanderlagerung der Gleichgewichtszustände[2]. Auch auf unserem Gebiete hat der Satz von der Superposition der Spannungen und Ströme, wie ihn namentlich Helmholtz[3]) begründet hat, seine volle Fruchtbarkeit erwiesen, wie wir noch öfters zu zeigen Gelegenheit finden werden.

6. Die Kirchhoffschen Regeln.

Kirchhoff[4]) hat die Theorie fadenförmiger verzweigter Leitersysteme durch die folgenden zwei Regeln bereichert:

I. Die Summe der Stromstärken aller zu irgend einem Knoten gehörigen Ströme ist gleich Null, wobei die von demselben

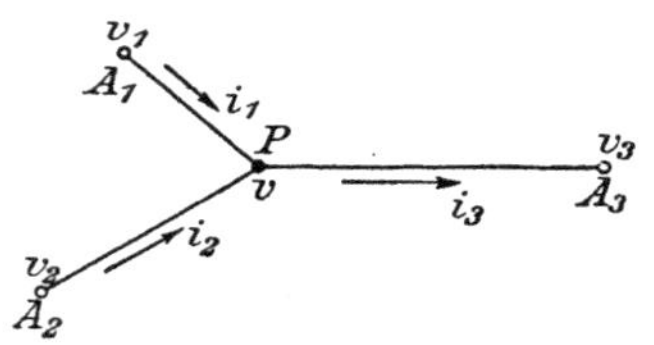

Fig. 112.

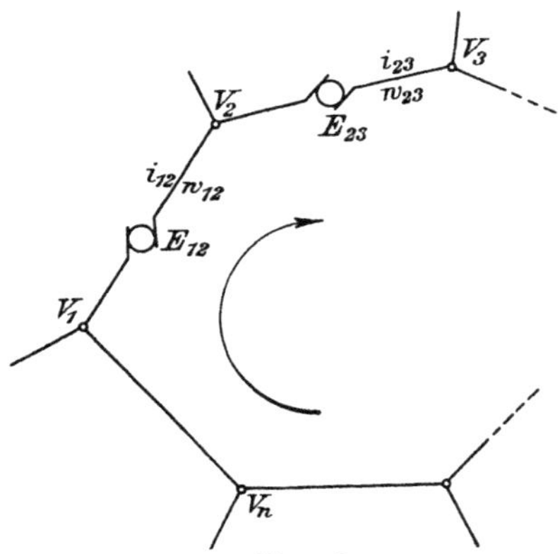

Fig. 113.

wegfließenden als negative zu zählen sind sofern die zufließenden als positive gelten. Dieser Satz entspricht der unter (10) angeführten Kontinuitätsgleichung.

Sei z. B. (Fig. 112) $(i_1 + i_2)$ die Strommenge, die gegen den Knoten P in der Sekunde hinfließt; $(i_1 + i_2 - i_3)$ wäre dann die Menge, welche sich anhäuft, demnach muß sich die Spannung in P steigern, dadurch wird sich aber $i_1 + i_2$ vermindern und i_3 wachsen, was so lange währen wird, bis $i_1 + i_2 = i_3$ ist. In diesem Falle sind die in der Sekunde zu- und abfließenden Mengen einander gleich und die Spannung im Knoten P bleibt unverändert bestehen.

II. In jedem vollständigen, von Leitern gebildeten Kreise (einem Umlaufe oder einer Masche) ist die Summe der EMKe gleich jener, die aus den Produkten der Stromstärken der einzelnen Teile des Kreises in die zugehörigen Widerstände gebildet werden.

Nach dem Ohmschen Gesetze gilt für jeden Leiter des Umlaufes (Fig. 113):

$$\left.\begin{aligned} w_{12} \cdot i_{12} &= V_1 - V_2 + E_{12} \\ w_{23} \cdot i_{23} &= V_2 - V_3 + E_{23} \\ \cdot \quad \cdot \quad & \cdot \quad \cdot \quad \cdot \end{aligned}\right\} \quad \dots \quad 18)$$

Addiert man diese Gleichungen und hebt die Spannungen $-V_1$ und V_1 u. s. w. auf, so ergibt sich $\Sigma\, w\, i = \Sigma\, E$, was der obigen zweiten Regel entspricht. Man erkennt unmittelbar, daß sie als eine Erweiterung des Ohmschen Gesetzes aufgefaßt werden kann, wobei im Stromkreise nicht in allen seinen Teilen der gleiche Strom kreist.

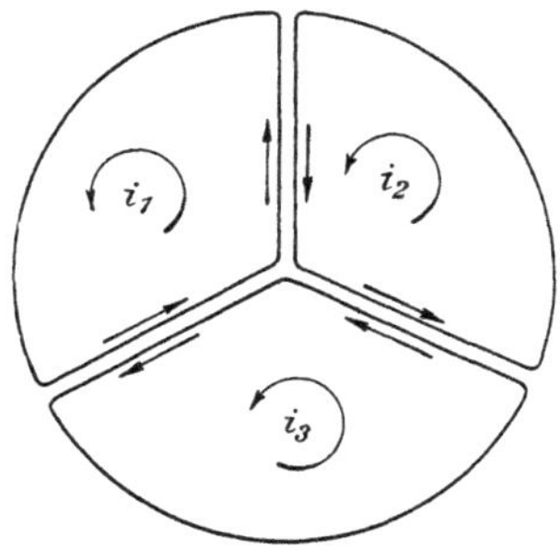

Fig. 114.

Die Kirchhoffschen Regeln haben sich vollends eingebürgert, während die nicht minder wichtigen Superpositions-Sätze durch Jahrzehnte mit Unrecht der Vergessenheit anheimgefallen waren[5]). Sie sind von uns bei der ersten Auflage dieses Werkes und bei verschiedenen unserer späteren Arbeiten, besonders aber auch von Prof. Dr. Teichmüller in seinem verdienstvollen Werke: „Die elektrischen Leitungen" (1899) in umfangreicher Weise angewendet worden.

7. Leiterströme eines gegebenen Netzes.

Man kann die zur Ermittelung der Leiterströme nötigen Gleichungen auf eine andere Art erhalten, als dies im 4. Absatz dieses Kapitels gezeigt wurde. Dieses Verfahren stützt sich nicht unmittelbar auf die Knotenspannungen, sondern greift auf jene Umläufe zurück, welche durch die zweite Kirchhoffsche Regel erläutert werden.

Vorerst müssen zwei gegensätzliche Entstehungsweisen eines Netzgebildes erklärt werden. Die erste nimmt die Knoten als gegeben an und sieht in den Leitern nur die Verbindung derselben. Sind n Knoten vorhanden, so zählt man höchstens $^1/_2$ n . (n — 1) Leiter, indem in jedem Knoten sich (n — 1) Leiter vereinigen. Parallele Leiter sind dabei durch einen äquivalenten ersetzt zu denken. Die zweite Bildung nimmt zunächst selbständige Maschen als gegeben an. Jede solche Masche bestimmt eine abgeschlossene Fläche. Insolange diese Flächen von einander entfernt liegen, kann von einem Netz keine Rede sein. Wohl aber wirkt schon jetzt jeder Maschenstrom auf alle anderen losen Maschen ein und das Stromverteilungsproblem steht bereits in gleicher Weise da, wie beim gewordenen Netz. Dieses kann man sich aus den losen Maschen schrittweise entstanden denken, indem die Maschen aneinander rückend zu gemeinschaftlichen Leiterstücken gelangen. Diese Leiterstücke sind dann als vielfache Schnittlinie von Maschenflächen oder Scheiben anzusehen, wobei der tatsächlich in dieser Schnittlinie auftretende Strom als Summe der sich vereinigenden Maschenströme sich ergibt. (Fig. 114 erklärt dies, wenngleich nur für die Ebene, während obige Erläuterung für den Raum gedacht ist, um die störenden Überkreuzungen der Leiter zu vermeiden.) Bei n Knoten wird es höchstens für jeden Leiter n — 2 solcher Maschenströme geben. Ebenso wie man beim Netz eine Anzahl von Verbindungen fehlen lassen, d. h. sie dann mit dem Widerstande Unendlich in die Rechnung setzen kann, ebenso können hier Maschen fehlen. Man muß sie dann mit den Maschenströmen gleich Null in der allgemeinen Lösung bewerten. Die zweite Bildungsweise der Netze entspricht einer Superposition von Maschenströmen, was zur Aufklärung der nachfolgenden Gleichungen beiträgt. Die Anzahl der in Betracht kommenden Umläufe kann nach Helmholtz[6]) durch jene Anzahl der Schnitte in entsprechenden Leitern gezählt werden, welche erforderlich sind, um alle vollständigen Maschen zu trennen. Statt von Schnitten zu reden, könnte man sich auch die betreffenden Leiter ganz aus dem Netze entfernt denken. Wenn die Leiter, in der Ebene liegend, sich nicht kreuzen, so ist diese Schnittzahl gleich derjenigen der Maschen. Die Richtigkeit dieses Satzes läßt sich leicht einsehen. Für einen beliebigen Fall, z. B. Fig. 115, wird die Behauptung durch Versuche erhärtet. Es sind in diesem Elementarnetz 4 Knoten, 6 Leiter und 3 Maschen vorhanden. Um letztere zu öffnen, muß man 3 Schnitte vollführen. Jede hinzugefügte neue Masche bringt 2 Knoten, 2 Leiter und einen frischen Schnitt mit. Für die ursprüngliche Figur ist $l - p + 1 = m = 6 - 4 + 1 = 3$, d. h. die Leiterzahl (l) weniger Knotenzahl (p) gleich der um eins verminderten Maschenzahl (m). Für das um eine Masche bereicherte Netz nach obigem gilt $(l + 2) - (p + 2) = m - 1$, also allgemein:

$$l - p = m - 1 \quad . \quad . \quad . \quad . \quad . \quad . \quad . \quad . \quad 19)$$

für irgend ein Netz ohne Leiterkreuzung[7]).

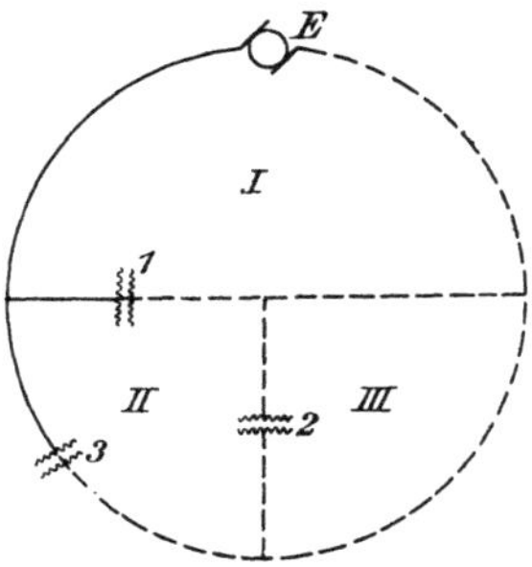

Fig. 115.

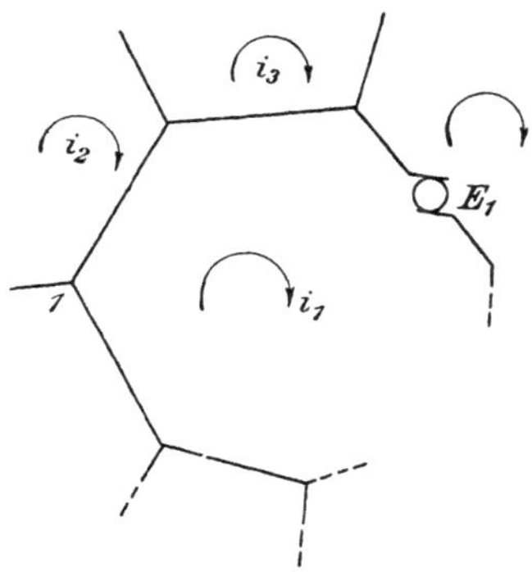

Fig. 116.

Das Netz kann man sich, wie erwähnt, aus einzelnen Maschen entstanden denken, wobei in jeder ein zu berechnender Maschenstrom $i_1 \ldots i_n$ als kreisend angenommen werden soll. Die Leiter des Netzes sind hierbei als gemeinschaftliche Teile von zwei oder mehreren Nachbarmaschen zu betrachten, und der tatsächliche Leiterstrom erscheint hiernach als Summe jener benachbarten Maschenströme. Bezeichnet man mit $E_1 \ldots E_m$ die EMKe, mit $w_1 \ldots w_m$ die Totalwiderstände der einzelnen Maschen; ferner mit w_{pr} den Widerstand eines Leiters (ein Stück des ganzen Maschenleiters), welcher der p-ten und r-ten Masche gemeinschaftlich ist, und greift man eine Masche aus einem Netze heraus und betrachtet sie hinsichtlich der zweiten Kirchhoffschen Regel, so sieht man (Fig. 116):

$$(i_1 - i_2)\, w_{12} + (i_1 - i_3)\, w_{13} + \ldots . = E_1$$

oder

$$i_1 (w_{12} + w_{13} + \ldots) - (i_2\, w_{12} + \ldots .) = E_1 \quad . \quad . \quad 20)$$

oder in Worten: Für jede Masche ist das Produkt des Maschenstromes mit dem Gesamtwiderstand einer Masche zu bilden und um die Summe der Produkte aus den Strömen der Nachbarmaschen in die bezüglichen Grenzwiderstände zu vermindern. Diese Differenz entspricht der in der Masche wirkenden Gesamt-EMK.

Für die m Maschen bestehen also die folgenden Gleichungen zu Recht:

$$\left.\begin{array}{r} i_1 w_1 - i_2 w_{12} - \ldots - i_m w_{1m} = E_1 \\ \cdot \quad \cdot \quad \cdot \quad \cdot \\ -i_1 w_{m_1} - i_2 w_{m_2} - \ldots + i_m w_m = E_m \end{array}\right\} \ldots \quad 20a)$$

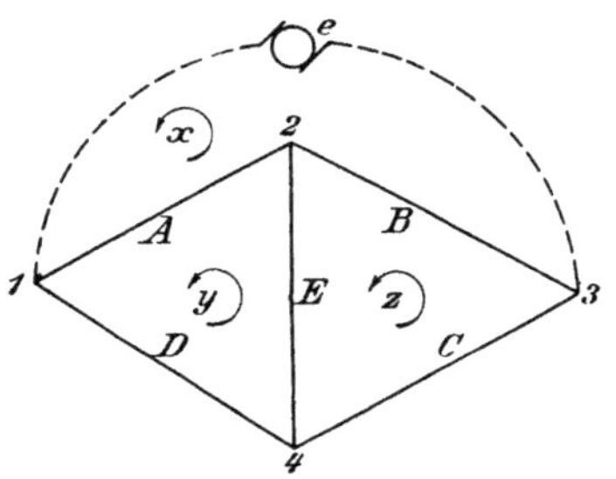

Fig. 117.

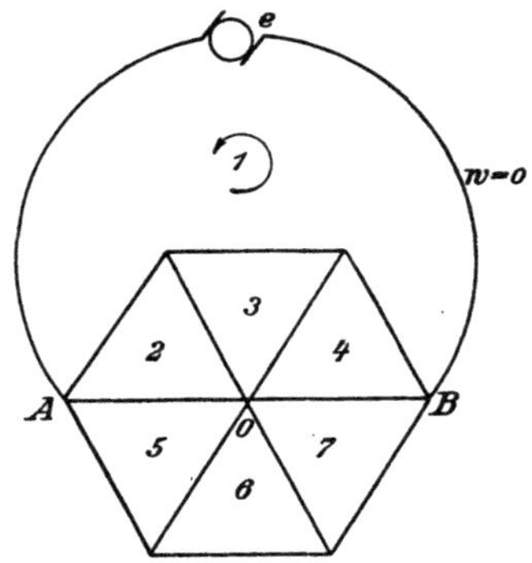

Fig. 118.

wobei die E_p, w_p und $w_{pq} = w_{qp}$ gegebene Konstanten sind. Aus diesen Gleichungen können die unbekannten Maschenströme gefunden werden. Wie bei der Methode der Knotenspannungen werden dieselben als Quotienten zweier Determinanten erscheinen, deren Elemente jedoch hier Leiterwiderstände sind, während sie dort Leitfähigkeiten darstellten. Die Determinanten sind auch hier symmetrisch aufgebaut, weil die zur Hauptdiagonale symmetrisch gelegenen Elemente einander gleich sind.

$$w_{pq} = w_{qp}.$$

Diese allgemeinen Erörterungen sollen eingehender behandelt werden, um ihre Fruchtbarkeit klar zu legen. Wir folgen hierbei dem letzten Vortrage Clerk Maxwells, den er 1879 an der Cambridge Universität gehalten hat[8]).

Aus 5 Leiterstücken A, B, C, D, E wird die sogenannte Schaltung der Wheatstoneschen Brücke, Fig. 117, hergestellt. Zwischen den Gegenknoten 1,3 wird eine EMK eingesetzt, die im Widerstande Null wirkt, so daß C' die Klemmspannung vorstellt.

Man hat nun für die drei Maschenströme x, y und z die Maschengleichungen:

$$\begin{aligned} (A + B + 0)\,x \quad & - A y \quad & - B z = 0 \\ - A x + (A + E + D)\,y \quad & - E z = 0 \\ - B x \quad - E y + (B + C + E)\,z = 0. \end{aligned}$$

Es ist $x = e : R_{1,3}$, wobei $R_{1,3}$ den Gesamtwiderstand des Netzes zwischen 1 und 3 bedeutet. Für x findet sich:

$$x = \begin{vmatrix} e & -A & -B \\ 0 & (A+E+D) & -E \\ 0 & -E & (B+C+E) \end{vmatrix} : \begin{vmatrix} (A+B+0) & -A & -B \\ -A & (A+E+D) & -E \\ -B & -E & (B+C+E) \end{vmatrix}$$

Wird der Zähler entwickelt, so schwindet er auf

$$e \cdot \begin{vmatrix} A+E+D & -E \\ -E & B+C+E \end{vmatrix}$$

zusammen und für den Netzwiderstand zwischen 1,3 ergibt sich schließlich:

$$R_{1,3} = \begin{vmatrix} (A+B) & -A & -B \\ -A & (A+E+D) & -E \\ -B & -E & (B+C+E) \end{vmatrix} : \begin{vmatrix} (A+E+D) & -E \\ -E & (B+C+E) \end{vmatrix}$$

Darnach läßt sich der Netzwiderstand zwischen zwei beliebigen Knoten durch Hinzufügung eines Nullwiderstandes in einer additionellen Masche, ohne daß man nötig hat, auf die Maschenströme selbst einzugehen, sofort durch zwei leicht zu bildende Determinanten ermitteln. Und zwar so, daß die Zähler-Determinante in der Hauptdiagonale als Elemente die Summe der Widerstände enthält, welche jede Masche umgrenzt, beginnend von der additiven Masche, und für die anderen Elemente jeder Determinanten-Reihe die Widerstände, welche diese Masche von ihren Nachbarmaschen trennt, wobei diesen Elementen das negative Zeichen hinzugefügt wird. Die Null wird für jene Elemente eingefügt, welche den nicht unmittelbar benachbarten Maschen entsprechen. Die Nennerdeterminante ist die Subdeterminante des

Zählers bezüglich des ersten führenden Elementes. Diese Regel wollen wir als Maxwells Determinantenregel bezeichen.

Es soll z. B. der Netzwiderstand des regelmäßigen sechseckförmigen Gebildes Fig. 118 zwischen zwei Gegenknoten A und B ermittelt werden. Die Leiter sind alle gleich und haben 1 Ohm Widerstand. Das Netz hat 6 Maschen 2, 3, ... 7 und eine additionelle 1. Die Netzdeterminante wird nun sein:

$$D_n = \begin{vmatrix} 3 & -1 & -1 & -1 & 0 & 0 & 0 \\ -1 & 3 & -1 & 0 & -1 & 0 & 0 \\ -1 & -1 & 3 & -1 & 0 & 0 & 0 \\ -1 & 0 & -1 & 3 & 0 & 0 & -1 \\ 0 & -0 & 0 & 0 & 3 & -1 & 0 \\ 0 & 0 & 0 & 0 & -1 & 3 & -1 \\ 0 & 0 & 0 & -1 & 0 & -1 & 3 \end{vmatrix} = 256.$$

Die erste Subdeterminante D_{n-1} des führenden Elementes 3 von D_n ist die punktiert angedeutete Determinante, deren Wert 320 beträgt, wonach

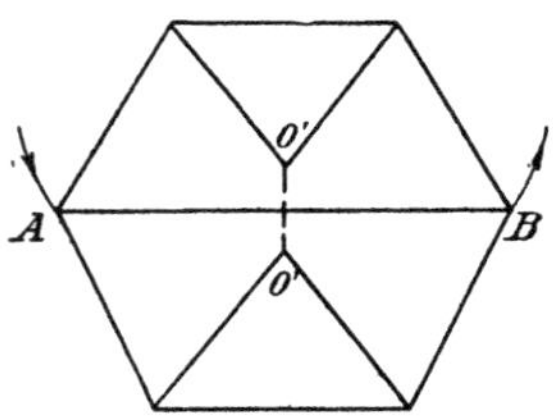

Fig. 119.

$$R = \frac{D_n}{D_{n-1}} = \frac{256}{320} = \frac{4}{5}.$$

Dieses Resultat kann in diesem speziellen Falle des symmetrischen Netzes auf einfache Weise überblickt werden. Trennt man die Verbindungen im Mittelknoten O, wie dies Fig. 119 veranschaulicht, indem die punktierte stromlose Brücke O′ O′ eingesetzt gedacht wird, so hat man drei parallele Widerstandsteile, welche sich einzeln unmittelbar ergeben. Die oberen und unteren symetrischen Hälften dieses Netzes haben je

$$1 + \frac{1}{1 + {}^1/_2} + 1 = 2\,{}^2/_3 \text{ Ohm}$$

und die Diagonale hat 2 Ohm, daher das ganze Netz:

$$\frac{1}{\frac{1}{2\,{}^2/_3} + \frac{1}{2} + \frac{1}{2\,{}^2/_3}} = {}^4/_5 \text{ Ohm}.$$

Die Maxwellsche Determinanten-Regel führt zu einem analytischen Bild der gegebenen Netzschaltung oder besser des Netzverbundes. Alle Einzelheiten des letzteren widerspiegeln sich in der nach ihr aufgebauten Determinante, und umgekehrt. Spaltet sich z. B. das Netz in mehrere durch wenige Leiter zusammengehängte Gruppen von Leitergebilden, so sind diese in der Determinante ebenfalls wieder zu erkennen, wie dies bei den praktischen Netzen noch deutlicher hervortritt. Vorerst wollen wir nochmals auf ein weiteres einfaches Beispiel, den Kettenleiter, den wir bereits behandelten, zurückgreifen.

Es sei der Widerstand des in Fig. 120 dargestellten Kettenleiters nach der Maxwellschen Determinanten-Regel zu berechnen. Die eingeschriebenen Ziffern bedeuten den Widerstand der Leiterstücke in Ohm.

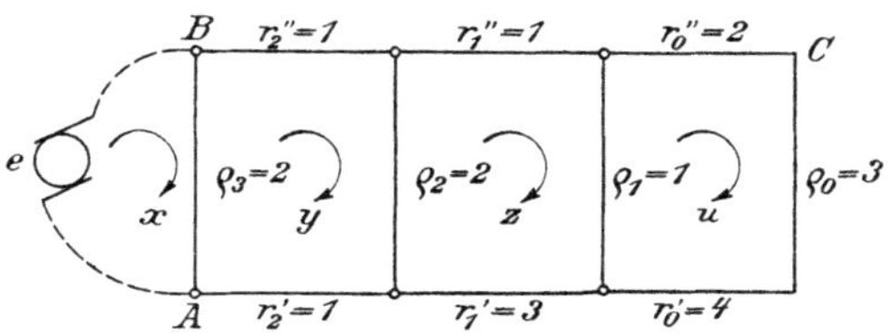

Fig. 120.

Die elektromotorische Kraft wirke vorerst zwischen den Knoten A und B. Die bezüglichen Maschenstromgleichungen lauten:

$$\begin{array}{rrrr}
2\,x & -2\,y & -0\cdot z & -0\cdot u \\
-2\,x & +(2+1+2+1)\,y & -2\cdot z & -0\cdot u \\
-0\,x & -2\,y & +(2+1+1+3)\,z & -1\,u \\
-0\,x & -0\,y & -1\,z & +(1+3+3+4)\,u
\end{array}$$

und daraus folgt der gesuchte Gesamtwiderstand als Quotient der charakteristischen Leitungsdeterminante durch die führende Unterdeterminante (welche punktiert gekennzeichnet ist):

$$R_{AB} = \begin{vmatrix} 2 & -2 & 0 & 0 \\ -2 & 6 & -2 & 0 \\ 0 & -2 & 7 & -1 \\ 0 & 0 & -1 & 10 \end{vmatrix} : \begin{vmatrix} 6 & -2 & -0 \\ -2 & 7 & -1 \\ -0 & -1 & 10 \end{vmatrix} = \frac{8\cdot 59}{2\cdot 187} = 1{,}26.$$

Dieser Widerstand wurde bereits als einfacher Kettenbruch dargestellt; letzterer kann nach Ramus (1855)[9]) durch eine Kettenbruchdeterminante R'_{AB} wiedergegeben werden:

$$R'_{AB} = \frac{\begin{vmatrix} 1 & 0 & 0 & 0 & 0 & 0 & 0 \\ 0 & r_2 & -1 & 0 & 0 & 0 & 0 \\ 0 & 1 & \varrho_2^{-1} & -1 & 0 & 0 & 0 \\ 0 & 0 & 1 & r_1 & -1 & 0 & 0 \\ 0 & 0 & 0 & 1 & \varrho_1^{-1} & -1 & 0 \\ 0 & 0 & 0 & 0 & 1 & r_0 & -1 \\ 0 & 0 & 0 & 0 & 0 & 1 & \varrho_0^{-1} \end{vmatrix}}{\begin{vmatrix} \varrho_3^{-1} & 0 & 0 & 0 & 0 & 0 & 0 \\ 0 & r_2 & -1 & 0 & 0 & 0 & 0 \\ 0 & 1 & \varrho_2^{-1} & -1 & 0 & 0 & 0 \\ 0 & 0 & 1 & r_1 & -1 & 0 & 0 \\ 0 & 0 & 0 & 1 & \varrho_1^{-1} & -1 & 0 \\ 0 & 0 & 0 & 0 & 1 & r_0 & -1 \\ 0 & 0 & 0 & 0 & 0 & 1 & \varrho_0^{-1} \end{vmatrix}}$$

Aus physikalischer Betrachtung fand sich eine äquivalente Form R_{AB} oben.

Soll der Widerstand des Kettenleiters zwischen den Knoten A und C Fig. 121 bestimmt werden, so kann der Anschlußleiter entweder nach oben oder nach unten gelegt werden; das Endergebnis bleibt das gleiche, obwohl die Rechnung verschieden lautet.

Die bezüglichen Determinanten lassen sich bei einiger Übung sofort ansetzen und lauten:

$$R_{AC} = \frac{\begin{vmatrix} (2+1+1+2) & -(2+1) & -1 & -2 \\ -(2+1) & (2+1+2+1) & -2 & -0 \\ -1 & -2 & (2+1+1+3) & -1 \\ -2 & -0 & -1 & (1+2+3+4) \end{vmatrix}}{\begin{vmatrix} 6 & -2 & -0 \\ -2 & 7 & -1 \\ -0 & -1 & 10 \end{vmatrix}}$$

$$= \frac{1243}{2 \cdot 187} = 3{,}3$$

und für die untere Verbindungsweise:

$$R_{AC} = \frac{\begin{vmatrix} (1+3+4+3) & -1 & -3 & -(4+3) \\ -1 & (2+1+2+1) & -2 & -0 \\ -3 & -2 & (2+3+1+1) & -1 \\ -(4+3) & -0 & -1 & (1+4+3+2) \end{vmatrix}}{\begin{vmatrix} 6 & -2 & -0 \\ -2 & 7 & -1 \\ -0 & -1 & -10 \end{vmatrix}}$$

$$= \frac{1243}{2 \cdot 187} = 3{,}3.$$

Man kann sich auch den Verbindungsleiter direkt von A nach C gezogen denken, sobald man die Überdeckung der Maschenflächen festlegt, was durch die beiden punktierten länglichen Pfeile in der Fig. 121 ersichtlich gemacht wurde. Diese Erkenntnis ist

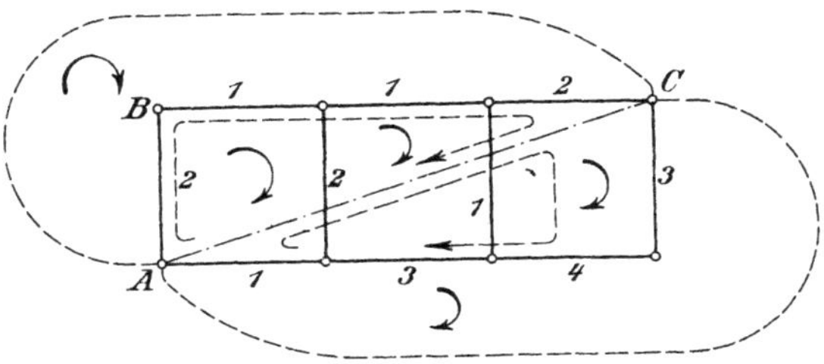

Fig. 121.

bei komplizierten Netzen wichtig, da es bei diesen überhaupt nicht möglich ist, den Verbindungsleiter im allgemeinen ohne Kreuzung zu ziehen.

8. Geltungsbereich der im Vorstehenden entwickelten Spannungs- und Stromverteilungs-Gesetze.

Wir haben bisher nur an konstante elektromotorische Kräfte, Ohmsche Widerstände und daher Gleichströme gedacht und für diese die Spannungs- und Stromverteilungs-Gesetze in Leiternetzen entwickelt. Nun soll die Verallgemeinerung auf elektromotorische Kräfte von sinusförmigem Verlaufe und auf Widerstände mit Selbstinduktion und Kapazität, jedoch ohne gegenseitige Induktion vorgenommen werden. Wir haben für solche Fälle bereits im Kapitel II bewiesen, daß alle Gesetze, welche sich für die Augenblickswerte solcher Größen aufstellen lassen, ohne Änderung auf die Mittel- (resp. Maximal-) Werte übertragen werden dürfen; man kann demzufolge alle in den vorhergehenden Absätzen gegebenen Entwicklungen, welche stillschweigend für Gleichstrom festgestellt wurden, auch für harmonische Wechselströme als gültig anerkennen, sofern man die betreffenden Größen und ihre Operationen als Richtungs- oder komplexe Größen auffaßt[10]), wie dies bereits ausführlich erörtert wurde. Eine lineare Gleichung mit komplexen Unbekannten zerfällt bekanntlich in zwei solche, von denen die eine nur die reellen, die andere nur die imaginären Teile der Unbekannten enthält, gerade so wie eine

Richtungs- oder Vektorgröße sich in ihre beiden Komponenten spalten läßt. Halten wir uns dies vor Augen, so erkennen wir, daß für die n Knotenpunkts-Spannungen oder Maschenströme für den allgemeinen Fall, wo sie Richtungs- oder komplexe Größen sind, die Zerfällung der linearen Gleichungen zur doppelten Anzahl von Unbekannten als bei Gleichstrom, also zu 2 n Unbekannten führt. Man hat eben, wie begreiflich, nicht nur die absoluten Werte, sondern auch deren Phasenwinkel als Unbekannte zu ermitteln. Es bleibt das Prinzip der Übereinanderlagerung der Gleichgewichtszustände auch für diese Erweiterung bestehen, wobei wieder als Bedingung die völlige Unabhängigkeit der elektromotorischen Kräfte voneinander gilt, und wobei der Begriff des Übereinanderlagerns, der Superposition, unter Berücksichtigung der Phasenverschiebung der aufeinander folgenden erzeugenden elektromotorischen Kräfte erhalten bleibt; die durch dieselben nacheinander hervorgerufenen Spannungs- und Strombilder werden im Sinne jener Phasen zusammengefaßt. Das resultierende Bild entspricht der gleichzeitigen Wirkung der verschiedenen elektromotorischen Kräfte. Statt dieser letzteren, wenn sie örtlich zufällig zusammenfallen, hat man sich eine einzige elektromotorische Kraft von nicht mehr sinusförmigem Verlaufe vorzustellen, sofern die erzeugenden EMKe nicht von gleicher Periodenzahl waren. Man sieht also, daß die Strom-, resp. Spannungsverteilung in Netzen für stetige, aber zusammengesetzt periodische elektromotorische Kräfte in obigem Prinzipe durch Benutzung des bereits erläuterten Fourierschen Satzes gleichfalls ihre Erledigung findet. Ein Leiter, in welchem die aufeinander folgenden Ströme geometrisch addiert Null geben würden, oder, was identisch ist, deren Endknoten-Spannungen Null ergeben, bezeichnen wir als einen neutralen Leiter des Netzes. Schließlich kann jeder Leiter eines Netzes zu einem solchen werden, wenn von den verschiedenen einfach sinusförmigen EMKen nur bestimmte zur Wirkung gelangen, oder wenn unter Umständen eine oder mehrere zusammengesetzte EMKe gleichzeitig von Null aus anheben.

Diese Erörterungen über Spannung- bezw. Strombildung in Netzwerken lösen auch prinzipiell die Frage nach der größten Stromstärke, allenfalls auch nach der größten Phasenverschiebung, die in einem Leiterzweig bei in ihrer Funktion aussetzenden elektromotorischen Kräften auftreten können, worauf wir in den praktischen Netzen nochmals ausführlich zurückkommen werden. Sie erklären aber auch die rätselhaften Ströme, welche in einem für die Grundschwingung der zerlegten elektromotorischen Kraft neutralen Leiterstücke durch kaum beachtete Oberwellen entstehen können[11]). Wenn die Neutralität des Leiters gefordert wird, ergeben diese Erwägungen Bedingungen für die Wellenform der elektromotorischen Kraft. Diese Forderung bedingt z. B. beim Drehstrome das Ausbleiben aller harmonischen höheren Periodenzahlen, die durch drei teilbar sind oder ein durch drei teilbares Vielfache der Grundschwingungen enthalten[12]).

In der Form und mathematischen, sowie sprachlichen Ausdrucksweise bleiben ferner die Kirchhoffschen Gesetze unverändert, während sich ihr Sinn erweitert. Im Anschluß an unsere früheren Annahmen würden jene Gleichungen zum Gegensatz gegen Gleichstrom mit deutschen Buchstaben geschrieben werden müssen, und die Rechnungsoperationen im erweiterten Sinne aufzufassen sein. Ihre graphische Ermittlung schließt sich nach den gegebenen Auseinandersetzungen der rechnerischen eng an. Wir wollen darauf näher eingehen.

9. Beziehungen zwischen den beiden Kirchhoffschen Gesetzen.

Der durch die beiden Kirchhoffschen Gesetze ausgesprochene Zusammenhang zwischen den in einem Knoten auftretenden Strömen und den Spannungsunterschieden längs seiner Nachbarknoten, welche eine zugehörige Masche bilden, ist bereits in den analytischen Methoden, der Knotenspannungsberechnung und der Maschenstrommethode, unverkennbar hervorgetreten. Wir wollen nun vermittelst der graphischen Deutung der Kirchhoffschen Gesetze an Hand dreier Diagramme oder Bilder diesen Zusammenhang noch klarer hervortreten lassen[13]). Das erste Diagramm möge die Art der Leiterverbindungen, die Schaltung könnte man sagen, darlegen. In einem Knoten kommen mindestens drei Leiterzweige zusammen, während ein Zweig zwei Knoten verknüpft. Parallele Zweige können der Einfachheit halber durch einen einzigen gleichwertigen ersetzt werden. Wir zeichnen dieses Leiterdiagramm in eine Ebene so ein, daß die geraden Verbindungsleiter sich möglichst wenig kreuzen, und gewinnen auf diese Art bei der geringsten Zahl falscher Knoten das einfachste ebene Bild des Leiterverbundes.

Dieses kann man sich aus einem räumlichen durch irgendwelche Projektion entstanden denken, wobei die falschen Knoten als Deckpunkte von Netzkanten des räumlichen Netzkörpers erkannt werden. Die Projektionen eines und desselben Netzkörpers geben selbstverständlich verwandelbare Leiterdiagramme, die zum selben einfachsten ebenen Diagramm führen müssen. Wir beziehen uns z. B. auf Fig. 122, worin die Knoten mit A, B, C, D, die Leiter mit a, b, . . . f, und die Maschen mit α, β, γ, δ bezeichnet sind. Das Netz hat 4 Knoten, 6 Leiter und 3 Maschen (die äußere unbegrenzte Maschenfläche δ nicht inbegriffen).

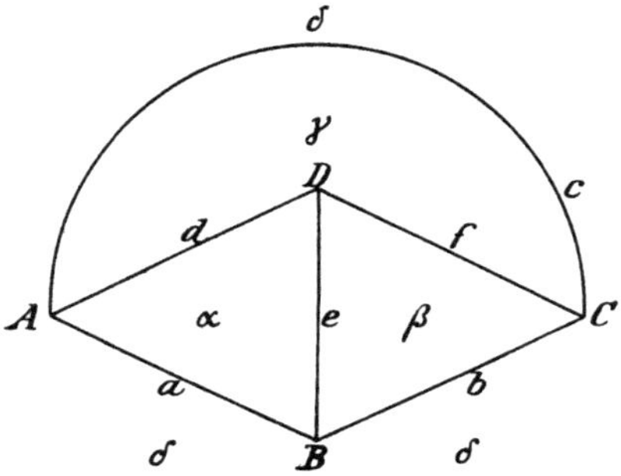

Fig. 122.

Das zweite Diagramm entsteht, wenn jeder Knotenpunktsspannung des Netzes ein diesem Werte entsprechender Punkt in der Ebene zugewiesen wird (Fig. 124). In O, dem Ursprung des Axensystems ist die Spannung Null, auf der X-Axe sind die Spannungen ohne Phasenverschiebung, auf der Y-Axe jene mit der Phasenverschiebung $^1/_2\ \pi$ aufgetragen. Man kann nun das Diagramm dadurch sich vereinfacht denken, daß man bei Betrachtung der Vektoren O A′, O B′ . . . die Verbindungslinien O A′, O B′ . . . wegläßt. Man erhält dann aus den übrig gebliebenen Endpunkten der weggelassenen Vektorlinien ein topographisches Diagramm, in welchem z. B. der Punkt A′ den Spannungswert des Knotens A, der Punkt B′ jenen des Knotens B markiert. Mehrere Knoten des Leiternetzes müssen daher, wenn sie gleiche Spannung besitzen, im topographischen Spannungsdiagramm (Fig. 123) zusammenfallen.

Das Spannungsdiagramm wird dem höchst reduzierten Leiterdiagramm vollends entsprechen müssen, weil dies Knoten und

Leiter von vornherein tun. Bezüglich der Maschen dagegen verweist das zweite Kirchhoffsche Gesetz darauf, daß die Umfangsspannungen eines Polygons, dessen Ecken wir erhalten, wenn wir, von einem Knoten ausgehend, die Spannungen der Reihe nach auftragen, sich schließen müssen. Wenn in einem Leiter eine EMK auftritt, so wird statt der geraden Verbindungslinie zwischen den zwei Knotenpunkten oder den ihnen entsprechenden Spannungs-

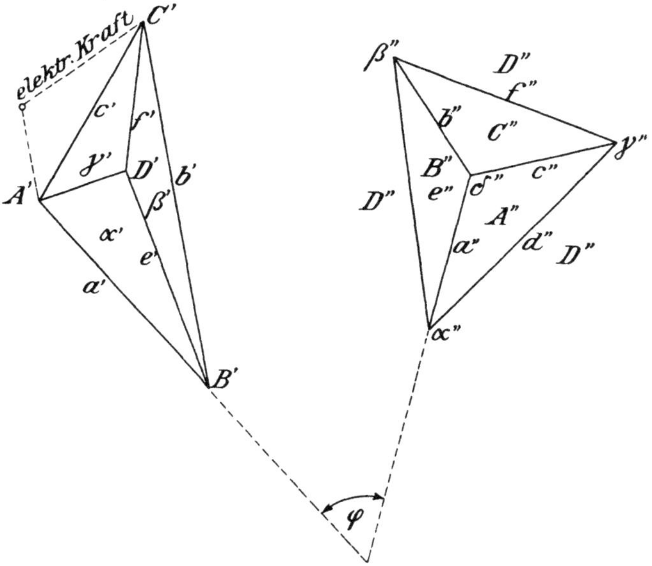

Fig. 123. Fig. 124.

werten im Spannungsdiagramm sich ein Winkelpunkt, jener EMK entsprechend, bilden müssen (in Fig. 123 links oben punktiert eingezeichnet), denn die EMKe unterscheiden sich von den Spannungswerten im wesentlichen nicht.

Das dritte Diagramm, welches sich bilden läßt, ist das Stromdiagramm (Fig. 124). In jedem Knoten des Leiterdiagramms muß nach dem ersten Kirchhoffschen Gesetz die geometrische Summe der Leiterströme Null sein. Zeichnet man die bezüglichen Polygone zu einem Diagramm zusammen, so entspricht darnach jeder Masche des Stromdiagramms ein Knoten des Spannungsdiagramms; aber nach obigem gilt auch zugleich das Umgekehrte. Die Linien der drei Diagramme entsprechen sich durchwegs. Sie stellen im ersten einen Leiter, im zweiten den Spannungsunterschied zwischen zwei Knoten, im letzteren den Strom zwischen zwei Maschen vor. Diese Beziehungen sind in Fig. 124) durch die bereits erklärte Buchstabenbeziehung ersichtlich gemacht.

Parallelgeschaltete Leiter im Leiterdiagramm verraten sich durch einen gebrochenen Linienzug im Stromdiagramm, denn die Schlußlinie stellt den äquivalenten Strom der einzelnen Ströme dar.

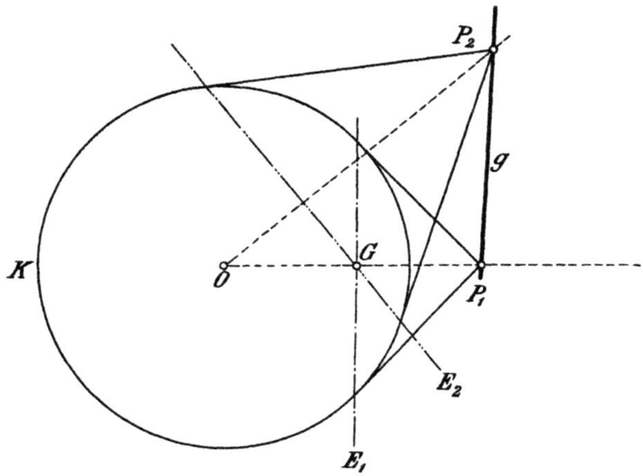

Fig. 125.

Zwischen den beiden Vektordiagrammen kann man eine natürliche Winkelbeziehung erkennen, sobald beide auf dieselben Axen bezogen werden. Will man nämlich den Phasenwinkel zwischen dem Strome und der ihn erzeugenden Endspannung eines Netzleiters finden, so braucht man nur den Winkel zwischen den bezüglichen Diagramm-Vektoren abzulesen. Die Einführung dieser Diagramme bringt auch völlige Klarheit in der Mehrdeutigkeit des Ausdruckes „Phasenunterschied". Man sieht, es kann sich dabei um die Phasenunterschiede zwischen zwei verschobenen Strömen, oder zwischen zwei verschobenen Spannungen, oder auch um den Phasenunterschied eines Stromes gegen seine oder gar eine fremde Spannung handeln.

Bei entsprechender Berücksichtigung der Längeneinheiten in obigen Diagrammen lassen sich weiter der Widerstand des Leiters und die in ihm verzehrte Energie, die erstere als Quotient, die letztere als Produkt, herauslesen[14]).

Die hier erörterten Beziehungen zwischen zwei Diagrammen sind, abgesehen von den ungleich großen Phasenwinkeln zwischen den sich entsprechenden Spannungs- und Stromvektoren, bereits in der Geometrie und Graphostatik völlig erforscht. Maxwell[15]), Cremona[16]), Cullmann[17]) und andere haben sich damit beschäftigt. Einiges kann hier kurz Platz finden.

Nimmt man eine Kugel K an (Fig. 125), deren Äquator in der Papierfläche liegt, so kann man jedem Punkte P_1 des Raumes eine durch seinen Selbstschatten bestimmte Polarebene E_1 eindeutig zuweisen, und umgekehrt. Einer Geraden g als Verbindung zweier Punkte P_1 und P_2 entspricht demnach der Schnitt der beiden Ebenen E_1 und E_2, d. i. die auf der Papierfläche senkrecht stehende Gerade G (g ist in der Figur als Senkrechte zu OP_1 angenommen worden). Diese reziproke Raumverwandtschaft, bei welcher dem Punkte die Ebene, der Geraden die Gerade, und der Ebene der Punkt zugeordnet sind, bleibt unverändert erhalten, sofern statt der Kugel irgend eine Fläche zweiter Ordnung gewählt wird. Bilden die Punkte P_1, P_2 . . . ein Raumpolyeder, so bilden die bezüglichen Ebenen E_1, E_2 . . . ein reziprokes. Projiziert man diese beiden Polyeder parallel zur Hauptachse der Fläche 2^0 auf eine zu ihr senkrechte Ebene, so erhält man reziproke Diagramme, deren entsprechende Geraden aufeinander senkrecht stehen, wie aus Fig. 125 sofort ersichtlich ist. In der Mechanik dreht man die eine Figur um 90^0, wodurch die zugeordneten Linien parallel werden, wie dies im speziellen Falle beim Kräfteeck und Seilpolypen zutrifft und elektrisch den Ohmschen Leitern entspricht. Da einer Ecke des Polyeders im anderen eine Fläche zugewiesen wurde, so wird in den ebenen Projektionen derselben, wie gewünscht, dem Knoten die Masche und umgekehrt der Masche ein Knoten entsprechen, womit der Zusammenhang beider Gebiete aufgehellt ist.

10. Transfiguration.

Die Umbildung von Netzen oder deren Teilstücken hat sich bereits mehrfach als Behelf zur Lösung von Fragen der Energieverteilung hervorgedrängt, und wir wollen nun dieses Prinzip weiter entwickeln.

Bei jeder Netzverwandlung werden sich im allgemeinen die bezüglichen Spannungs- und Strombilder, wie wir sie im vorhergehenden kennen lernten, verändern. Sind die Netzveränderungen stetiger Art, so werden die zugeordneten Punkte jener Diagramme Kurven beschreiben. Auf diese Weise kann z. B. der Einfluß untersucht werden, den das Zu- oder Abnehmen eines einzigen Widerstandes im Netze auf die allgemeine Energieverteilung ausübt; oder es kann die Frage gestellt werden, wie sich Netze in andere umgestalten lassen bei Einhaltung des Gesamtwiderstandes zwischen zwei gegebenen Knoten derselben, was zur sogenannten widerstandstreuen Transfiguration führt; oder es können Schaltungen in gewisser Beziehung durch gleichwertige ersetzt werden, u. s. w.

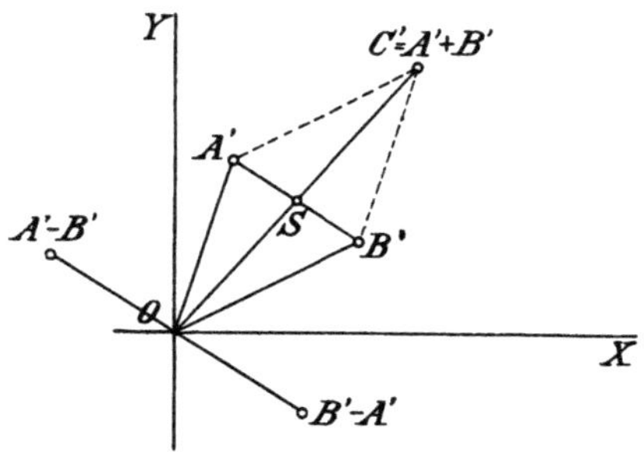

Fig. 126.

Als wirksames Mittel zu diesen Untersuchungen dient die topographische Methode der Vektoren-Darstellung, bei welcher statt des Spannungs- oder Stromvektors sein Endpunkt, also statt O A' einfach A' im Diagramm auftritt, und wie wir gleich zeigen wollen, auch in der Rechnung in Betracht kommt. Wir haben bei der Formelaufstellung eines Vektors schon erklärt, daß für den Wert desselben der Weg, auf welchem man von seinem Anfangs- zu seinem Endpunkt gelangt, gleichgültig ist, woraus hervorgeht, daß der Vektor durch seine Formel vollständig und eindeutig festgelegt ist. Ist z. B. die Rede vom Spannungsvektor, so heißt dies, daß die Spannung A nur durch den Unterschied gegenüber der Spannung Null im Ursprung O gemessen wird, daß also der Vektor $OA' = A' - O = -(O - A') = -(A'O)$. (Fig. 126.) Ebenso gilt für eine zweite Spannung $OB' = O - B'$. Da aber nach den erklärten Regeln der Richtungsgrößen in Fig. 126 $A'B' =$

$A'O + OB' = (O - A') + (B' - O) = (B' - A')$ ist, so sieht man, daß der Spannungsunterschied zwischen zwei beliebigen Werten $B' - A'$ durch $A'B'$ dargestellt wird. Ferner ist ebenso $OC' = OA' + A'C' = A' - O + C' - A' = C' - O$.

Die Spannung im Diagonal-Mittelpunkt S ist die Hälfte jener im Punkte C (da sich die Diagonalen eines Parallelogramms gegenseitig halbieren) und beträgt $\frac{1}{2}(A' + B') = S$, oder $A' + B' = 2\,S$. d. h. der Halbierungspunkt von $A'B'$ kann als Ersatz seiner Spannungswerte A' und B' dienen, sofern ihm die doppelte Maßzahl oder Wertigkeit beigelegt wird. In diesem Sinne kann dann den Spannungswerten A' und B' die ursprüngliche Maßzahl oder Wertigkeit „Eins“ zugedacht werden, durch deren Addition die Wertzahl ihres Mittelpunktes oder ihres Äquivalenzpunktes sich ergab. Hat man nun einen dritten Spannungswert D zu A' und B' hinzuzufügen, so kann $2\,S$ mit D verbunden werden und es wird $A' + B' + D = 3\,S$. Ebenso wird der Mittelpunkt von n Punkten das arithmetische Mittel der Werte der n Punkte sein. Man erkennt, daß dann $n\,S = A' + B' \ldots + N$, wobei die Operationen im allgemeinen nach den Gesetzen der Richtungszahlen auszuführen sind. Die Mechanik legt den Punkten die Gewichte als Maßzahlen bei, wobei dann dem Schwerpunkte die ganze Masse der einzelnen Punkte zugewiesen wird. Je nachdem man sich einen Punkt (ob Spannungs-, Strom- oder Massenpunkt) aus zwei oder mehreren entstanden denkt, kann man sich nach obigem Sinne seinen Lagewert mit einer Maßzahl multipliziert denken und somit ein sogenanntes Punktprodukt erhalten. In diesem Sinne kann man die ursprünglichen Punkte als einfache, die abgeleiteten als mehrfache bezeichnen. Für den Äquivalenzpunkt S zweier Punkte αA und βB wird sich darnach $(\alpha + \beta)\,S = \alpha A + \beta B$ ergeben. Das Punktprodukt des Mittelpunktes wird also laut seiner Definition der Summe der einzelnen Punktprodukte gleichgesetzt[18]).

Das Superpositions-Prinzip gestattet nun nach dem vorstehenden eine neue Formulierung. Die in einem Knoten oder Leiter auftretenden sukzessiven Spannungen oder Ströme können durch die n-fache Spannung oder den n-fachen Strom ihres Mittelpunktes (Schwerpunktes) ersetzt werden.

Soll ein Knoten S (Fig. 127) mit seinen Nachbarknoten sich im Gleichgewichte bezüglich der Stromverteilung befinden, so muß nach Kirchhoff, wie erörtert,

$$\Sigma_i = (V_1 - V + E_1) K_1 + (V_2 - V + E_2) K_2 + \ldots = 0 \quad . \quad 21)$$

wobei $K_1, K_2 \ldots$ die Leitfähigkeiten bedeuten. Aus dieser Gleichung ergibt sich unmittelbar

$$(V_1 + E_1) K_1 + (V_2 + E_2) K_2 + \ldots = V (K_1 + K_2 + \ldots) \, . \quad 22)$$

Sieht man in den K die Maßzahlen der Spannungen, so kommt man wieder auf den obigen Satz der Punktprodukte und erkennt, daß in diesem Sinne S den Äquivalenzpunkt seiner Nachbarwerte bilden muß. Das gegebene Netz kann durch ein gleichwertiges

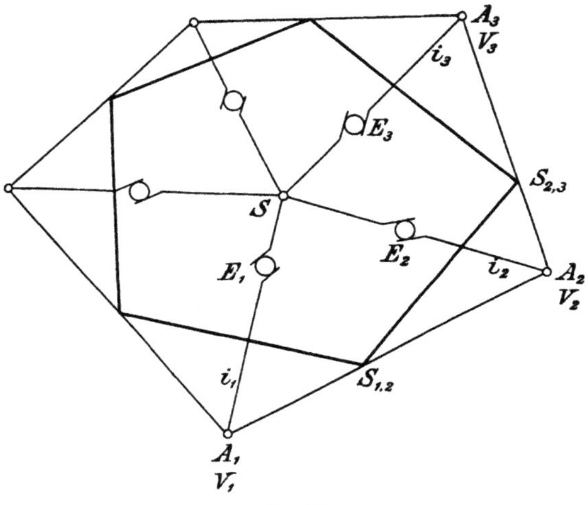

Fig. 127.

ersetzt werden, indem in jeder Seite aus den Eckenwerten die Seiten-Mittelpunkte $S_{1,2} \ldots$ als neue Eckpunkte ermittelt werden. Durch Fortsetzung dieses Verfahrens werden immer neue Polygone geschaffen, die den Äquivalenzpunkt S enger und enger umschließen.

Die gefundene Bedingungsgleichung (22) besagt aber auch, unter welchen Umständen ein polygonales Umfangsnetz durch ein sternförmiges und umgekehrt ersetzt werden kann, wobei die anderen Teile des Netzes unverändert bleiben. Wir wollen diese Transfiguration für drei, resp. vier gegebene Knoten eines Netzes eingehender betrachten.

Vorerst werde die Aufgabe für Gleichstrom behandelt.

A, B, C seien die gegebenen Eckspannungen; a, b, c die gegenüberliegenden Seitenwiderstände (Fig. 128). Hieraus kann man unmittelbar die Eckströme J_A, J_B, J_C und die Ströme in den Dreieckseiten i_a, i_b, i_c ermitteln. Für den gesuchten Schenkelwiderstand α der widerstandstreuen Sternschaltung findet man sofort

$$\alpha J_A = \alpha (i_c + i_b) = \alpha \left(\frac{A - B}{c} + \frac{A - C}{C} \right) = A - D \quad (M)$$

und analoge Beziehungen ergeben sich für β und γ. Jedem beliebig gewählten Werte der Spannung D liessen sich also drei zusammengehörige Werte α, β, γ (ein Tripel) zuweisen. Um das Verständnis zu erleichtern, werde die weitere Entwicklung an Hand eines Zahlenbeispiels durchgeführt, dem die in Fig. 128 (oben) eingetragenen Zahlenwerte entsprechen.

Nehmen wir für D beispielsweise die Spannung mit 80 Volt an, so ergibt die Substitution in obige Gleichung (M) für

$$\alpha = 1{,}06, \quad \beta = 4{,}66 \quad \text{und} \quad \gamma = 3{,}33 \text{ Ohm.}$$

Um der Entstehung dieser Werte nachzugehen, fragt es sich, wie die Sternschaltung aus der Dreieckschaltung entstanden gedacht werden kann. In jeder der drei Seiten der letzteren befindet sich je ein Punkt mit der Spannung D (hier 80). (Fig. 129.) Die 3 Seiten tragen also 6 Widerstandsstücke, welche die merkwürdige Eigenschaft besitzen, daß das Produkt je dreier nicht benachbarter einander gleich ist (bis auf den Zeichenwechsel): außerdem liegen diese drei Spannungspunkte auf der Niveaulinie D = 80 Volt, sofern es sich um die Widerstandsfigur handelt (was dem alten Satze von Menelaus und dem reziproken Ceva-Carnotschen Satze der Geometrie entspricht). Ein leitendes Widerstandsdreieck ABC läßt sich bei Gleichstrom also jederzeit auf einen Rost leitend stützen, der aus parallelen, isolierten Metallstäben von bestimmter Richtung besteht. Schiebt man nun jene drei Punkte D_a, D_b und D_c zu D zusammen (Fig. 130) und ersetzt je zwei in einem Eckpunkte sich begegnende Widerstände durch den äquivalenten, so ist die Verwandlung von der Dreiecks- zur Sternschaltung vollzogen.

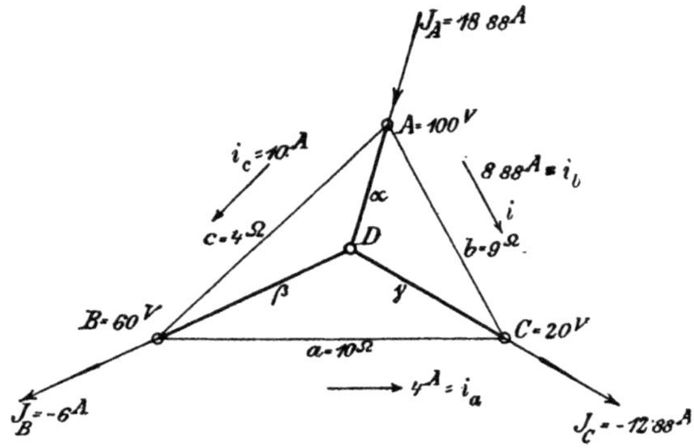

Fig. 128.

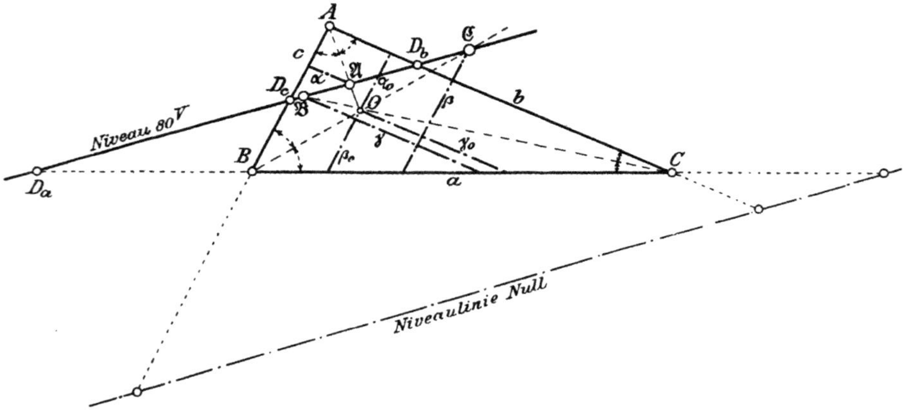

Fig. 129.

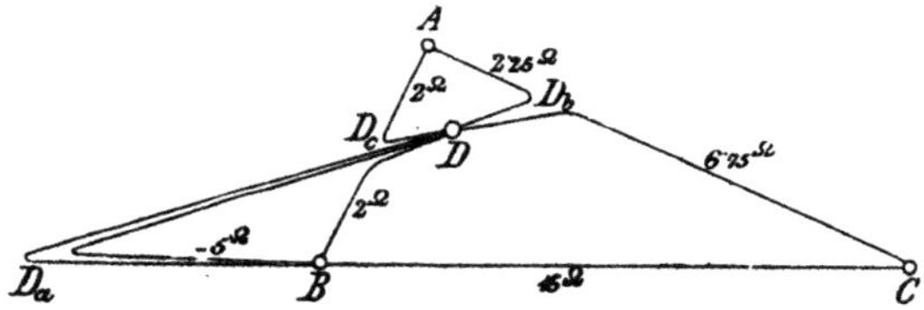

Fig. 130.

Es ist also für die Ecke A:

$$\frac{1}{2} + \frac{1}{2,25} = \frac{1}{1,06},$$

für die Ecke B:

$$\frac{1}{-5} + \frac{1}{2} = \frac{1}{3,33}$$

und für C ist:

$$\frac{1}{6,75} + \frac{1}{15} = \frac{1}{4,66},$$

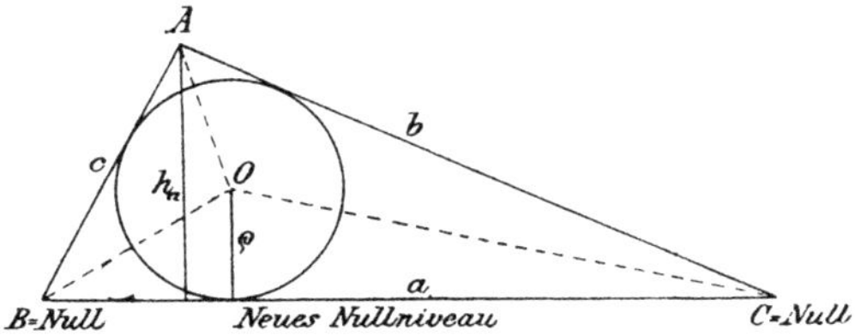

Fig. 131.

was mit den obigen Werten für α, β und γ übereinstimmt. Diese Parallelschaltung können wir aber auch graphisch nach Fig. 56 und 65 aus Kapitel II) vornehmen. Jeder Winkel bei A, B, C ist zu halbieren (Fig. 129) und mit der Niveaulinie 80 Volt zum Schnitt zu bringen. Durch diese letzteren werden Parallele zu den Seiten des Dreiecks gezogen, wodurch sich α, β, γ sofort ergeben. Für die bevorzugte Niveaulinie, welche durch den Schnittpunkt der Winkelhalbierenden O, den Mittelpunkt des Kreises geht, fallen auch jene Punkte $\mathfrak{A}$, $\mathfrak{B}$, $\mathfrak{C}$ zusammen und diese Sonderwerte α_0, β_0, γ_0 sind von der Richtung der Niveaulinie unabhängig; (d. h. sie werden von den Spannungswerten A, B, C selbst nicht beeinflußt. Um den Spannungswert D des Punktes C zu ermitteln, werde der Einfachheit halber die neue Niveaulinie Null durch BC gelegt. Dann verhalten sich nach Fig. 131 die Spannungen $A : D = h_a : \rho$, und da die doppelte Dreieckfläche ABC gleich $(a + b + c)\,\rho = h_a \,.\, a$, so folgt für $B = C = 0$ das bezügliche

$$D = \frac{A\,a}{a + b + c},$$

das, in Gl. (M) substituiert, für den gesuchten Schenkelwiderstand der Sternschaltung ergibt:

$$\alpha = \frac{b \cdot c}{a + b + c} \quad \ldots \ldots \ldots \quad 23)$$

d. h.: α ist gleich dem Produkte der Nachbarseitenwiderstände dividiert durch den Umfangswiderstand. Für unser Beispiel ist

$$\alpha = \frac{4 \cdot 9}{10 + 9 + 14} = 1{,}56; \quad \beta = 1{,}74; \quad \gamma = 3{,}9.$$

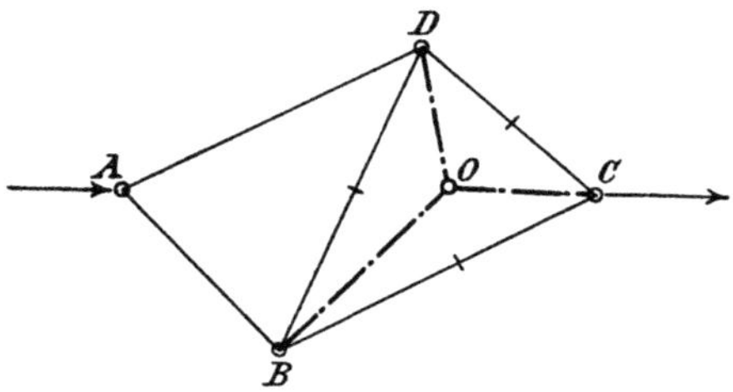

Fig. 132.

Auf kürzerem Wege führt der Satz über Punktsummen (oder der Satz der Mechanik über Momente) zum Ziele. Läßt man z. B. die drei Seiten a, b, c in den Ecken als Maßzahlen (resp. als

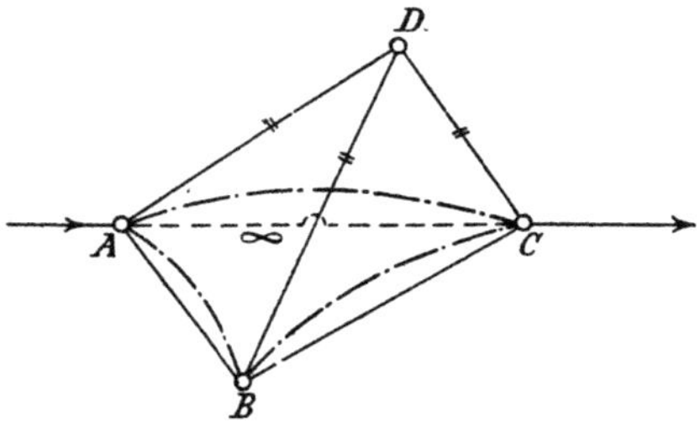

Fig. 133.

Gewichte) wirken, während D den Mittel-(oder Schwer-)Punkt bildet, so hat man:

$$A \cdot a + B \cdot b + C \cdot c = D \cdot (a + b + c) \quad \ldots \quad 24)$$

woraus sich D findet. In Gl. (M) substituiert[19]), folgt sofort Gl. 23.

Aus den obigen Beziehungen geht hervor, daß sich die Seiten a : b : c wie die Leitfähigkeiten der Schenkelwiderstände verhalten

$$\alpha^{-1} : \beta^{-1} : \gamma^{-1} = K_\alpha : K_\beta : K_\gamma \quad \ldots \quad 25)$$

Läßt man in A, B, C diese Beträge als Maßzahlen oder Gewichte wirken, so findet man

$$D(K_\alpha + K_\beta + K_\gamma) = A K_\alpha + B K_\beta + C K_\gamma \quad . \; . \quad 26)$$

was der Gleichung (24) entspricht.

Für die Leitfähigkeit eines Seitenwiderstandes resultiert die analoge Formel, wie früher für den Schenkelwiderstand, nämlich

$$K_a = \frac{K_b \cdot K_c}{K_a + K_b + K_c} \quad . \; . \; . \; . \; . \; . \quad 27)$$

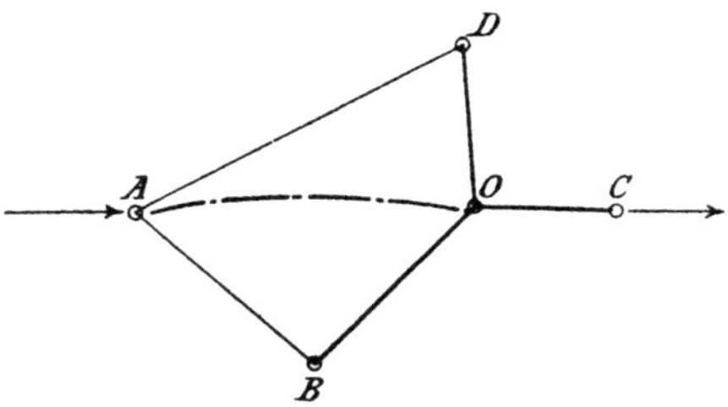

Fig. 134.

Diese Beziehungen bleiben ohne weiteres auch für Wechselstrom und allgemeine Widerstände erhalten, denn die Rechnung basiert auf den Kirchhoffschen Gesetzen. Nur würden für solche Widerstände die physikalische und räumliche Auslegung eine sinngemäße Eweiterung erfordern, während das gewonnene Resultat erhalten bleibt.

Soll die Wheatstonesche Brückenschaltung (Fig. 132) untersucht werden, so genügt die Hinzufügung eines neuen Sternknotens O, um die Seitenwiderstände BC, CD und DB zu entfernen, und die neuen BO, CO, DO einspringen zu lassen. Nun lassen sich aber AD + DO mit AB + BO als parallelgeschaltete Widerstände zusammensetzen, die mit OC in Serie liegen. Dadurch läßt sich graphisch oder rechnerisch die Aufgabe in einfachster Weise, sowohl für Gleich- als für Wechselstrom überblicken.

Statt die Lösung durch Vermehrung der Knotenzahl zu erreichen, kann man auch den fehlenden Diagonalleiter AC von unendlichem Widerstande einfügen und den Stern D mit den Schenkeln (Fig. 133) DA, DB, DC auf das widerstandstreue Dreieck

ABC transfigurieren und die neuen Dreieckseiten mit den bereits vorhandenen parallel schalten (Fig. 134).

Als zweites Beispiel sei auf die sogenannte Gegenschaltung (Fig. 135) hingewiesen. Bei derselben läßt sich auf ganz gleiche Weise durch stufenweises Einbringen von neuen Knoten O_1 und O_2 und hierdurch erreichtes Öffnen von Maschen der Gesamtwiderstand zwischen BC finden.

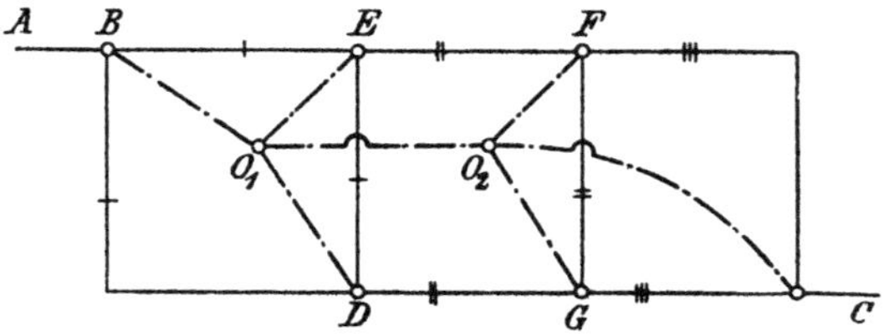

Fig. 135.

Die Methode, mit den Widerständen direkt zu operieren, kann sich naturgemäß nur auf Fälle „konstanter" Induktanz beziehen; trotzdem lassen sich, mit für die Leitungsberechnung völlig genügender Genauigkeit, Transformatoren, Induktionsmotoren u. s. w. in den Kreis dieser Betrachtung ziehen. Es läßt sich z. B. jeder gute Transformator bezüglich seines Verhaltens in der Leitung durch die in Fig. 136 ersichtliche Sternschaltung von Richtungswiderständen ersetzen[20]).

Der gegebene Transformator mit dem Übersetzungsverhältnis n wird vorerst der Einfachheit halber durch einen anderen mit $n = 1$ ersetzt, dessen sekundärer Gesamtrichtungswiderstand auf das n^2-fache erhöht ist. Dann wird statt der getrennten primären und sekundären Windungen die in der Figur gekennzeichnete Sternschaltung eingesetzt, bei welcher $\mathfrak{R}_1$ den primären, $\mathfrak{R}_m$ den der Magnetisierung entsprechenden, $\mathfrak{R}_2$ den sekundären inneren und $\mathfrak{R}''$ den sekundären äußeren Richtungswiderstand bedeuten. Die vorliegende Leiterkombination ist leicht zu betrachten: OBC gibt parallel geschaltet mit OC den äquivalenten Richtungswiderstand $\mathfrak{R}'$, welcher um AO zu vermehren ist. Also ist unmittelbar

$$\mathfrak{R} = \mathfrak{R}_1 + \frac{1}{\mathfrak{R}_m^{-1} + [n^2(\mathfrak{R}_2 + \mathfrak{R}'')]^{-1}} \quad . \quad . \quad 24\text{b})$$

Will man die primäre und sekundäre Spannung rasch ermitteln, so transformiere man vorher widerstandstreu den Stern in das Dreieck ABC.

Induktionsmotoren können als Transformatoren betrachtet werden mit dem Umsetzungsverhältnis $a^2 : s$, wobei a das Verhältnis der Windungszahlen und s die Schlüpfung bedeutet. Daher gilt für sie eine dem Transformator entsprechende Formel[21]), wie wir bereits ausführlich darlegten.

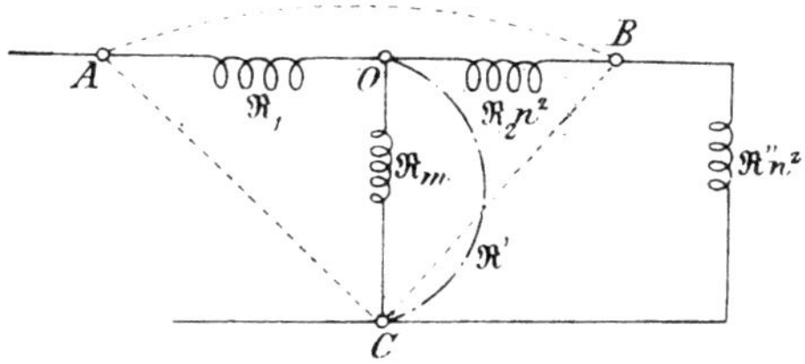

Fig. 136.

Wir haben auch bereits den Einfluß studiert, den die Veränderung des absoluten Wertes eines Richtungswiderstandes hervorbringt, soferne sein parallelgeschalteter Widerstand konstant verbleibt (Kapitel II, Fig. 74). Während der Endpunkt des veränderlichen Widerstandes eine Gerade beschreibt, erzeugt der abhängige Endpunkt des resultierenden Widerstandes einen Kreis. Würde hierbei die angelegte elektromotorische Quelle konstante Spannung halten, so müßte die Stromstärke bei den vorausgesetzten Widerstandsänderungen einen Kreis beschreiben und umgekehrt, wie dies auch z. B. für jeden guten Transformator nach der erläuterten Ersatzschaltung erklärlich wird[22]).

Solche Kreislinien haben wir auch bei Betrachtung eines einzigen Leitungsstückes mit veränderlichen Ohmschen oder induktiven Widerständen erhalten. Diese einfache Kreisbeziehung zwischen dem Spannungsunterschiede der Endknoten eines Leiters und seiner Leitfähigkeit besteht auch fort, wenn sich anstatt des parallelgeschalteten Zweiges ein beliebiges Netz an den betrachteten Leiter angliedert. Denn dieses Netz lässt sich bezüglich eines Anschlußleiters durch einen gleichwertigen Leiter ersetzen, auf den eine EMK (nach Größe und Richtung) gleich demjenigen Spannungsunterschiede wirkt, welcher im Netze an den Anschlußstellen vor Anlegung des Zweigleiter bestand. Durch dessen Veränderung werden diese Endspannungen nach dem Kreisdiagramm mitgeändert. Diese Veränderungen wirken in das Netz geradeso, wie eine neue äußere EMK und sie fügt zu allen übrigen Knotenspannungen des Netzes Spannungen, welche Kreise beschreiben[23]).

Nach diesen Erörterungen über die Eigenschaften der Spannungs- und Stromverteilung in Netzen müssen wir zum Schlusse noch der durch jene bedingten Energieverteilung unsere Aufmerksamkeit zuwenden.

11. Energieverteilung.

Aus den Spannungs- und Stromdiagrammen ergab sich auch unmittelbar die Verteilung der Energie, indem für jeden Leiterzweig die Teilenergie sich als Produkt der betreffenden Vektoren ermitteln ließ. Die Summe aller dieser Teilenergieen muß nach dem Prinzip von der Erhaltung der Energie den Gesamtwert Null ergeben, wenn vorausgesetzt werden darf, daß keine Wirkungen nach außen, etwa auf andere Netze ausgeübt werden. Es muß also, anders ausgedrückt, die Summe der leistenden Teilenergieen gleich jener der empfangenen sein: die Wirkung muß der Gegenwirkung entsprechen. Von den geleisteten Energieen wird ein Teil zur Überführung von den Energieerzeugern zu den Konsumenten verausgabt. In diesem Sinne werden die bezüglichen Energiebeträge als dem Hauptzwecke nicht unmittelbar dienlich und deshalb als Verlustbeträge angesehen.

Um die vorstehenden Erklärungen vollständig, nicht nur für Gleichstrom, sondern namentlich für Wechselstrom bei gerichteten Widerständen zu erfassen, knüpfen wir an eine allgemeine Auffassung des Begriffes „Arbeit" eines Wechselstromes an. Diese werde als das Produkt

$$\mathfrak{A} = \mathfrak{J} \cdot \mathfrak{V} = J_\alpha \cdot V_\beta \quad \ldots\ldots \quad 28)$$

angesehen. Soll dieses als Planvektor $\mathfrak{A}$ gezeichnet werden, so gilt nach früheren Auseinandersetzungen, daß $\mathfrak{A}$ die Größe J . V mit der Ablenkung $(\alpha + \beta)$ bedeuten muß. Bezeichnen wir die Komponenten von $\mathfrak{A}$ in Richtung der X und Y-axe mit A′ und A″, so ist demnach

$$A' + j\,A'' = J\,V \cos(\alpha + \beta) + j\,J\,V \sin(\alpha + \beta) \quad . \quad 29)$$

Denken wir uns die Stromstärke auf die Spannung projiziert, so setzen wir also $\beta = 0$ und dann erscheint $\mathfrak{A}$ mit $\mathfrak{J}$ um den Zwischenwinkel φ zwischen beiden Vektoren gegen die Spannung abgelenkt. Wenn dagegen die Spannung auf die Stromstärke projiziert, also $\alpha = 0$ gesetzt wird, kommt derselbe Zwischenwinkel φ, aber diesmal mit negativem Zeichen in die Rechnung. Demnach ist die Arbeit im ersten Falle

$$\mathfrak{A}_1 = \mathfrak{J}\,\mathfrak{V} = \mathrm{J\,V} \cos\varphi + \mathrm{j\,J\,V} \sin\varphi$$

und im zweiten Fall

$$\mathfrak{A}_2 = \mathfrak{V}\,\mathfrak{J} = \mathrm{J\,V} \cos\varphi - \mathrm{j\,J\,V} \sin\varphi.$$

Das allgemeine Produkt besteht demnach aus zwei gesonderten Teilen, die sich als Produkt der beiden absoluten Vektorwerte J und V in den Cosinus resp. Sinus ihres Zwischenwinkels darstellen. Den ersten Teil, die effektive Arbeit, haben wir bereits auf S. 51 erläutert. Dieselbe kann als das Produkt aus dem einen Faktor und der Projektion des zweiten auf den ersten angesehen werden. Mit Rücksicht darauf, daß diese Projektion also innerhalb der Richtung des ersteren fällt, kann man dieses Produkt als inneres bezeichnen. Die Fläche des Parallelogramms der beiden Vektoren, in Flächeneinheiten ausgedrückt, muß demnach gleich diesem inneren Produkte sein. Gleichwie das Produkt zweier Längen zur Fläche führt, führte das Produkt zweier einfachen rotierenden Vektoren zu rotierenden Vektoren mit doppelter Periode. Das innere Produkt zweier senkrecht aufeinander stehenden Vektoren ist, da die Projektion des Vektors auf den anderen Null wird, gleichfalls Null.

Der zweite Teil des Ausdruckes stellt die fingierte oder impotente Leistung dar, wie sie ein Franzose halb ernsthaft, halb scherzend, aber ganz zutreffend bezeichnete. Wir haben die Bedeutung dieses Teiles bereits erörtert; er bezieht sich auf die wattlose Leistung, die Energieaufspeicherung und Wiedergewinnung, welche der Selbstinduktion oder Kapazität entspricht. Wirkliche Arbeit leistet ein Strom J im Ohmschen Widerstande R im Betrage $\mathrm{J^2 R = V^2 : R = J V} \cos\varphi$, während derselbe Strom bei induktiven Widerständen auch noch die effektlose Arbeits-Komponente $\mathrm{J V} \sin\varphi = \mathrm{J^2 (L}\,\omega)$ erzeugt, die zur Schaffung und Vernichtung des Magnetfeldes dient. Bei der Bewegung wirklicher Massen entspricht ihr die Trägheit der Massen. Die Mechanik erklärt als Arbeit einer Kraft ihr Produkt mit dem in ihrer Richtung genommenen Weg, was dem inneren Produkte der Geometrie gleichkommt, während sie als äußeres Produkt das Moment einer an einem Hebelarm wirkenden Kraft kennt. Daraus erklärt sich, warum eben beim äußeren Produkte die Faktoren-Vertauschung einen Zeichenwechsel bedingte, denn hier wie dort handelt es sich um einen Wechsel im Drehungssinne. Mit dem erweiterten Begriffe der Arbeit als doppeltperiodischen Vektor stellt sich das oben angeführte Prinzip von der Erhaltung der Energie oder der Satz über die Summe der Energieen in einem Leiternetze in der Weise dar, daß die Vektorenfolge aller Energiezweige sich schließen muß.

Um die Summe der in einem Leiternetz durch die Joulesche Arbeit in Wärme umgesetzten Energie zu betrachten, greifen wir auf das Beispiel der Wheatstoneschen Brücke Fig. 132 zurück. Die Summe der in den Leiterzweigen durch Wärme verwüsteten Energie, die wir Verteilungsfunktion F nennen möchten, während sie in der englischen Literatur als Dissipationfunktion, das ist Zerstreuungsfunktion, bezeichnet wird, ergibt sich wie folgt:

$$F = A(y-x)^2 + E(y-z)^2 + D(y-0)^2 + \dots$$

Die Maschengleichung für y war:

$$-Ax + (A+E+D)y - Ez = 0$$

oder anders geordnet:

$$A(y-x) + E(y-z) + Dy = 0 = \left(\frac{\partial F}{\partial y}\right) \quad . \quad 30)$$

was dem partiellen Differential-Quotienten $\left(\frac{\partial F}{\partial y}\right)$ entspricht. Darnach sind also alle Maschengleichungen nichts anderes, als die partiellen Differential-Quotienten der Zyklenströme. Um den Beweis bezüglich des Minimums vollständig zu gestalten, müßte noch auf den zweiten Differential-Quotienten $\left(\frac{\partial^2 F}{\partial y^2}\right)$ als positive Größe eingegangen werden, was auf die charakteristische Determinante des Netzes abermals führen würde, hier aber nicht weiteres Interesse bietet.

Vermittelst des Ohmschen Gesetzes ließen sich die Kirchhoffschen ableiten, wobei das Prinzip der Kontinuität der Strömung in allen Querschnitten für Momentanwerte oder für Gleichstrom als Stütze diente. Die Erhaltung der Energie erfordert aber gleichfalls das analoge Gesetz und darum konnte man sofort schließen, daß die Kirchhoffschen Gleichungen resp. die Maschengleichungen ebenfalls jener Verteilung einer gegebenen Energie in einem Netze genügen, bei welchen der Energieaufwand zu einem Minimum wird, wie oben bewiesen.

Was aber für Gleichströme Geltung besitzt, steht für Momentanwerte zu Recht. Aus diesen überträgt sich die Gültigkeit auf die gerichteten Größen. Das Minimum dieser letzteren erheischt aber die gleiche Bedingung für die Komponenten, was so viel heißt, daß nicht nur die Jouleschen Wärmemengen, sondern auch diejenigen für die effektlosen oder fingierten Arbeitssummen in einem Netze, welche nach den Kirchhoffschen Gleichungen berechnet sind, Mindestwerte ergeben. Dieses Gesetz hat, wie hervorgehoben werden soll, nur für den beharrlichen Zustand einer Energieverteilung Gültigkeit, aber dann sogar für die Verteilung über den Querschnitt eines dicken Leiters aus Kupfer oder schwach magnetisiertem Eisen und auch für induktiv durch die Luft aufeinander wirkende Netze.

Diese über die ursprünglichen Annahmen hinausreichende Gültigkeit dieses Prinzipes läßt es wie eine Beschwörungsformel für alle vorkommenden Fälle erscheinen, gleichwie dies in der Mechanik mit den allgemeinen Sätzen über das Eulersche Prinzip der kleinsten Wirkung, dem Gaußschen Prinzip des kleinsten Zwanges, dem d'Alembertschen Satze der virtuellen Geschwindigkeit resp. Arbeiten und anderen der Fall ist. Die fingierte, tatsächlich ja nicht mögliche Ablenkung eines Punktes von seiner freien Bewegung entspricht dabei vollkommen der unzutreffenden Annahme eines den Kirchhoffschen Gesetzen nicht entsprechenden Stromes. Und diese Analogie zwischen den mechanischen und elektrischen Erscheinungen ist, wie Maxwell gezeigt hat, eine in jeder Beziehung vollkommene, die elektrischen Leitungen werden von ihm als mechanische Systeme von mehreren Freiheitsgraden und die magnetische Energie als die lebendige Kraft dieser Systeme aufgefaßt[24]).

Solche weitherrschenden Prinzipien, wie die vorerwähnten, haben schon wiederholt zu dem Gedanken geführt, daß die Natur in ihrer Weisheit überhaupt mit dem kleinsten Aufwande von Mitteln die größten Effekte erzielt. Es ist hier nicht der Ort, auf diese Prinzipien der Lehre von der Zweckmäßigkeit in den Einrichtungen der Welt weiter einzugehen, aber es war auch kein

Grund vorhanden, den Ausblick auf den Zusammenhang der verschiedensten Gebiete hier zu unterdrücken.

Das Kapitel III gab die allgemeinen Lehren der Netze. Wir hielten bei ihrer Vorführung im allgemeinen den analytischen Weg vom Allgemeinen zum Speziellen ein. Es sei das Gleichnis wiederholt: Um eine Gegend von einer Anhöhe aus kennen zu lernen, genügt es nicht, vom Gipfel derselben auf die Landschaft Ausblick zu halten, sondern man muß auch in der Landschaft selbst Umschau halten. Wenn der Berg steil ist, so empfiehlt es sich, daß Ungewöhnte diese Umschau innerhalb der Landschaft selbst zuerst vornehmen.

Das folgende Kapitel wird die Entwickelungen synthetisch an Hand der praktischen Netze vorführen und mit diesem allgemeinen Kapitel Fühlung nehmen; es dürfte aber für den Anfänger angezeigt sein, dieses folgende Kapitel zuerst genauer zu studieren und an Hand der so gewonnenen orientierenden Kenntnis des Terrains sich in das hier beendete Kapitel zu vertiefen, das ihm dann erst den vollen Überblick über das ganze Gebiet gestattet.

---

[1]) Zur weiteren Ausbildung führen wir aus der Literatur der Determinanten an:

Dr. P. Mansion: Einleitung in die Theorie der Determinanten. Dr. Rich. Baltzer, Theorie und Anwendung der Determinanten. Emil Wälsch, Über eine geometrische Behandlung der Elemente der Determinanten-Theorie. Monatshefte f. Math. u. Phys. IX. Jahrg.

[2]) Dr. Ernst Mach, Die Mechanik in ihrer Entwicklung. 3. Aufl. S. 147.

[3]) v. Helmholtz, Poggendorfs Annalen 89; S. 211, 353; 1853.

[4]) Kirchhoff, Poggendorfs Annalen 72; S. 497; 1847. Gesammelte Abhandlungen S. 23.

[5]) S. Kalischer, Zur Theorie und Berechnung der Stromverteilung in linearen Leitern. E.T.Z. 1892, S. 215.

[6]) Wissensch. Abhandlungen I, S. 435; ferner E. Kohn, Das elektromagn. Feld, 1900, S. 141.

[7]) Dieser Satz ist identisch mit dem Eulerschen Polyedersatz, welcher $l - p = m - 2$ lautet. Dieser Unterschied erklärt sich durch den Umstand, daß beim planimetrischen Netz die eine Fläche (die Umrandfläche) nicht gezählt wird; z. B. bei der Tetraederfigur zählt man im Raume 4 Flächen, in der Ebene als planimetrisches Netz nur 3 Flächenteile, resp. Maschen.

[8]) J. A. Fleming: Problems on the distribution of electric currents in networks of conductors, treated by the Method of Maxwell — read

before the Physical Society on June 27, 1885; ferner E. C. Rimington, Kirchhoff's Laws and their application 1888.

[9]) Dr. Sig. Günther, Darstellung der Näherungswerte von Kettenbrüchen in independenter Form, 1873.

[10]) Kennelly: Transactions of the American Institute of Electrical Engineers 1893, April Vo. X/4 S. 173 und R. Ulbricht: Über Wechselstromverzweigungen, E.T.Z. 1892, Heft 12.

[11]) E. Rosenberg: Über ein Phänomen bei Kurzschluß von Drehstrommaschinen. E. T. Z. 1901, S. 357. Hier wird ein räumliches Spannungsdiagramm eingeführt. Dem entspricht nach unserer Bezeichnung auch ein räumlicher Richtungswiderstand als Erweiterung des von uns bereits gegebenen in der Ebene. Der auf Seite 116 gelehrte Höhensatz erfährt noch eine Verallgemeinerung, sofern man sich den „räumlichen Richtungswiderständen", die auf drei Achsen bezogen sind, zuwendet. Nennen wir die im Endpunkte auf den Richtungswiderstand senkrecht errichtete Ebene seine Endebene, so läßt sich der Satz aussprechen, daß jeder räumliche Richtungswiderstand $\mathfrak{R}$ durch die drei Achsenstücke X, Y, Z parallel geschaltet wird, welche seine Endebene auf den Achsen abschneidet. Analog übertragen sich die übrigen Sätze. Die Z-Axe trägt z. B. den Widerstand, welcher dem dritten Oberton der Fourierschen Reihe entspricht. Will man noch mehr Glieder derselben berücksichtigen, so muß man zur Fiktion eines mehr dimensionalen Axensystems greifen. Aber alle bisherigen Resultate übertragen sich hierbei sinngemäß auf dieses.

[12]) O. S. Bragstad: E.T.Z. 1900 S. 252: Über die Wellenform des Drehstromes.

[13]) Robert A. Philip: Alternating current diagrams: El. World and Engineer, Bd. 34, S. 970, 1899.

[14]) Für Drehstrom ergibt der Satz sofort die Richtigkeit des folgenden: Die Energie eines Drehstromsystems mit 3 Leitungen läßt sich darstellen als Summe zweier Produkte von Spannungs- und Stromvektoren, bei denen die Beziehung besteht, daß der Phasenwinkel zwischen den Spannungsvektoren zusammen mit dem Phasenwinkel zwischen den Stromvektoren 180° bildet und die Winkel zwischen den Vektoren jedes der Produkte die gleichen sind. Dr. G. Stern, E.T.Z. 1900 S. 666.

[15]) Clerk Maxwell: Philosophical Magazine and Journal of Science, Bd. XXVII, 1864.

[16]) Luigi Cremona, deutsch von A. Migotti: Die reziproken Figuren in der graphisch. Statik, Zeitschr. österr. Ingenieure & Arch. Ver. 1873, S. 230.

[17]) C. Cullmann, Graphische Statik 1875, S. 317.

[18]) Die Graßmannsche lineare Ausdehnungslehre läßt sich auf die topographische Methode der Wechselstromlehre unmittelbar anwenden.

Görges: Über die graphische Darstellung des Wechselstrompotentials und ihre Anwendung, E.T.Z. 1898, Heft 11. Franklin Punga, Zeitschr. f. Elektr. 1901, S. 516.

[19]) Möbius hat 1827 in seinem baryzentrischen Kalkül die bezüglichen Lehren gegeben.

[20]) Kennelly, On the predetermination of the regulation in alternating current transformers: Electr. World and Engineer 1899, S. 343, und Steinmetz in seinem Werke über Wechselstromerscheinungen 1897, S. 178, ferner Heinke E. T. Z. 1899, S. 205.

[21]) Näheres über Ersatzschaltungen: Rud. Goldschmidt, Diagramme für Induktionsmotoren E.T.Z. 1900, S. 693. Herzog-Feldmann, Über widerstandstreue Umgestaltung elektrischer Leitungsnetze (Transfigurierung).

[22]) M. Schenkel, Geometrische Örter an Wechselstromdiagrammen E.T.Z. 1901, S. 1044 und O. S. Bragstadt: Graphische und experimentelle Bestimmung des Spannungsabfalls in Transformatoren E.T.Z. 1901, S. 821.

[23]) Ulbrich: Über Wechselstromverzweigungen E.T.Z. 1892, Heft 12.

[24]) Aug. Föppl, techn. Mechanik, IV. Bd., S. 320, 1899.

Viertes Kapitel.

Die Strom- und Spannungsverteilung in praktischen Netzen.

1. Allgemeines.

Die praktischen Leitungsnetze dienen dazu, die elektrischen Energieabgeber mit den Aufnehmern sowohl unter einander als gegenseitig möglichst wirtschaftlich zu verbinden. Die Energieförderung soll bei denselben vor allem mit einer verhältnismäßig geringen Energieabgabe für nicht besichtigte Wärmeerzeugung in den Leitern erfolgen, damit der Nutzeffekt dieses Transportes, d. i. das Verhältnis der für einen bestimmten Nutzzweck aufgenommenen elektrischen Energie zur aufgewandten ein günstiges sei. In den praktischen Leitungsnetzen wird man also drei Gruppen von Leiterteilen oder Widerständen, wie wir sie in dem vorhergehenden Kapitel bezeichneten, unterscheiden müssen. In der ersten Gruppe wirken die Quellen oder elektromotorischen Kräfte, welche die elektrische Energie aus einer andern Form, meist der mechanischen, hervorbringen. In der zweiten Gruppe wird diese elektrische Energie wirtschaftlich fortgeleitet und verteilt oder auch umgestaltet; sie stellt das Leitungsnetz im engeren Sinne dar. Die dritte Gruppe umfaßt die Nutzwiderstände. Als solche erscheinen die Glüh- und Bogenlampen, die elektrischen Motoren u. s. w. Daß diese Anschlußobjekte durch Widerstände, Ohmsche oder gerichtete, ersetzt werden können, ist bereits erörtert worden. Für jetzt genügt es aber festzuhalten, daß bei einer Parallelschaltung für eine gegebene Spannung solche Widerstände durch Stromstärken mit zugehörigen Phasenwinkeln ersetzt werden können und daß bei reiner Reihenschaltung für die konstante Stromstärke gerichtete Spannungen einspringen können. Bei den Leitungssystemen, deren praktische Entwicklung wir in der Einleitung bereits vorführten, reichen die genannten reinen Schaltungsweisen nicht aus. Die andrängenden Forderungen an die Elektrotechnik zwangen zu mannigfachen Lösungen, die nun in systematischer Weise, vom Allgemeinen zum Besonderen schreitend, entwickelt werden sollen, nachdem die vorbereitende Einführung nach obigem bereits vorausgesetzt werden darf.

2. Leitungssysteme.

Alle Leitungssysteme haben eine gemeinsame Eigenschaft: sie dienen der örtlichen Übertragung elektrischer Energie. Bei der Benützung dieser Leitungssysteme haben sich im Verein mit besonderen Ergänzungen die verschiedenen Verteilungssysteme entwickelt, bei welchen noch die zeitliche Übertragung in Frage kommt, wie wir später ausführlicher sehen werden. Die elektrische Energie setzt sich, wie wir bereits wissen, als Produkt aus zwei Faktoren zusammen: ihrer Spannung und ihrer Stromstärke. Aus den denkbaren Veränderungen in diesen beiden momentanen Faktoren ergeben sich die verschiedenen Systeme, so z. B. das der Hoch- und Niederspannung nach dem Werte des Spannungsfaktors, oder das der Transformatoren durch Vertauschung der beiden Faktoren u. s. w. Der zeitliche Verlauf dieses Produktenwertes kann entweder unveränderlich bleiben oder wechseln. Im ersteren Falle müssen beide Faktoren konstant wie bei Gleichstrom sein oder es müssen beide gleichzeitig wechseln. Verlassen wir nun die Momentanwerte der Faktoren und ihres Produktes und fassen deren Mittelwerte ins Auge. Als Elementarsysteme ergeben sich darnach die bereits erörterte Reihen- und Parallelschaltung. Bei der ersteren ist die Stromstärke konstant, ihr Diagramm also eine gerade Linie, während das beigeordnete Spannungsdiagramm einen geschlossenen Polygonzug bildet. Das Umgekehrte gilt für die zweite Schaltungsweise. Die gebräuchlichsten Systeme sind jedoch nicht von so einfachem Charakter, vielmehr bilden diese mehr oder weniger verwickelte Kombinationen der beiden Elementarsysteme.

a) Der Kettenleiter und seine Abarten.

Der Kettenleiter, welchen wir bereits behandelt haben, ist als nächstliegender dadurch in der Zweibildermethode gekennzeichnet, daß sowohl das Spannungs- als auch das Stromdiagramm aus Dreiecken bestehen.

Wegen der besonderen Wichtigkeit, welche dem Kettenleiter in der Praxis zukommt, wollen wir für denselben ein Zahlenbeispiel berechnen. Die Anfangsspannung betrage 3000 Volt, die Periodenzahl des Wechselstromes $\sim = 50$ in der Sekunde. Ferner sei

$R_1 = 260{,}88$; $R_2 = 341{,}1$; $R_3 = 200$ und $R_4 = 137{,}3$ Ohm.
$r_1 = 5{,}6$; $r_2 = 5{,}5$; $r_3 = 5$ und $r_4 = 4$ Ohm.
$L_1 = 544$; $L_2 = 1108{,}5$; $L_3 = 0$ und $L_4 = 446{,}2$ Millihenry.

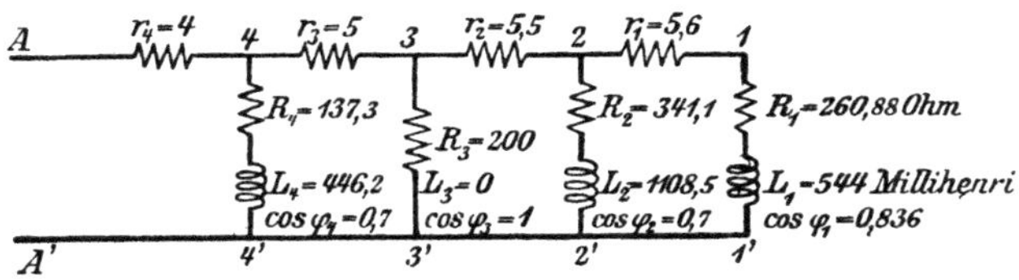

Fig. 137.

Die Bedeutung der Buchstaben ist aus der schematischen Fig. 137 zu entnehmen. Die einzelnen Querwiderstände sind 11', 22', 33' und 44', für welche $\cos\varphi_1 = 0{,}836$; $\cos\varphi_2 = 0{,}7$; $\cos\varphi_3 = 1$ und $\cos\varphi_4 = 0{,}7$ beträgt. Bei der Berechnung der Spannungs- und Stromverteilung nehmen wir vorerst willkürlich eine Endspannung an (1600 Volt) und bestimmen so die übrigen Spannungen, wie auch die Ströme des Systems. Wir erhalten hierdurch eine Anfangsspannung (1820 Volt), welche mit der gegebenen Anfangsspannung (3000 Volt) im allgemeinen nicht übereinstimmen wird. Bei unzutreffender Wahl der Endspannung werden auch alle übrigen, mittels dieser berechneten Spannungen und Ströme nicht die richtigen sein. Jedoch können die wirklichen Werte aus diesen leicht berechnet werden, indem man alle bereits ermittelten Spannungen und Ströme mit einer Verhältniszahl multipliziert $\left(\frac{3000}{1820}\right)$. Für die Endspannung von 1600 Volt ist der im Querwiderstande 11' fließende Strom $= \frac{1600}{\sqrt{260{,}88^2 + (314 \cdot 0{,}544)^2}} = 5{,}1$ Amp. Die Richtung der Spannung 11' wird beliebig gewählt. (Fig. 138.) Die Richtung des im 11' fließenden Stromes wird im Stromdiagramme (Fig. 139) bestimmt, indem wir einen dem $\cos\varphi_1 = 0{,}836$ entsprechenden Winkel an 11' anlegen. In dieser Richtung wird 5,1 Amp. aufgetragen. Der Spannungsverlust in 21 und 2′ 1′ ist gleich $5{,}1 \times 5{,}6 = 28{,}6$ Volt. Um diesen Wert im Spannungsdiagramme aufzutragen, ziehen wir zum Stromvektor 5,1 eine Parallele, auf welche der Wert 28,6 Volt aufgetragen werden kann, wodurch sich die Spannung in 22′ gleich 1620 Volt als Schlußlinie ergibt. Im Stromdiagramme wird zu 22′ eine Parallele

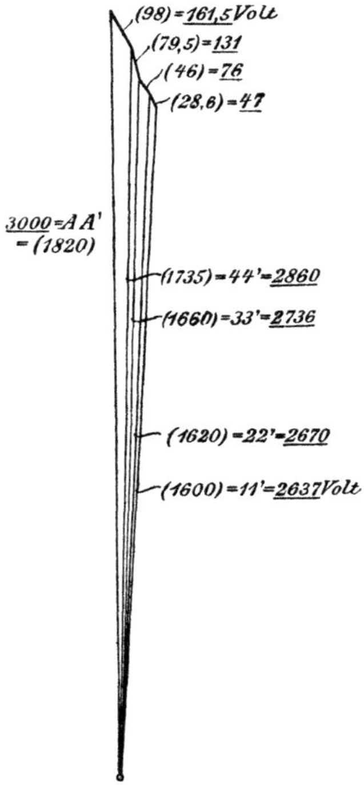

Fig. 138.

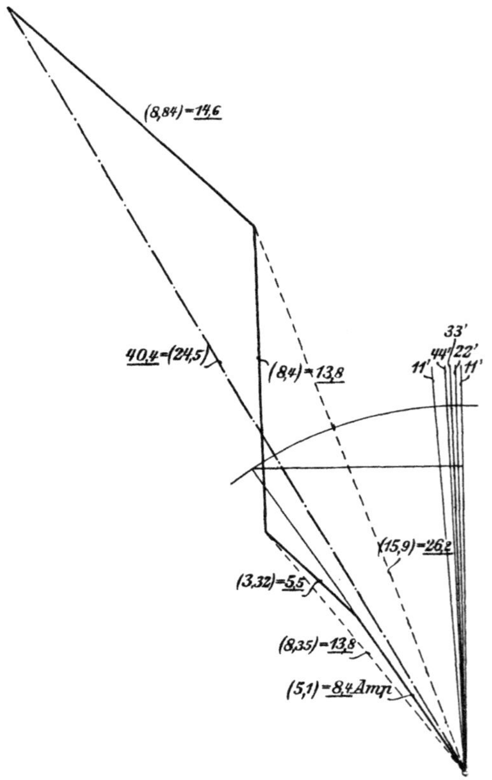

Fig. 139.

gezogen, dann ein dem $\cos \varphi_2 = 0{,}7$ entsprechender Winkel konstruiert und die Stromstärke in dem Querwiderstande 22′ gleich $\dfrac{1620}{\sqrt{341{,}1^2 + (314 \cdot 1{,}1085)^2}} = 3{,}32$ Amp. in dieser Richtung aufgetragen, wodurch wir den Strom im Leiter 32 bezw. in 3′ 2′ gleich 8,35 Amp. als Schlußlinie der zwei Stromvektoren erhalten. Der

Spannungsverlust in 32 und 3′ 2′ ist gleich $8{,}35 \times 5{,}5 = 46$ Volt und wird im Spannungsdiagramme mit dem Stromvektor 8,35 parallel aufgetragen. Die Schlußlinie gleich 1660 Volt ergibt die Spannung in 33′; $\frac{1660}{200} = 8{,}4$ Amp. ist der Strom im Querwiderstande 33′. Da für denselben $\varphi_3 = 0$, wird der Stromvektor mit 33′ parallel gezogen. Die bezügliche Schlußlinie des Stromdiagrammes ergibt den Strom in 34 bezw. 3′ 4′ gleich 15,9 Amp. Der Spannungsverlust in diesem Leiter $15{,}9 \times 5 = 79{,}5$ Volt wird im Spannungsdiagramme parallel mit 15,9 im Stromdiagramme. Die weitere Schlußlinie im Spannungsdiagramme gleich 1735 Volt ergibt die Spannung 44′. Der betreffende Querstrom wird demnach $\frac{1735}{\sqrt{137{,}8^2 + (314 \cdot 0{,}4467)^2}} = 8{,}84$ Amp. und endlich der Gesamtstrom gleich 24,5 Amp. Der Spannungsverlust in A 4 und A′ 4′ gleich $24{,}5 \times 4 = 98$ Volt wird mit 24,5 parallel gezogen und die Anfangsspannung ergibt sich zu 1820 Volt. Da jedoch dieselbe tatsächlich 3000 beträgt, sind alle Größen bei dem Diagramme im Verhältnis 3000 : 1820 zu vergrößern. Die Endspannung wird demnach $1600 \cdot \frac{3000}{1820} = 2637$ Volt, die Gesamtstromstärke $24{,}5 \cdot \frac{3000}{1820} =$ 40,4 Ampère betragen. Die übrigen Werte wurden ebenfalls umgerechnet und sind die betreffenden Zahlenwerte in den Diagrammen unterstrichen. Der relative Spannungsverlust der Linie beträgt $3000 - 2637 = 363$ Volt, demnach 12 % der Anfangsspannung.

Die in das ganze System beförderte Energie beträgt $3000 \times 40{,}4 \times 0{,}9 = 109{,}080$ Watt, wobei 3000 Volt die Anfangsspannung, 40,4 Ampère der Gesamtstrom und 0,9 den cos der Phasenverschiebung zwischen Anfangsspannung und Gesamtstromstärke bedeutet, welche aus dem Diagramme sich unmittelbar ergibt. Der Energieverlust in der Leitung ist gleich:

$$8{,}4^2 \cdot 5{,}6 + 13{,}8^2 \cdot 5{,}5 + 26{,}2^2 \cdot 5 + 40{,}4^2 \cdot 4 = 11\,400 \text{ Watt},$$

demnach 10,4 % der Gesamtwatt. Die prozentuellen Spannungs- und Energieverluste sind demnach nicht identisch.

Aus diesem Beispiele ist ersichtlich, daß das Spannungsbüschel 11′, 22′, 33′, 44′ (siehe Stromdiagramm Fig. 139) auch bei großen perzentuellen Verlusten und bei großen Phasenverschiebungen der Ströme mit einer ausreichenden Genauigkeit durch eine gerade Linie ersetzt werden kann. Demnach kann das Stromdiagramm ohne Kenntnis der genauen Spannungsverteilung ermittelt werden. Dieses annähernde Stromdiagramm ist in Fig. 140 dargestellt und wird gebildet, indem wir die Ströme mit den beziehlichen Phasenwinkeln von der Vertikalen (die gemeinsame Spannungsrichtung) auftragen und das Strom-Vektorpolygon bilden. Der Gesamtstrom beträgt 40,9 Ampère; der durch das Verkümmern des Spannungsdiagrammes verursachte Fehler beträgt demnach etwa 1,5 %. Wesentlich bei dieser Methode ist, daß man an stelle zweier Diagramme nur eines gebraucht, da das zweite Diagramm infolge der Annahme in eine Linie (die vertikale) zusammenschrumpft. Wenn aber das annähernde Stromdiagramm gezeichnet ist, kann auch das Spannungsdiagramm dargestellt werden, indem man die Ströme mit den beziehlichen Widerständen multipliziert und das Resultat in Richtung des betreffenden Stromvektors aufträgt. Hierdurch wird ein Spannungsdiagramm erhalten, welches ebenfalls eine erste Annäherung an das genaue sein wird. Die erste Annäherung entspricht physikalisch der Vernachlässigung der Seitenleiterwiderstände. Durch Wiederholung dieses Vorganges kann eine beliebige Genauigkeit erreicht werden.

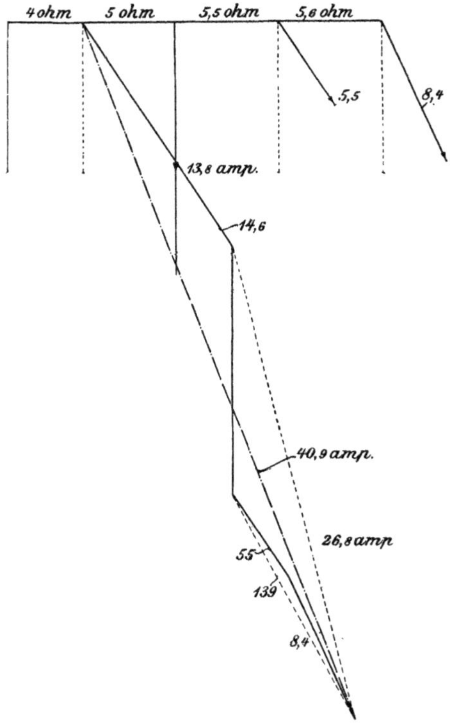

Fig. 140.

Das Spannungsdiagramm enthält so viel Dreiecke, als der Kettenleiter Quer- oder Nutzwiderstände. Das Hinzufügen eines weiteren Nutzwiderstandes vermehrt die Zahl der Dreiecke um eins. Wenn jedoch dieser neue Nutzwiderstand selbst ein Kettenleiter ist, so resultiert (Fig. 141) eine verästelte Leitung und wird sich an das Spannungsdiagramm nicht ein neues Dreieck, sondern ein aus entsprechender Zahl von Dreiecken gebildetes

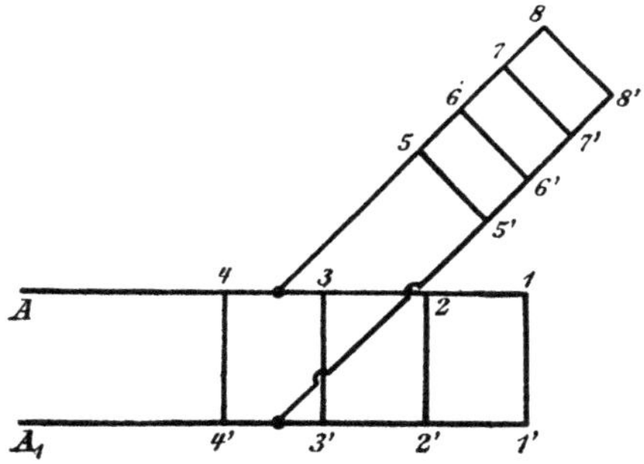

Fig. 141.

Diagramm angliedern (Fig. 142). Der einfache Kettenleiter, wie auch die verästelte Leitung werden als *offene* Leitungen bezeichnet, indem deren Spannungsdiagramme sich nicht schließen. Wird

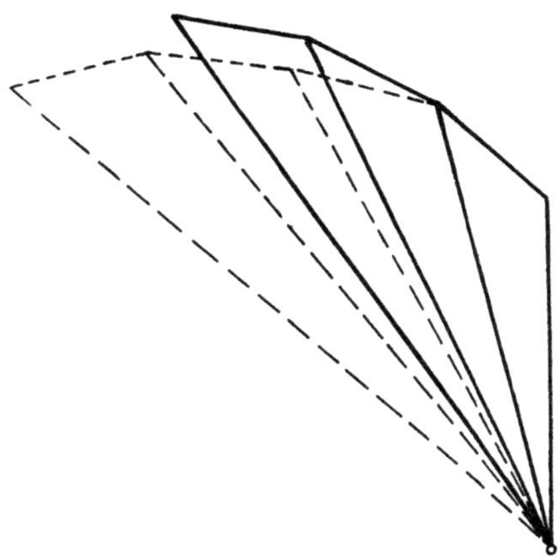

Fig. 142.

jedoch die Endspannung für beide Zweige identisch, dann kann 88′ und 11′ vereinigt werden, ohne daß an der Stromverteilung irgend eine Änderung verursacht wird. Dann schließt sich auch das Spannungsdiagramm, weshalb diese Leitungen *geschlossene* benannt werden. Demnach kann eine solche immer in eine verästelte Leitung verwandelt werden, ohne an der Stromverteilung zu ändern. Die Schnittstelle ergibt das Spannungsdiagramm und ist dieselbe aus dem Schließen der beiden Spannungsdiagramme entstanden zu denken.

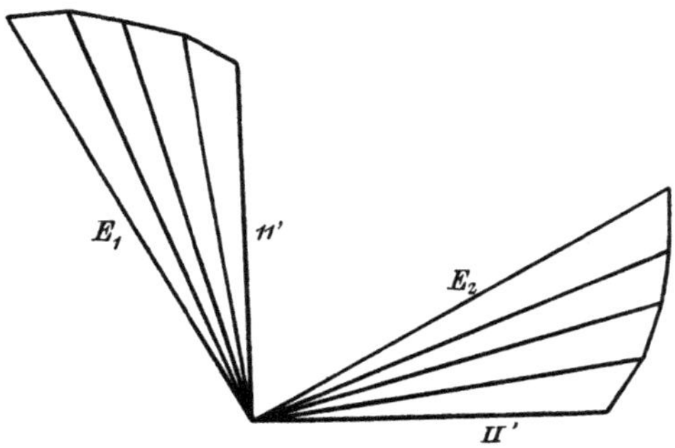

Fig. 143.

Betrachten wir nun weiter die Diagramme zweier Kettenleiter. Jeder einzelne enthalte eine wechselelektromotorische Kraft, welche gegeneinander z. B. mit $\frac{\pi}{2}$ verschoben sind. Ihre Spannungs-

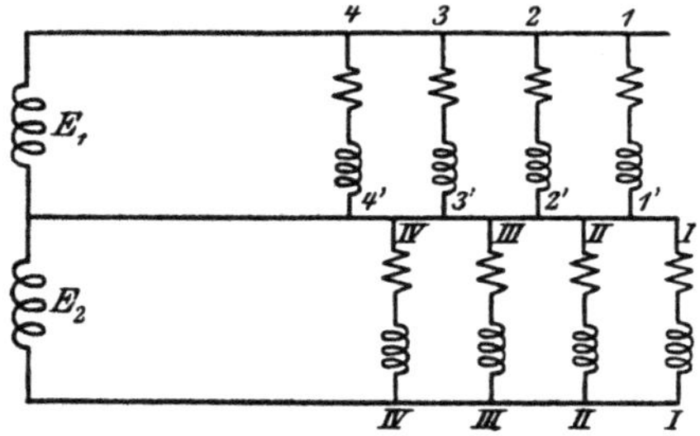

Fig. 144.

büscheln würden demnach um 90^0 verdreht liegen, wie in Fig. 143. Werden die beiden Kettenleiter durch einen gemeinschaftlichen Seitenleiter elektrisch vereinigt, so erhält man ein kombiniertes System wie Fig. 144 zeigt. Die Spannungsunterschiede für die Nutzleiter lesen sich unmittelbar aus Fig. 143. Wir werden dieses System noch eingehender im folgenden behandeln.

b) Mehrphasensysteme.

Die Mehrphasensysteme enthalten mehrere meist frequenzgleiche[1]) gegeneinander phasenverschobene EMKe, welche ebensolche Ströme erzeugen. Wenn die n elektromotorischen Kräfte je um $\frac{1}{n}$ Periode gegeneinander verschoben sind, so wird das System als ein symmetrisches bezeichnet. Das Dreiphasensystem ist z. B. ein derartiges, bei dem die elektromotorischen Kräfte um je ein drittel Periode gegeneinander verschoben sind. Hingegen ist das Vierphasensystem unsymmetrisch, da es aus zwei gegeneinander um je ein viertel Periode verschobenen elektromotorischen Kräften gebildet wird. Im Vektordiagramm sind die Vektoren der elektromotorischen Kräfte eines symmetrischen Mehrphasen-Systems um je $\frac{1}{n}$ Periode verschoben, d. h. sie ergeben sich durch sukzessives Drehen eines Vektors um jenen Betrag. In der Rechnung mit Richtungsgrößen ist dies gleich

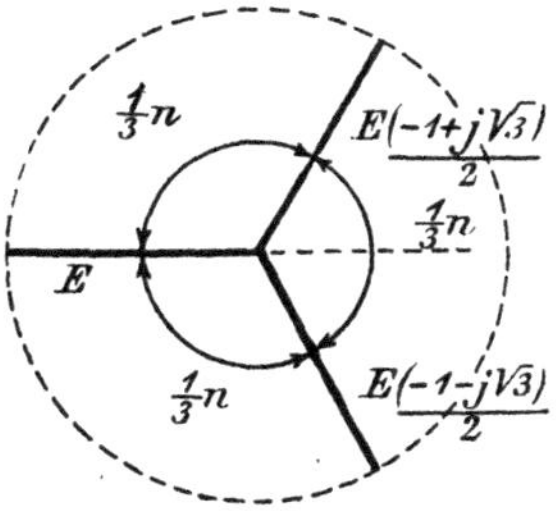

Fig. 145.

$$1^{\frac{1}{n}} = \sqrt[n]{1} = \cos\frac{2\pi}{n} + j\sin\frac{2\pi}{n}.$$

Demnach werden die elektromotorischen Kräfte eines symmetrischen Systems erhalten, indem man E mit den n Wurzeln von 1 multipliziert. Für das symmetrische Dreiphasensystem also

$$E,\ E\left(\frac{-1+j\sqrt{3}}{2}\right) \text{ und } E\left(\frac{-1-j\sqrt{3}}{2}\right) \text{ (Fig. 145).}$$

Für Gleichstrom ist der Energiefluß $a = e \cdot i$, wie erwähnt, konstant, hingegen ist derselbe bei Einphasen-Wechselstrom pulsierend und wechselt mit der doppelten Frequenz. Wenn E und I die Mittelwerte bezeichnet, so hat man für die Momentanwerte $e = E\sqrt{2}\sin\omega t$ und $i = I\sqrt{2}\sin(\omega t - \varphi)$, wo $\omega = 2\pi\sim$ und der Momentaneffekt

$$a = 2 E I \sin\omega t \sin(\omega t - \varphi) = E I (\cos\varphi - \cos(2\omega t - \varphi)).$$

Der Mittelwert des Effektes ist $A = E\,I\cos\varphi$. Diesen Wert in die Gleichung eingesetzt, ergibt $a = A\,.\left(1 - \frac{\cos(2\,\omega t - \varphi)}{\cos\varphi}\right)$ und für die Grenzen $2\,\omega t - \varphi = 0$ und $= \pi$ nimmt a den negativen Niedrigstwert $A\left(1 - \frac{1}{\cos\varphi}\right)$ und den positiven Höchstwert $A\left(1 + \frac{1}{\cos\varphi}\right)$ an. Wenn demnach der Strom um den Winkel φ voreilt oder zurückbleibt, so gibt der Generator eine zeitlang Energie ab, während in der nächsten Halbwelle Energie in den Generator zurückfließt. Der nach außen abgegebene Effekt ist schließlich die Differenz der beiden. Für $\varphi = \pm\frac{\pi}{2}$ fluktuiert die gleiche Energie hin und her, es wird keine resultierende Energie nach außen geleistet. Für $\varphi = 0$ ist $a = A\,(1 - \cos 2\,\omega t)$; der Energiefluß befolgt bei doppelter Frequenz keinen harmonischen Verlauf mehr, sondern den in der Trigonometrie als Sinus versus oder Quer-Sinus bekannten und es wechselt dessen Wert zwischen 0 und 2 A, nimmt demnach keinen negativen Wert an. Der Energieverfluß des Einphasen-Wechselstromes ist demnach immer ein pulsierender. (Vergl. hierzu Gleichung 8 und Fig. 14 S. 50.)

Für die Mehrphasensysteme ist der Momentaneffekt gleich der Summe der einzelnen Momentaneffekte der betreffenden Phasen, demnach $a = \Sigma\,(e\,i)$. Der Verlauf der einzelnen Momentaneffekte ist ein pulsierender. Jedoch können die elektromotorischen Kräfte und die beziehlichen Ströme eines Mehrphasensystems so beschaffen sein, daß die Summe der Momentaneffekte der einzelnen Phasen unverändert bleibt. Ein solches Mehrphasensystem wird als ein ausgeglichenes System bezeichnet, im Gegensatze zum unausgeglichenen, wobei der Energiefluß pulsiert. Alle symmetrischen Mehrphasen-Systeme sind gleichzeitig auch ausgeglichene Systeme. So ist z. B. für das symmetrische Dreiphasensystem $a = 3\,E\,I\cos\varphi$ konstant. Das symmetrische Dreiphasensystem ist demnach auch ein ausgeglichenes System. Für das Vierphasensystem ist $a = 2\,E\,I\cos\varphi$ auch konstant. Das Vierphasensystem ist demnach ein unsymmetrisches aber ausgeglichenes System. Um die Pulsation des Energieflusses verschiedener Systeme vergleichen zu können, führt Steinmetz[2]) den Begriff des Ausgleichsfaktors ein. Derselbe bedeutet das Verhältnis: Minimalwert zum

Maximalwert des Energieflusses. Für das Einphasenwechselstrom-System wechselt dieser Faktor von 0 bis -1. Der Wert Null entspricht dem Fall ohne Phasenverschiebung des Stromes gegenüber seiner Spannung, der Wert -1 entspricht der Phasenverschiebung $\pm\frac{\pi}{2}$. Für die Mehrphasensysteme nimmt der Ausgleichsfaktor nur positive Werte an. Der Grenzfall $+1$ entspricht einem ausgeglichenen Mehrphasensystem. Steinmetz bezeichnet die Systeme mit dem Ausgleichsfaktor Null oder mit negativem Ausgleichsfaktor als polyzyklische Systeme, doch haben diese Namen in der Praxis in dieser Bedeutung keine Aufnahme gefunden.

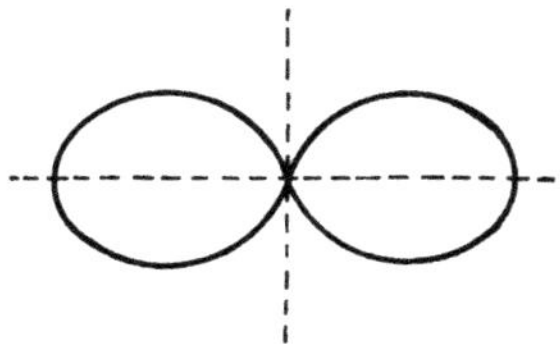

Fig. 146.

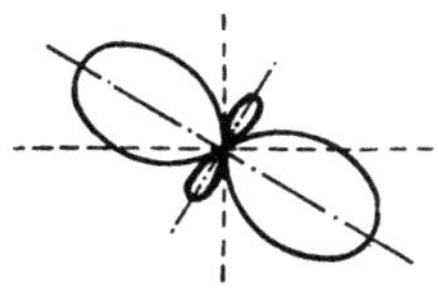

Fig. 147.

Wie immer der Verlauf des Energieflusses erfolgen mag, immer ist er bei sinoidalem Verlauf der elektromotorischen Kräfte und Stromstärken ein periodischer. Trägt man demnach unter dem Winkel die Momentanwerte des Energieflusses als Radiusvektoren auf, so erscheint der Energiefluß als Polardiagramm in einer geschlossenen Kurve. Für das ausgeglichene Mehrphasensystem ist dieses Diagramm ein Kreis, für den Einphasen-Wechselstrom mit $\varphi = \pm\frac{\pi}{2}$ besteht das Diagramm aus zwei symmetrisch gelegenen ovalförmigen Kurven (Fig. 146). Dem Einphasenwechselstrom mit $\varphi = \frac{\pi}{3}$ entspricht das in der Fig. 147 dargestellte Diagramm.

Das Mehrphasensystem wird als verkettet bezeichnet, wenn die einzelnen phasenverschobenen Zweigstromkreise miteinander in elektrischer Verkettung stehen. In diesem Falle wird es Leiter geben, welche gleichzeitig mehreren Phasen angehören.

Die verketteten Mehrphasensysteme weisen zwei charakteristische Schaltungen auf: die Sternschaltung und die Polygon-

oder Ringschaltung. Diese zwei Schaltungsarten gelten sowohl für die Generatoren, wie auch für die Motoren und andere Apparate. Bei der Sternschaltung (Fig. 148) werden die Endpunkte der Stromkreise 1 0, 2 0, 3 0 . . . n 0 in 0 zusammengefaßt, während die

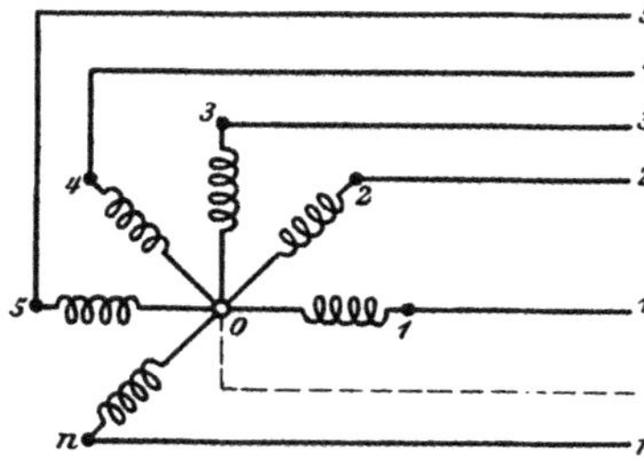

Fig. 148.

Endpunkte 1, 2, 3 . . . n mit der aus n Leitersträngen bestehenden Leitung verbunden werden. Der Punkt 0 kann geerdet oder isoliert bleiben. Bei Dreiphasen heißt diese Schaltung auch die Y-Schaltung. Bei der Ringschaltung (Fig. 149) werden die End-

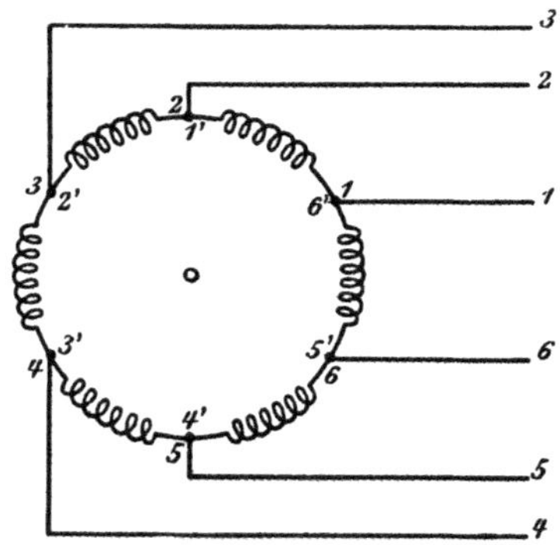

Fig. 149.

punkte 1′ 2, 2′ 3, 3′ 4 . . . zusammengefaßt und werden alle n Verbindungspunkte auch mit den n Leitersträngen der Leitung verbunden. Für diese zwei Schaltungsarten müssen die Begriffe der Sternspannung und Ringspannung, des Sternstromes und Ringstromes eingeführt werden. Die Spannungsdifferenz zwischen den Leitersträngen ist die Ringspannung, für Dreiphasenstrom die Dreiecks-Spannung. Der Strom in den Übertragungsleitungen ist gleich dem Sternstrome. Die übrigen Ausdrücke erklären sich selbst.

In der Praxis haben sich auch Systeme mit zwei elektromotorischen Kräften eingebürgert. Wenn dieselben gegeneinander um $\frac{\pi}{2}$ verschoben sind, wird das System in der Praxis ein Zweiphasensystem genannt, obzwar dies im allgemeinen nicht zutreffen müßte. Bei dem Zweiphasensystem tritt durch Vereinigung zweier Leiterstränge zu einem einzigen eine Verkettung ein.

In der Praxis sind die elektromotorischen Kräfte ebensowenig wie die Nutzwiderstände voneinander völlig unabhängig, auch wenn sie elektrisch unvereinigt geblieben sind. Dieselben wirken, wie selbst im schwachen Maße die Leitungen im engeren Sinne auch, durch gemeinschaftliche magnetische in Eisen resp. durch die Luft führende Kreise gegenseitig aufeinander ein. In diesen Vereinigungen der elektrischen und magnetischen Verkettungen lag die tiefliegende Ursache des Vorsprunges der Mehrphasensysteme gegenüber dem Einphasensystem. Das Kupfermaterial einer Leitung, das Eisen eines magnetischen Kreislaufes, wie z. B. beim Transformator, wird zeitlich beim Mehrphasensystem dauernder in Anspruch genommen, als beim einphasigen. Als weiterer Vorteil tritt noch bei Motoren die Schaffung eines drehenden magnetischen Feldes hervor, welches die Motorfrage zu erledigen gestattete.

Bei Gleichstrom werden Systeme mit zwei, drei oder mehreren unabhängigen elektromotorischen Kräften Drei-, Vier- und Mehrleitersysteme genannt. In allgemeiner Auffassung können diese Mehrleitersysteme selbstverständlich als Sonderfälle von Mehrphasensystemen betrachtet werden.

3. Strom- und Spannungsverteilung bei Gleichstrom oder bei Wechselstrom in nicht induktiven Leitern.

a) Konvergenzmethode.

Es liegt im Wesen der praktischen Anwendung der Parallelschaltung, daß das Spannungsgefälle in den Seitenleitern, von dem der Stromquelle am nächsten liegenden Abzweigpunkte bis zu dem am weitesten entfernten, nur wenige Prozente der an den

Enden der Nutzleiter herrschenden Spannung, der Nutzspannung betrage.

Diese Forderung muß aus dem Grunde stets erfüllt werden, damit die Nutzspannung im ganzen Leitungsnetze annähernd dieselbe sei, und damit ferner bei Veränderung der Anzahl der eingeschalteten Nutzwiderstände die Spannung an den Enden der anderen nicht wesentlich geändert werde.

Infolge der Geringfügigkeit des Spannungsgefälles in den Seitenleitern im Verhältnisse zu jenem in den Nutzleitern selbst wird der ausschlaggebende Einfluß auf die Verteilung des Stromes nur von den letzteren ausgehen.

Das Spannungsgefälle in den Leitern betrage p % der Nutzspannung. Nimmt man eine mittlere Spannung an, so würde der in Fig. 150 dargestellte Fall in roher Annäherung auf die reine

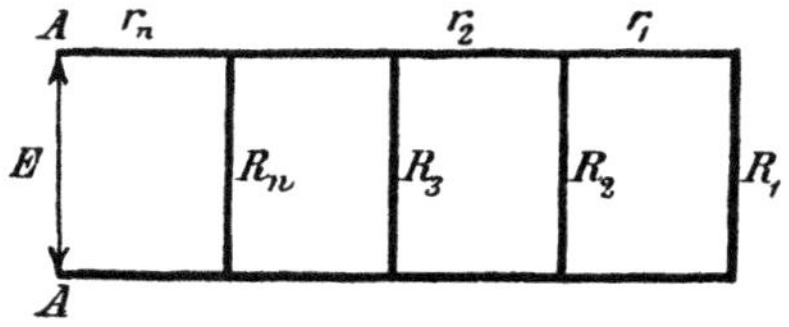

Fig. 150.

Parallelschaltung zurückgeführt. Bei der Ermittlung der Stromwerte wird hierbei allerdings ein Fehler gemacht, der aber höchstens $\frac{p}{2}$ % beträgt. Berechnet man nun auf Grund dieser Stromwerte die Spannungsverteilung, so gelangt man zu Werten, welche von den wahren Spannungsverlustwerten ebenfalls um höchstens $\frac{p}{2}$ % abweichen; da aber das Spannungsgefälle in den Seitenleitern ohnehin nur p % der Nutzspannung beträgt, so werden die Fehler in den Werten der Spannungsverteilung $\frac{p}{2}$ % von diesen p % gleich $\frac{1}{2}\left(\frac{p}{100}\right)^2$ betragen, also bei $p = 5\,\%$ nur $\frac{25}{20\,000} = \frac{1}{800} = 0{,}00125$, bei $p = 10\,\%$ nur $\frac{100}{20\,000} = 0{,}005$ und selbst bei $20\,\%$ nur $\frac{400}{20\,000} = 0{,}02$, d. h. erst mit 2 % ins Gewicht fallen und somit wohl vernachlässigt werden können. Das angedeutete Verfahren wollen wir an einem Beispiel näher erklären:

An die Klemmen AA' sei eine Spannung von 105 Volt angelegt (Fig. 151). Die angeschlossenen Nutzwiderstände $11'$, $22'$ und $33'$ besitzen der Reihe nach die Widerstände von 100, 50 und 100 Ohm. Die Seitenwiderstände sind so beschaffen, daß die einander gegenüberliegenden einander gleich sind; sie haben die Werte von 0,25, 0,3 und 0,2 Ohm. Es ist die Strom- und Spannungsverteilung zu ermitteln. Auch in dem Kapitel III sind wir schon auf den Kettenleiter näher eingegangen, da er das Grundelement der in der Praxis vorkommenden Netze bildet. Wir haben dort den Widerstand desselben in Form eines sich unmittelbar ergebenden Kettenbruches ausgedrückt.

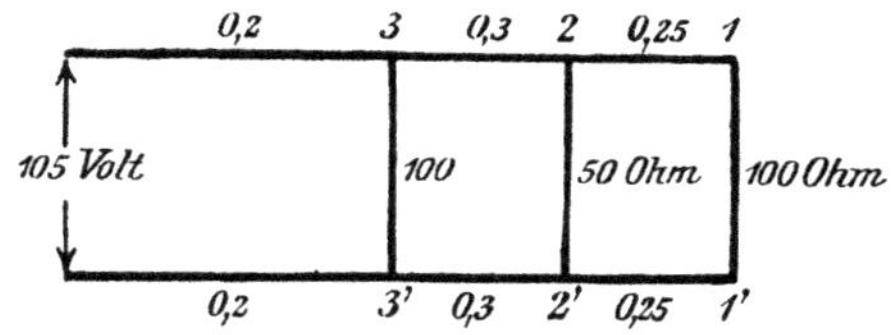

Fig. 151.

Für unseren Fall drückt sich dieser folgenderweise aus:

$$(0{,}2 + 0{,}2) + \cfrac{1}{\left(\frac{1}{100}\right) + \cfrac{1}{(0{,}3 + 0{,}3) + \cfrac{1}{\left(\frac{1}{50}\right) + \cfrac{1}{100 + (0{,}25 + 0{,}25)}}}} = $$

$$= 25{,}7668 \text{ Ohm}.$$

Der im Leiter $A\,3\,A'\,3'$ fließende Strom ergibt sich demnach zu $\frac{105}{25{,}7668} = 4{,}075$ Amp.

Der Spannungsverlust in $A\,3 + A'\,3'$ berechnet sich demzufolge mit $4{,}075 \times 0{,}4 = 1{,}63$ Volt. Die Spannung in $33'$ beträgt $105 - 1{,}63 = 103{,}37$ Volt und der im Leiter $33'$ fließende Strom ist $i_3 = \frac{103{,}37}{100} = 1{,}0337$ Amp.

Der im Leiter 32 und $3'\,2'$ fließende Strom ist gleich $4{,}075 - 1{,}0337 = 3{,}0413$ Amp. und der Spannungsverlust im Leiter $32 + 3'\,2'$ berechnet sich zu $3{,}0413 \times 0{,}6 = 1{,}825$ Volt und die Spannung in $22'$ zu $103{,}37 - 1{,}825 = 101{,}545$ Volt. Der im Leiter $22'$ fließende Strom ist $i_2 = \frac{101{,}545}{50} = 2{,}0309$ Amp.

Der im Leiter 21 und 11′ fließende Strom ist also $i_1 = 3{,}0413 - 2{,}0309 = 1{,}0104$ Amp., und der Spannungsverlust in $21 + 2'\,1'$ berechnet sich zu $1{,}0104 \times 0{,}5 = 0{,}5052$ Volt. Daraus ergibt sich die Spannung in 11′ gleich $101{,}545 - 0{,}505 = 101{,}04$ Volt.

Der Gesamtverlust beträgt demnach $105 - 101{,}04 = 3{,}96$ Volt, was einem Verluste von 3,7 % von 105 Volt entspricht. Aus dem angegebenen Gange der Berechnung ist deutlich zu ersehen, daß die genaue Ermittlung der Stromverteilung, selbst in dem angenommenen einfachen Falle, immerhin zu zusammengesetzten Ausdrücken führt; schon der Ausdruck für den Gesamtwiderstand erfordert zu seiner Auswertung, trotz der Eleganz in der Form, langwierige Rechnungen. Nicht minder verwickelt wären die mit dessen Hilfe aufzustellenden Formeln für die Spannungsverluste und für die Ströme in den einzelnen Abzweigungen.

Das soeben genau berechnete Beispiel wollen wir nun auch näherungsweise durchrechnen. Wir nehmen an, daß bei allen Abnehmern die mittlere Spannung von 103 Volt herrsche. Die in den Leitern 33′, 22′ und 11′ fließenden Ströme i_3', i_2' und i_1' berechnen sich demnach

$$i_3' = \frac{103}{100} = 1{,}03 \text{ Amp.}, \quad i_2' = \frac{103}{50} = 2{,}06 \text{ Amp. und}$$

$$i_1' = \frac{103}{100} = 1{,}03 \text{ Amp.}$$

Der Gesamtstrom J_1' beträgt demnach

$$1{,}03 + 2{,}06 + 1{,}03 = 4{,}12 \text{ Amp.}$$

Mit Zuhilfenahme dieser näherungsweise berechneten Stromverteilung können die Spannungen berechnet werden. Der Spannungsverlust im Leiter $A_3 + A'_3{}'$ beträgt

$$4{,}12 \times 0{,}4 = 1{,}648 \text{ Volt}$$

und die Spannung in 33′

$$105 - 1{,}648 = 103{,}352 \text{ Volt.}$$

Daraus berechnet sich der Strom in 33′

$$i_3'' = \frac{103{,}352}{100} = 1{,}0335 \text{ Amp.}$$

Im Leiter 32 und 3′ 2′ fließt ein Strom gleich

$$4{,}12 - 1{,}0335 = 3{,}0865 \text{ Amp.}$$

und der Spannungsverlust im Leiter $32 + 3'2'$ berechnet sich zu $3{,}0865 \times 0{,}6 = 1{,}852$ Volt; daraus folgt die Spannung in $22'$ gleich $103{,}352 - 1{,}852 = 101{,}5$ Volt. Der im Leiter fließende Strom

$$i_2'' = \frac{101{,}5}{50} = 2{,}03 \text{ Amp.}$$

Der Spannungsverlust in $21 + 21'$ berechnet sich

$$(3{,}0865 - 2{,}03) \cdot 0{,}5 = 0{,}5282 \text{ Volt}$$

und daraus die Spannung in $11'$ gleich

$$101{,}5 - 0{,}528 = 100{,}97 \text{ Volt}$$

Der Strom in $11'$ gleich

$$i_1'' = \frac{100{,}97}{100} = 1{,}0097 \text{ Amp.}$$

Der Gesamtstrom J'' beträgt demnach

$$1{,}0097 + 2{,}03 + 1{,}0335 = 4{,}0732.$$

Dieser Wert stimmt mit dem genauen Werte $J = 4{,}075$ genügend überein. Der Gesamtspannungsverlust ist gleich $105 - 100{,}97 = 4{,}03$ Volt, in ausreichender Übereinstimmung mit den genauen 3,97 Volt. Wir können jedoch das Verfahren fortsetzen, wodurch wir immer mehr und mehr noch den genauen Werten konvergierende Resultate erhalten.

Die an dem berechneten Beispiele erläuterte Konvergenzmethode enthält ein tiefgreifendes Prinzip zur Berechnung der Strom- und Spannungsverteilung in Leitungen. Ohne darauf an diesem Orte weiter einzugehen, erinnern wir nur, daß wir dasselbe bereits bei Wechselstromleitungen mit induktiven Konsumentenwiderständen durch die Zweibildermethode in allgemeiner Weise erörtert haben. An dem berechneten Beispiele wurde gezeigt, wie die Strom- und Spannungsverteilung bei dem einfachen Kettenleiter zu berechnen sei, wobei vorausgesetzt wurde, daß die Konsumenten als Widerstände gegeben seien. Bei zusammengesetzten Netzkonfigurationen wäre jedoch diese Rechnung nur mit großer Mühe und mit Zeitaufwand durchzuführen. Um die Rechnungen zu vereinfachen, werden wir im folgenden uns die Konsumenten mit den durch die mittlere Spannung und durch die bezüglichen Widerstände bestimmten Stromstärken ersetzt denken. Der hierdurch verursachte Fehler wird, wie wir es bereits gesehen haben, so gering sein, daß er gegenüber der beträchtlichen Vereinfachung des Problems nicht in Betracht kommen kann. In dem Drange der Praxis sucht man natürlich zeitraubende Rechnungen möglichst zu vermeiden und begnügt sich dafür mit annähernd richtigen Werten, welche auch, wenn sie innerhalb bestimmter enger Grenzen schwanken, für die Zwecke der Praxis vollkommen genügen.

b) Das Schwerpunktsprinzip und das Verlegen auf die Knotenpunkte.

Durch diese in dem Vorhergehenden bereits motivierte Annahme wird das in der Fig. 150 dargestellte Leitergebilde die in Fig. 152 angegebene, wesentlich vereinfachte Form annehmen. Die Leitung An . . . 21 wird eine offene Leitung genannt und ist dadurch charakterisiert, daß sie von einer einzigen Seite aus mit Strom versehen wird.

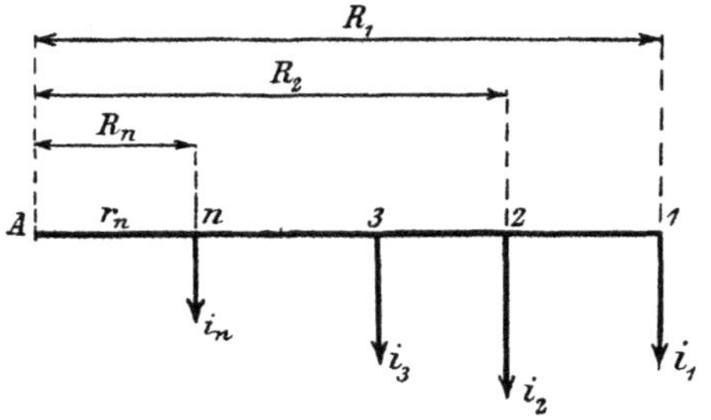

Fig. 152.

Die Stromverteilung in einer offenen Leitung kann aus der Fig. 152 unmittelbar herausgelesen werden. In dem Leiterteile 21 fließt der Strom $i_1 = J_1$, in 32 fließt $i_1 + i_2 = J_2$, . . . in An fließt

$$i_1 + i_2 + \ldots i_n = J_n$$

als Gesamtstrom.

Auf Grund dieser Stromverteilung kann die Spannungsverteilung ermittelt werden. Zur Vereinfachung stellen wir hier und in allen nachfolgenden Betrachtungen immer nur einen der Hauptleiter dar und führen für denselben die Rechnung durch, da die Rechnung für den Rückleiter in ganz derselben Weise bewerkstelligt wird. Die Teilwiderstände eines Seitenleiters sind hintereinander geschaltet, demnach setzt sich der gesamte Spannungsfall im Seitenleiter aus den Spannungsgefällen in den Teilstrecken zusammen. Bei der Ermittlung der Spannungsverteilung beschränkt man sich in den meisten Fällen auf den Gesamtspannungsabfall, da dieser bei der Dimensionierung der Leitungen maßgebend ist. Den Verlauf des Spannungsabfalles selbst werden wir in einem späteren Abschnitt graphisch verfolgen.

Um das gesamte Spannungsgefälle in dem Leiter zu erhalten, hat man für jeden Stromabnehmer das Produkt seines Stromes mit dem zwischen dem Abzweigspunkt und dem Anfangspunkt des Seitenleiters liegenden Widerstande zu bilden und alle so

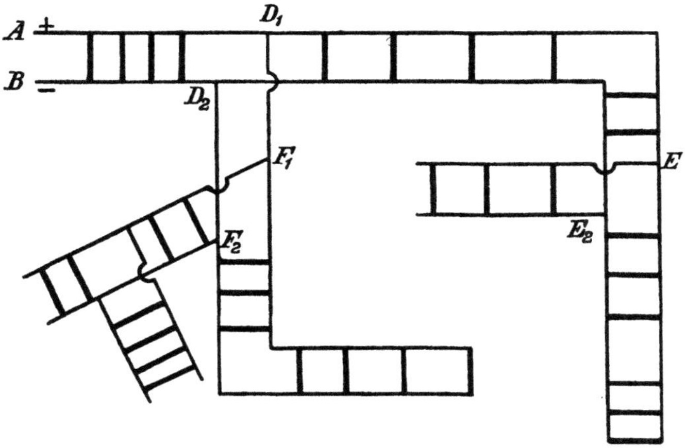

Fig. 153.

entstandenen Produkte zu addieren. Die Summenwiderstände $R_1, R_2 \ldots R_n$ sind in Fig. 152 eingetragen. Bezeichnet man das Produkt aus einem Teilstrome und dem ihm zugehörigen Summenwiderstande als Strommoment, so kann man ensprechend einer bekannten Eigenschaft symmetrischer Ausdrücke zeigen: Das gesamte Spannungsgefälle in einer Leitung ist gleich der Summe der Strommomente. Nämlich

$$v = i_1 R_1 + i_2 R_2 + \ldots + i_n R_n = \Sigma (i R).$$
$$= J_1 r_1 + J_2 r_2 + \ldots + J_n r_n = \Sigma (J r).$$

Denkt man sich die offene Leitung mit mehreren Abnehmern durch eine Leitung nur mit einem einzigen Abnehmer derart ersetzt, daß dieser gerade die Summe der Einzelabnehmer betrage und der in dieser äquivalenten Leitung auftretende Spannungsverlust mit dem Gesamtverlust der offenen Leitung identisch sei, so berechnet sich der Widerstand dieser Ersatzleitung aus der folgenden Gleichung

$$v = \Sigma (i R) = \varrho \Sigma i.$$

Das gesamte Spannungsgefälle v wird demnach erhalten, indem man den Gesamtstrom mit einem ideellen, durch die Gleichung

$$\varrho = \frac{\Sigma i R}{\Sigma i}$$

definierten Widerstande ϱ multipliziert.

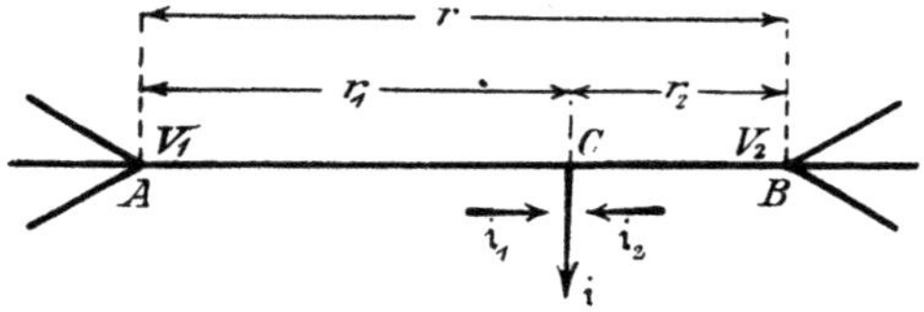

Fig. 154.

Fassen wir die Teilwiderstände $r_1, r_2 \ldots r_n$ als Längen, und die Abzweigströme als parallele Kräfte auf, deren Maßzahlen $i_1, i_2 \ldots i_n$ sind, so ist Σi die Resultierende und der Abstand ϱ bestimmt den Angriffspunkt derselben, welcher in der Mechanik als Schwerpunkt paralleler Kräfte bekannt ist.

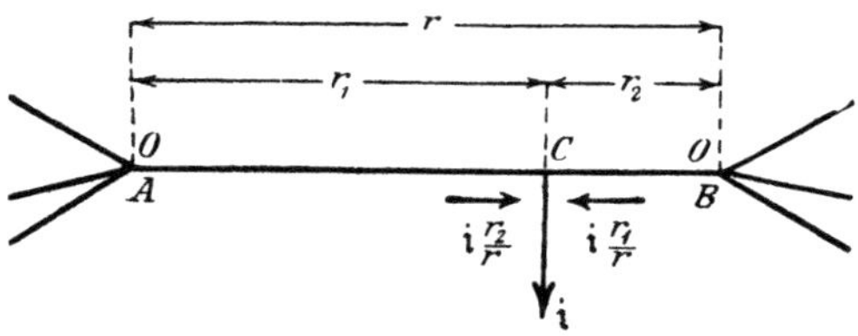

Fig. 155.

Eine Erweiterung des erörterten Falles stellt die in Fig. 153 gezeichnete Anordnung dar, die vielfache Anwendung findet.

Die angegebenen Berechnungsmethoden reichen auch in diesem Falle vollständig aus.

Man betrachtet jede Abzweigleitung $D_1 D_2$, $E_1 E_2$ u. s. w. in Bezug auf die Hauptleitung als Stromabnehmer, jede Abzweigleitung selbst wird dann wieder ganz gleich wie die Hauptleitung berechnet, indem man von den Abzweigpunkten ausgeht, sowie es für die Hauptleitung in Bezug auf AB geschehen ist.

Es sei AB (Fig. 154) eine Leiterstück eines Netzes, an dessen Endknoten die Spannungen V_1 und V_2 herrschen, und in welchem sich eine Stromentnahme i befindet. Der Widerstand des ganzen Leiters sei r, die Widerstände der Leiterteile zwischen den Enden und der Abnahme in C seien r_1 und r_2.

Denken wir uns, daß der Abnahmestelle C von den beiden Enden des Leiters Strom zugeführt wird, so erscheint diese Größe

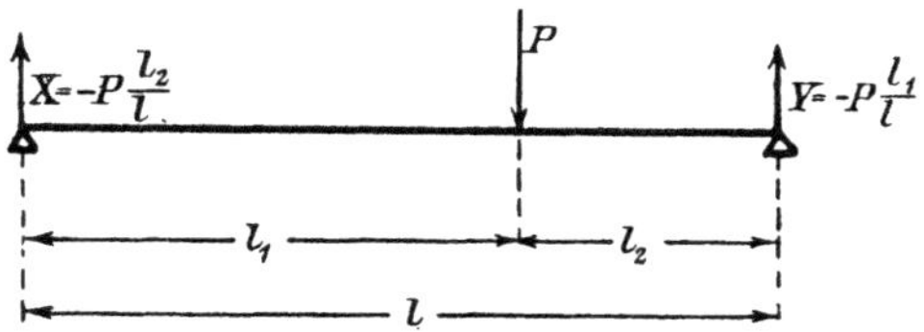

Fig. 156.

des Abnahmestromes i als die algebraische Summe der beiden Teilströme i_1 und i_2, sodaß

$$i = i_1 + i_2 .$$

Da ferner im Abnahmepunkte C, wie in jedem Punkte überhaupt, in einem bestimmten Augenblicke nur eine einzige Spannung

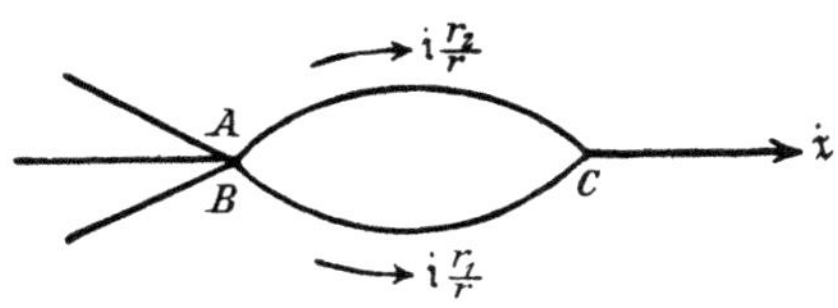

Fig. 157.

herrschen kann, so muß die Gleichung bestehen:

$$V_1 - i_1 r_1 = V_2 - i_2 r_2 .$$

Aus diesen beiden Gleichungen folgen:

$$i_1 = i \cdot \frac{r_2}{r} + \frac{V_1 - V_2}{r}$$

und analog

$$i_2 = i \cdot \frac{r_1}{r} + \frac{V_2 - V_1}{r} .$$

als Ausdrücke für i_1 und i_2, welche schon wegen der völlig symmetrischen Verhältnisse gleichartig gebaut sind. Sie bestehen aus zwei Gliedern.

Die Vorderglieder $i \cdot \frac{r_2}{r}$ und $i \cdot \frac{r_1}{r}$ bedeuten jene Stromstärken, welche im Leiter AB auftreten würden, wenn die Spannungen in A und B gleich wären (Fig. 155), und es können diese Ausdrücke, wie in der Mechanik die Reaktionen X und Y (Fig. 156) der Einzellast P gleich $P\frac{l_2}{l}$ und $P\frac{l_1}{l}$, als die den Punkten A und B entsprechenden Komponenten des Abnahmestromes i aufgefaßt werden. Denkt man sich die beiden Endknoten bei gleicher Spannung zusammengelegt, so ergibt sich die Stromverteilung

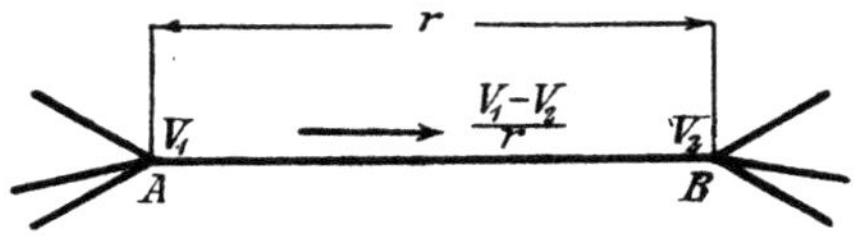

Fig. 158.

sofort (Fig. 157). Die zweiten Glieder $\frac{V_1 - V_2}{r}$ und $\frac{V_2 - V_1}{r}$ unterscheiden sich nur im Vorzeichen und stellen jenen Strom dar, welcher entstehen würde, wenn der Leiter AB in C keinen Abnehmer hätte und der Spannungsunterschied in AB nur auf den Leiterwiderstand $r = r_1 + r_2$ wirken würde (Fig. 158). Aus der

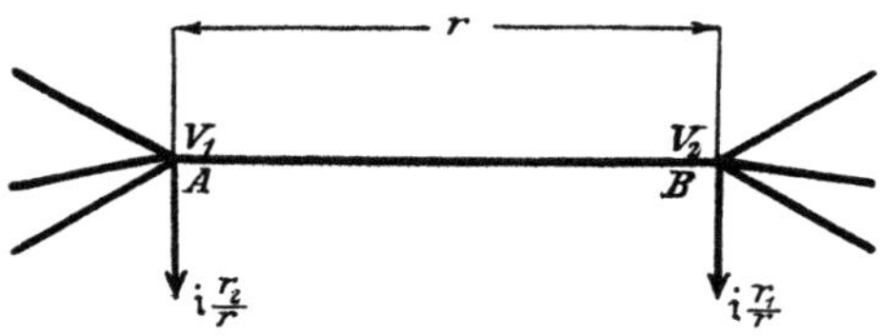

Fig. 159.

Superposition der Stromverteilungsbilder der Figuren 155 und 158 resultiert die wirkliche Stromverteilung. Die oben angeführten Beziehungen besagen daher: Der Teilstrom, welcher von der einen Seite eines Leiters der auf demselben liegenden Abnahmestelle zufließt, ist gleich dem Strome, welcher nach dem Ohmschen Gesetze dem Spannungsunterschiede der Leiterenden und dem Gesamtwiderstande des Leiters entspricht, vermehrt um die auf die betreffende Seite entfallende Komponente des Abnahmestromes[3]).

Sind die Spannungen an den Enden des Leiters einander gleich, so entfällt der erstgenannte, findet im Leiter keine Stromabnahme statt, der letztere Strom. Ergibt die Rechnung den einen der beiden Teilströme negativ, so bedeutet dies, daß von der betreffenden Seite kein Strom gegen die Abnahmestelle, sondern ein solcher von der Abnahmestelle weg und über den Endpunkt hinausfließt. Es ist dies deshalb möglich, weil der hier behandelte Leiter nur ein Teil eines geschlossenen Netzes ist.

Denken wir uns das in Fig. 154 dargestellte Netzstück derart umgestaltet, transfiguriert (Fig. 159), daß die Komponenten $i \cdot \frac{r_2}{r}$ und $i \cdot \frac{r_1}{r}$ in A und B abgenommen werden, während die Stromabnahme i in C weggeschafft wird, so hat diese Verlegung der Komponenten auf die Knotenpunkte gar keinen Einfluß auf die Strom- und Spannungsverteilung des außerhalb AB liegenden Netzes.

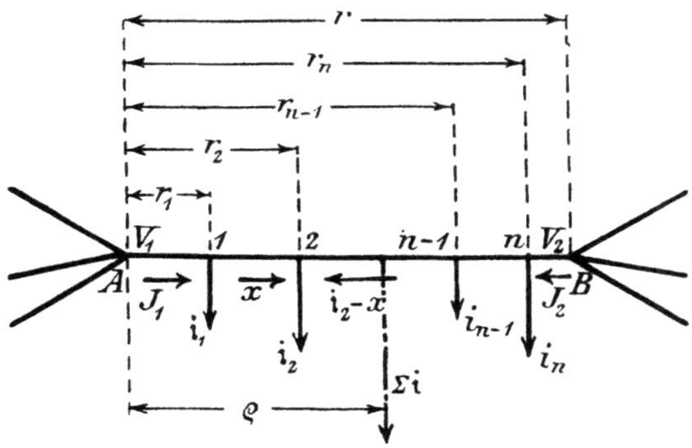

Fig. 160.

Die bereits entwickelten Resultate behalten ihre Gültigkeit auch für den in Fig. 160 dargestellten Fall, wo der zu irgend einem Netze gehörige Leiter AB mehrere Stromabzweigungen besitzt. Die Spannungen in AB sind V_1 und V_2, die Widerstände zwischen dem Knotenpunkte A und den bezüglichen Abzweigstellen seien r_1, r_2 . . . r_n und der Gesamtwiderstand des Leiters AB sei r.

Der allgemeine Fall ist jener, wo der Leiter AB von zwei Seiten Strom erhält. Diese Ströme seien J_1 und J_2. Eine der Abzweigstellen 1, 2 . . . . . . n wird von zwei Seiten Strom erhalten. Sei diese Abzweigung z. B. die zweite, so bekommt diese von der A-Seite den Strom x und von der B-Seite den Strom $i_2 - x$ zugeführt. Der bei A zufließende Strom ist $J_1 = i_1 + x$ und jener bei B ist $J_2 = i_n + \ldots + (i_2 - x)$. Drücken wir die in

2 herrschende Spannung von zwei Seiten aus, so erhalten wir

$$V_1 - i_1 r_1 - x r_2 = V_2 - i_n (r - r_n) - \ldots - (i_2 - x)(r - r_2)$$

oder umgeformt

$$V_1 = V_2 - r(i_n + \ldots + (i_2 - x)) + \Sigma ir$$

daraus berechnet sich

$$J_2 = \frac{V_2 - V_1 + \Sigma ir}{r}$$

$$J_1 = \Sigma i - \frac{V_2 - V_1 + \Sigma ir}{r}.$$

Setzen wir nun in die obigen Gleichungen statt

$$\Sigma(ir) = \varrho \Sigma i$$

ein, so wird die Richtigkeit der Gleichungen nicht gestört. Dies besagt aber, daß die Spannungen V_1 und V_2 der Knotenpunkte A und B dadurch, daß wir statt der Abzweigungen $i_1 i_2 \ldots i_n$ in dem durch ϱ bestimmten Schwerpunkt den Gesamtstrom Σi wirken lassen, unverändert bleiben. Dasselbe gilt auch naturgemäß für die in A und B zugeführten Ströme J_1 und J_2, was aus den Gleichungen ebenfalls unmittelbar zu ersehen ist.

Es wurde bereits für den einfachen Fall mit nur einer Abnahme bewiesen, daß an der Strom- und Spannungsverteilung in dem außerhalb AB liegenden Teil des Netzes garnichts geändert wird, wenn wir den Abnehmer i wegschaffen und seine Komponenten auf die beiden Knotenpunkte werfen. Wir haben weiter bewiesen, daß sich mehrere Abnehmer, betreffs Strom- und Spannungsverteilung außerhalb AB, durch ihre Resultierende ersetzen lassen. Werfen wir nun die zwei Komponenten der Resultierenden auf die Knotenpunkte AB, so haben wir das Leitungsnetz in ein anderes umgewandelt, in welchem der Leiter AB selbst keine Abnehmer mehr besitzt. Jedoch kann diese Umgestaltung auch in der Weise durchgeführt werden, daß man für jede Abnahme unabhängig von den übrigen die Komponenten ermittelt und diese — dem Gesetze von der Superposition der Ströme entsprechend — einzeln auf die zwei Knotenpunkte wirft und die zu demselben Knotenpunkte gehörenden Komponenten addiert. Diese Knotenpunktströme werden identisch sein mit den zwei Komponenten der Resultierenden. Die Identität soll auch an dem Zahlenbeispiele (Fig. 161) klargelegt werden.

Nach der ersten Methode ermitteln wir vorerst den resultierenden Stromabnehmer und seine Lage. Die Größe desselben beträgt 15 + 20 + 30 = 65 Amp. Sein Abstand von A berechnet sich zu

$$\varrho = \frac{15 \times 0{,}02 + 20 \times (0{,}02 + 0{,}03) + 30 \times (0{,}02 + 0{,}03 + 0{,}025)}{65}$$

$$= \frac{3{,}55}{65} = 0{,}0546 \text{ Ohm.}$$

Der auf den Knotenpunkt B entfallende Komponentenstrom ist

$$J_B = 65 \cdot \frac{0{,}0546}{0{,}02 + 0{,}03 + 0{,}025 + 0{,}016} = 39 \text{ Amp;}$$

also ist

$$J_A = 65 - 39 = 26 \text{ Amp.}$$

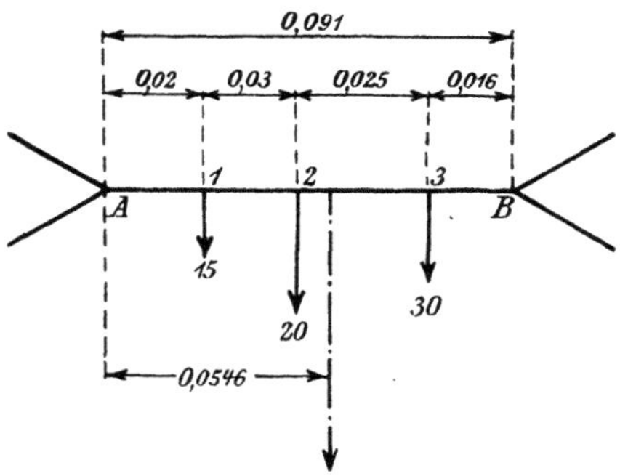

Fig. 161.

Bei der Superpositionsmethode werden wir die Komponenten der Abzweigungen 1, 2, 3 mit i_A', i_B'; i_A'', i_B'' und i_A''', i_B''' bezeichnen. Dann ist

$$i_A' = 15 \cdot \frac{0{,}03 + 0{,}025 + 0{,}016}{0{,}091} = 11{,}7 \text{ Amp.}$$

$$i_B' = 15 - 11{,}7 = 3{,}3 \text{ Amp.}$$

$$i_A'' = 20 \cdot \frac{0{,}025 + 0{,}016}{0{,}091} = 9 \text{ Amp.}$$

$$i_B'' = 20 - 9 = 11 \text{ Amp.}$$

$$i_A''' = 30 \cdot \frac{0{,}016}{0{,}091} = 5{,}274 \text{ Amp.}$$

$$i_B''' = 30 - 5{,}274 = 24{,}726 \text{ Amp.}$$

$$i_A' + i_A'' + i_A''' = 11{,}7 + 9 + 5{,}274 = 25{,}974 \text{ Amp.}$$

$$i_B' + i_B'' + i_B''' = 3{,}3 + 11 + 24{,}726 = 39{,}026 \text{ Amp.}$$

Abgesehen von den Abrundungen bei der Division, stimmen diese Werte mit den bereits berechneten Werten von $J_A = 26$ und $J_B = 39$ Amp. gänzlich überein.

Der im Vorstehenden dargelegte Grundsatz der Versetzung der Komponenten vereinfacht in wesentlicher Weise die Ermittlung der Stromverteilung in jedem beliebigen Leitungsnetze[4]).

Ist das Leitungsnetz gegeben, sind also alle Leiterwiderstände sowie alle Stromentnahmen bekannt, so lassen sich die Komponentenströme in jedem Leiter unmittelbar bestimmen. Es handelt sich alsdann nur noch um die Ermittlung der Ströme, welche den Spannungsunterschieden zwischen den Enden der einzelnen Leiter und den Widerständen der letzteren entsprechen. Zu diesem Zwecke denken wir uns alle Abnahmen in ihre Komponenten zerlegt und letztere an den Endpunkten der bezüglichen Leiter wirkend, sodaß nur die Knotenpunkte des Netzes belastet erscheinen. Für diese Belastung berechnen wir dann die Stromverteilung und finden so die gesuchten Leiterströme. Aus diesen und den Komponentenströmen ergibt sich dann nach dem eingangs erörterten Grundsatze sofort die tatsächliche Stromverteilung.

Es fragt sich nun, wie die unbekannten Leiterströme in Netzen ermittelt werden. Bevor wir auf dieses Problem näher eingehen, werfen wir einen Rückblick auf die Spannungs- und Stromverteilungsmethoden, welche für die allgemeinen Netze in dem vorhergehenden Kapitel entwickelt wurden. Wir unterschieden zwischen einer Spannungs- und einer Strommethode. Bei der Spannungsmethode wurden lineare Gleichungen aufgestellt, in denen die Unbekannten die Spannungen, richtiger die Potentiale in den Knotenpunkten, waren. Nach Berechnung dieser unbekannten Spannungen haben wir durch Anwendung des Ohmschen Gesetzes die Stromverteilung nachträglich ermittelt. Die zweite Methode war die ebenfalls von Maxwell herstammende Strommethode, bei welcher die Unbekannten der linearen Gleichungen die Maschenströme waren.

Die dort behandelten Netze waren jedoch allgemeine Netze. Die Netze, welche wir hier als praktische bezeichnen, sind sogenannte Teilnetze, zwischen denen die Nutzwiderstände wirken. Während demnach die Maschen bei den allgemeinen Netzen durch die Leitungs- und Nutzwiderstände gebildet werden, stellen bei den Teilnetzen nur die Leitungswiderstände die Maschen her, da doch die Nutzwiderstände durch die entsprechenden Nutzströme ersetzt wurden.

Untersuchen wir nun, wie sich die allgemein entwickelten Methoden bei unseren speziellen Netzen, den Teilnetzen, anwenden lassen.

c) Die Spannungsmethode bei Teilnetzen.

Im vorhergehenden wurde gezeigt, daß die Teilnetze durch die Verlegung der Stromabnahmen auf die Knotenpunkte so umgestaltet, transfiguriert, werden können, daß dabei die Spannungsverteilung unverändert bleibt. Die Spannungsverteilung selbst kann mit Anwendung der für die allgemeinen Netze bereits entwickelten Spannungsmethode ohne weiteres gelöst werden, indem man die

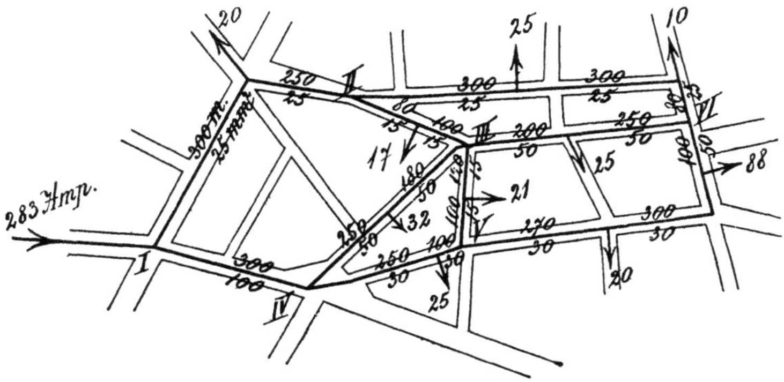

Fig. 162.

Knotenspannungen des transfigurierten Teilnetzes als unbekannt betrachtet und für jeden Knotenpunkt die Kontinuitätsgleichung der Ströme aufstellt. Aus diesen linearen Gleichungen können die unbekannten Spannungen ermittelt werden[5]). Die Methode möge kurz an einem Beispiele näher erläutert werden.

Das in Fig. 162 dargestellte Leitungsnetz — etwa ein Wechselstromprimärnetz — sei als Teilnetz gegeben. Wenn wir es als ein einphasiges Wechselstromnetz betrachten, wäre es als Halbnetz zu bezeichnen.

Wir zerlegen wieder alle Abnahmeströme in ihre Komponenten und verlegen die letzteren in die entsprechenden Knotenpunkte. Auf diese Weise zerlegen wir z. B. die Abnahme von 20 Amp. im Leiter I II in die auf den Knoten I entfallende Komponente

$$\frac{20 \cdot 250}{300 + 250} = 8{,}33 \text{ Amp.}$$

und die auf den Knoten II entfallende Komponente 20 — 8,33 = 11,67 Amp.

Indem wir bei allen übrigen Abnahmen in der gleichen Weise vorgehen, gelangen wir zu der in Fig. 163 dargestellten Belastung

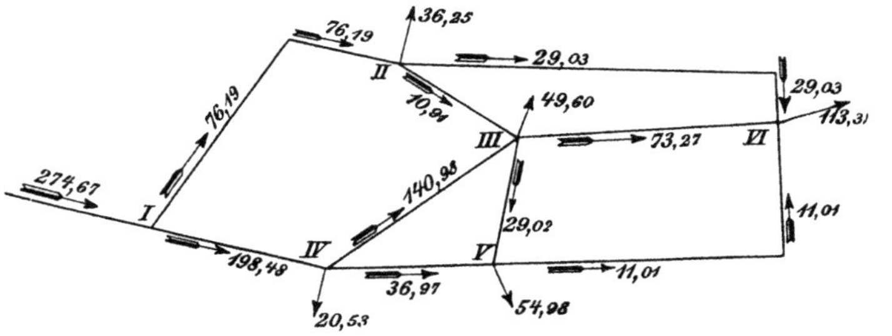

Fig. 163.

des Netzes. Hierbei entfällt auf die Eintrittsstelle I des Stromes die Belastung 8,33 Amp.; dies bedeutet nichts anderes, als daß wir vorläufig nur einen Gesamtstrom von 283 — 8,33 = 274,67 Amp. in Rechnung zu ziehen haben.

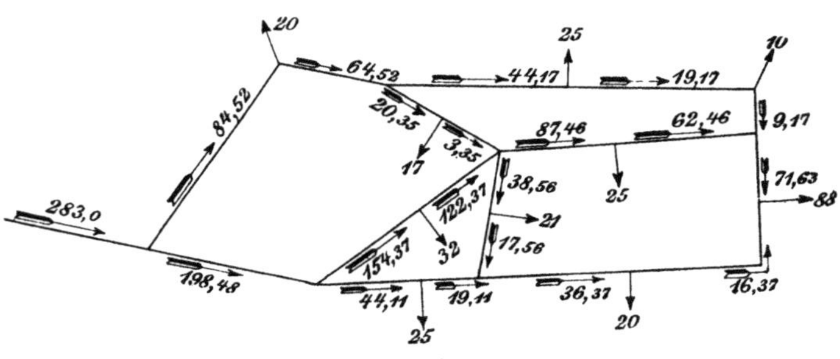

Fig. 164.

Auf diese Weise erhalten wir ein Netz, welches nur an den Knotenpunkten belastet ist. Bezeichnen wir die Potentiale in den Knotenpunkten I, II, III, IV, V und VI der Reihe nach mit V_1, V_2, V_3, V_4, V_5 und V_6, so können wir für diese fünf unabhängige lineare Gleichungen gewinnen, indem wir die Kontinuitätsgleichungen für fünf Knoten aufstellen. Die Kontinuitätsgleichung des sechsten Knotenpunktes ist von den übrigen fünf nicht unabhängig. Wir haben demnach 5 Gleichungen mit sechs Unbekannten. Setzen wir nun $V_1 = 0$ und ermitteln die Spannungsdifferenzen der übrigen Knotenpunkte gegenüber I. Wie bereits erläutert wurde, genügen die Spannungsunterschiede zur Berechnung der Stromverteilung. Die Gleichungen sind

$$\frac{V_2 - V_1}{\frac{550}{25 \times 60}} + \frac{V_4 - V_1}{\frac{300}{100 \times 60}} + 274{,}67 = 0 \quad \ldots \ldots \ldots \quad (I)$$

$$\frac{V_1 - V_2}{\frac{550}{25 \times 60}} + \frac{V_3 - V_2}{\frac{180}{15 \times 60}} + \frac{V_6 - V_2}{\frac{680}{25 \times 60}} - 36{,}25 = 0 \quad \ldots \ldots \quad (II)$$

$$\frac{V_2 - V_3}{\frac{180}{15 \times 60}} + \frac{V_4 - V_3}{\frac{430}{50 \times 60}} + \frac{V_5 - V_3}{\frac{220}{15 \times 60}} + \frac{V_6 - V_3}{\frac{450}{50 \times 60}} - 49{,}6 = 0. \quad (III)$$

$$\frac{V_1 - V_4}{\frac{300}{100 \times 60}} + \frac{V_3 - V_4}{\frac{430}{50 \times 60}} + \frac{V_5 - V_4}{\frac{350}{30 \times 60}} - 20{,}53 = 0 \quad \ldots \ldots \quad (IV)$$

$$\frac{V_3 - V_5}{\frac{220}{15 \times 60}} + \frac{V_4 - V_5}{\frac{350}{30 \times 60}} + \frac{V_6 - V_5}{\frac{570}{30 \times 60} + \frac{100}{50 \times 60}} - 54{,}98 = 0 \quad (V)$$

Aus den Gleichungen (I) bis (V) können die Spannungsdifferenzen V_2, V_3, V_4, V_5 und V_6 und mit Hilfe dieser die in Fig. 163 eingetragenen Leiterströme ermittelt werden.

Der Übergang von dieser ideellen Stromverteilung auf die tatsächliche ist nun sehr einfach zu bewerkstelligen. Es sind nämlich zu den in Fig. 163 eingeschriebenen Stromwerten nur die Komponenten der wirklichen Abnahmen sinngemäß hinzuzufügen. So wirkt z. B. im Leiter I II von I aus die Komponente 8,33 Amp., und in gleicher Richtung fließt ein Strom von 63,25 Amp.; in Wirklichkeit wird also vom Punkte I aus gegen die Abnahmestelle hin ein Strom von 63,25 + 8,33 = 71,68 Amp. fließen, von welchem bei der Abnahmestelle selbst 20 Amp. entnommen werden, sodaß 71,68 — 20 = 51,68 Amp. den zweiten Teil des Leiters nach II hin durchströmen.

Bestimmt man in gleicher Weise alle übrigen Leiterströme, so gelangt man zu den Werten der tatsächlichen Stromverteilung, welche in Fig. 164 dargestellt ist.

d) Die Strommethode bei Teilnetzen: Die Schnittmethode.

Bevor wir auf die allgemeine Entwicklung dieser Methode eingehen, werden wir dieselbe erst für den einfachsten Fall klarlegen.

Als Netzelement wurde bisher die offene Leitung, d. i. Leitung mit einseitiger Stromzuführung, und die Leitung mit zweiseitiger Stromzuführung behandelt. Der letzteren entspricht die einfach geschlossene Leitung. Dieser einfachste Fall der geschlossenen Leitung ist in Fig. 165 dargestellt.

Der Gesamtstrom, welcher in A zugeführt wird, ist gleich der Summe der Nutzströme: 24 = 10 + 8 + 6. Er teilt sich bei A eintretend in die beiden Leiterströme. Wird die Ringleitung in A aufgeschnitten und ausgestreckt, so erhalten wir den in Fig. 154 bereits dargestellten Fall der offenen Leitung mit zweiseitiger Stromzuführung mit der Einschränkung, daß die Spannungen an den Enden des Leiters gleich hoch sind.

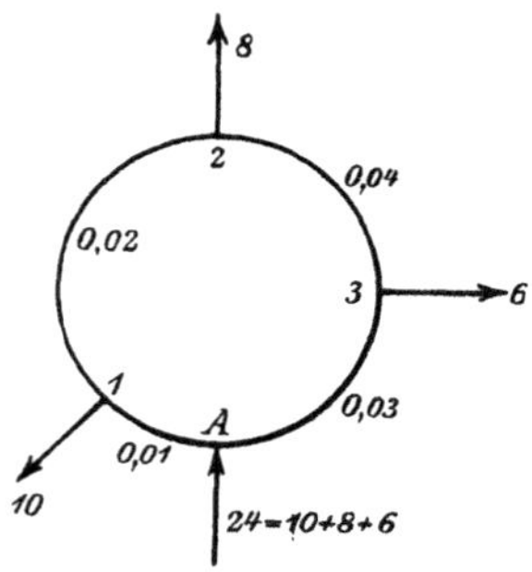

Fig. 165.

Die Stromverteilung kann für diesen Fall auch durch Anwendung des Superpositionsgesetzes einfach ermittelt werden. Denken wir uns die Abnehmer einzeln wirkend und bestimmen für diese die Stromverteilung. Diese Stromverteilungsbilder ergeben aufeinandergelegt dann die wirkliche resultierende Stromverteilung. Das Verfahren sei durch ein Zahlenbeispiel erläutert. Die Zahlenwerte sind in die Fig. 166 eingetragen. Lassen wir den ersten Abnehmer von 10 Amp. allein wirken (Fig. 166a), dann berechnet sich der nach rechts fließende Strom zu

$$10 \cdot \frac{0{,}01}{0{,}01 + 0{,}02 + 0{,}03 + 0{,}04} = 10 \cdot \frac{0{,}01}{0{,}1} = 1 \text{ Amp.},$$

demnach ist der nach links fließende 10 — 1 = 9 Amp.

Wenn der zweite Abnehmer von 8 Amp. allein abgenommen wird, (Fig. 166b) dann berechnet sich der nach rechts fließende Strom zu

$$8 \cdot \frac{0{,}01 + 0{,}02}{0{,}1} = 2{,}4 \text{ Amp.},$$

demnach der nach links fließende zu 8 — 2,4 = 5,6 Amp.

Wird der dritte Abnehmer von 6 Amp. allein abgenommen (Fig. 166c), so berechnet sich der links fließende Strom zu

$$6 \cdot \frac{0{,}03}{0{,}1} = 1{,}8 \text{ Amp.},$$

demnach der rechts fließende zu $6 - 1{,}8 = 4{,}2$ Amp.

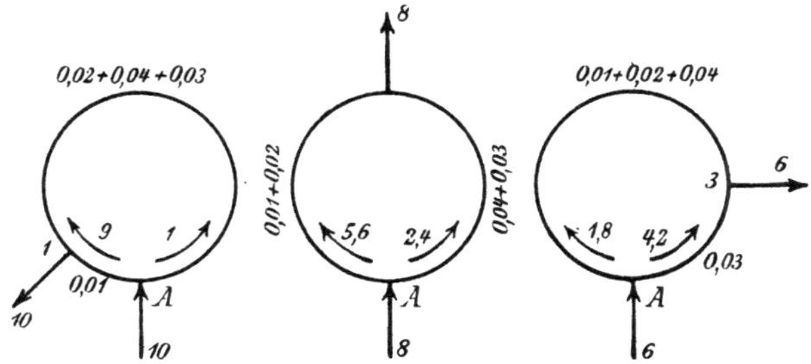

Fig. 166 a, b und c.

Legen wir die drei Bilder der Fig. 166 aufeinander und addieren die in den einzelnen Leiterteilen fließenden Ströme, so erhalten wir die tatsächliche Stromverteilung (Fig. 167). Wie ersichtlich, erhält der Abnehmer 2 von zwei Seiten Strom und zwar $6{,}4 + 1{,}6 = 8$

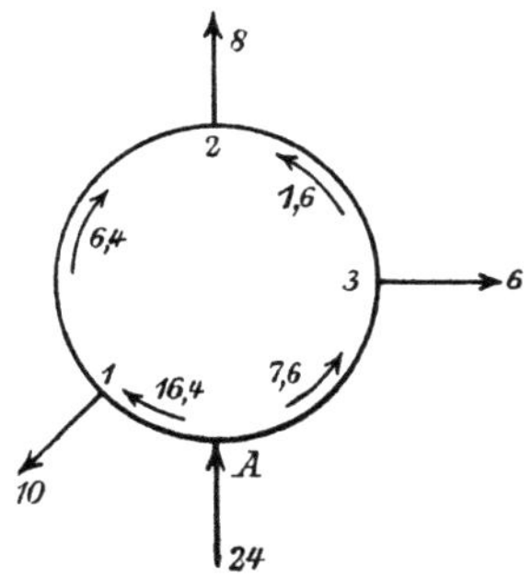

Fig. 167.

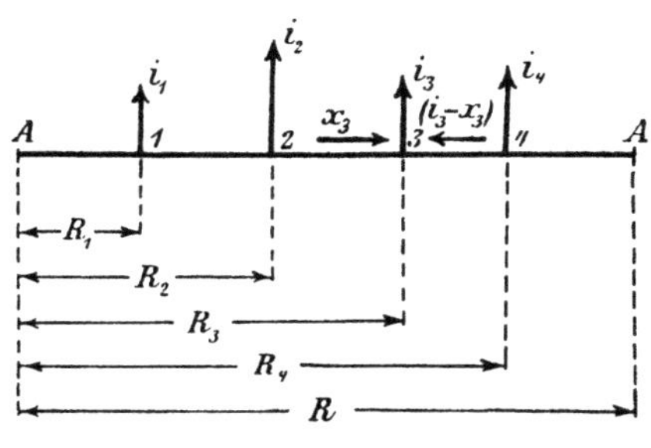

Fig. 168.

Amp., was der Kontinuität der Ströme entspricht. Im Punkte 2 wird man einen Schnitt durch die Ringleitung führen können, ohne die Verteilung des Stromes irgendwie zu stören, sofern die Spaltung des Nutzstroms entsprechend geschieht. Nun stehen wir vor einem bereits bekannten Falle, denn die geschlossene Ringleitung ist in zwei offene Leitungen zerlegt, deren Berechnung nach den gegebenen Darlegungen vorgenommen werden kann. Es handelt sich demnach nur darum, diesen Schnittpunkt zu ermitteln. Zum Zwecke einer übersichtlichen Darstellung denken wir uns die Ringleitung in A aufgeschnitten und zu einer Geraden ausgestreckt (Fig. 168).

Wir bezeichnen alle Ströme, die hier einem Entnahmepunkt zufließen, in Bezug auf diesen Punkt als positive, jene, welche vom Punkte wegfließen, als negative Ströme. Die übrige Bezeichnungsweise ist der bisher angewendeten analog. Es ist klar, daß irgend einer der Abzweigungsströme gleich der algebraischen Summe der in den unmittelbar benachbarten Leiterstücken fließenden Ströme sein muß.

Es muß daher $i_3 = x_3 + (i_3 - x_3)$ sein.

Ist 3 der Punkt, in welchem die Ströme von rechts und von links zuströmen, so haben x_3 und $(i_3 - x_3)$ mit Bezug auf i_3 dieselbe Richtung, sagen wir die positive, und der Punkt 3 ist direkt der zu bestimmende Schnittpunkt, da die beiden Teilströme ihm zuströmen. Ist jedoch 3 nicht der gesuchte Schnittpunkt, so wird der Strom durch den Punkt 3 hindurchfließen; oder mit anderen Worten, es wird der eine Teilstrom zu diesem Punkte zu- und der andere von diesem Punkte wegfließen, d. h. der eine wird positiv, der andere negativ sein. Die Vorzeichen dieser Ströme x_3 und $(i_3 - x_3)$ werden also das Kriterium dafür bilden, ob man bei dem richtigen Schnittpunkte ist oder nicht. Im Punkte 3 kann unter allen Umständen nur eine bestimmte Spannung herrschen; die Spannungsverluste vom Anfange bis zum Punkte 3 müssen von links und von rechts gleich sein, also

$$x_3 R_3 + i_2 R_2 + i_1 R_1 = (i_3 - x_3)(R - R_3) + i_4 (R - R_4)$$

woraus x zu berechnen ist. Nun untersuchen wir, ob x_3 und $(i_3 - x_3)$ beide positiv sind. Sind sie positiv, so ist 3 der gesuchte Schnittpunkt. Wenn jedoch der eine positiv, der andere negativ ist, so wäre die Rechnung nach der Reihe für die übrigen Abzweigpunkte solange fortzusetzen, bis man zu einem Paare zusammengehöriger Werte dieser Ströme gelangt, welche beide positiv sind.

Die soeben erörterte Art der Bestimmung des Schnittpunktes wäre in einem zusammengesetzteren Falle mit vielen Rechnungen verbunden. Es ist aber in der Tat nicht notwendig, sämtliche x und $(i - x)$ zu bestimmen, um den Schnittpunkt der geschlossenen Leitung zu finden, man braucht vielmehr die Rechnung nur für ein ganz beliebiges x und das entsprechende $(i - x)$ für einen beliebigen Abzweigpunkt anzustellen und kann dann aus den erhaltenen Werten sofort auf die Lage des wahren Schnittpunktes schließen, auch wenn die ursprüngliche Wahl nicht den richtigen Punkt getroffen hat. Die berechneten Ströme x und $(i - x)$ sind nämlich sowohl ihrer Größe, als auch ihrer Richtung nach die wirklich auftretenden und der wahren Stromverteilung auch dann entsprechenden Ströme, wenn bei der willkürlichen Wahl des Schnittpunktes der angenommene Schnittpunkt nicht mit dem wahren übereinstimmt. Wenn man daher bei einem beliebig gewählten Punkte k beispielsweise ein positives x_k und ein negatives $(i_k - x_k)$ erhält, so geht man in der Richtung des letzteren weiter bis zum nächsten Abzweigpunkte $(k + 1)$, dessen Stromabgabe im allgemeinen entweder größer oder kleiner als $(i_k - x_k)$ ist. Im ersten Falle ist der Punkt $(k + 1)$ bereits der gesuchte Schnittpunkt, da ihm von der anderen Seite noch der Strom $i_{k+1} - (i_k - x_k)$ zufließen muß. Im zweiten Falle geht man in der Richtung des negativen Stromes solange weiter, bis man endlich zum richtigen Schnittpunkte gelangt.

Zur deutlicheren Veranschaulichung werde ein Zahlenbeispiel angeführt.

In die durch Fig. 169 dargestellte Leitung trete bei A ein Strom von 390 Amp. ein, in den Punkten 1, 2 und 3 werden bezw. 130, 110 und 150 Amp. abgenommen. Die Werte der Leitungswiderstände zwischen je zwei Abzweigspunkten seien, von A in der Richtung über 1 gerechnet: 0,003, 0,004, 0,004 und 0,002 Ohm. Es soll die Stromverteilung ermittelt werden.

Wir denken uns vorläufig einen beliebigen Schnitt geführt, etwa im Punkte 1. Die diesem Punkte entsprechende Gleichung ist alsdann:

$$x_1 \cdot 0{,}003 = (130 - x_1)\,[0{,}002 + 0{,}004 + 0{,}004] + 110\,[0{,}002 + 0{,}004] + 150 \cdot 0{,}002$$

woraus sich ergibt

$$x_1 = 173{,}84 \text{ Amp. und } 130 - x_1 = -43{,}84 \text{ Amp.}$$

Damit hat man bereits die richtigen Werte, sowie die Richtung der Ströme gefunden. Da nämlich der Strom x_1 positiv ist, fließt er in der angenommenen und durch den Pfeil angedeuteten Richtung nach 1 zu, und da der Strom $(130 - x_1)$ sich negativ ergibt, fließt er entgegengesetzt der angenommenen Pfeilrichtung, also von 1 weg. In der Teilstrecke $\overline{A1}$ fließt also ein Strom von 173,84 Ampère bis zur der Abzweigstelle 1, welche 130 Ampère abnimmt; in der Strecke $\overline{12}$ fließt ein Strom von 173,84 — 130 = 43,84 Ampère in der Richtung gegen 2 weiter, in welchem Punkte 110 Ampère abgeführt werden. Es müssen sich also hier die von der einen Seite zuströmenden 43,84 Ampère mit

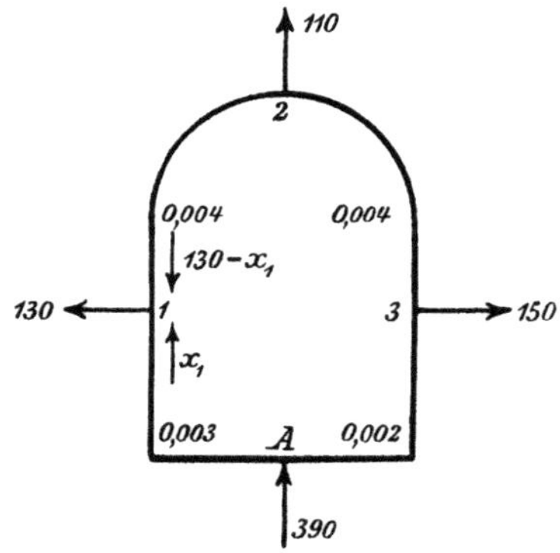

Fig. 169.

66,16 Ampère von der anderen Seite zu 110 ergänzen. Zwischen 2 und 3 herrscht also ein Strom von 66,16 Ampère mit der Richtung gegen 2. Man sieht, daß der Punkt 2 der gesuchte Schnittpunkt ist; denn in diesem Punkte könnte man die geschlossene Leitung öffnen, ohne die Stromgrößen in den einzelnen Teilstrecken irgend zu verändern.

Um uns zu überzeugen, daß wir bei der Wahl irgend eines anderen Abzweigpunktes zu demselben Ergebnisse gelangt wären, stellen wir die Gleichung auch für den Punkt 3 auf:

$$(150 - x_3)\,0{,}002 =$$
$$x_3\,[0{,}003 + 0{,}004 + 0{,}004] + 110\,[0{,}003 + 0{,}004] + 130 \cdot 0{,}003.$$

Aus diesen Gleichungen ergibt sich

$$x_3 = -66{,}16, \quad 150 - x_3 = 216{,}16$$

was mit den früher erhaltenen Werten vollkommen übereinstimmt.

Da x_3 negativ ist, schreiten wir gegen die angenommene Richtung mit 66,16 Amp. von 3 gegen 2 und finden, daß hier von der anderen Seite 43,84 Amp. zufließen müssen, damit im ganzen 110 Amp. bei 2 entnommen werden können.

Das richtige Bild der Stromverteilung ist somit so, wie es die Fig. 170 anzeigt.

Betrachten wir nun den Fall, in welchem mehrere Leitungsteile sich zu zwei Knoten I und II vereinigen (Fig. 171). Die Stromzuführung geschehe bei I, die Stromabnahme sowohl von den einzelnen Ästen als auch von dem Knotenpunkte II.

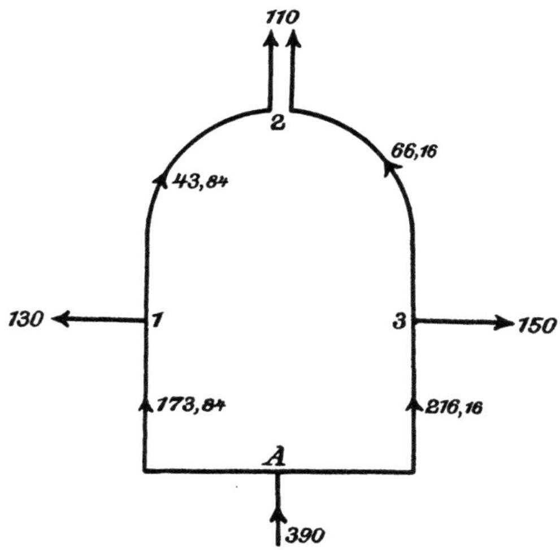

Fig. 170

Der eine Ast I II habe keine Stromentnahme, sondern diene nur als Ausgleichsleiter.

Wir denken uns den Knoten II aufgelöst und stellen in Bezug auf denselben die entsprechenden Gleichungen auf:

$$x + y + z = 60$$

$$x\,[0{,}01 + 0{,}01 + 0{,}005] + 200\,[0{,}01 + 0{,}005] + 50 \times 0{,}005 = y \cdot 0{,}006$$

$$z\,[0{,}09 + 0{,}02 + 0{,}007] + 120\,[0{,}02 + 0{,}007] + 30 \times 0{,}007 = y \cdot 0{,}06.$$

Hieraus ergeben sich die Werte:

$$x = 6{,}47 \text{ Amp.}, \quad y = 56{,}86 \text{ Amp.}, \quad z = -3{,}33 \text{ Amp.}$$

Man sieht, daß der Ausgleichsleiter I II 56,86 Amp. zum Knotenpunkte II bringt, daß ferner von oben her 6,47 Amp. gegen II zufließen und von da aus 3,33 Amp. weiter strömen, so-

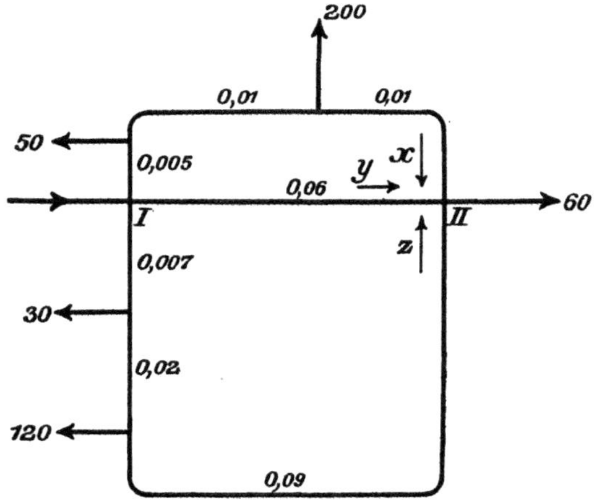

Fig. 171.

daß das Bild des richtig aufgelösten Leitungssystems der Fig. 172 entspricht.

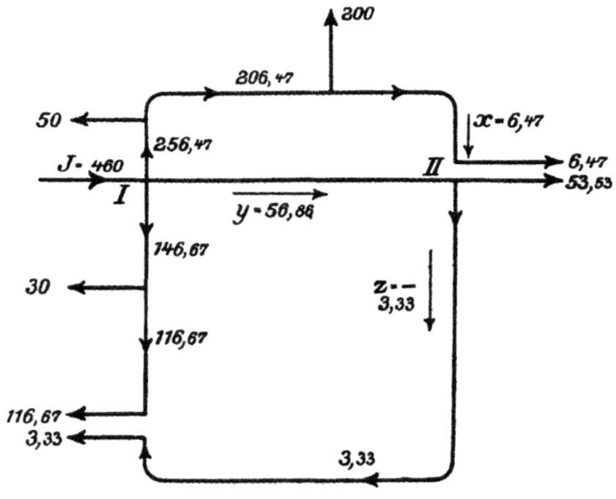

Fig. 172.

Die bisher geübte Methode der Stromberechnung erleidet keine Änderung, wenn ein Knotenpunkt als Schnittpunkt gewählt wird, in welchem keine Stromentnahme stattfindet.

Man hat in diesem Falle nur die Voraussetzung in die Rechnung einzuführen, daß die algebraische Summe der dem Knotenpunkte zufließenden Ströme gleich Null sei.

In dem durch die Fig. 173a dargestellten Falle findet z. B. im Knotenpunkte IV keine Stromentnahme statt. Wir denken uns die drei zusammentreffenden Leitungsäste so getrennt, wie es die Fig. 173b darstellt, und nennen die Ströme in zweien davon x und y, woraus sich der dritte Strom als $-(x+y)$ ergeben muß, da $x+y-(x+y)=o$ ist.

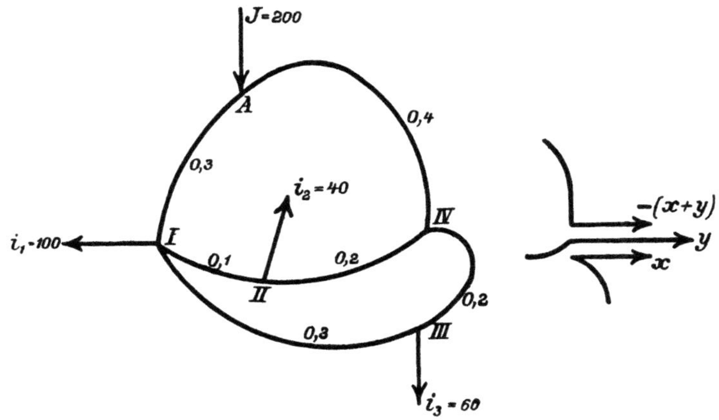

Fig. 173a und b.

Für die zwei Unbekannten stellt man nun zwei Gleichungen auf, von denen die eine ausdrückt, daß der Spannungsverlust von A über I II nach IV gleich ist dem Gefälle in A IV, und die andere, daß der Spannungsabfall von I über II nach IV gleich sein muß dem von I über III nach IV (Fig. 173).

$$y\,[0{,}3+0{,}1+0{,}2]+i_2\,[0{,}3+0{,}1]+[i_1+i_3+x]\,0{,}3=-(x+y)\,0{,}4$$

$$y\,[0{,}2+0{,}1]+i_2\cdot 0{,}1=x\,[0{,}2+0{,}3]+i_3\cdot 0{,}3.$$

Aus diesen Gleichungen ergibt sich

$$x=\frac{-9\,i_1-2\,i_2-39\,i_3}{71}$$

$$y=\frac{-15\,i_1-27\,i_2+6\,i_3}{71}$$

und nach Einsetzung der Zahlenwerte von i_1, i_2, i_3

$$x=-46{,}76\text{ Amp.},\quad y=-31{,}26\text{ Amp.}$$

Um nun zu den richtigen Schnittpunkten zu gelangen, muß man in der Richtung von IV zu den benachbarten Knotenpunkten weiterschreiten und findet durch einfache Addition und Subtraktion, daß dieselben in II und III liegen. Das Bild der Stromverteilung ist somit das in Fig. 174 dargestellte.

Der Stromwert x wird, wie aus dem obigen Ausdrucke sich unmittelbar erklärt, seinen größten Wert bei gleichzeitigem Wirken aller Abnehmer i_1, i_2, i_3 erreichen, während y seine größten Werte

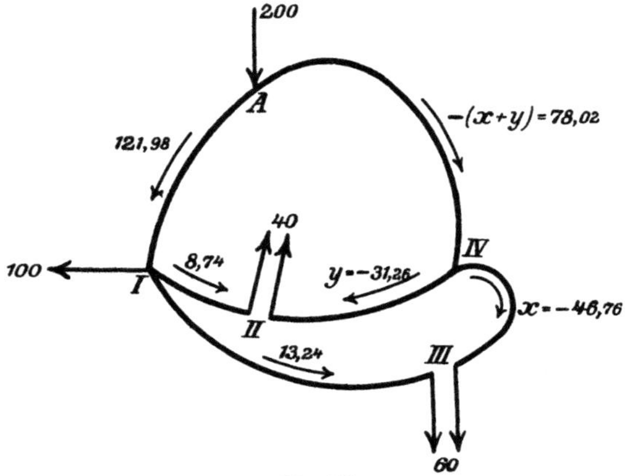

Fig. 174.

nach der einen oder anderen Richtung erfährt, je nachdem i_1 und i_2 oder i_3 gleichzeitig abgenommen werden.

Wir haben nun an einfachen Beispielen die Anwendung der Schnittmethode[6]) auf die Berechnung der Stromverteilung in gegebenen Leitungsnetzen vorgeführt. Es erübrigt nur noch, die allgemeinen Grundsätze dieses Verfahrens kurz zusammenzufassen.

Um die Berechnung der Stromverteilung für ein gegebenes Leitungsnetz durchzuführen, hat man folgendes zu beachten:

1. Man denke sich das gegebene Leitungsnetz an beliebigen Stromentnahmestellen oder Knotenpunkten so aufgeschnitten, daß das Netz nur in offene Teile zerfalle, und daß kein Leiterstück ohne Zusammenhang mit einer der Stromzuführungsstellen bleibe.

2. Man betrachte die in den Leiterstücken den Schnittpunkten zu- oder abfließenden Ströme als Unbekannte x_1, x_2, ... und

stelle für jeden Schnittpunkt je eine Gleichung auf, welche ausdrückt, daß der Spannungsverlust von irgend einer Stromzuführungsstelle aus bis zu dem betreffenden Schnittpunkte der gleiche ist, wenn man von der Stromzuführungsstelle auf zwei verschiedenen Wegen zum Schnittpunkte gelangt. Diese Gleichungen löse man nach ihren Unbekannten auf, welche die wahren Werte und zugleich die Richtungen der unbekannten Ströme angeben.

3. Die wahren Schnittpunkte findet man nun, wenn man in der Richtung der nach Punkt 2 berechneten Ströme so weit vorwärts schreitet, bis man an eine Stelle gelangt, in Bezug auf welche beide Ströme positiv sind.

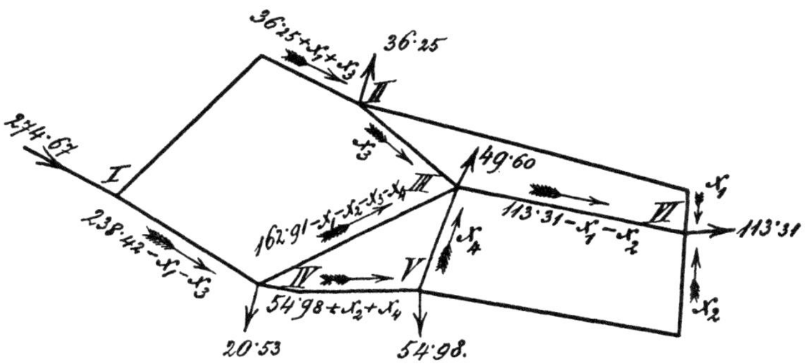

Fig. 175.

4. Nach dem Aufschneiden des Netzes in den so gefundenen wahren Schnittpunkten berechnet man in bekannter Weise die Zahlenwerte der Spannungsverluste, die an den Schnittpunkten maximal sind. Um den Einfluß von Veränderungen in der Stromentnahme auf die Stromverteilung zu bestimmen, ordne man die Ausdrücke von x_1, x_2 . . . sowie die der Ströme in den Teilstrecken nach den abgenommenen Strömen. Um die positiven und negativen Maxima zu finden, setze man die negativen, bezw. die positiven Glieder gleich Null.

Die Strommethode möge noch an einem Beispiele erklärt werden und wollen wir das in Fig. 162 gegebene und mit der Spannungsmethode bereits berechnete Netz nochmals durchrechnen. Nach Verlegung der Ströme auf die Knotenpunkte erhalten wir das in Fig. 163 dargestellte Netz. Nun berechnen wir die entsprechende Stromverteilung, indem wir für jede geschlossene

Masche des Netzes eine Spannungsgleichung aufstellen und daraus die in Fig. 175 eingezeichneten Unbekannten x_1, x_2, x_3, x_4 bestimmen. Die den vier Maschen des Netzes entsprechenden Gleichungen sind:

$$1)\quad [36{,}25 + x_1 + x_3]\,\frac{300 + 250}{25} + x_3 \cdot \frac{80 + 100}{15} =$$

$$[238{,}42 - x_1 - x_3]\,\frac{300}{100} + [162{,}91 - x_1 - x_2 - x_3 - x_4]\,\frac{250 + 180}{50}$$

$$2)\quad x_1\,\frac{300 + 300 + 80}{25} = x_3\,\frac{80 + 100}{15} + [113{,}31 - x_1 - x_2]\,\frac{200 + 250}{50}$$

$$3)\quad [162{,}91 - x_1 - x_2 - x_3 - x_4]\,\frac{250 + 180}{50} =$$

$$[54{,}98 + x_2 + x_4]\,\frac{250 + 100}{30} + x_4\,\frac{100 + 120}{15}$$

$$4)\quad x_4\,\frac{100 + 120}{15} + [113{,}31 - x_1 - x_2]\,\frac{200 + 250}{50} = x_2\left[\frac{270 + 300}{30} + \frac{100}{50}\right]$$

Diese Gleichungen ergeben umgeformt:

$$33{,}6\,x_1 + 8{,}6\,x_2 + 45{,}6\,x_3 + 8{,}6\,x_4 = 1318{,}786 \quad \text{I)}$$
$$36{,}2\,x_1 + 9\,x_2 - 12\,x_3 + 0 \cdot x_4 = 1019{,}79 \quad \text{II)}$$
$$25{,}8\,x_1 + 60{,}8\,x_2 + 25{,}8\,x_3 + 104{,}8\,x_4 = 2278{,}778 \quad \text{III)}$$
$$27\,x_1 + 90\,x_2 + 0 \cdot x_3 - 44\,x_4 = 3059{,}37 \quad \text{IV)}$$

Aus Gleichung II und IV erhält man

$$x_3 = \frac{36{,}2\,x_1 + 9\,x_2 - 1019{,}79}{12} \quad \ldots\ldots \text{a)}$$

$$x_4 = \frac{27\,x_1 + 90\,x - 3059{,}37}{44} \quad \ldots\ldots \text{b)}$$

Nach Einsetzung dieser Werte in die Gleichungen I und III ergeben sich die beiden Gleichungen

$$3881{,}62\,x_1 + 1328{,}6\,x_2 = 127\,423{,}027$$
$$3694{,}66\,x_1 + 10310{,}6\,x_2 = 221\,661{,}794,$$

aus denen

$$x_1 = \frac{d_1}{D}, \qquad x_2 = \frac{d_2}{D}.$$

Hierin bedeutet D die Nennerdeterminante

$$D = \begin{vmatrix} 3881{,}62 & 1328{,}6 \\ 3694{,}66 & 10310{,}6 \end{vmatrix}$$

und d_1 und d_2 sind die zwei Zählerdeterminanten

$$d_1 = \begin{vmatrix} 127\,423{,}029 & 1328{,}6 \\ 221\,661{,}794 & 10310{,}6 \end{vmatrix} \qquad d_2 = \begin{vmatrix} 3881{,}62 & 127\,423{,}027 \\ 3694{,}66 & 221\,661{,}794 \end{vmatrix}.$$

Es ist also

$$x_1 = \frac{127\,423{,}027 \times 10\,310{,}6 - 221\,661{,}794 \times 1328{,}6}{3881{,}62 \times 10\,310{,}6 - 3694{,}66 \times 1328{,}6} = 29{,}029\,274,$$

$$x_2 = \frac{3881{,}62 \times 221\,661{,}794 - 3694{,}66 \times 127\,423{,}027}{3881{,}62 \times 10\,310{,}6 - 3694{,}66 \times 1328{,}6} = 11{,}096\,201.$$

Setzt man diese Werte in die Gleichungen a) und b) ein, so erhält man die Stromwerte

$$x_3 = \frac{36{,}2 \times 29{,}029\,274 + 9 \times 11{,}096\,201 - 1019{,}79}{12} = 10{,}9113$$

$$x_4 = \frac{27 \times 29{,}029\,274 + 90 \times 11{,}096\,201 - 3059{,}37}{44} = -29{,}020\,943.$$

Wir haben hier die Rechnung mit Hilfe einer Rechenmaschine auf so viele Dezimalstellen durchführen können, daß die Proben vollkommen stimmen. In der Praxis wird man im allgemeinen, selbst bei Benutzung einer Rechenmaschine nur wenige Dezimalen rechnen und sich damit begnügen, daß die als Probe ermittelten Spannungsverluste zwischen zwei Punkten nur annähernd übereinstimmen, wenn man auf zwei verschiedenen Wegen von dem einen Punkte zum andern voranschreitet.

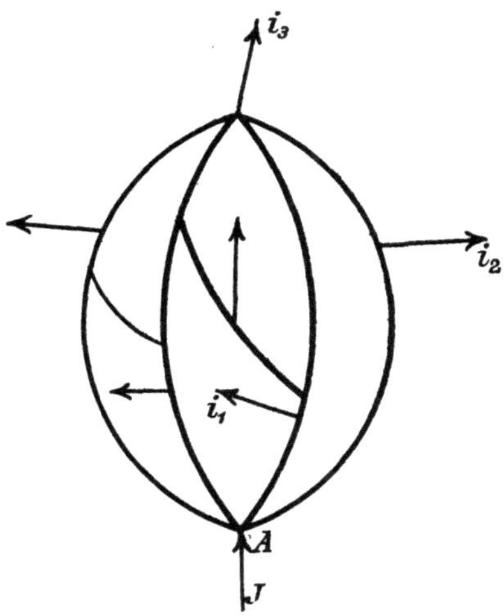

Fig. 176.

Entsprechend dem in Fig. 175 gegebenen Stromschema erhalten wir also die in Fig. 163 dargestellte ideelle Stromverteilung. Der Übergang von dieser ideellen Stromverteilung auf die tatsächliche geschieht wörtlich so, wie wir es für dieses Beispiel bei der Spannungsmethode schon durchgeführt haben.

Es sei hervorgehoben, daß die Zahl der linearen Gleichungen für dieses Beispiel bei der Spannungsmethode fünf, dagegen bei der Schnittmethode nur vier betragen hat.

Es erübrigt noch die für die allgemeinen Netze entwickelte Maschenstrommethode (Maxwells Regel) auch für die praktischen

Netze zu übertragen. In diesen sind die Stromabnehmer zwischen zwei Halbnetze, das der Hin- und das der Rückleitung, parallel eingeschaltet. Mit Rücksicht darauf, daß nach dem Satze von der Superposition der Ströme der Charakter und die Anzahl der Gleichungen von der Anzahl der Stromabnehmer unter den Voraussetzungen dieses Kapitels unabhängig sind, kann man sich vor der Hand nur einen einzigen Stromabnehmer vorhanden denken. Demzufolge läßt sich das in Fig. 176 dargestellte Leitungsnetz unter Beibehaltung eines Stromabnehmers, etwa i_3, in der

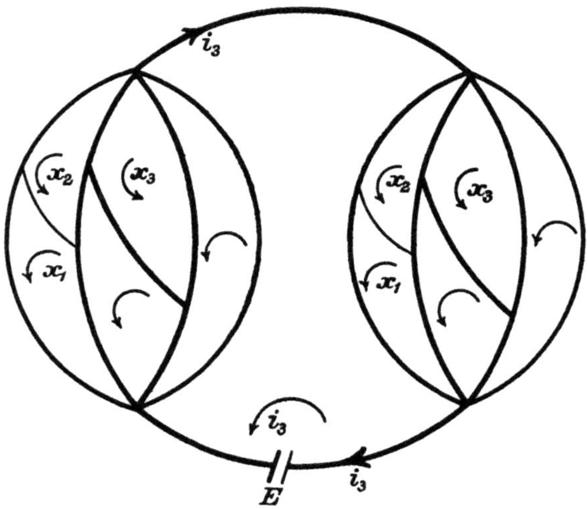

Fig. 177.

durch die nachfolgende Fig. 177 dargestellten Weise zeichnen und darauf die Maschenstrommethode unmittelbar anwenden. Ist n die Anzahl der Maschen in einem Halbnetze und haben beide Halbnetze die gleiche Maschenzahl, so hat man insgesamt $(2\,n + 1)$ Maschenströme, von denen einer, d. i. der Strom in der Abnahmsmasche, als bekannt vorausgesetzt ist, während die $2\,n$ anderen sich infolge gleicher Gestalt der beiden Halbnetze auf n reduzieren.

e) Netzteile und die Transfiguration der Netze.

Im Folgenden werden wir die Eigenschaften einiger häufig vorkommenden Netzteile in Bezug auf Spannungs- und Stromverteilung untersuchen und werden durch gewisse Operationen an denselben die sie enthaltenden Leitungsnetze vereinfachen.

Das in Fig. 178 dargestellte Leitergebilde, auch Sternnetz genannt, kann in den Knotenpunkten I, II, ... N sich an ein Netz anschließen oder dasselbe kann auch selbstständig bestehen, wobei die Knotenpunkte I, II, ... N Speisepunkte darstellen. Den Knoten O werden wir Mittelknoten nennen. Es seien die Spannungen der Knotenpunkte I, II, ... N gleich V_1, $V_2 \dots V_n$, die Widerstände der einzelnen Schenkel r_1, r_2, ... r_n, die Teilwiderstände derselben r_{I1}, r_{10}, r_{II2}, r_{20} ... und die Stromabnahmen i_0, i_1, $i_2 \dots i_n$ gegeben, und die Spannung des Mittelknotens wie auch die Stromverteilung in den Schenkeln des Sternes sei zu ermitteln.

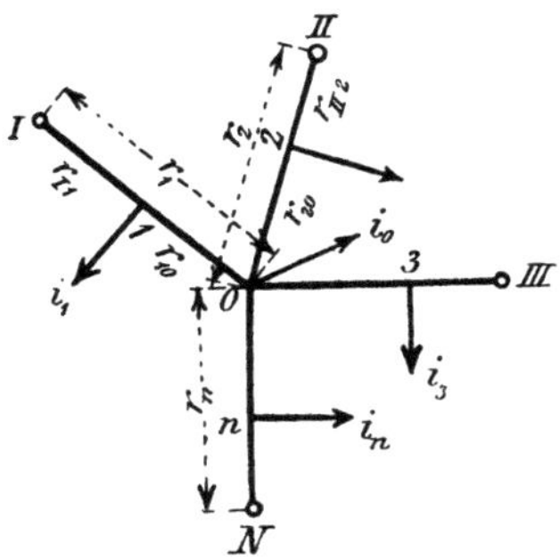

Fig. 178.

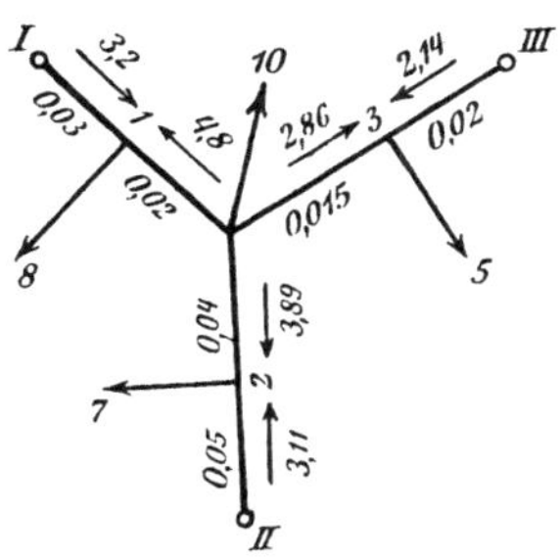

Fig. 179.

Die Spannungen der Knotenpunkte I, II, ... N können gleich oder ungleich sein. Zunächst behandeln wir den ersten Fall und berechnen gleich ein Zahlenbeispiel. Die Zahlenwerte sind in die Fig. 179 eingetragen.

Wir verlegen die Abnehmer $i_1 = 8$, $i_2 = 7$ und $i_3 = 5$ Amp. auf die Speisepunkte und auf den Mittelknoten, fassen dann die Speisepunkte infolge Gleichheit ihrer Spannung in einen Punkt zusammen, wodurch wir die in Fig. 180 dargestellte und bereits vielfach behandelte Parallelschaltung erhalten. Die bezüglichen Komponenten berechnen sich wie folgt:

$$i_{I1} = 8 \cdot \frac{0{,}02}{0{,}02 + 0{,}03} = 3{,}2 \text{ Amp.} \qquad i_{01} = 8 - 3{,}2 = 4{,}8 \text{ Amp.}$$

$$i_{II2} = 7 \cdot \frac{0{,}04}{0{,}04 + 0{,}05} = 3{,}11 \text{ -} \qquad i_{02} = 7 - 3{,}11 = 3{,}89 \text{ -}$$

$$i_{III3} = 5 \cdot \frac{0{,}0015}{0{,}015 + 0{,}02} = 2{,}14 \text{ -} \qquad i_{03} = 5 - 2{,}14 = 2{,}86 \text{ -}$$

Der Strom im Mittelknoten beträgt dann $10 + 4{,}8 + 3{,}89 + 2{,}86 = 21{,}55$ Amp. Die Ströme x_1, x_2 und x_3 berechnen sich aus

$$x_1 + x_2 + x_3 = 21{,}55$$
$$x_1 (0{,}03 + 0{,}02) = x_2 (0{,}05 + 0{,}04)$$
$$x_2 (0{,}05 + 0{,}04) = x_3 (0{,}02 + 0{,}015)$$

und zwar erhält man $x_1 = 7{,}2216$; $x_2 = 4{,}012$ und $x_3 = 10{,}3164$ Amp.

Um die tatsächliche Stromverteilung zu erhalten, sind diese Ströme mit den beziehlichen Leiterströmen sinngemäß zu addieren. Demnach ergeben sich die in I 1, II 2, III 3 fließenden Ströme

$$7{,}2216 + 3{,}2 = 10{,}4216;\ 4{,}012 + 3{,}11 = 7{,}122;$$
$$10{,}3164 + 2{,}14 = 12{,}4564 \text{ Amp.}$$

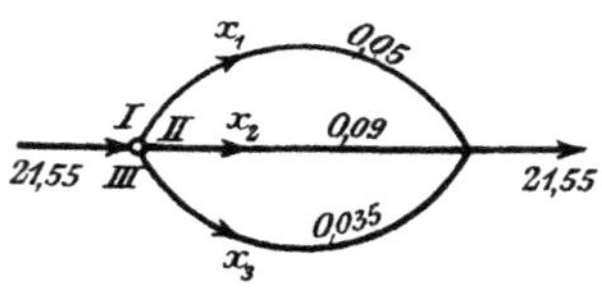

Fig. 180.

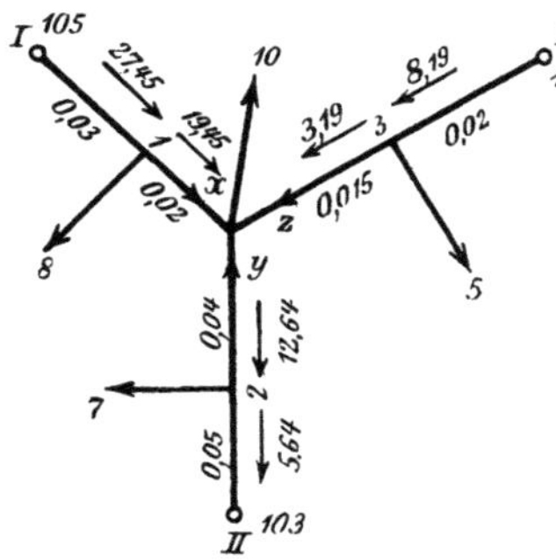

Fig. 181.

und die in 10, 20, 30 fließenden Ströme

$10{,}4216 - 8 = 2{,}4216$; $7{,}122 - 7 = 0{,}122$ und $12{,}4564 - 5 = 7{,}4564$ Amp.

Die durchgeführte Rechnung kann mit Hilfe der Schnittmethode ohne Verlegung der Ströme bewerkstelligt werden. Wir haben das Beispiel aus belehrenden Zwecken durch die Verlegung gelöst, da dieselbe bei weniger einfachen Fällen ein nicht unbeträchtlicher Behelf sein wird.

Beträgt jedoch die Spannung in den Knotenpunkten I, II, III 105, 103 und 104 Volt, dann berechnet sich die Stromverteilung aus den drei Gleichungen

$$x + y + z = 0$$
$$105 - [(x + 8)\,0{,}03 + 0{,}02\,x] = 104 - [(z + 5)\,0{,}02 + 0{,}015\,z]$$
$$105 - [(x + 8)\,0{,}03 + 0{,}02\,x] = 103 - [(y + 7)\,0{,}05 + 0{,}04\,y].$$

Daraus ergeben sich die Ströme

$$x = 19{,}45;\quad y = -12{,}64 \text{ und } z = 3{,}19 \text{ Amp.}$$

Die tatsächliche Stromverteilung ist in Fig. 181 eingetragen. Die Spannung des Mittelknotens 0 berechnet sich zu

$$105 - (8 + 19{,}45) \times 0{,}03 + 19{,}45 \times 0{,}02 = 103{,}787 \text{ Volt.}$$

Dasselbe Beispiel werde auch mit Zuhilfenahme der Verlegung auf die Knotenpunkte berechnet. Die bezüglichen Komponenten sind identisch mit denen in Fig. 179 eingetragenen. Hierdurch erhalten wir das in Fig. 182 dargestellte Bild. Die Ströme x', y' und z' berechnen aus

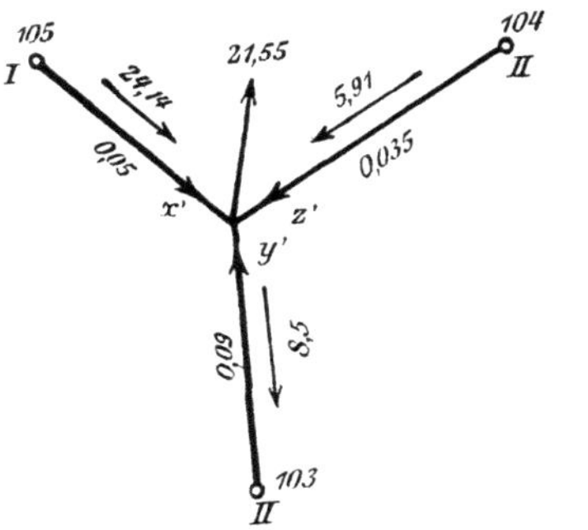

Fig. 182.

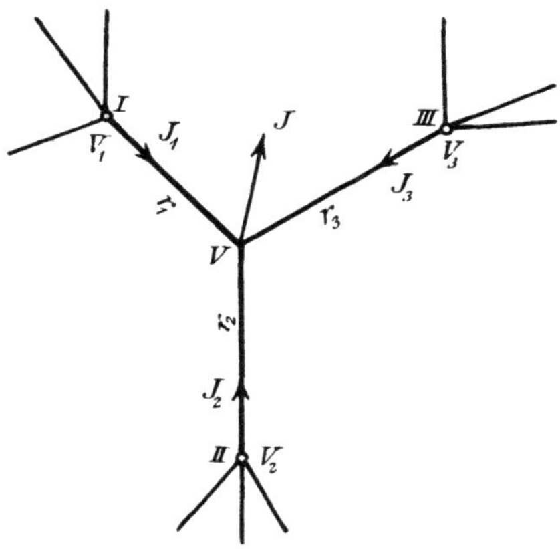

Fig. 183.

$$\begin{aligned} 105 - 0{,}05 \cdot x' &= 104 - 0{,}035\, z' \\ 105 - 0{,}05 \cdot x' &= 103 - 0{,}09\, y' \\ x' + y' + z' &= 21{,}55 \end{aligned}$$

oder geordnet

$$\begin{aligned} 0{,}05\, x' \qquad\qquad - 0{,}035\, z' &= 1 \\ 0{,}05\, x' - 0{,}09\, y' \qquad\qquad &= 2 \\ x' + \quad y' + \quad z' &= 21{,}55 \end{aligned}$$

und daraus ergeben sich

$$x' = \begin{vmatrix} 1 & 0 & -0{,}035 \\ 2 & -0{,}09 & 0 \\ 21{,}55 & 1 & 1 \end{vmatrix} : \begin{vmatrix} 0{,}05 & 0 & -0{,}035 \\ 0{,}05 & -0{,}09 & 0 \\ 1 & 1 & 1 \end{vmatrix}$$

$$x' = 21{,}44;\quad y' = -8{,}5 \text{ und } z' = 5{,}91 \text{ Amp.}$$

Diese Leiterströme werden nun den Stromkomponenten superponiert, wodurch wir die in Fig. 181 bereits dargestellte Stromverteilung erhalten.

Im Vorhergehenden wurde die Verlegung der Stromabnehmer auf die Nachbarknoten vorgenommen. Wir gehen nun einen Schritt weiter und werden den im Mittelknoten des Sternnetzes angreifenden Stromabnehmer, Fig. 183, auf die Knotenpunkte I, II und III verlegen.

Gegeben sind V_1, V_2 und V_3, ferner r_1, r_2, r_3 und J. Die in den Schenkeln fließenden Ströme berechnen sich demnach

$$J_1 = \frac{V_1 - V}{r_1}; \; J_2 = \frac{V_2 - V}{r_2} \text{ und } J_3 = \frac{V_3 - V}{r_3}$$

wobei

$$\frac{V_1 - V}{r_1} + \frac{V_2 - V}{r_2} + \frac{V_3 - V}{r_3} = J$$

oder

$$\frac{V_1}{r_1} + \frac{V_2}{r_2} + \frac{V_3}{r_3} - V\left(\frac{1}{r_1} + \frac{1}{r_2} + \frac{1}{r_3}\right) = J.$$

Indem wir

$$\frac{1}{\frac{1}{r_1} + \frac{1}{r_2} + \frac{1}{r_3}} = R$$

bezeichnen, wobei R den resultierenden Widerstand der aus r_1, r_2 und r_3 gebildeten Parallelschaltung bedeutet, berechnet sich V aus der letzten Gleichung

$$V = \left[\frac{V_1}{r_1} + \frac{V_2}{r_2} + \frac{V_3}{r_3} - J\right] R = R\left(\sum_1^3 \frac{V}{r}\right) - JR.$$

Substituieren wir diesen Wert in die Gleichung für J_1, dann erhalten wir

$$J_1 = \frac{V_1 - \left[R\left(\sum_1^3 \frac{V}{r}\right) - JR\right]}{r_1} = \underbrace{\frac{V_1}{r_1} - \frac{R}{r_1}\left(\sum_1^3 \frac{V}{r}\right)} + \frac{JR}{r_1} = i_1 + J\frac{R}{r_1}$$

und ebenso analoge Ausdrücke für J_2 und J_3.

Die Ströme J_1, J_2, J_3 bestehen aus den Strömen i_1, i_2, i_3 — welche nur von den Spannungen der Knoten I, II, III und von den Widerständen der Schenkel abhängen — und aus den Strömen

$J\frac{R}{r_1}$, $J\frac{R}{r_2}$ und $J\frac{R}{r_3}$, welche nur durch den Abnehmer des Mittelknotens und durch die Widerstände der Schenkel bestimmt werden, und von den Knotenspannungen unabhängig sind. Demnach können die Ströme $J\frac{R}{r_1}$, $J\frac{R}{r_2}$, $J\frac{R}{r_3}$ in den Knoten I, II, III abgenommen

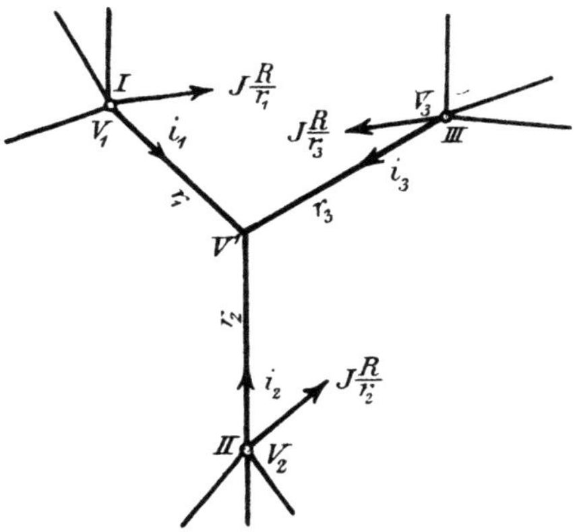

Fig. 184.

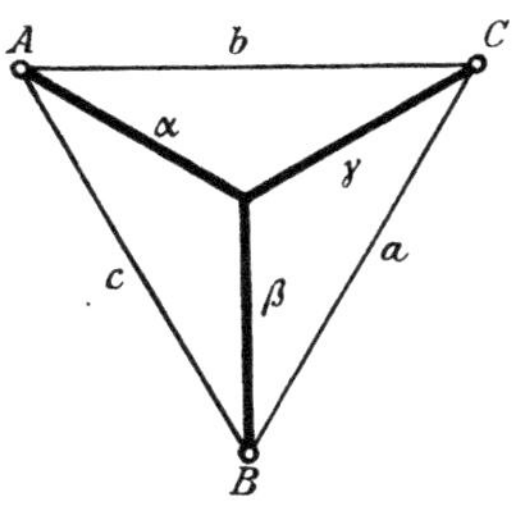

Fig. 185.

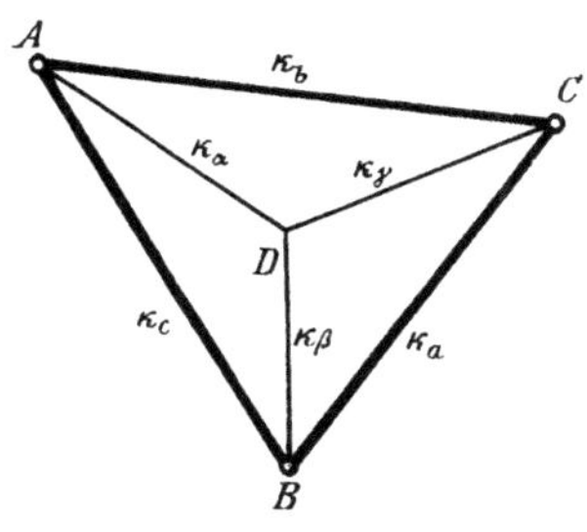

Fig. 186.

werden, ohne die Spannungen dieser Knoten hierdurch zu ändern (Fig. 183), und es sind diese die Komponenten der Mittelknotenbelastung.

Im vorigen Kapitel wurde die widerstandstreue Umgestaltung des Dreieckes und des Sternes eingehend betrachtet; wir wollen nun das dort Gesagte hier kurz zusammenfassen.

Das in Fig. 185 dargestellte Dreieck habe die Spannungen A, B, C und die Widerstände a, b, c. Ersetzen wir dieses Dreieck durch einen Stern, so berechnet sich nach Gleichung 23 (S. 212)

$$\alpha = \frac{b \cdot c}{a + b + c}$$

für β und γ gelten analoge Ausdrücke.

Ist der in Fig. 186 dargestellte Stern durch ein Dreieck zu ersetzen, so berechnet sich

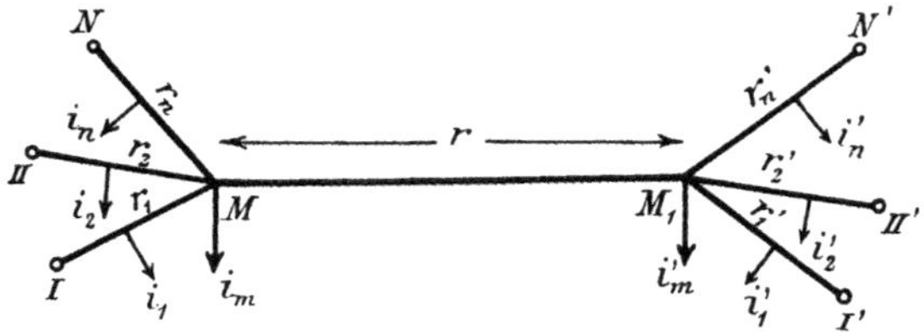

Fig. 187.

$$k_a = \frac{k_\beta \, k_\gamma}{k_\alpha + k_\beta + k_\gamma}$$

für k_b und k_c gelten analoge Ausdrücke, wobei k die Leitungsfähigkeit des betreffenden Leiters bedeutet.

Fig. 188.

Der Ersatz des Dreiecks durch einen Stern und umgekehrt ist so gedacht, daß trotz desselben die Knotenspannungen A, B, C unverändert bleiben, weshalb diese Umgestaltung, die Transfigurierung, auf die Spannungs- und Stromverteilung des übrigen Netzes keinen Einfluß hat.

In dem Folgenden werden wir die Anwendung des Transfigurierungsprinzips an praktischen Beispielen durchführen.

Die Fig. 187 stellt ein zweifaches Sternnetz dar, bei welchem die Mitten zweier Sterne durch einen Verbindungsleiter verknüpft sind. Gegeben sind die Spannungen der Zuführungsstellen, die Stromabnahmen und die Widerstände. Zu ermitteln ist die Spannung in M, M′ und die Stromverteilung. Einfachheitshalber wird angenommen, daß die Spannungen der Zuführungsstellen gleich hoch sind. Wäre der Strom im Leiter $M M_1$ bekannt, so wäre dieses Netz auf das einfache Sternnetz zurückgeführt. Dieser Strom wird folgenderweise ermittelt: Wir verlegen die Ströme i_1, i_2 . . . i_n, ferner i'_1, i'_2 . . . i'_n auf die Knoten I, II . . . N und I', II' . . . N', lassen nun die Knotenpunkte I, II . . . N und I', II' . . . N' zusammenfallen und ersetzen endlich die parallel geschalteten Widerstände r_1, r_2 . . . r_n resp. r_1', r_2' . . . r_n' durch

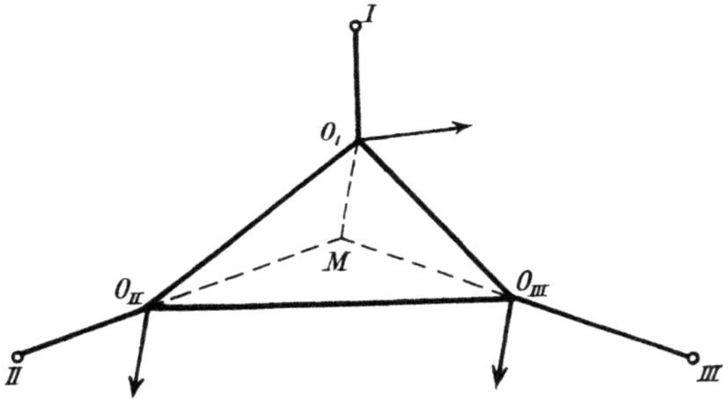

Fig. 189.

ihre Resultierenden R bezw. R', so erhalten wir den in Fig. 188 dargestellten und bereits erledigten Fall: eine Leitung mit zweiseitiger Stromzuführung.

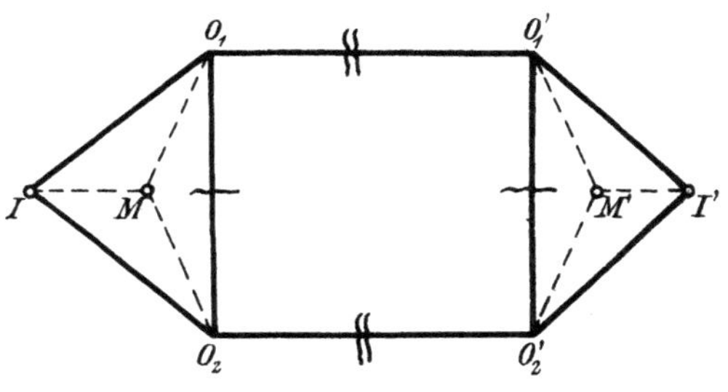

Fig. 190.

Soll ein Dreieck $O_1 O_2 O_3$ (Fig. 189) von drei Speisepunkten I, II, III abhängen, so bilde man ersteres widerstandstreu um in den Stern $M O_1 O_2 O_3$, wodurch dieser Fall sofort auf einen bereits erledigten (Fig. 181) zurückgeführt wird.

Ein weiterer Fall ist durch Fig. 190 ersichtlich gemacht, wo zwei Dreiecke durch zwei Zwischenleiter mit einander verknüpft sind.

Durch zwei Schnitte der Querleiter $O_1 O_2$ und $O'_1 O'_2$ läßt sich vermittelst der Schnittmethode der Fall auf bereits bekannte zurückführen. Diese Schnitte können auch in den beiden Zwischen-

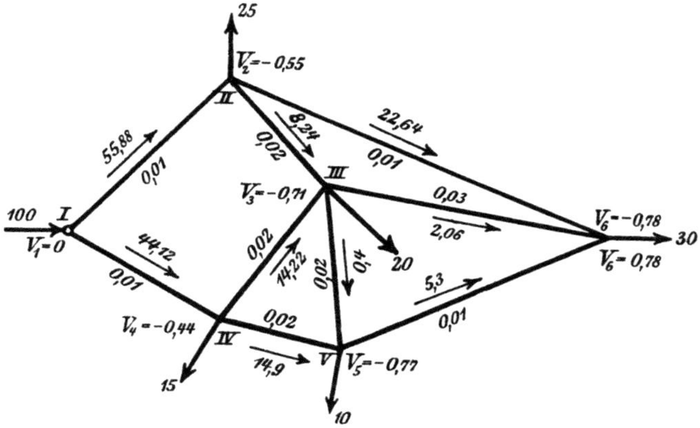

Fig. 191.

leitern $O_1 O'_1$ und $O_2 O'_2$ gewählt werden. Nach dem Prinzipe der Transfiguration genügt es, die beiden Dreiecke $I\,O_1 O_2$ und $II\,O'_1 O'_2$ in die Sterne $M\,I\,O_1 O_2$ und $M'\,I'\,O'_1 O'_2$ umzugestalten

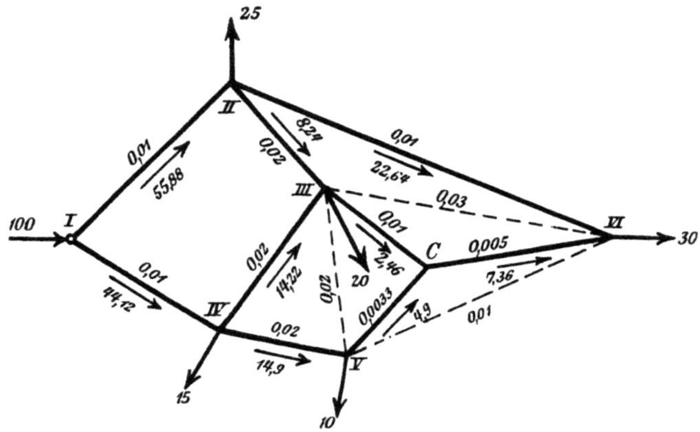

Fig. 192.

und hernach die parallel geschalteten Widerstände $M O_1\, O'_1 M'$ und $M O_2 O'_2 M'$ durch einen äquivalenten zu ersetzen.

Fig. 191 stellt ein Netz mit vier Maschen und 6 Knotenpunkten dar, dessen Konfiguration identisch ist mit dem in Fig. 162

angegebenen Beispiele, an welchem sowohl die Spannungs- wie auch die Strommethode zahlenmäßig erklärt wurde. Einfachheitshalber sind jedoch in 191 einfachere Zahlenwerte eingeschrieben, als in Fig. 162.

Ersetzen wir nun das Dreieck III V VI durch den widerstandstreuen Stern C III V VI, dann erhalten wir Fig. 192, welches Netz schon nur 3 Maschen enthält. Die Schenkelwiderstände des Sternes berechnen sich zu

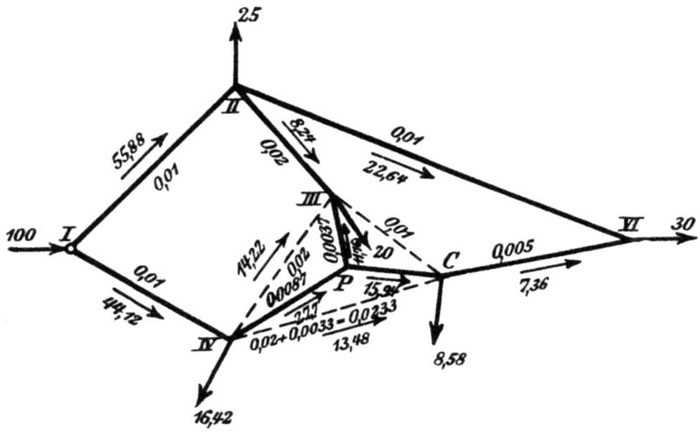

Fig. 193.

$$\text{III C} = \frac{0{,}02 \times 0{,}03}{0{,}01 + 0{,}02 + 0{,}03} = 0{,}01 \text{ Ohm}$$

$$\text{V C} = \frac{0{,}01 \times 0{,}02}{0{,}01 + 0{,}02 + 0{,}03} = 0{,}0033 \text{ Ohm}$$

$$\text{VI C} = \frac{0{,}01 \times 0{,}03}{0{,}01 + 0{,}02 + 0{,}03} = 0{,}005 \text{ Ohm.}$$

Jetzt verlegen wir den Stromabnehmer in V gleich 10 Amp. auf die Knoten IV und C. Die auf C fallende Komponente berechnet sich

$$10 \cdot \frac{0{,}02}{0{,}02 + 0{,}0033} = 8{,}58$$

und die auf IV fallende ist 10 — 8,58 = 1,42 Amp. In IV wird demnach der Strom 15 + 1,42 = 16,42 Amp. abgenommen. Nach Verlegung der Abnahme in V wird IV V und V C in Serie geschaltet und jetzt kann das Dreieck III IV C durch den Stern P III IV C ersetzt werden (Fig. 193). Die Sternwiderstände berechnen sich wie folgt:

$$\text{III P} = \frac{0{,}01 \times 0{,}02}{0{,}01 + 0{,}02 + 0{,}0233} = 0{,}0037 \text{ Ohm}$$

$$\text{IV P} = \frac{0{,}02 \times 0{,}0233}{0{,}01 + 0{,}02 + 0{,}0233} = 0{,}0087 \text{ Ohm}$$

$$\text{C P} = \frac{0{,}01 \times 0{,}0233}{0{,}01 + 0{,}02 + 0{,}0233} = 0{,}0043 \text{ Ohm.}$$

Das Netz hat nach diesem Schritte schon blos zwei Maschen. Versetzen wir nun die in III, VI und C angreifenden Ströme auf die Knotenpunkte II und P; hienach können dann die Widerstände

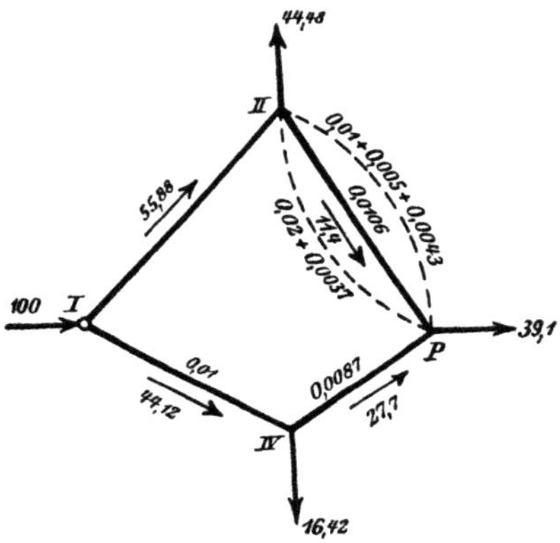

Fig. 194.

II III und III P, resp. II VI, VI C und C P in Serie geschaltet werden. Die Ströme in dem Knotenpunkt II und P berechnen sich zu

$$25 + 20 \cdot \frac{0{,}0037}{0{,}02 + 0{,}0037} + 30 \cdot \frac{0{,}0043 + 0{,}005}{0{,}0043 + 0{,}005 + 0{,}01} +$$

$$+ 8{,}58 \cdot \frac{0{,}0043}{0{,}0043 + 0{,}005 + 0{,}01} = 25 + 3{,}12 + 14{,}45 + 1{,}91 = 44{,}48 \text{ Amp.}$$

resp.

$$0 + (20 - 3{,}12) + (30 - 14{,}45) + (8{,}58 - 1{,}91) =$$
$$= 16{,}88 + 15{,}55 + 6{,}67 = 39{,}1 \text{ Amp.}$$

Indem wir (0,02 + 0,0037) und (0,01 + 0,005 + 0,0043) parallel schalten, erhalten wir den in Fig. 192 dargestellten Kreis, wobei

$$\frac{(0{,}02 + 0{,}0037) \times (0{,}01 + 0{,}005 + 0{,}0043)}{(0{,}02 + 0{,}0037) + (0{,}01 + 0{,}005 + 0{,}0043)} = 0{,}0106 \text{ Ohm}$$

die Resultierende ist.

Die Ströme in I II bezw. in I IV berechnen sich nun als Summe der bezüglichen Komponentenströme. Demnach

$$J_{I\,II} = 44{,}48 \frac{0{,}01 + 0{,}0087 + 0{,}0106}{0{,}01 + 0{,}0087 + 0{,}0106 + 0{,}01} +$$

$$+ 39{,}1 \cdot \frac{0{,}01 + 0{,}0087}{0{,}01 + 0{,}0087 + 0{,}0106 + 0{,}01} +$$

$$+ 16{,}42 \cdot \frac{0{,}01}{0{,}01 + 0{,}0087 + 0{,}0106 + 0{,}01} =$$

$$= 33{,}14 + 18{,}57 + 4{,}17 = 55{,}88 \text{ Amp.}$$

und

$$J_{I\,IV} = (44{,}48 - 33{,}14) + (39{,}1 - 18{,}57) + (16{,}42 - 4{,}17) =$$

$$= 11{,}34 + 20{,}53 + 12{,}25 = 44{,}12 \text{ Amp.}$$

Werden die Spannungen der Knotenpunkte von $V_1 = 0$ gezählt, dann ergeben sich die Spannungen der Knotenpunkte II und IV wie folgt:

$$V_2 = -55{,}58 \times 0{,}01 = -0{,}55 \text{ Volt}$$

und

$$V_4 = -44{,}12 \times 0{,}01 = -0{,}44 \text{ Volt.}$$

Da nun die Strom- und Spannungsverteilung des Netzes Fig. 194 ermittelt ist, gehen wir auf das Netz Fig. 193 zurück. II P = 0,0106 Ohm enstand durch Parallelschaltung zweier Widerstände. In diesen einzelnen Widerständen verteilt sich der Gesamtstrom gleich 11,4 Amp. im umgekehrten Verhältnisse zu den Teilwiderständen. Der Strom im Widerstande II VI C P berechnet sich demnach

$$11{,}4 \cdot \frac{0{,}02 + 0{,}0037}{(0{,}02 + 0{,}0037) + (0{,}01 + 0{,}005 + 0{,}0043)} = 6{,}28 \text{ Amp.}$$

demnach der Strom im Leiter II III P gleich 11,4 — 6,28 = 5,13 Amp. Der im Leiter II VI fließende Strom ergibt sich als Summe des Leiterstromes und der bezüglichen, bereits ermittelten Stromkomponenten

$$6{,}28 + 14{,}45 + 1{,}91 = 22{,}64 \text{ Amp.}$$

Im Knoten VI werden 30 Amp. abgeführt und muß derselbe von C aus 30 — 22,64 = 7,36 Amp. erhalten. Im Leiter P C fließt der Strom 8,58 + 7,36 = 15,94 Amp.

Der Leiterstrom des Leiters II III C beträgt 11,4 — 6,28 = 5,12 Amp., demnach ist der Strom im Leiter II III die Summe dieses Leiterstromes und der auf II fallenden Komponente des Stromes von 20 Amp.

$$5{,}12 + 3{,}12 = 8{,}24 \text{ Amp.}$$

Vom Knoten P fließt zum Knoten III der Strom 20 — 8,24 = 11,76 Amp. und von IV gegen P

$$11{,}76 + 15{,}94 = 44{,}12 - 16{,}42 = 27{,}7 \text{ Amp.}$$

Die Spannungen der Knoten III und VI berechnen sich wie folgt:

$$V_3 = V_2 - 8{,}24 \times 0{,}02 = -0{,}55 - 0{,}16 = -0{,}71 \text{ Volt}$$

und

$$V_6 = V_2 - 22{,}64 \times 0{,}01 = -0{,}55 - 0{,}23 = -0{,}78 \text{ Volt.}$$

Die Stromverteilung des Stromes III IV C P (Fig. 193) ist nun bekannt und können wir die Stromverteilung des widerstandstreuen Dreieckes III IV C bestimmen. Der Strom in IV III ergibt sich zu

$$\frac{27{,}7 \times 0{,}0087 + 11{,}76 \times 0{,}0037}{0{,}02} = 14{,}22 \text{ Amp.}$$

Im Leiter III C fließt der Strom 14,22 + 8,24 — 20 = 2,46 Amp. und in dem Leiter IV C 44,12 — (14,22 + 16,42) = 13,48 Amp.

Jetzt ist nun die Stromverteilung des in Fig. 193 dargestellten Netzes vollkommen bekannt und wir gehen auf das Netz Fig. 192 über.

Im Leiter IV V fließt der Strom 13,48 + 1,42 = 14,9 Amp. wo 13,48 der Leiterstrom und 1,42 die auf den Knoten IV versetzte Komponente von 10 Amp. ist.

Die Spannung des Knotenpunktes V wird erhalten:

$$V_5 = V_4 - 14{,}9 \times 0{,}02 = -0{,}44 - 0{,}3 = -0{,}77 \text{ Volt.}$$

Da die Stromverteilung des Sternes III V VI C bekannt ist, gehen wir auf die Stromverteilung des Dreieckes III V VI über.

Der im Leiter V VI fließende Strom ist gleich

$$\frac{4{,}9 \times 0{,}0033 + 7{,}36 \times 0{,}005}{0{,}01} = 5{,}3 \text{ Amp.}$$

Hiedurch ergibt sich der Strom in III VI gleich 30 — (22,64 + 5,3) = 2,06 Amp. und endlich in III V gleich (10 + 5,3) — 14,9 = (8,24 + 14,22) — (2,06 + 20) = 0,4 Amp.

Die auf diese Weise ermittelte Spannungs- und Stromverteilung ist in die Fig. 191 eingetragen. Dieselbe wurde ohne Anwendung jeder Gleichung und ausschließlich mit Zuhilfenahme der Transfigurationsbehelfe ermittelt. Der hier eingeschlagene Weg war ein rekursiver: wir vereinfachten den zusammengesetzten Fall, um von diesem wieder auf den ursprünglichen zurückzukehren[7]).

Die Maschenstrommethode lehrt, daß die Anzahl der Maschenstromgleichungen identisch ist mit der Anzahl der Maschen. Bei der Berechnung des letzten Transfigurierungsbeispieles haben wir darauf aufmerksam gemacht, daß bei demselben eine jede Umwandlung eines Sternes in ein widerstandstreues Dreieck die Anzahl der vorhandenen Netzmaschen um eins verminderte. Die bezüglichen Maschenstromgleichungen und Maschenströme wurden ebenfalls um eins vermindert, was nichts anderes besagt, als daß diese Transfigurierung eine Eliminationsmethode mit rein elektrischer Interpretation darstellt, was nicht jedes Interesses entbehrt.

4. Änderungen in der Strom- und Spannungsverteilung durch veränderliche Belastungen.

Die dargelegten Grundsätze der Berechnungsarten werden genügen, um die Verteilung des Stromes in jedem gegebenen Leitungsnetze bestimmen zu können. Mit jeder Änderung in der Größe und in der örtlichen Verteilung der Stromabnahmen ändert sich natürlich auch die Verteilung der Spannung und des Stromes im ganzen Netze.

Um nun den Einfluß solcher Änderungen feststellen und verfolgen zu können, ist es nicht notwendig, jedesmal von neuem die ganze, oft sehr umständliche Rechnung durchzuführen, sondern man kann sich bei der Ermittlung des Einflusses der Änderungen auf die erste Berechnung stützen. Zu diesem Zwecke dient folgendes Verfahren:

Man denkt sich eine geeignete Stromeinheit allein abgezweigt und läßt dieselbe einen Knoten nach dem anderen durchwandern. Soviel Knoten das Netz enthält, soviel Gleichungssysteme stellt man auf, aus denen sich die jedem einzelnen Orte der abgezweigten Stromeinheit entsprechende Stromverteilung ergibt.

Diese Bestimmung wird durch den Umstand sehr vereinfacht, daß die Nennerdeterminante in jeder Unbekannten aller Gleichungssysteme dieselbe ist, und daß in den Zählerdeterminanten die Unterdeterminante für dieselbe Unbekannte durch die ganze Gruppe von Gleichungssystemen ebenfalls unverändert bleibt. Sind auf diese Weise die Stromverteilungen für alle Lagen der Stromverbrauchereinheit in den Knotenpunkten bestimmt, so legt man sich zweckmäßig ein graphisches Schema an, welches aus so vielen Tafeln besteht, als das Netz Leiter enthält.

Auf jeder stellt man je einen Leiter im Maßstabe seines Widerstandes als horizontale Gerade dar und errichtet in den beiden Endpunkten Senkrechte auf dieselbe.

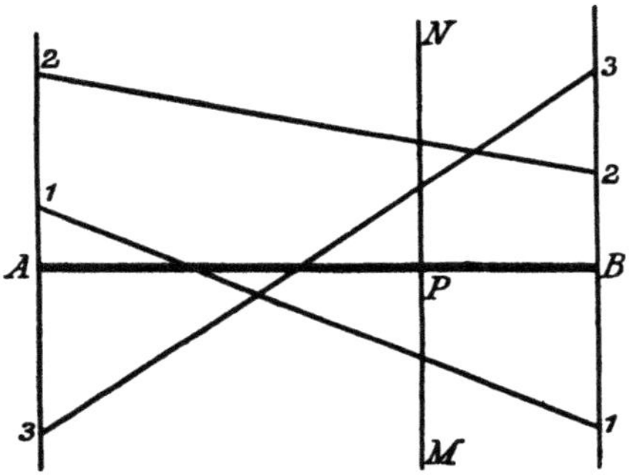

Fig. 195.

Auf die Senkrechte eines jeden Endpunktes trägt man nun die Werte der Ströme in allen Leitern auf, welche entstehen, wenn die Stromeinheit in dem betreffenden Punkte abgezweigt wird. Je nach dem Zeichen der Ströme trägt man ihre Werte nach aufwärts oder nach abwärts auf.

Nehmen wir beispielsweise ein Netz aus nur drei Leitern an, etwa wie Fig. 196, und konstruieren wir die Tafel für einen der Leiter desselben, etwa für AB (Figur 195).

Wir tragen alle Ströme je nach ihrer Richtung von A aus auf- oder abwärts auf, welche in allen Leitern entstehen, wenn man die Stromeinheit im Knotenpunkte A abzweigt. Ebenso tragen wir von B aus jene Leiterströme auf, welche auftreten, wenn die Stromentnahme = 1 in B erfolgt. Die Endpunkte der für einen und denselben Leiter in A und B gezeichneten Ströme werden dann durch die Geraden $\overline{11}$, $\overline{22}$, $\overline{33}$ . . . . . . verbunden.

Die Längen, welche durch diese Verbindungslinien an irgend einer Senkrechten MN abgeschnitten werden, stellen die Größen der Leiterströme dar, welche entstehen, wenn eine Stromeinheit im Fußpunkte der Senkrechten vom Leiter AB abgezweigt wird, da der Zusammenhang zwischen den entstehenden Leiterströmen und dem Widerstande, um welchen die Abnahme vom Knotenpunkte A verschoben wird, ein linearer, und die Kurve, welche dieses Gesetz ausdrückt, demnach eine Gerade ist. Wir wollen diese Gerade die Influenzlinie nennen.

Die in der beschriebenen Weise hergestellten Tafeln bieten ein bequemes Mittel, für irgend eine Gruppierung von Stromentnahmen die Stromverteilung in komplizierten Netzen zu bestimmen.

Man zeichnet nämlich für jeden Stromverbraucher im Abzweigungspunkte derselben eine Senkrechte auf die Widerstandslinie und multipliziert die auf der ersteren durch die Influenzlinien abgeschnittenen Stromgrößen mit i_1, wenn an der betreffenden Abnahmestelle i_1 Stromeinheiten abgeführt werden. Dasselbe Verfahren befolgt man für i_2, i_3 . . . . und addiert nach dem Satze der Superposition der Ströme die in einem und demselben Leiter durch verschiedene Stromabnahmen hervorgerufenen Ströme.

Will man nun sehen, welchen Einfluß das Hinzukommen eines neuen Stromabnehmers auf die Stromverteilung hat, so zeichnet man auf die Tafel des Leiters, von welchem der neue Stromabnehmer abgezweigt ist, an die Abzweigungsstelle eine Senkrechte, deren Abschnitte mit den Influenzlinien, proportional vergrößert, die Stromwerte ergeben, um welche die schon bekannten Leiterströme unter dem Einflusse der neuen Stromentnahme sich ändern.

Man erhält somit aus den Tafeln unmittelbar die durch eine Abnahme in allen einzelnen Leitern hervorgerufenen Ströme. Nur bezüglich des Leiters, in welchem die Abnahme selbst stattfindet, muß man berücksichtigen, daß nicht in dem ganzen Leiter ein und derselbe Strom fließt, sondern daß der Abnahmestelle von zwei Seiten Strom zufließen wird. Da aber die Ströme in allen übrigen Leitern bekannt sind, so lassen sich auch diese beiden Zweigströme sofort bestimmen.

In einer Zentrale, welche ein größeres Netz versorgt, in welchem im Laufe der Zeit große Veränderungen der Stromabnahmen, sowohl nach der Größe und Zahl, als auch nach der örtlichen Gruppierung eintreten, wird es von hervorragendem Interesse sein, die jeweiligen Stromverhältnisse in allen Teilen des Netzes stets in Evidenz halten zu können. Zu diesem Zwecke kann man auf Grund des skizzierten Verfahrens eine vollständige Verbuchung aufbauen, aus welcher man jederzeit entnehmen kann, welche Stromverhältnisse in dem Netze herrschen.

Die Art und Weise, wie ein solches Verbuchungssystem etwa durchgeführt werden könnte, läßt sich am deutlichsten an einem Beispiele zeigen.

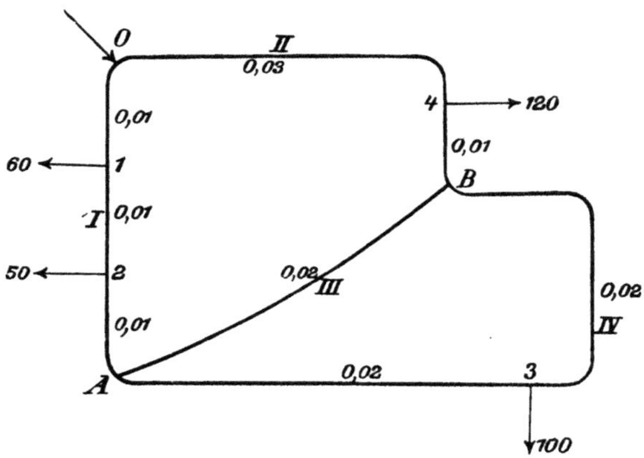

Fig. 196.

Wir wählen zu diesem Zwecke ein ganz einfaches Netz von der in Fig. 196 dargestellten Konfiguration und nehmen der größeren Einfachheit halber an, daß der Betrieb nur mit einem einzigen Abnehmer (1) beginne, zu welchem nach und nach die Abnahmen 2, 3, 4 . . . . hinzukommen. Für diesen einfachen Fall könnten die Betrachtungen auch nach den früheren Erörterungen über die Transfigurierung vorgenommen werden.

Wir nehmen 100 Ampère als Einheit an und berechnen die Stromverteilungen, welche sich ergeben, wenn dieselbe einmal in A, einmal in B abgezweigt wird. Die erhaltenen Werte sind in die Skizzen Fig. 197 und Fig. 198 eingeschrieben.

Mit den so erhaltenen Stromwerten und den gegebenen Widerständen konstruieren wir nun für die einzelnen Leiter O A = I,

OB = II u. s. w. die oben erörterten Tafeln (Fig. 199). Diese bilden die Grundlage für alle folgenden Berechnungen. Der Abnahme 1 mit 60 Ampère entsprechend trägt man z. B. den Wert des Widerstandes der Strecke 01 auf die Widerstandslinie des Leiters I (Fig. 199) auf, errichtet in dem so erhaltenen Punkte P eine Senkrechte und erhält durch die Abstände PM_1, PM_2 u. s. w. die in den Leitern entstehenden Ströme, nachdem man die abgelesenen Werte — entsprechend der gewählten Einheit 100 — mit 0,60 multipliziert hat.

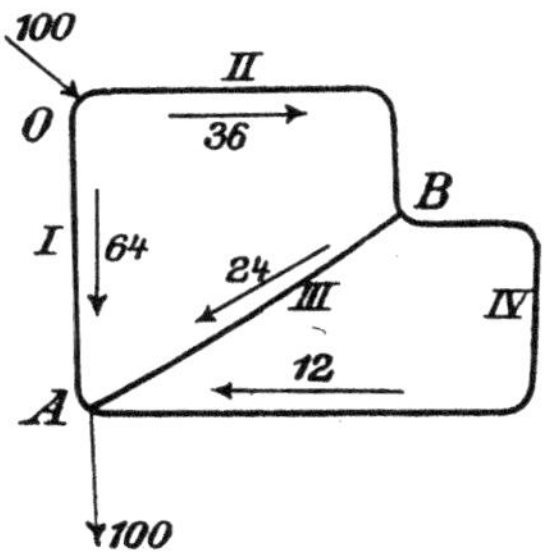

Fig. 197.

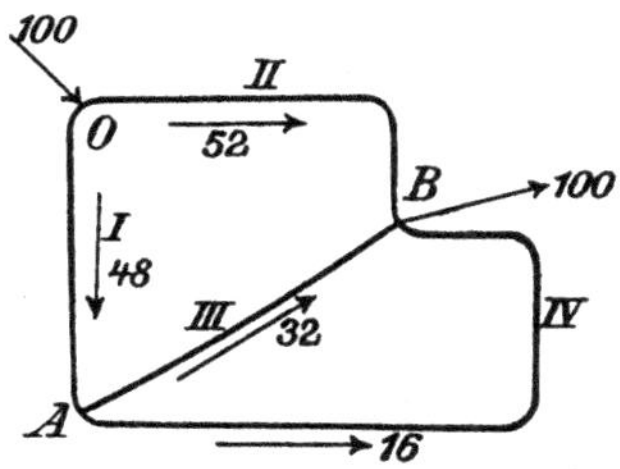

Fig. 198.

Dasselbe Verfahren wird bei jeder neuen Abnahme eingehalten, und die so gewonnenen Werte werden zweckmäßig in eine Tabelle von nachstehend angegebener Anordnung eingetragen. Wir setzen noch fest, daß wir die Ströme, welche von O aus in der Richtung der Bewegung des Uhrzeigers fließen, als negativ, die in entgegengesetzter Richtung fließenden als positiv eintragen.

I. Tafel der durch die einzelnen Abnahmen einzeln hervorgerufenen Leiterströme.

Datum	Abnahme		Leiter			
	No.	Ampère	I	II	III	IV
	1	60		— 7,4	— 5	— 24
	2	50		— 12	— 8	— 4
	3	100	56	— 44	4	·
	4	120	43,2		28,8	14,4

Auf Grund der in obiger Tabelle verzeichneten Werte läßt sich die tatsächliche Stromverteilung für jeden Leiter in jedem Stadium aufstellen. Man wird zu diesem Behufe jedem Leiter eine Tafel widmen, in welche jede durch eine Änderung in den Abnahmen hervorgerufene neue Stromverteilung fortlaufend eingetragen wird.

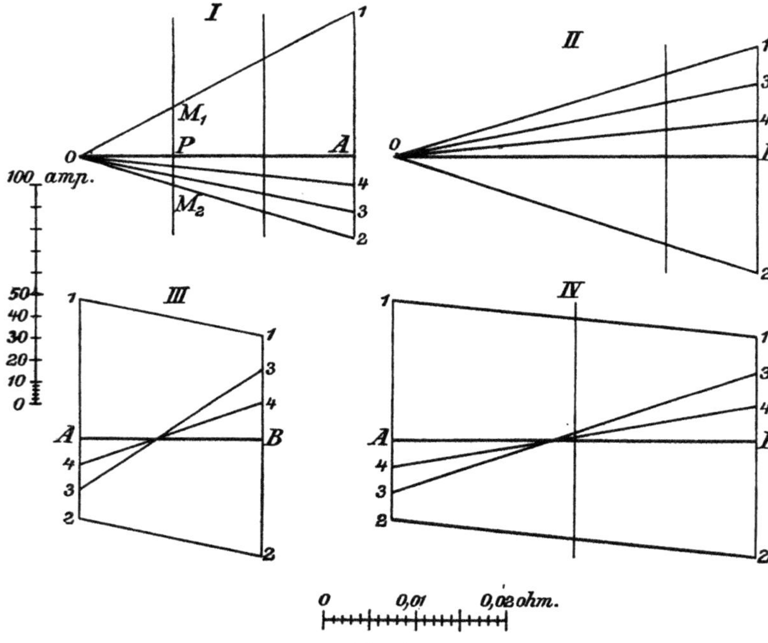

Fig. 199.

Aus den nachstehenden Tabellen ersieht man die bei der links verzeichneten Abnahme herrschenden Stromstärken in den am Kopfe verzeichneten Leiterstücken. Man gewinnt dieselben aus der vorangegangenen allgemeinen Tabelle I durch einfache Addition für alle Leiter, in welchen die betreffende Abnahme nicht stattfindet, wodurch schon alle Ströme bestimmt sind.

Man sieht, daß, sobald einmal die Verbuchung angelegt ist, die tatsächlichen Stromverhältnisse nach jeder Änderung der Stromabnahmen ohne jede weitschweifige Rechnung gefunden werden können und daß ein ganz einfaches Eintragen die stete Evidenzhaltung sichert.

Leiter I.

Abnahme	Leiterstück			
	0 1	1 A	1 2	2 A
1	52,6	— 7,4		
2	90,6	·	30,6	— 19,4
3	146,6		86,6	36,6
4	189,8		129,8	79,8
·	·	·	·	·
·	·	·	·	·
·	133,8	·	73,8	23,8

Leiter II.

Abnahme	Leiterstück			
	O B	0 4	4 B	
1	— 7,4			
2	— 19,3			
3	— 63,4			
4	·	— 140,2	— 20,2	
·	·	·	·	
·	·	·	·	
		— 96,2	23,8	

Leiter III.

Abnahme No.	Leiterstück			
	A B			
1	— 5			
2	— 13			
3	— 9			
4	+ 19,8			
·	·			
·	·			
	15,8			

Leiter IV.

Abnahme No.	Leiterstück			
	AB	A3	3B	
1	— 2,4			
2	— 6,4			
3		45,6	— 54,4	
4		60,0	— 40	
.	.	.	.	
.	.	.	.	
	8			

Es bedarf wohl keiner weiteren Erklärung, daß man die Stromverteilung ebenso einfach finden kann, welche beim späteren Wiederabschalten einer oder mehrerer Abnehmer eintritt. So wie man beim Zuschalten alle Werte aus der Tabelle I mittels Addition gefunden hat, so bestimmt man die beim Abschalten eintretenden Werte umgekehrt durch Subtraktion. Schalten wir z. B. in unserem Falle den Abnehmer 3 ab, so erhalten wir die in der letzten Zeile unserer 4 Tafeln eingetragenen Werte[8]).

5. Praxis der linearen Gleichungen.

In dem Kapitel über allgemeine Spannungs- und Stromverteilung haben wir vollständige Netze behandelt, welche dadurch charakterisiert waren, daß jeder Knotenpunkt des Netzes mit allen übrigen Knotenpunkten verbunden, demnach von allen übrigen abhängig ist. Diese Vollständigkeit des Netzes widerspiegelte sich in der Symmetrie der linearen Gleichungen, was sich sowohl auf die Spannungs- wie auch die Stromgleichungen bezieht. Die in der elektrotechnischen Praxis vorkommenden Netze zeigen einen speziellen Charakter. Bei ihnen hat ein Teil dieser Verbindungen einen unendlichen Widerstand und sind die Verbindungsleitungen teils Zuleitungen, teils Nutzwiderstände. Indem man die Nutzwiderstände wegschafft und durch entsprechende Ströme ersetzt, werden solche Netze erhalten, welche nur aus Leitungswiderständen bestehen. Will man für diese vereinfachten Netze, die wir Teilnetze genannt haben, die Spannungs- und Stromverteilung ermitteln, so muß man sich — da die Transfiguration leider nicht immer ausreicht — der linearen Gleichungen bedienen.

Bei Netzen mit mangelhaften Verbindungen ist es wichtig, sie, wenn möglich, in unabhängige Bezirke zu trennen und die Berechnung für jeden solchen Bezirk getrennt durchzuführen. Die Trennungslinien gehen von Speisepunkt zu Speisepunkt, ohne in dem Gang in einer Ebene liegend gedachten Netz einen anderen Leiter zu schneiden. Solcher Bezirksgrenzen gibt es von einem herausgegriffenen Speisepunkt zu den andern eines Netzes nur eine beschränkte Zahl, unter Umständen gar keine[9]).

Als Einleitung zum allgemeinen Kapitel haben wir die Determinantenlösung behandelt. Die Determinantenrechnung ist mühsam, aber mit Zuhilfenahme von mechanischen Rechenmaschinen — wie sie in den technischen Bureaus neuerdings vorhanden sind — wird die ziffernmäßige Auswertung derselben wesentlich erleichtert. Auch reicht wohl in den meisten Fällen die Genauigkeit des Rechenschiebers aus.

Bei geringer Anzahl von Gleichungen kann eine der bekannten Eliminationsmethoden angewendet werden. Die Anzahl der Gleichungen kann bei praktischen Netzen auch 20 und mehr betragen. Die gewöhnlich gebräuchlichen Methoden werden nun infolge der riesigen Rechnungsschwierigkeiten illusorisch, und es müssen dann Näherungsverfahren angewendet werden. Für den Ingenieur wäre eine maschinell-mechanische Lösung zur Auflösung linearer Gleichungen die willkommenste; leider gibt es eine solche Maschine nicht, obgleich es an Versuchen in dieser Richtung nicht gefehlt hat. Sir W. Thomson beschäftigte sich schon 1879 mit diesem Problem[10]).

Es ist interessant, daß das Bedürfnis nach Näherungsverfahren zur Auflösung von linearen Gleichungen auch schon auf anderen Gebieten aufgetreten war. So erwähnt Jacobi einer geodätischen Untersuchung, bei der die Anzahl der Unbekannten auf 86 stieg. Bessels Gradmessung erforderte die Bestimmung von 70 und Seidels[11]) astrophotometrische Versuchsreihe eine solche von 72 Unbekannten. Das Näherungsverfahren des letztgenannten Mathematikers soll im folgenden mitgeteilt werden.

Die aufzulösenden Gleichungen seien folgende:

$$a_1 x + b_1 y + c_1 z + \dots + n_1 = 0$$

$$a_2 x + b_2 y + c_2 z + \dots + n_2 = 0$$

$$\dots$$

Führt man nun die Bezeichnung ein:

$$a_1^2 + a_2^2 + \ldots = [a\,a]$$
$$a_1 b_1 + a_2 b_2 + \ldots = [a\,b] = [b\,a]$$
$$\ldots$$

und stellt die sogenannten Normalgleichungen auf:

$$[a\,a]\,x + [a\,b]\,y + [a\,c]\,z + \ldots + [a\,n] = o$$
$$[a\,b]\,x + [b\,b]\,y + [b\,c]\,z + \ldots + [b\,n] = o$$
$$[a\,c]\,x + [b\,c]\,y + [c\,c]\,z + \ldots + [c\,n] = o$$
$$\ldots$$

so kann man die Unbekannten aus diesen Gleichungen auf folgende Weise bestimmen:

Man denke sich für die Unbekannten x, y, z ... zuerst irgend ein System von Schätzungswerten angenommen, welches die Normalgleichungen noch nicht erfüllt, sondern ergibt

$$[a\,a]\,x + [a\,b]\,y + \ldots + [a\,n] = N_1$$
$$[a\,b]\,x + [b\,b]\,y + \ldots + [b\,n] = N_2$$
$$\ldots$$

Man kann nun schon an einer Unbekannten, z. B. x, die erste Korrektion anbringen, indem man dieselbe um

$$\varDelta x = -\frac{N_1}{[a\,a]}$$

verändert. Diese Veränderung macht nun, daß $N_1' = o$ wird, d. h. der hierdurch verbesserte Wert $x + \varDelta x$ ist jetzt offenbar derjenige der ersten Unbekannten, welcher zu den vorerst angenommenen Werten der übrigen Unbekannten am besten paßt und der für jene dann der plausibelste wäre, wenn die vorläufigen Werte der übrigen als deren wahre Werte schon bekannt wären.

Die Änderung von x_1, welche an die Stelle von N_1 den Wert $N_1' = o$ treten läßt, wird gleichzeitig die Werte von N_2, N_3 ... umändern in

$$N_2' = N_2 + [a\,b]\,\varDelta x$$
$$N_3' = N_2 + [a\,c]\,\varDelta x \text{ etc.}$$

Jetzt kann man auf die Korrektion von y übergehen, indem man es um

$$\varDelta y = -\frac{N_2'}{[b\,b]}$$

ändert und erhält dadurch statt der Größen $N_1' = o$, $N_2' = o$, N_3' ... die neuen Größen

$$N_1'' = N_1' + [ab]\Delta y$$
$$N_2'' = N_2' + [bb]\Delta y = 0$$
$$\ldots$$

Würde man jetzt an dritter Stelle etwa z so korrigieren, daß der neue Wert $z + \Delta z$ möglichst gut zu dem System passen würde, welches aus $x + \Delta x$, $y + \Delta y$ und den Anfangswerten der späteren Unbekannten gebildet wird, so würde man $N_3''' = 0$ bekommen. Man könnte jedoch auch gerade so gut wieder auf x zurückgehen und dasselbe um $-\frac{N_1''}{[aa]}$ verändern, daß $N_1''' = 0$ würde.

Überhaupt kann man die Korrektion an den Unbekannten in beliebiger Reihenfolge ausführen und erhält trotzdem unbedingt konvergierende Annäherungen an die richtigen Werte, wenn man nur dafür Sorge trägt, die jedesmalige Verbesserung einer jeden Unbekannten immer so zu bestimmen, daß durch dieselbe diejenige Normalgleichung erfüllt wird, in der die betreffende Unbekannte die ausgezeichnete Stellung in der Diagonale des Normal-Gleichungssystems einnimmt. Diese Korrektion wiederholt man dann so lange, bis alle N auf verschwindend kleine Werte herabgebracht worden sind.

Es versteht sich, daß diese Methode um so schneller zum Ziele führen wird, je mehr die angenommenen Anfangswerte von x, y, ... der Wahrheit nahe kommen und hierin liegt gerade der Vorzug dieser Methode für die Bestimmung der Leiterströme, da man aus der Konfiguration des Netzes und jener der Verbraucher bei einiger Übung leicht den wahren Stromwerten nahe kommende Annahmen machen kann.

Es sei hier hinzugefügt, daß die Normalgleichungen auch eine physikalische Bedeutung haben, indem sie mit der im vorigen Kapitel gestreiften Dissipationsfunktion identisch sind[12]).

Die Konvergenz des Seidelschen Verfahrens hat Mehmke beschleunigt, indem er mehrere Korrektionswerte gleichzeitig bestimmt[13]).

Das Bedürfnis nach einem praktischen Verfahren zur Auflösung von linearen Gleichungen war schon Gauß bekannt[14]) und hat Gundelfinger seine Gleichungen in eine entsprechendere Form gebracht. Die Auflösung linearer Gleichungen kann auch graphisch ermittelt werden. Die zeichnerische Eliminationsmethode kann bei zwei und drei Unbekannten bequem angewendet werden, indem sich die Unbekannten als die Koordinaten des Schnittpunktes zweier Geraden bezw. dreier Ebenen ergeben. Auch sind Methoden gefunden worden, mittels welchen man lineare Gleichungssysteme mit n Unbekannten rein graphisch finden kann[15]).

6. Graphische Ermittlung der Spannungs- und Stromverteilung bei

a) Gleichstrom oder bei Wechselstrom mit induktionsfreien Widerständen.

Die folgenden Betrachtungen gelten für Wechselstrom in nicht induktiven Leitern oder für Gleichstrom.

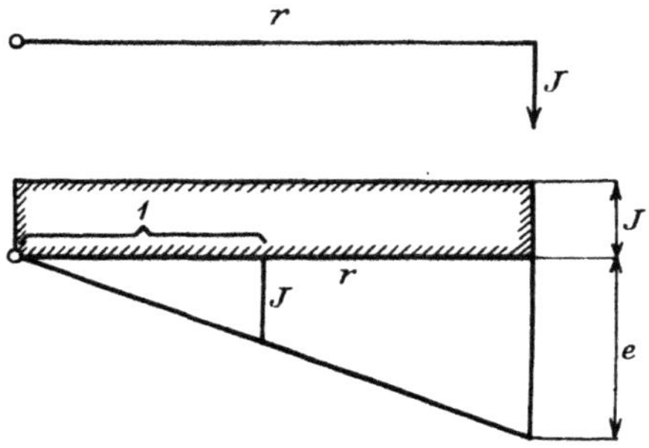

Fig. 200.

Den Grundfall bilde ein Leiter vom Widerstande r, an dessen Enden eine Stromabnahme J erfolgt. Der hervorgerufene Spannungsabfall ergibt sich mit $e = Jr = J \frac{l}{q \varrho}$ wo l die Länge des Leiters in Meter, q sein konstanter Querschnitt in mm^2 und ϱ die Leitfähigkeit bezeichnet. Das Stromdiagramm ist ein rechtwinkliges Parallelogramm, da in der Leitung überall ein gleich starker Strom fließt.

Um dem Verlauf des Spannungsabfalles längs dieser Leitung ebenfalls folgen zu können, sei die Beziehung $e = Jr$ in der Form $e : r = J : 1$, Fig. 200 und $e : J = l : (q \varrho)$ Fig. 201 geometrisch ausgedrückt.

Das Spannungsdiagramm stellt in beiden Fällen ein Dreieck dar, wobei die letztere Darstellungsweise in solchen Fällen den Vorzug verdient, in welchen der Spannungsverlust bei sich ändernden Querschnitten der in Betracht kommenden Leitung ermittelt werden soll. Dabei kann das betreffende Spannungs-

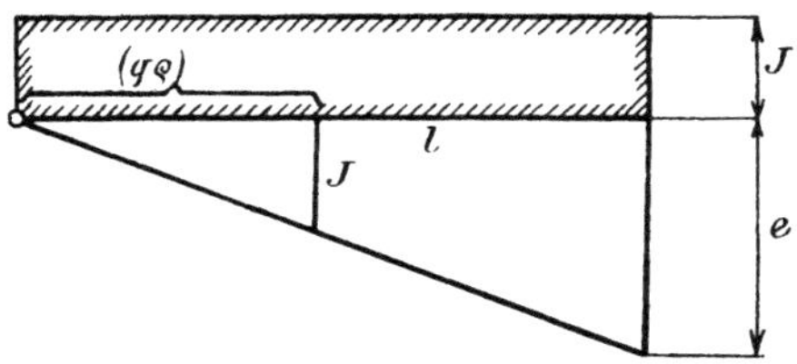

Fig. 201.

diagramm in dieselbe Figur eingezeichnet bleiben, was jedoch bei Verwendung der Widerstände als Abszissen Fig. 200 infolge der Änderung der Diagrammlänge längs der Abszissenachse nicht mehr

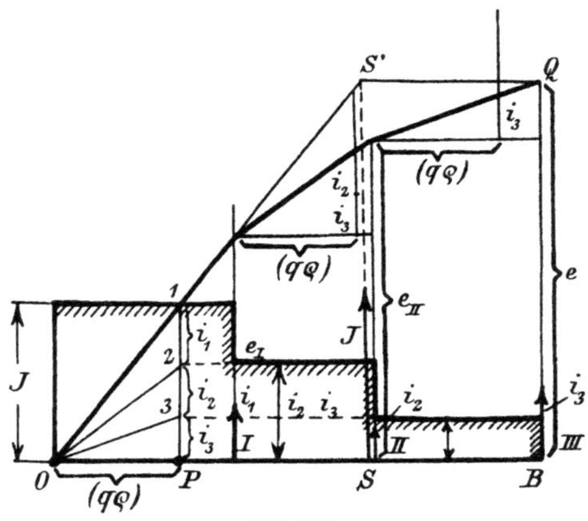

Fig. 202.

zutrifft. Die erste Darstellung verdient bei allen theoretischen Studien den Vorzug, während letztere in der Praxis oft bequemere Dienste leistet.

Den nächstliegenden Fall bilde ein Leiterstrang mit mehreren Stromabnahmen (Fig. 202). Das Spannungsdiagramm erzeugt sich aus der Summe der aufeinanderfolgenden Spannungsabfälle. Statt die in der Figur 201 angegebene Konstruktion für jeden Leiterteil einzeln durchzuführen, kann das Verfahren vereinfacht werden, indem man im Punkte P eine Senkrechte errichtet und auf dieselbe die Ströme i_3, i_2, i_1 aufträgt und die Strahlen 0_1, 0_2, 0_3 zieht. Der gebrochene Linienzug wird parallel mit diesen Strahlen gebildet. Das Stromdiagramm ist durch den stufenartigen Linienzug dargestellt[16]).

Es fragt sich, in welcher Entfernung kann der Gesamtstrom $J = \Sigma i$ abgezweigt gedacht werden, sodaß der dabei auftretende Spannungsabfall gleich jenem sei, welcher durch die einzelnen Stromabnahmen insgesamt erzeugt wurde. Verlängern wir den Strahl O_1 und ziehen aus Q mit AB eine Parallele, so schneiden sich diese im Punkte S'. Projizieren wir S' auf AB, dann erhalten wir S, und OS ist die gesuchte Entfernung. Es ist unmittelbar zu erkennen, daß der Punkt S der Schwerpunkt des Stromsystems ist, weil S' den Schnittpunkt der Endseiten OS' und $S'Q // OP$ eines Seilpolygones bildet.

Dieser Hinweis auf das Seilpolygon bei der Erklärung des Spannungsdiagramms eröffnet dem Ingenieur sofort den Zusammenhang zwischen den mechanischen und elektrischen Gebieten. Um dem praktischen Ingenieur die geometrischen Konstruktionen zu erleichtern, werden selbe in der Graphostatik durchweg in ein mechanisches Gewand gekleidet, wodurch jeder einzelnen Linie eine beim Gegenstande der Untersuchung verbleibende Bedeutung zugewiesen wird, wobei die Entwicklung der Konstruktion im Zusammenhange mit der zu lösenden Aufgabe erfolgt, ohne durch den Übergang auf das geometrische oder mathematische Gebiet störend unterbrochen zu werden. Der Elektriker kann mit gleichem Recht für seine Konstruktion die mechanische und die geometrische Interpretation abweisen und die der Sache völlig angepaßte, elektrische fordern. Wir haben bereits eine Reihe solcher Lösungen früher kennen gelernt, und wollen nun gleiches für das vorliegende Problem geben.

Wir unterschieben für die Interpretation nun gleichperiodische Wechselströme, weil diese in ihrer Phasenverschiebung ein der beliebigen Kraftrichtung entsprechendes Argument in sich bergen.

Um für das Folgende ein wenig vorzubereiten, sei auf einen bekannten Vorgang beim Gleichgewichtsfalle eines Doppelhebels hingewiesen, an dem zwei parallele Kräfte angreifen. Man läßt an seinen Enden zwei gleich große entgegengesetzte Hilfskräfte wirken; vereinigt selbe mit den ursprünglichen und gelangt so zu schiefen Kräften, die vermittelst des Parallelogramms der Kräfte nun gelöst werden und aus deren Resultierenden auf diejeniger der parallelen zurückgeschlossen werden kann. Dieser Weg vom Speziellen zum Allgemeinen wird auch bei unseren Problemen erfolgreich betreten. Wir müssen unserem Gleichstrom-Verteilungsproblem den Wechselstrom unterschieben, um der Konstruktion des erstern die sinngemäße elektrische Bedeutung einzuflößen.

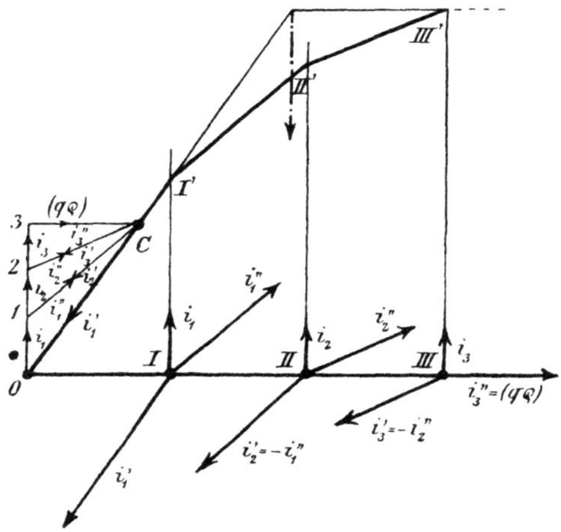

Fig. 203.

Denken wir uns nämlich in I Fig. 203 außer dem Abnehmer i_1 noch die gerichteten Ströme i_1' und i_1'' wirken, welche so gewählt sind, dass das von den dreien gebildete Dreieck als Höhe $q\varrho$ besitzt, im II die Ströme i_2, i_2' und i_2'', wobei $i_2' = - i_1''$ gewählt wurde und $q\varrho$ ebenfalls die gemeinschaftliche Höhe des aus diesen drei Strömen gebildeten Dreieckes ist. Ebenso in III i_3, $i_3' = - i_3'' = q\varrho$. Da sich die Ströme i_1'', i_2', i_2'' und i_3' aufheben, so ist demnach der resultierende Strom von i_1' und i_3'' gleich jenem von $i_1 + i_2 + i_3$. Wie ersichtlich, ist das hier eingeschlagene Verfahren gänzlich identisch mit der Zusammensetzung von parallelen Kräften mittels Hilfskräften, welche hier durch Hilfsströme ersetzt wurden. Das Seilpolygon der Mechanik, welches wir hier elektrisch gedeutet haben, entspricht, wie bereits bewiesen, dem Spannungsdiagramm, während das Kräfteeck dem Strompolygon.

Bei Beibehaltung des Polabstandes gleich $q\varrho$ kann jedoch die Lage des Poles C beliebig gewählt werden und das so gezeichnete neue Diagramm wird ebenfalls richtig sein, nur wird die Schlußlinie des Spannungsdiagrammes keine Horizontale mehr sein (Fig. 204). Die Richtigkeit hierfür liest sich leicht aus Fig. 205 heraus. Die Schlußlinie OO′ ist parallel mit $3C_0$ und geben die zu

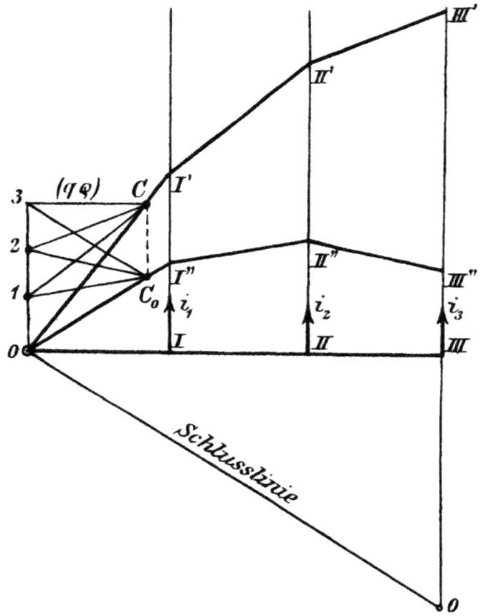

Fig. 204.

OIII senkrecht zwischen OI′ II′ III′ und OIII bezw. zwischen OI″ II″ III″ und OO′ gemessenen Abstände die Spannungsverluste längs der Leitung.

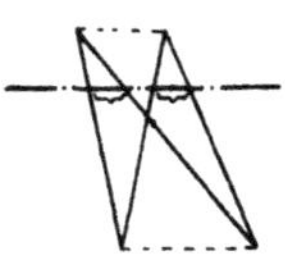

Fig. 205.

Wenn die Leitung von zwei Stücken AM und MB mit den Querschnitten q_1 und q_2 besteht, so sind die Abstände der Pole C_1 und C_2 durch $q_1\varrho$ und $q_2\varrho$ bestimmt. Die Schlußlinie des Spannungsdiagrammes wird im allgemeinen gebrochen sein (Fig. 206). Werden jedoch die Pole C_1, C_2 so gewählt, daß $4C_1C_2$ in einer Geraden liegen, so wird auch die Schlußlinie AMIV eine Gerade sein (Fig. 207).

Betrachten wir nun das Spannungs- und Stromdiagramm für Leitungen mit zwei Stromzuführungen.

Der einfachste Fall ergibt sich, wenn die Leitung durchaus einen unveränderlichen Querschnitt besitzt.

Die in Fig. 208 dargestellte Lösung enthält zwei Fälle:

1. Die Spannung sei in A und B gleich hoch, was, wie erörtert, dem einfachgeschlossenen Leiter entspricht. Auf die Senk-

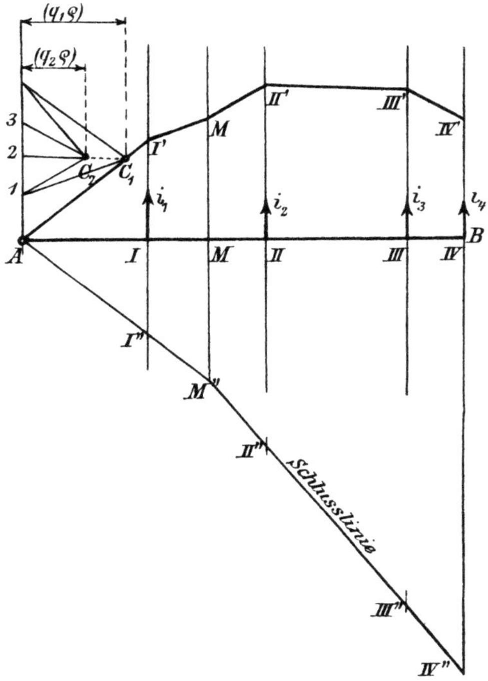

Fig. 206.

rechte in A tragen wir die Ströme i_1, i_2, i_3, i_4 auf und zeichnen den gebrochenen Linienzug AI' II' III' IV' B'. Indem die Schlußlinie 1 gezogen wird, erhalten wir das Spannungsdiagramm. Wir ziehen im Strompolygone den Strahl OC//AB', womit die in A und B eintretenden Ströme J_1 und J_2 sich ergeben. Das Stromdiagramm wird erhalten, indem man in O eine mit AB parallele Gerade zieht und auf die in I, II, III, IV gezogenen Vertikalen die Punkte 1, 2, 3, 4 projiziert. Wie aus diesem Stromdiagramme ersichtlich, ist der Schnittpunkt in II.

2. Die Spannung in A sei um V Volt höher als in B. Wir tragen von B′ aus B′B″ = V auf, verbinden B″ mit A, wobei AB″ die Schlußlinie des Spannungsdiagrammes bildet. Für diesen Fall sind die Spannungsverluste die vertikalen Abstände zwischen AI′ II′ III′ IV′ B′ und AB″ (Schlußlinie 2).

Um das Stromdiagramm zu erhalten, errichten wir in C eine Vertikale, welche zwischen AB′ und AB″ den Strom J_0 abschneidet. Dieser Strom würde von A gegen B fließen, wenn zwischen AB die Spannungsdifferenz V herrschen würde und die

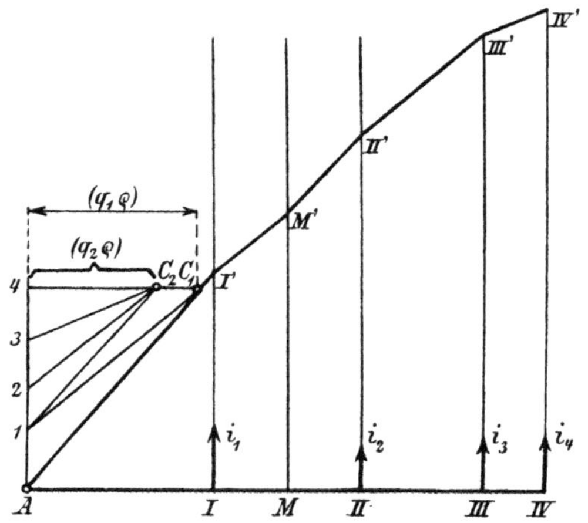

Fig. 207.

Leitung keine Abnehmer hätte. Wir tragen das erhaltene J_0 in das erste Stromdiagramm auf, wobei wir zum ersten Teil des Diagrammes J_0 addieren, vom zweiten Teil hingegen subtrahieren. Das bezügliche resultierende Stromdiagramm ist in Fig. 208 berändert eingezeichnet.

Behandeln wir nun den Fall, wo die Leitung von zwei Seiten Strom zugeführt erhält und aus zwei Teilen mit verschiedenen Querschnitten (Fig. 209) besteht. Der Leiterteil AP besitze den Querschnitt q_1, der Leiterteil PB hingegen q_2. Die Pole der Strompolygone C_1 und C_2 durch die Polabstände $q_1\rho$ resp. $q_2\rho$ bestimmt: einfacherweise wählen wir C_1 und C_2 derart, daß sie in eine horizontale Linie zu liegen kommen. Auf die Senkrechte in A werden die Ströme i_1, i_2 und i_3 aufgetragen und kann der gebrochene Linienzug A I′ P′ II′ III′ B′ gezeichnet werden. Teilen wir nun die Strecke $C_1 C_2$ in dem Verhältnisse

$$\frac{C_1 C_2}{C C_2} = \frac{q_1 l_2}{q_2 l_1}$$

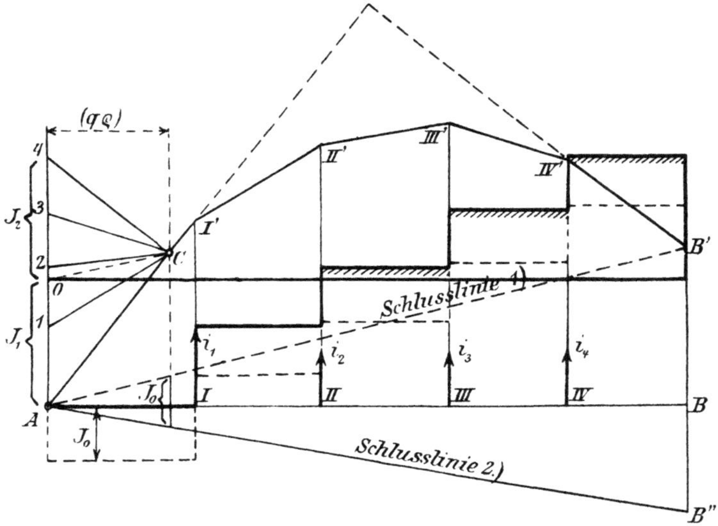

Fig. 208.

und ziehen aus dem so erhaltenen dritten Pole C die mit AB′ parallele Cd. Zieht man weiter AP″//C_1d und P″B′//C_2d, so

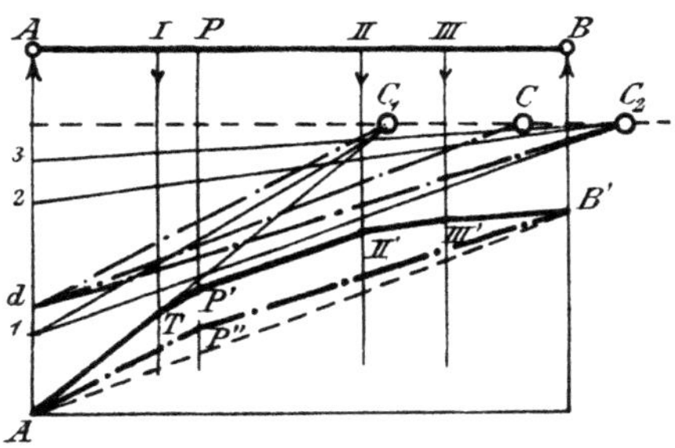

Fig. 209.

ergibt sich A I′ P′ II′ III′ B′ P″ A als Diagramm des Spannungsgefälles. Die zwischen Spannungspolygon und Strompolygon existierende Verwandtschaft findet hier darin Ausdruck, daß die drei Strahlen $C_1 d$, $C_2 d$ und Cd im Strompolygone im Punkte d zusammentreffen, während die mit denselben parallel gezogenen AP″, P″B′ und AB′ im Spannungspolygone ein geschlossenes Dreieck bilden[17]).

Fig. 210 stellt eine Leitung mit zwei Stromzuführungen dar, wobei die Spannungen in A und A′ gleich hoch angenommen wurden, und ist in die Figur auch die Spannungs- und Stromverteilung eingetragen.

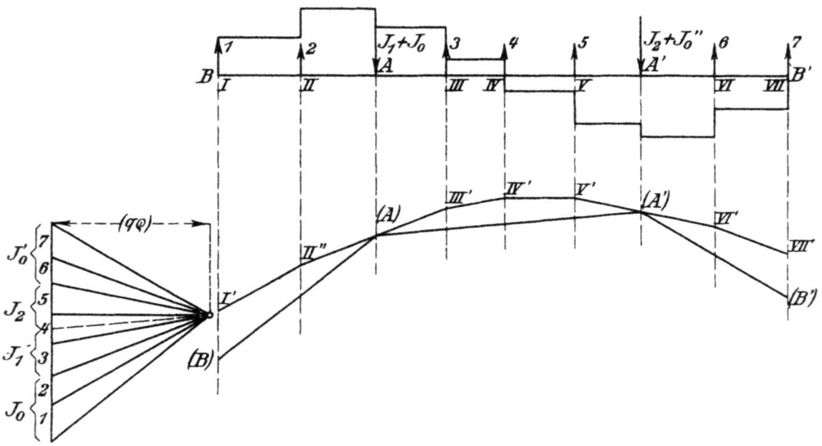

Fig. 210.

Die Zusammensetzung einer endlichen Zahl von Einzeln-Stromabnehmern kann, wie eben gezeigt, auf graphischem Wege durch das Spannungspolygon erfolgen. Häufig kommt es jedoch vor, daß die Leitung einer stetig verteilten Stromentnahme unterworfen ist, gleichwie ein Balken eine entsprechende continuierliche Belastung zu ertragen hat. Dann kann man in beiden Fällen von der Belastungsintensität an einer bestimmten Stelle sprechen. Ist diese auf eine gewisse Länge der Leitung hin gleichförmig verteilt, d. h. erfolgt die Stromentnahme für den laufenden Meter der Leitung an dieser Strecke des Leiters in unveränderter Stärke, so ergibt sich die Belastung durch Multiplikation dieser Intensität mit der Länge der Strecke resp. ihrem Widerstande. Für eine ungleichförmige Verteilung übertragen sich die Begriffe sinngemäß. Man geht

Fig. 211 von der Belastungslinie aus, welche mit der Längen- resp. Widerstandslinie die Belastungsfläche bildet. Mit Rücksicht darauf, daß in einem Punkt Ströme entnommen und zugeführt werden können, kann diese Fläche auch in sich geschlossen verlaufen. Die Wirkung einer stetigen Stromentnahme ist gleich zu betrachten einem System von unendlich vielen und unendlich kleinen Entnahmen oder Zuführungen. Das bezügliche Spannungseck geht also in eine Spannungskurve über, welche in der Mechanik der Seilkurve entspricht[18]). Die Seiten des Spannungspolygons, welches für eine endliche Zahl von Belastungsteilen gezeichnet wird, bilden ihrer Entwicklung aus dem Strömeeck nach die Tangenten dieser

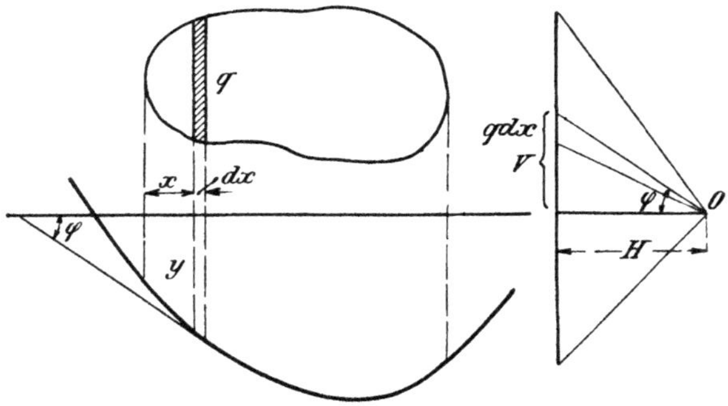

Fig. 211.

Spannungskurve. Wir erkennen demgemäß, daß die Belastungslinie die zweite Differentialkurve der Spannungslinie vorstellt, wie aus der Figur herauslesbar. Noch einfacher erkennt man dies wie folgt: $q \, . \, dx = i dr$ ist die Stromabnahme in einem Punkte des Leiters. Bis zu diesem Punkt addieren sich die Abnahmen zum Leiterstrom

$$\int q dx = \int i dr = J.$$

Der Leiterverlust dv im Widerstand dr, den dieser Leiterstrom hervorruft, ist

$$dv = J dr = (\int i dr) dr.$$

Demnach ist der Gesamtverlust bis zu jenem Punkt

$$v = \int J dr = \int (\int i dr) dr;$$

die Spannungskurve ist also die zweite Integralkurve zur Belastungslinie, resp. letztere die zweite Differentialkurve der ersteren, wie bereits behauptet. Bei gleichförmiger Stromentnahme ist i = konstant, die Spannungskurve wird zu einer Parabel, die wir bei der Dimensionierung noch eingehender erörtern werden[19]).

Der praktische Konsum entwickelt sich längs der Straßenzüge als Einzelabnahme durch die größeren Beleuchtungsobjekte und namhafteren Motoren, während die gleichförmige durch die in Reihen aufgelöste öffentliche Straßen- und durch die Geschäftsbeleuchtung sich wiederfindet. Auch die Wohnungsbeleuchtung darf für überschlägliche Berechnung in Städten auf die Anzahl der Fenster resp. auf den fortlaufenden Meter der einseitigen Straßenlänge bezogen aufgefaßt werden. So rechnet man per 100 Meter 2—5 Straßenglühlampen oder 1—2 Bogenlampen für die öffentliche Beleuchtung und auf je 3—1 Meter Straßenseite eine private Glühlampe. Bei elektrischen Bahnen sind die Entnahmen durch die Fahrzeuge bestimmt. Wir kommen später auf diese beweglichen Entnahmen noch zu sprechen.

b) Wechselstrom mit induktiven Stromabnehmern.

An einem Leiterstrange möge der mit der Phasenverschiebung φ behaftete Stromabnehmer J angreifen. Die Länge des Leiters sei l, sein Querschnitt q. Der Spannungsverlust in dem Leitungsstrange beträgt dann näherungsweise $J\,r \cos\varphi = J \cos\varphi \frac{l}{q\varrho} = e$, demnach $J \cos\varphi : q\,\varrho = e : l$. Der Verlauf des Spannungsverlustes längs der Leitung ist in Fig. 212 dargestellt Der Beweis hierfür kann folgenderweise gegeben werden: Wir zeichnen für das in Fig. 213 dargestellte Schema das genaue Spannungsdiagramm (Fig. 214). Man trage auf die Gerade A C, welche die Richtung des Stromes J darstellt, den Ohmschen Spannungsverlust $e' = 2\,J\,r$ auf, wodurch wir den Punkt B erhalten. In B wird der Winkel φ und in diese Richtung E_2 aufgetragen. $\overline{DA} = E_1$ ergibt die Spannung am Anfange der Leitung. Um aus der Anfangsspannung E_1 die Endspannung E_2 zu erhalten, ist demnach $2\,J\,r$ zu E geometrisch hinzuzufügen. Beträgt $2\,J\,r$ nur einige Perzente von E_1, so reicht mit genügender Genauigkeit die folgende Methode aus: Man zeichne in A eine mit B D parallele Linie und projiziere den Punkt B auf diese Gerade, wodurch man B′ erhält. Jetzt schlage man von A aus mit dem Radius $\overline{AB'}$ einen Kreisbogen, welcher A D in B″ schneidet. $\overline{B''D}$ ist dann näherungsweise gleich $\overline{BD}$. Es muß jedoch betont werden, daß dieses Verfahren nur bei Spannungsverlusten von einigen Perzenten anzuwenden ist. Es ist danach $E_2 = E_1 - 2\,J\,r\cos\varphi$ und der relative Spannungsverlust in einer Leitung ist $J\,r\cos\varphi$, wenn der tatsächliche $J\,r$ beträgt. Wenn der Leiterstrang mehrere Abnehmer, in Fig. 215 I_1, I_2, I_3 und I_4 hat, so ergibt sich der relative Spannungsverlust e näherungsweise als Summe: $J_1 \cos\varphi_1 r_1 + J_2 \cos\varphi_2 r_2 + J_3 \cos\varphi_3 r_3 +$

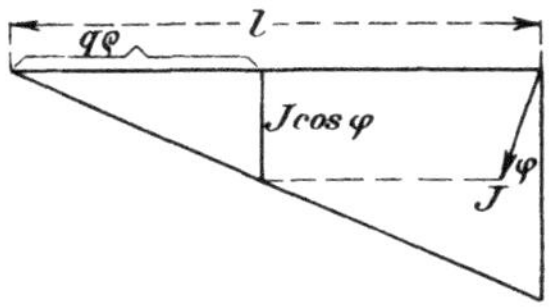

Fig. 212.

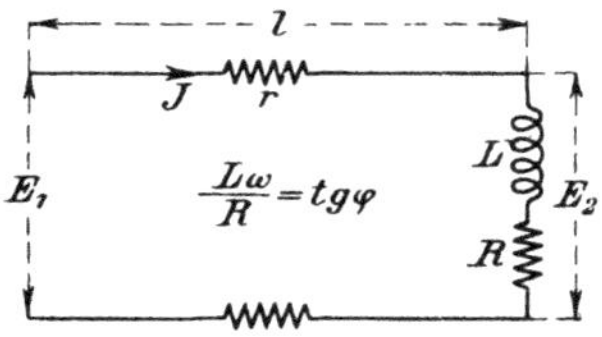

Fig. 213.

$J_4 \cos\varphi_4 r_4$, wobei J_1 die geometrische Summe von I_1, I_2, I_3 und I_4 und φ_1 der Phasenwinkel von J_1 gegenüber der vertikal gedachten Spannung und r_1 der Widerstand von A I ist (Fig. 215).

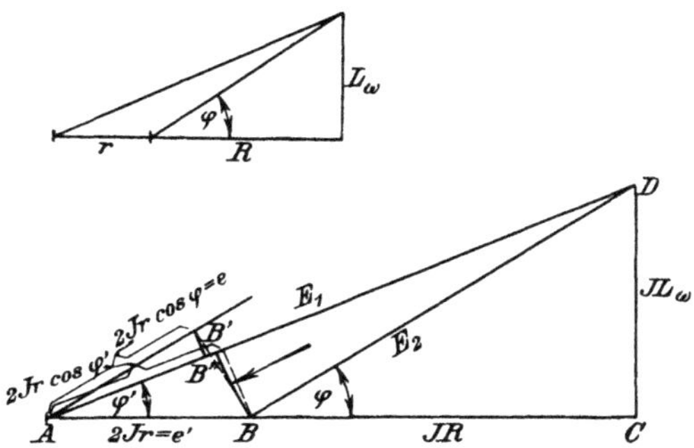

Fig. 214.

Bei der Bestimmung von e haben wir die Voraussetzung gemacht, daß die Spannungen gegeneinander nicht verschoben sind, was in diesem Kapitel bei der Konvergenzmethode bereits eingehend erläutert wurde. Bei der in Fig. 214 entwickelten Näherungsmethode wurde ebenfalls vorausgesetzt, daß die Spannungen nicht phasenverschoben sind.

Das Spannungsdiagramm wird in diesem Falle folgenderweise gebildet: Wir zeichnen das Polygon der Ströme I_1, I_2, I_3 und I_4 (Fig. 216) und ziehen die Resultierenden J_1, J_2, J_3 und J_4. Nun projiziere man die Endpunkte des Strompolygons auf die die Spannungslinie repräsentierende vertikale Linie, wodurch wir die Punkte 1, 2, 3 und 4 erhalten, wobei $01 = J_1 \cos \varphi_1$, $02 = J_2 \cos \varphi_2$,

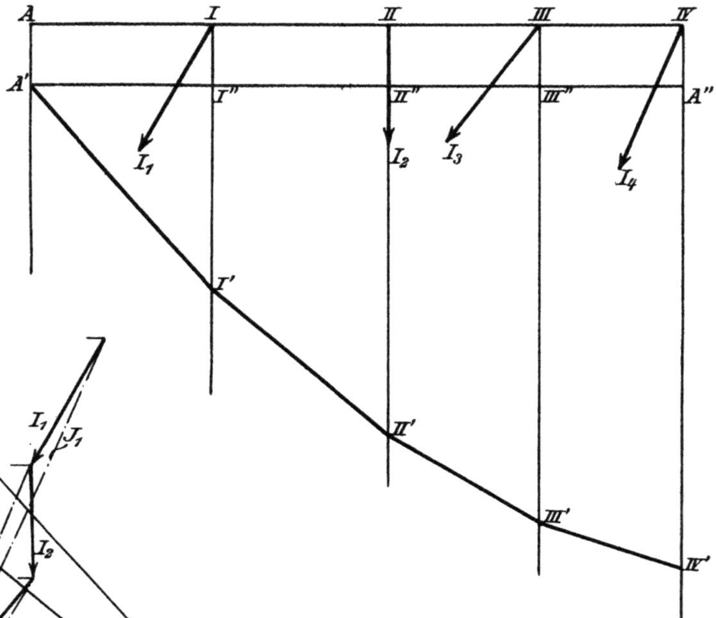

Fig. 215.

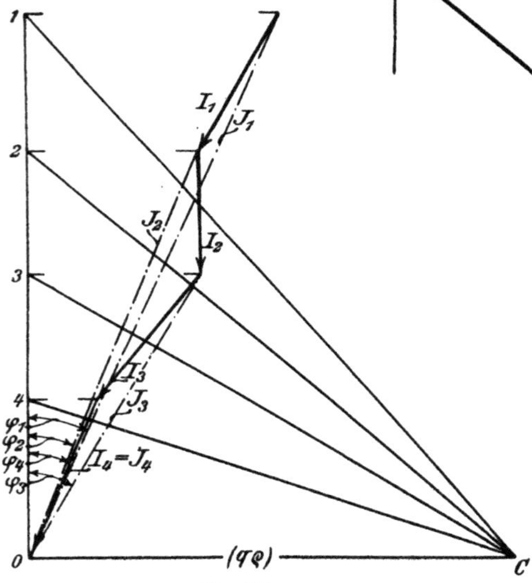

Fig. 216.

$03 = J_3 \cos \varphi_3$ und $04 = J_4 \cos \varphi_4$. In 0 errichte man eine Senkrechte, auf welche $0C = q\,\varrho$ aufgetragen wird. Hernach verbinden wir C mit 1, 2, 3 und 4 und ziehen im Spannungsdiagramm den Linienzug A' I' II' III' IV', wobei A'I' // 1 C, I'II' // 2 C, II' III' // 3 C und III' IV' // 4 C ist. $I'II' = J_1 \cos \varphi_1 r_1$, $II'III' = J_1 \cos \varphi_1 r_1 + J_2 \cos \varphi_2 r_2$ etc.

Es ist einleuchtend, daß das Polygon A'I'II'III'IV'A'' III'II'I' das Spannungsdiagramm darstellt, wobei die bezüglichen Spannungsverluste die zu A'A'' errichteten Vertikalen sind.

Das Spannungsverlust-Diagramm kann demnach für induktionsfreie Leitungen auch im Wechselstromfalle mit phasenverschobenen Strombahnen ebensogut gezeichnet werden, wie bei Wechselstrom ohne Phasenverschiebung oder bei Gleichstrom. Diese Diagramme werden jedoch hier nur Näherungsdiagramme sein.

Das Verfahren, welches dabei anzuwenden ist, kann folgenderweise geschildert werden: Man projiziere die gerichteten Stromabnahmen auf die gemeinsame Richtung der Spannung, wodurch man den allgemeineren Fall mit gerichteten Abnahmen auf den Fall ohne Phasenverschiebung zurückgeführt hat. Das weitere Verfahren ist dann gänzlich identisch mit jenem, welches wir für die Gleichstromdiagramme bereits gegeben haben.

Diese näherungsweise Bestimmung des Spannungsabfalles bei induktionsfreien Wechselstromleitungen mit gerichteten Stromabnahmen wollen wir an einem Beispiele auf ihre Genauigkeit prüfen. Dieses Beispiel, welches wir am Anfang dieses Kapitels zur Erklärung der allgemeinen Konvergenzmethode bereits benutzt haben, sei hier näherungsweise gelöst. Da wir bereits die genaue Spannungsverteilung ermittelt haben, können wir die Genauigkeit dieser Methode darnach unmittelbar bestimmen.

Die Teilwiderstände der Leitung wurden induktionsfrei angenommen, was jedoch in der Praxis, besonders bei so hohen Spannungsverlusten, demnach großen Entfernungen, nicht zutrifft. Dieses Beispiel will nur belehrenden Zwecken dienen, wozu es vorzüglich geeignet ist eben deshalb, da gezeigt wird, daß diese Näherungsmethode auch bei Spannungsverlusten von 13% mit einer Ungenauigkeit von nur 1% verwendet werden kann.

Die Teilwiderstände der Leitung sind:

$$r_1 = 4,\ r_2 = 5,\ r_3 = 5{,}5 \text{ und } r_4 = 5{,}6 \text{ Ohm}$$

und die Abzweigströme sind

$$J_1 = 14{,}6,\ \cos\varphi_1 = 0{,}7;\ J_2 = 13{,}8,\ \cos\varphi_2 = 1;$$

$$J_3 = 5{,}5,\ \cos\varphi_3 = 0{,}7 \text{ und } J_4 = 8{,}4 \text{ Amp. und } \cos\varphi_4 = 0{,}836.$$

Wir zeichnen das Strompolygon auf, wobei wir 10 mm = 6 Amp. gesetzt haben (Fig. 217). Den Polabstand haben wir mit 30 mm angenommen. In dem Leitungsplan bedeutet 1 mm 180 m und somit bei 10 qmm Querschnitt auch 0,3 Ohm. Projizieren wir nun die Endpunkte des Polygons auf die Vertikale, ziehen vom Pole C die Verbindungsstrahlen und zeichnen mit diesen parallel das Spannungspolygon. Bis zum ersten Abzweigpunkte wird ein Spannungsverlust entsprechend einer Länge von a = 26 mm auftreten. Der tatsächliche Spannungsverlust berechnet sich:

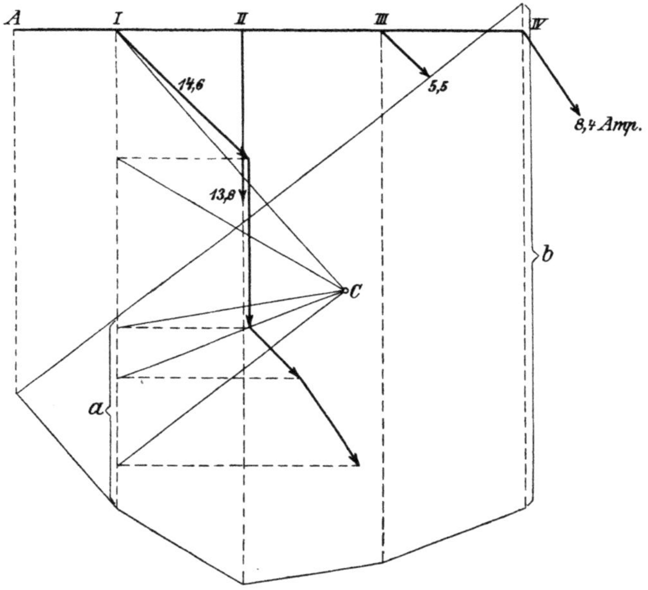

Fig. 217.

$$26 \times 30 \times 0{,}3 \times 0{,}6 = 26 \times 5{,}4 = 140{,}4 \text{ Volt}$$

wobei 26 mm die im Spannungpolygon abgemessene Länge, 5,4 die Maßzahl des Spannungsverlustes bedeutet.

Die 140,4 Volt bedeuten den Spannungsverlust in dem ersten Teilwiderstande gleich 4 Ohm und die Spannung daselbst ist 3000 — 140,4 = 2859,6 Volt. Die genaue Methode hat eine Spannung von 2860 Volt ergeben. Für die übrigen Abzweigepunkte kann die Umrechnung ganz identisch geschehen. Wir berechnen noch den totalen Spannungsverlust, welcher am Ende der Leitung auftritt. Dieser Verlust berechnet sich aus der vom Spannungspolygon abgemessenen Länge b = 68 mm zu

$$68 \times 5{,}4 = 367 \text{ Volt.}$$

Demnach beträgt die Endspannung 3000 — 367 = 2633 Volt, was gegenüber den genauen 2637 Volt einen Fehler von 4 Volt, bedeutet. Es ist zu bemerken, daß in diesem Fehler auch jener enthalten ist, welcher durch die Annahme der Ströme beim Näherungsverfahren gegenüber den Nutzwiderständen bei der absolut genauen Rechnung entstand.

7. Stromverteilung in induktionsfreien Netzen für induktive Belastungen.

Gegeben sei das Netz der Fig. 218 mit den eingeschriebenen Belastungen und den in Winkeln beigesetzten Leistungsfaktoren. Die Leitungen seien z. B. konzentrische Kabel, deren Widerstände an den Teilstrecken in Tausendstel Ohm in kleinen Kreisen eingetragen sind[20]).

Angenommen, daß die Spannungen zwischen den beiden in Betracht kommenden Teilnetzen in Größe und Richtung gleich sind, was für praktische Verteilungsnetze annähernd stattfindet, so läßt sich zunächst das Bild der Belastungen in zwei Bilder auflösen, von denen das eine die wattleistenden, das andere die wattlosen Ströme enthält, indem wir für eine Belastung J_n mit dem Leistungsfaktor $\cos \varphi_n$ als wattleistenden Strom

$$i_n = J_n \cos \varphi_n$$

als wattlosen Strom

$$\mathfrak{i}_n = \mathfrak{J}_n \sin \varphi_n$$

einsetzen. Daraus ergeben sich die beiden Strombilder Fig. 219 und 220, für die wir jetzt nach irgend einer Methode die Stromverteilung zu ermitteln haben. Wir können dabei das Bild der wattleistenden Komponenten z. B. in irgend zwei Punkten II und III, das Bild der wattlosen Komponenten in denselben oder in irgend zwei anderen Punkten, z. B. II und V aufgeschnitten denken und erhalten dann die Gleichungen: aus Fig. 219:

$$2 \cdot 95 + 3\,(35 - v) + 5\,(80 - x) = \\ 2{,}5 \cdot 35 + 4{,}5\,v + 6{,}5 \cdot 66{,}5 + 9{,}5\,x \quad . \quad 1)$$

$$2 \cdot 95 + 3\,(80 - x) + 4{,}5\,(35 - v) = \\ 2{,}5 \cdot 35 + 4{,}5\,(66{,}5 + x) + 6\,v \quad . \quad 2)$$

und aus Fig. 220:

$$2 \cdot 31{,}2 + 3 \cdot (35{,}7 - \mathfrak{v}) + 5 \cdot 60 + 8\,(21{,}85 - \mathfrak{w}) = 2{,}5 \cdot 35{,}7 + 4{,}5\,\mathfrak{v} + 6{,}5\,\mathfrak{w} \quad . \quad 3)$$

$$2 \cdot 31{,}2 + 3 \cdot (60 + 21{,}85 - \mathfrak{w}) + 4{,}5\,(35{,}7 - \mathfrak{v}) = 2{,}5 \cdot 35{,}7 + 4{,}5\,\mathfrak{w} + 6\,\mathfrak{v} \quad . \quad 4)$$

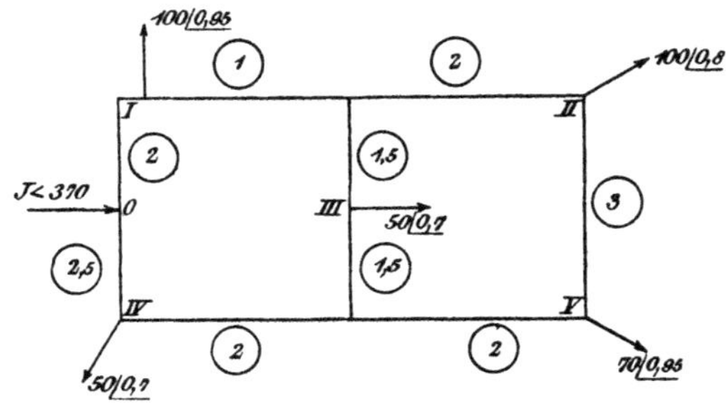

Fig. 218.

Dies gibt vereinfacht:

$$2{,}9\,x + 1{,}5\,v = 35{,}05 \quad . \quad . \quad . \quad . \quad . \quad . \quad 1a)$$
$$1{,}5\,x + 2{,}1\,v = 40{,}15 \quad . \quad . \quad . \quad . \quad . \quad . \quad 2a)$$

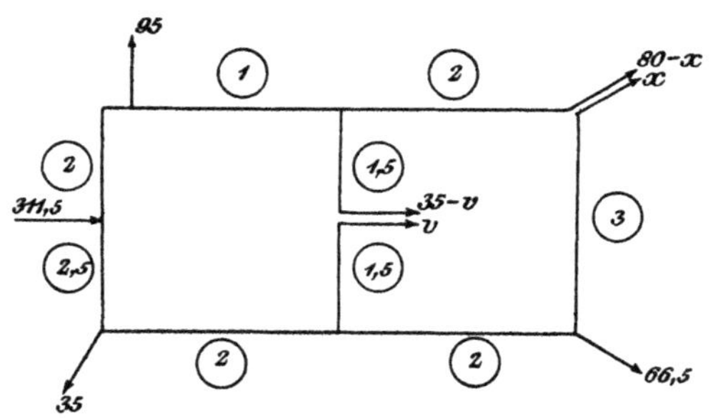

Fig. 219.

woraus

$$x = 3{,}485 \text{ A}$$
$$v = 16{,}629 \text{ A},$$

und

$$1{,}5\,\mathfrak{v} + 2{,}9\,\mathfrak{w} = 111{,}01 \quad . \quad . \quad . \quad . \quad . \quad 3a)$$
$$2{,}1\,\mathfrak{v} + 1{,}5\,\mathfrak{w} = 75{,}87 \quad . \quad . \quad . \quad . \quad . \quad 4a)$$

woraus

$$\mathfrak{v} = 13{,}153 \text{ A}$$
$$\mathfrak{w} = 32{,}165 \text{ A}.$$

Die Stromverteilung ist also die in den Fig. 221 und 222 dargestellte und kann zu einem Bilde zusammengefaßt werden, wie Fig. 223 andeutet. Man hat jetzt nur nötig, die zwei zu einander senkrechten Komponenten zusammenzufassen, um die richtige Stromverteilung zu erhalten. Dies ist geschehen, indem zu jeder Teil-

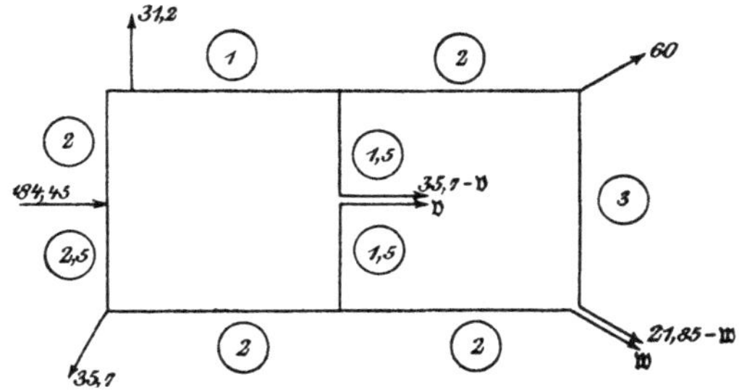

Fig. 220.

stromstärke in den Leitungen der $\cos\varphi$ beigeschrieben ist. Derselbe ist für die ganze, von der Quelle zu leistende Stromstärke

$$\cos\varphi = \frac{1}{\sqrt{1+\operatorname{tg}^2\varphi}} = \frac{1}{\sqrt{1+\left(\frac{184,45}{311,5}\right)^2}} = 0,862$$

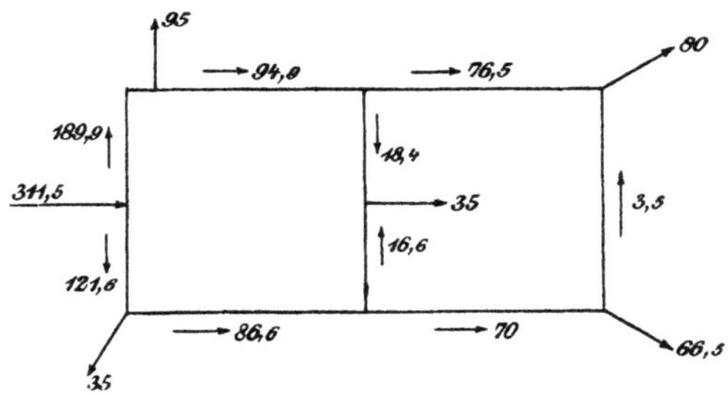

Fig. 221.

und diese Stromstärke selbst ist

$$J_0 = \sqrt{184,45^2 + 311,5^2} = 362,014 \text{ A}.$$

In ähnlicher Weise ergeben sich die anderen, in die Fig. 224 eingetragenen Stromstärken. Man erkennt, daß der Hauptstrom von 362 A sich in zwei Zweige von 216 und 146 A teilt und daß sonst in keinem Abschnitte die ankommende Stromstärke genau gleich ist der Summe der abgehenden. Trotzdem müssen die Spannungsverluste bis zu den wahren Schnittpunkten II und III übereinstimmen. Nach dem durch die Figuren 138, 139 und 140 Erläuterten sind jedoch diese Spannungsverluste nicht parallel, sodaß also die Summierung bei genauer Rechnungsweise geometrisch vorzunehmen wäre. Zur Probe genügt es jedoch, die in Richtung der gemeinschaftlichen Nutzspannung fallenden Komponenten auf

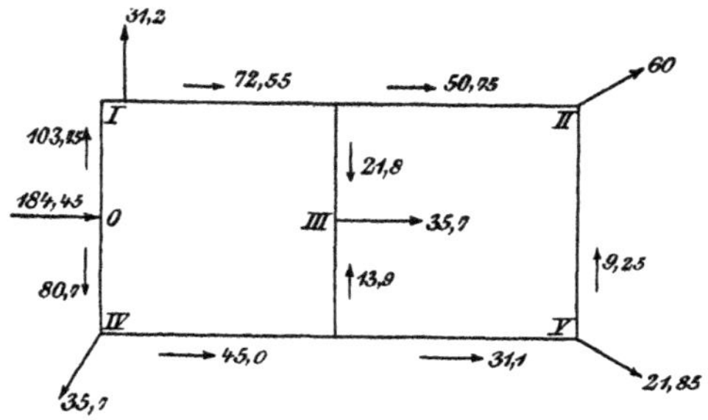

Fig. 222.

zweierlei Wegen zu berechnen. Es muß dann z. B. der Verlust von 0 über I nach III oder

$$216 \cdot 2 \cdot 0{,}88 + 119{,}4 \cdot 1 \cdot 0{,}8 + 28{,}5 \cdot 1{,}5 \cdot 0{,}65 = 503{,}4 \text{ Tausendstel Volt}$$

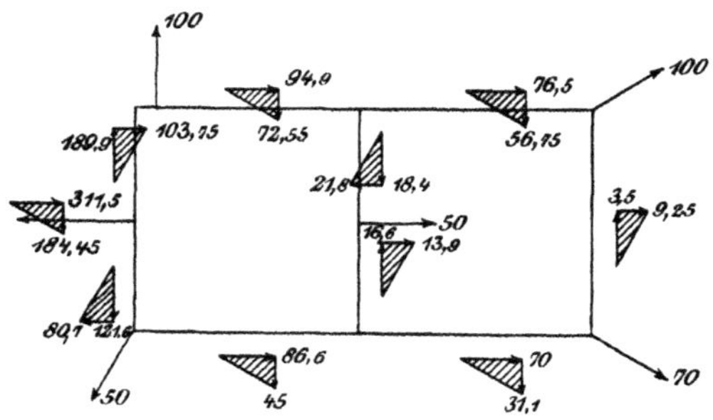

Fig. 223.

gleich sein jenem von 0 über IV nach III oder

$$146 \cdot 2{,}5 \cdot 0{,}83 + 97{,}7 \cdot 2 \cdot 0{,}89 + 21{,}6 \cdot 1{,}5 \cdot 0{,}77 = 501{,}8 \text{ Tausendstel Volt.}$$

Und ferner muß der Verlust von 0 über I nach II oder

$$216 \cdot 2 \cdot 0{,}88 + 119{,}4 \cdot 1 \cdot 0{,}8 + 91{,}7 \cdot 2 \cdot 0{,}84 = 629{,}9 \text{ Tausendstel Volt}$$

gleich sein jenem von 0 über IV, V nach II oder

$$146 \cdot 2{,}5 \cdot 0{,}83 + 97{,}7 \cdot 2 \cdot 0{,}89 + 76{,}5 \cdot 2 \cdot 0{,}92 + 9{,}85 \cdot 3 \cdot 0{,}35 =$$

628,4 Tausendstel Volt.

Man erkennt, daß die Übereinstimmung eine praktisch vollkommen genügende ist. Es sei noch darauf aufmerksam gemacht, daß die in Fig. 224 in den Ohmschen Widerständen der

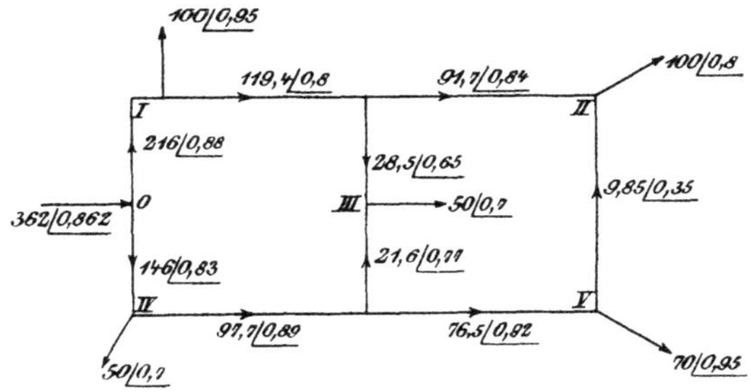

Fig. 224.

Leiterstücke fließenden Ströme wohl keine Phasenverschiebung gegen ihre eigenen Spannungsverluste haben können, daß sich aber die daselbst angegebenen Werte des $\cos\varphi$ auf die Richtung gegenüber der gemeinschaftlichen Spannung beziehen.

---

[1]) Arnold-Bragstad-la Cour haben auch Mehrphasensysteme mit ungleichen Frequenzen als polyzyklische in Vorschlag gebracht. E.T.Z. 1902, S. 569, 584.

[2]) Charles Proteus Steinmetz, Theorie und Berechnung der Wechselstromerscheinungen 1900.

[3]) In dieser Form von Herzog E.T.Z. 1893, S. 10 veröffentlicht; sie waren jedoch in Wesenheit bereits in E.T.Z. 1890, Heft 33 und E.T.Z. 1892, S. 350 im Briefkasten enthalten. Dieser Satz wird seit 1893 durch den Uppenbornschen Kalender verbreitet.

[4]) Prof. Teichmüller hat den Satz mit Quellenangabe bereits in seinem Aufsatze E.T.Z. 1893, S. 538 empfohlen und Frick, Zeitschr. f. Elektr., Wien 1894, S. 265 hat ihn gleichsinnig benützt. Er taufte ihn Verlegungsmethode und bemerkt hinzu, daß sie schon 1891 ausgearbeitet war. Sie wurde aber nicht veröffentlicht, um zuerst einer gründlichen Prüfung ihres praktischen Wertes unterworfen zu werden . . .

[5]) Maxwell in seinem Treatise, I. Bd., S. 419. Deutsch von Weinstein im Kapitel über „Allgemeine Theorie eines Systems linearer Leiter“, ferner Ulbricht in der Wiener Zeitschr. f. Elektr. 1888, Heft IV und V „Die Berechnung der Verzweigung stationärer Ströme in beliebigen Netzen linearer Leiter auf die Knotenpunktspotentiale zurückgeführt und durch Beispiele erläutert,“ ferner Müllendorff „über Stromverzweigungen“. E.T.Z. 1892, S. 159 (u. S. 401); und namentlich Coltri, E.T.Z. 1893, S. 10, sowie Teichmüller, E.T.Z. 1893, S. 537.

[6]) Herzog und Stark: „Über die Stromverteilung in Leitungsnetzen“. E.T.Z. 1890, Heft 33.

[7]) Herzog-Feldmann: „Über widerstandstreue Umgestaltung elektrischer Leitungsnetze (Transfigurierung).“ E.T.Z. 1900, S. 167. Monath, Beispiel und Besprechung. Zeitschr. f. Elektr., Wien 1902, S. 537.

[8]) Da die Strommethode in allen Eigenschaften reziprok der Spannungsmethode entspricht, so kann die Betrachtung auf veränderliche Abnahmen für die letztere Methode gleichartig entwickelt werden.

[9]) Diesen Begriff des Bezirkes führte Teichmüller E.T.Z. 1893, S. 537 ein.

[10]) W. Thomson: On a machine for the solution of simultaneous linear equations. Nature 19, Dec. 1878.

[11]) Ludw. Seidel: Über ein Verfahren die Gleichungen, auf welche die Methode der kleinsten Quadrate führt, sowie lineare Gleichungen überhaupt, durch sukzessive Annäherung aufzulösen. Abhandl. d. math.-phys. Klasse d. bayr. Akad., 11. Bd., 1874. Für elektrische Lichtnetze, 1890. E.T.Z. 445, ferner mit Beziehung auf Vorgehenden gleichfalls von Teichmüller akzeptiert E.T.Z. 1893, S. 538.

[12]) Auflösung eines linearen Systems von Gleichungen durch sukzessive Annäherung. Briefwechsel von Mehmke u. Nekrassoff. 1892 Moskau.

[13]) Von Hamilton eingeführt, auch Maxwell, London, Math. Soc. VI, 117, 182.

[14]) Gauß' Werke, Bd. VI, S. 602; siehe auch Dr. C. Runges Werk: Praxis der Gleichungen; namentlich das Verfahren der Iteration. S. 81, 1900.

[15]) Mehmke: Über graphische Auflösung von Gleichungen mit mehreren Unbek. Schlömilchs Zeitschr. f. Math. u. Phys. 1890, Heft 3. Klingatsch, Monatshefte f. Math. u. Phys. 1892, S. 169. Herzog, E.T.Z. 1893, S. 11 und Csillag, Mathematikai és physikai lapok. Budapest 1898, Heft IV.

[16]) Hochenegg, Zeitschr. f. Elektrotech. 5, 1887, S. 11 u. 62 und in seinem Werke: Anordnung und Bemessung elektrischer Leitungen 2. Aufl.

[17]) Soschinski, E.T.Z. 1902, S. 359. Einige Konstruktionen zur graph. Berechnung von Leitungsnetzen; sowie G. König, Elektr. Anzeiger 1902; ferner E.T.Z. 1903, S. 69, der mehrpolige Polplan in der zeichnerischen Leitungs-

berechnung. Pforr: Die Anwendung für die Berechnung der Stromverteilung bei elektr. Bahnen. E.T.Z. 1901, S. 411; Erwiderung, E.T.Z. 574.

[18]) Für ein näheres Eingehen ist zu empfehlen Föppl: Vorlesungen d. techn. Mechanik II. Band, 1900.

[19]) Gute Dienste kann eine Parabelschablone für diese Zwecke leisten, gleichwie dies bei graphostatischen Konstruktionen von F. Steiner 1879, „Techn. Blätter", IV. Heft vorgeschlagen wurde.

[20]) Feldmann-Herzog: E.T.Z. 1899, Heft 45. Über Stromverteilung in Wechselstrom-Netzen.

Fünftes Kapitel.

Strom- und Spannungsverteilung bei langen Leitungen.

1. Einfaches Näherungsverfahren.

Wir haben bisher nur die Fälle betrachtet, wo Induktanz und Kapazität an einzelnen Stellen konzentriert und an die Leitungen angeschlossen sind. Tatsächlich sind sowohl Induktanz als Kapazität längs der ganzen Ausdehnung zweier parallelen Leitungen gleichmäßig verteilt, sodaß zwei benachbarte Punkte der Leitung weder den gleichen Wert, noch die gleiche Phase des Stromes besitzen. Es werden infolgedessen auch die vom Widerstande und der Rückwirkung oder Reaktanz verzehrten EMKe von Punkt zu Punkt in Bezug auf Größe und Phase differieren.

Zunächst ist klar, daß in jeder Wechselstromleitung stets Selbstinduktion und Kapazität vorhanden sein muß. Selbstinduktion tritt auf, da der magnetische Induktionsfluß, den der Strom erzeugt hatte, nicht zu Null gemacht werden kann. Die Leitung besitzt ferner unter allen Umständen Kapazität, wenn in ihr auch keine Kondensatoren eingeschaltet sind, weil beim Stromdurchgang die Punkte der Leitung teils auf höherem, teils auf niedrigerem Potential sind, als die Erde (Fig. 225 a u. b).

Haben die Punkte mit den Potentialen $\left(\frac{V_1 + V_2}{2}\right)$, $\left(\frac{V_2 + V_3}{2}\right) \ldots .$ $\left(\frac{V_{n-1} + V_n}{2}\right)$ von der Erde den gleichen Abstand D, so werden die Kapazitäten C_1, $C_2 \ldots C_n$ alle gleich sein. Aber selbst dann werden die Kondensatoren $C_1 = C_2 = \ldots . C_n$ verschiedene Ladungen erhalten, da an ihren Klemmen die verschieden großen Potentialdifferenzen $\left(\frac{V_1 + V_2}{2}\right) - 0$, $\left(\frac{V_2 + V_3}{2}\right) - 0 \ldots \ldots \ldots$ $\left(\frac{V_{n-1} + V_n}{2}\right) - 0$ wirksam sind.

Ein angenähert zutreffendes Bild kann man sich von diesen verwickelten Erscheinungen verschaffen, wenn man die Leitung in eine größere Anzahl von Stücken zerlegt und die Kapazität in Form kleiner Kondensatoren zwischen diesen mit Richtungswiderständen behafteten Leitungsstücken parallel abgezweigt denkt. Um die Entwicklung schrittweise verfolgen zu können, sehen wir zunächst von der Induktanz der Leitung ganz ab und denken uns eine nur mit Ohmschem Widerstand behaftete Leitung, zwischen

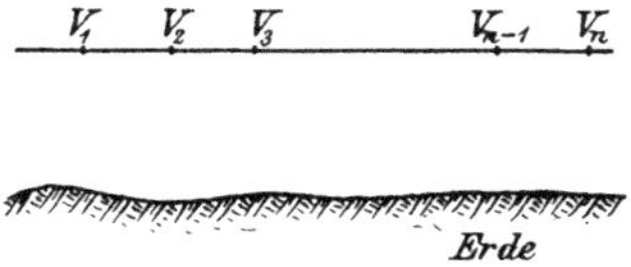

Fig. 225 a.

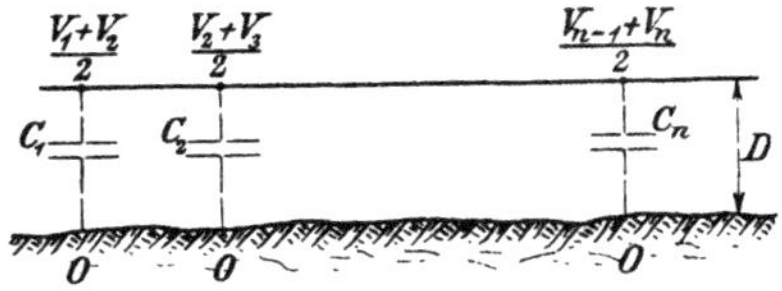

Fig. 225 b.

welche die kleinen Teilkondensatoren als einzige Konsumenten eingeschaltet sind (Fig. 226). Der Widerstand der so gewählten Längeneinheit sei r; die am Ende jeder Längeneinheit angreifende Kapazität sei C. Senden wir nun in die Leitung 1—5, 1'—5' einen Wechselstrom mit der Periodenzahl $\sim$, so wird der Ladestrom

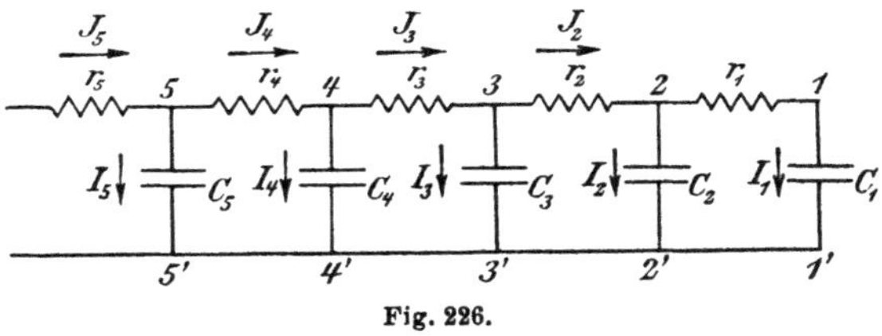

Fig. 226.

des ersten Kondensators C_1 ausgedrückt durch $I_1 = 2\pi \sim C_1 E_{11'}$, wenn $E_{11'}$ die Spannungsdifferenz zwischen den Punkten 11' bedeutet. Wir können dann ein Spannungs- und ein Stromdiagramm entwerfen, in welchem wir die Richtung der Spannungsdifferenz $E_{11'} = \overline{11'}$ (Fig. 227) und den Drehsinn der Radienvektoren beliebig annehmen, z. B. mit dem Sinn des Uhrzeigers. Für diesen ersten Kondensator C_1 muß dann der Strom I_1 der Klemmenspannung 11' um 90^0 voreilen und identisch sein mit dem Strom J_1 im ersten Teilleiter 1,2. Er erzeugt darin einen Ohmschen Spannungsverlust $J_1 r_1$ der in Richtung von J_1, also senkrecht zu 11' liegt und der überwunden werden muß durch die Spannungsdifferenz $E_{22'} = 2{,}2'$. Letztere erzeugt nun im Kondensator C_2 einen Ladestrom $I_2 = 2\pi \sim E_{22'}$, der senkrecht $22'$ steht und im

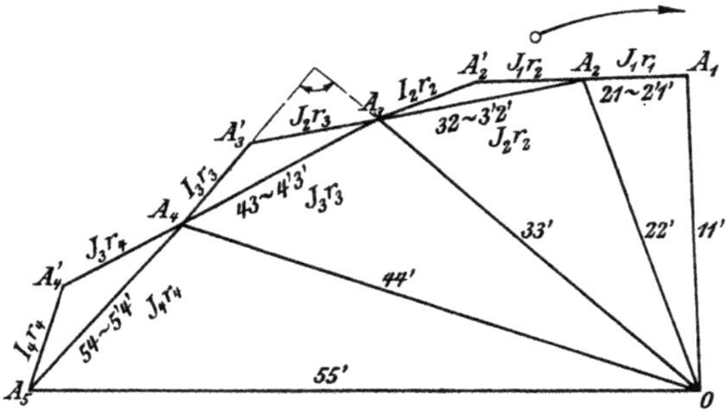

Fig. 227.

Stromdiagramm (Fig. 228 a) sich mit dem Strom J_1 der vorhergehenden Abteilung zusammensetzt zum Strome J_2, der trotz des Mangels jeder

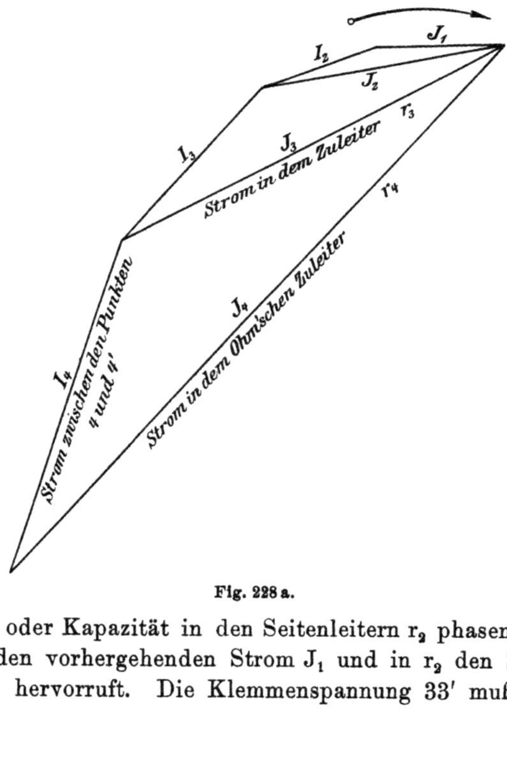

Fig. 228 a.

Induktanz oder Kapazität in den Seitenleitern r_2 phasenverschoben ist gegen den vorhergehenden Strom J_1 und in r_2 den Spannungsabfall $J_2 r_2$ hervorruft. Die Klemmenspannung $33'$ muß also nunmehr imstande sein, $J_2 . r_2$ und $\overline{22'}$ abzubalancieren. Sie wird in C_3 den Ladestrom I_3 und im Zuleiter r_3 den Gesamtstrom J_3 hervorrufen, u. s. w.

Es wird also an jeder Abzweigstelle eines solchen kleinen Kondensators dem Kondensator C_n (Fig. 228b) ein Ladestrom I_n zufließen, der, trotzdem nur Ohmscher Widerstand in der Zuleitung vorhanden ist, gegen den zufließenden Strom J_n und den abfließenden Strom J_{n-1} merkbare und zwar verschieden große Phasenverschiebungen besitzt. Daraus folgt, daß auch J_n und J_{n-1} gegeneinander verschoben sein müssen, ebenso die ihnen entsprechenden Spannungsverluste $J_n . r_n$ und $J_{n-1} . r_{n-1}$ in benachbarten Leiterteilen und die

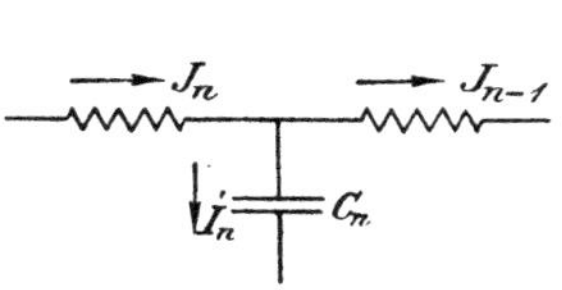

Fig. 228b.

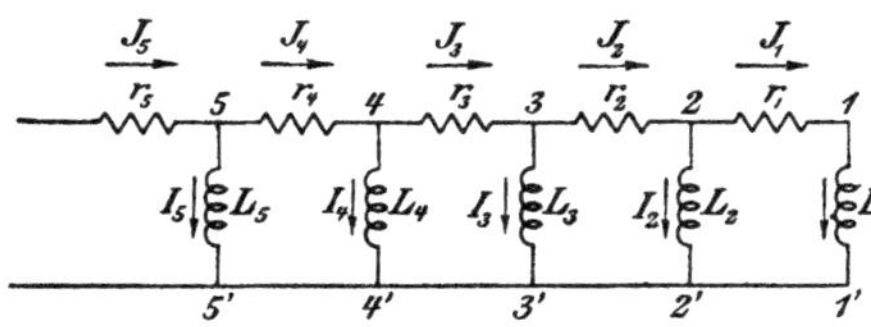

Fig. 229.

ihnen entsprechenden Spannungsdifferenzen $E_{n\,n'}$ und $E_{(n-1)\,(n'-1)}$ Verschiebungen gegeneinander aufweisen müssen. Der Spannungsverlust $J_3\, r_3$ kann nun auch zerlegt gedacht werden in seine Einzelteile $J_2\, r_3$ und $I_3\, r_3$, da J_3 gleich der Vektorsumme von J_2 und I_3 sein muß, wie Fig. 227 und 228a dies andeuten.

Die Radien $\overline{OA_1}$, $\overline{OA_2}$, $\overline{OA_3}$ . . . . (Fig. 227) stellen die Spannungsdifferenzen an den Kondensatorklemmen, die Polygonseiten $\overline{A_1 A_2}$, $\overline{A_2 A_3}$, . . . die den Kondensatoranschlußstellen zufließenden Seitenströme dar, und wir erkennen unmittelbar aus der Figur, daß z. B. das Dreieck $A_5\, A_4\, A'_4$ und das Zentraldreieck $A_5\, O\, A_4$ sich in der Form einander nähern und daß die Peripheriedreiecke $A_n\, A_{n-1}\, A'_{n-1}$ einander um so ähnlicher werden, je mehr sich die Punkte A_1, A_2, A_3 . . . einander nähern und je länger das Kabel wird. Für ein unendlich langes Kabel und unendlich viele Punkte $A_1, A_2 \ldots A_n$ werden die (in Fig. 227 nicht besonders angedeuteten) Halbierenden der Winkel $A'_2\, A_3\, A_2$, $A'_3\, A_3\, A_4$, $A'_3\, A_4\, A_3$ mit den Radienvektoren Winkel von 45^0 bilden und eine kontinuierlich verlaufende Kurve umhüllen. Diese Kurve kann nach ihrer Entstehungsweise aber nur eine logarithmische Spirale sein. Diese Ableitung ist in graphischer Form zuerst von Rechniewski[1]) gegeben worden, nachdem sie vorher analytisch[2]) mehrfach entwickelt worden war.

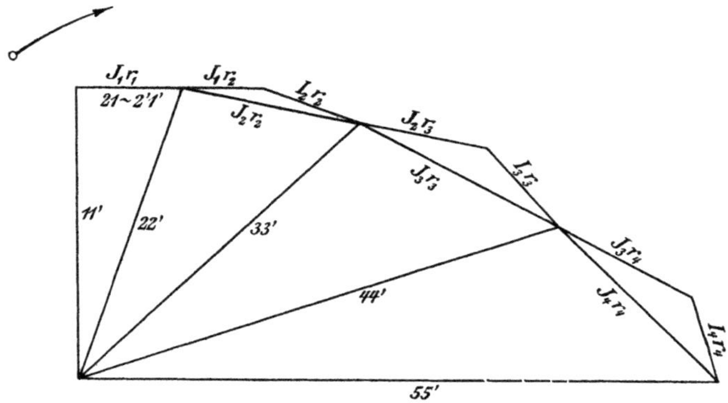

Fig. 230 a.

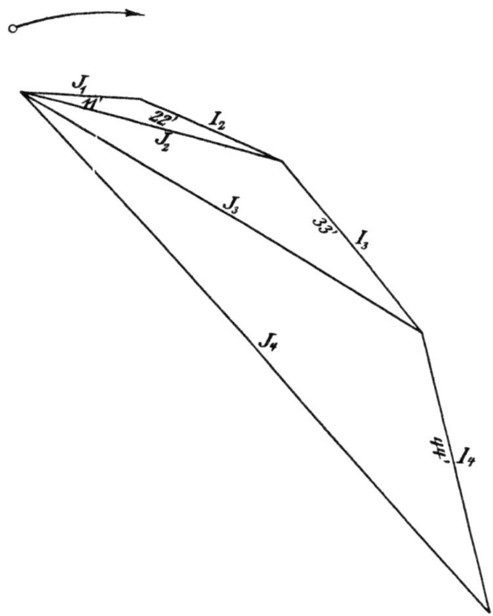

Fig. 230 b.

Ein dem entwickelten Diagramm ganz ähnliches würde sich für den Fall ergeben, daß die in regelmäßigen (der Längeneinheit entsprechenden) Abständen von dem Ohmschen Seitenleiter abgezweigten Konsumenten rein induktive Widerstände statt der Kapazität besäßen (Fig. 229 u. 230). Nur sind hier die Ströme I_n um 90° gegen die Klemmenspannung $E_{nn'}$ verzögert, statt ihr um 90° vorzueilen. Auch hier weisen benachbarte Punkte Phasenverschiebungen derart auf, daß die in einem Punkt zusammentreffenden Ströme oder Spannungen jeweils ein Dreieck bilden. Konstruktion und Bedeutung der einzelnen Teile des Spannungsdiagrammes (Fig. 230a) und des zugehörigen Stromdiagramms (Fig. 230b) sind dieselben wie in Fig. 227 und 228.

Wollen wir nunmehr uns noch weiter den tatsächlichen Verhältnissen nähern, so betrachten wir das Spannungs- und Stromdiagramm für den allgemeinen Kettenleiter.

2. Spannungs- und Stromdiagramm für den allgemeinen Kettenleiter.

Die Glieder des in Fig. 231 dargestellten Kettenleiters sind Richtungswiderstände, demnach werden die Ströme der eigenen Spannung gegenüber verschoben sein. In einem jeden Knotenpunkte begegnen sich wieder drei Ströme, die je ein Dreieck bilden.

Die Spannung zwischen 11′ sei der Größe nach durch die in Fig. 232 mit 11′ bezeichnete Länge gegeben. 11′ kann in der Ebene in beliebiger Richtung gezeichnet werden. Angenommen, daß die Drehrichtung mit jener des Uhrzeigers übereinstimmt, so wird der in 11′ fließende Strom $J_1 = \frac{11'}{\mathfrak{R}_1}$ mit der Richtung 11′ einen Winkel φ_1 einschließen, dessen Tangente $\frac{L_1 \omega}{R_1}$ ist; und zwar eilt die Spannung mit diesem Winkel dem Strome vor. In der Zuleitung 12 1′2′ entstehen ein Ohmscher und ein induktiver Spannungsverlust. Der erstere beträgt $J_1 r_1$, der letztere $J_1 l_1 \omega$. Im Spannungsdiagramm (Fig. 232) ist $J_1 r_1$ parallel J_1 und $J_1 l_1 \omega \perp J_1$ in der Stromfigur (Fig. 233). Die Hypotenuse des Verlustdreieckes beträgt

$$J_1 \sqrt{r_1^2 + l_1^2 \omega^2} = J_1 \overline{r_1}.$$

Dies geometrisch addiert zu 11′ ergibt die Spannung 22′. Der im Leiter 22′ fließende Strom I_2 bleibt nun gegenüber 22′ um einen Winkel φ_2 zurück, dessen Tangente $= \frac{L_2 \omega}{R_2}$. Wir zeichnen nun in der Stromfigur eine mit 22′ parallele Linie, tragen den bezüglichen Winkel φ_2 auf, wodurch wir die Lage des Stromvektors I_2 erhalten, dessen Größe durch $\frac{22'}{\mathfrak{R}_2}$ bestimmt ist. Jetzt kann das Stromdreieck $J_1\,I_2\,J_2$ geschlossen werden, was den Leiter-

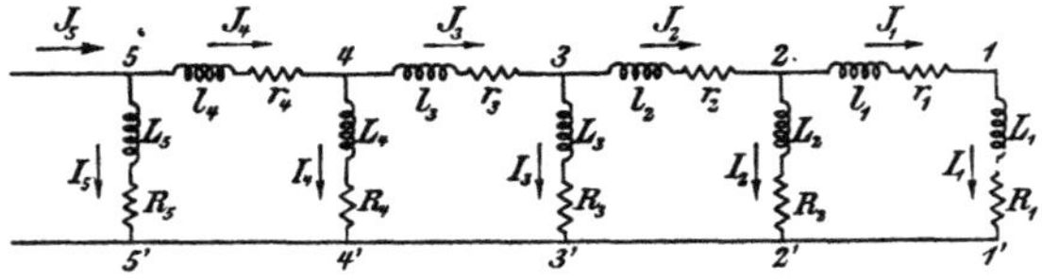

Fig. 231.

strom J_2 ergibt. Dieser Leiterstrom fließt durch den Widerstand 23 2′ 3′ (Fig. 231) und verursacht den Ohmschen Spannungsverlust $J_2\,r_2$

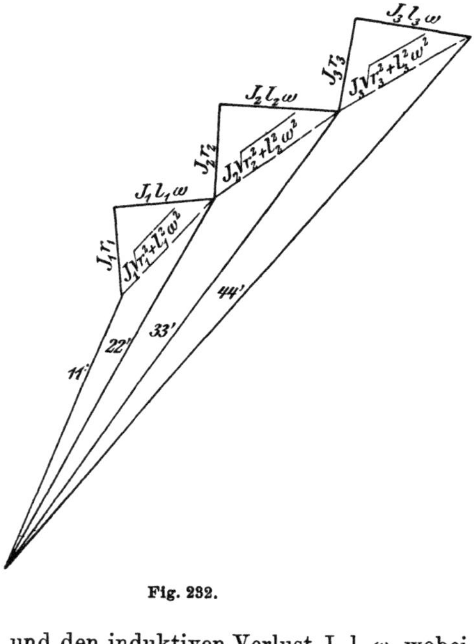

Fig. 232.

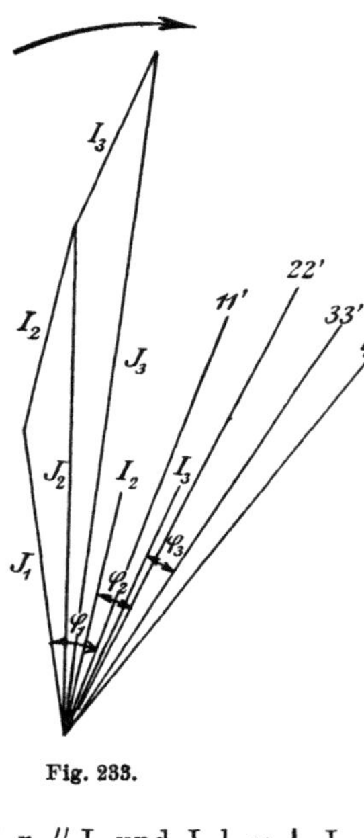

Fig. 233.

und den induktiven Verlust $J_2\,l_2\,\omega$, wobei $J_2\,r_2 \,/\!/\, J_2$ und $J_2\,l_2\,\omega \perp J_2$. Es resultiert im Spannungsdiagramm die Spannung 33′ und, die bezügliche Phasenverschiebung in Betracht ziehend, erhalten wir den Strom I_3, mittels dieses Stromes den Leiterstrom J_3, etc.

Bei dem Aufbau des Spannungs- und Stromdiagrammes

haben wir bisher angenommen, daß die Endspannung gegeben sei. Nun ist dies durchaus nicht immer der Fall. Vielmehr ist häufig nur die Anfangsspannung gegeben. Wir können dennoch den bereits entwickelten Weg einschlagen, indem wir eine beliebige Endspannung willkürlich annehmen und die zugehörige Anfangsspannung ermitteln. Diese stimmt im allgemeinen mit der gegebenen nicht überein. Wir haben dennoch die richtigen Ver-

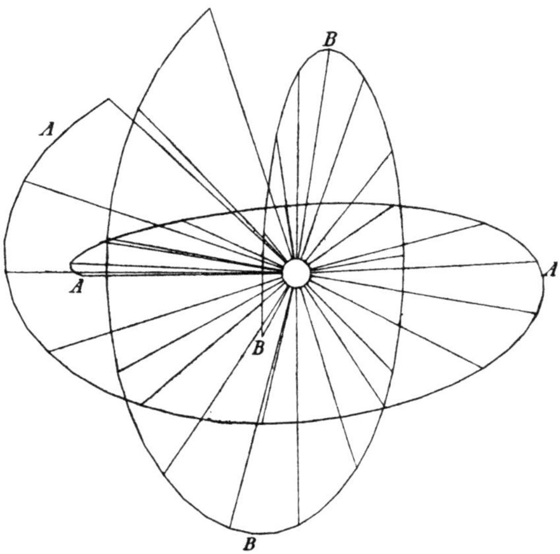

Fig. 234.

hältnisse dargestellt und müssen nur den Maßstab des Diagrammes ändern.

Führt man die erläuterte Konstruktion z. B. für eine in 50 gleiche Teile geteilte Fernleitung von 1500 Ohm durch, die eine gesamte Induktanz von 2 Henry und eine Kapazität von 2,5 Mikrofarad besitzt, so erhält man[3]) zwei logarithmische Spiralen (Fig. 234), von denen die eine, A, den geometrischen Ort der Endpunkte aller Potentiale, die andere, B, jenen der Endpunkte aller Ströme darstellt. Will man die Konstruktion dieser Linien vornehmen, so bedarf man dazu nur einer Kenntnis der Eigenschaften der Fernleitung und der an sie angeschlossenen Apparate. Man ist dann in der Lage, den Abfall und die Werte der Spannung und des Stromes am Anfang einer Fernleitung anzugeben, wenn uns diese Werte der Spannung und des Stromes an ihrem Ende bekannt sind, und kann sich hierzu verschiedener Methoden bedienen:

3. Genauere Methoden.

a) Ersatz zweier Leiter mit gegenseitiger Induktanz durch einen äquivalenten Einzelleiter[3]).

Bezeichnen wir mit $\mathfrak{A}$, $\mathfrak{B}$, $\mathfrak{C}$ Koeffizienten, die sich aus den elektrischen Eigenschaften der Leitungen nach später anzugebenden Formeln berechnen lassen, und nennen wir die Potentialdifferenz gegen Erde am Anfang der Leitung $\mathfrak{V}_a$, den Strom daselbst $\mathfrak{J}_a$, die entsprechenden Werte am Ende der Leitung aber $\mathfrak{V}_e$ und $\mathfrak{J}_e$, dann bestehen zwischen diesen vier Größen die linearen Vektorgleichungen

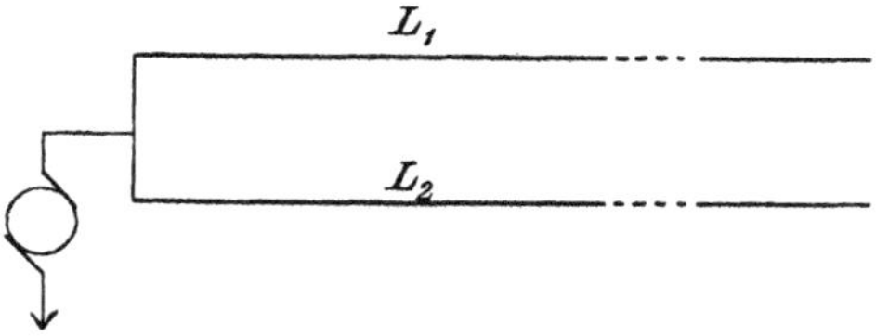

Fig. 235.

$$\mathfrak{V}_{e,1} + \mathfrak{V}_{e_1 2} = \mathfrak{A}_1 (\mathfrak{V}_{a,1} + \mathfrak{V}_{a_1 2}) + \mathfrak{B}_1 (\mathfrak{J}_{a,1} + \mathfrak{J}_{e,1}) \quad . \quad 1)$$

$$\mathfrak{V}_{e,1} - \mathfrak{V}_{e_1 2} = \mathfrak{A}_2 (\mathfrak{V}_{a,1} - \mathfrak{V}_{a_1 2}) + \mathfrak{B}_2 (\mathfrak{J}_{a,1} - \mathfrak{J}_{a,2}) \quad . \quad 2)$$

$$\mathfrak{J}_{e,1} + \mathfrak{J}_{e_1 2} = \mathfrak{A}_1 (\mathfrak{J}_{a,1} - \mathfrak{J}_{a_1 2}) + \mathfrak{C}_1 (\mathfrak{V}_{a,1} + \mathfrak{V}_{a,2}) \quad . \quad 3)$$

$$\mathfrak{J}_{e,1} - \mathfrak{J}_{e_1 2} = \mathfrak{A}_2 (\mathfrak{J}_{a,1} - \mathfrak{J}_{a_1 2}) + \mathfrak{C}_2 (\mathfrak{V}_{a,1} - \mathfrak{V}_{a,2}) \quad . \quad 4)$$

in denen die Indices 1 und 2 sich auf die zwei einander elektrisch und elektromagnetisch beeinflussenden Hin- und Rückleiter L_1 und L_2 beziehen (Fig. 235 u. 236), die als Luftleiter oder Erdkabel parallel zu einander verlaufen.

An diesen zwei Leitungen kann man nun als Quotienten aus der Anfangsspannung und dem Strom am Anfang der Leitung die scheinbaren Werte des Richtungswiderstandes $\frac{\mathfrak{V}}{\mathfrak{J}}$ bei Leerlauf und Kurzschluß ermitteln, wenn man nach Figur 235 bezw. Fig. 236 schaltet.

Im Falle der Fig. 235 sind die Enden der beiden Leitungen offen und isoliert, ihre Anfänge aber parallel an den einen Pol einer Stromquelle angeschlosen, deren zweiter Pol geerdet ist. Dann gilt offenbar bei voller Symmetrie der Leitungen

$$\mathfrak{V}_{a,1} = \mathfrak{V}_{a,2} \equiv \mathfrak{V}_0 \qquad \mathfrak{J}_{a,1} = \mathfrak{J}_{a,2} \equiv \mathfrak{J}_0$$
$$\mathfrak{V}_{e,1} = \mathfrak{V}_{e,2} \equiv \mathfrak{V}_1 \qquad \mathfrak{J}_{e,1} = \mathfrak{J}_{e,2} \equiv \mathfrak{J}_1$$

und somit aus der ersten und dritten Gleichung

$$\mathfrak{V}_1 = \mathfrak{V}_0 \mathfrak{A}_1 + \mathfrak{J}_0 \mathfrak{B}_1 \qquad 5)$$
$$\mathfrak{J}_1 = \mathfrak{J}_0 \mathfrak{A}_1 + \mathfrak{V}_0 \mathfrak{C}_1 \qquad 6)$$

Im Falle der Fig. 236 ist die Leitung bei P in sich kurzgeschlossen und mit beiden Anfängen an die isolierten Klemmen der Stromquelle angelegt. Es herrscht dann bei vollkommner Symmetrie der Leitungen bei P das Potential 0, sodaß man diesen

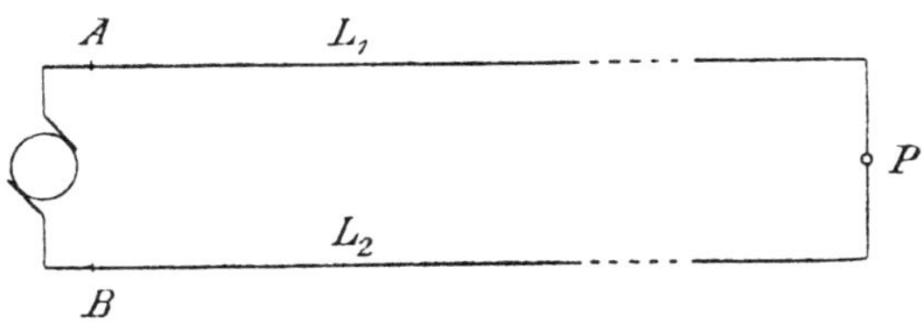

Fig. 236.

Punkt ohne irgend welche Anderung der Verhältnisse an Erde legen könnte. Es ist dann

$$\mathfrak{V}_{a_1 1} = -\mathfrak{V}_{a_1 2} \equiv \mathfrak{V}_0 \qquad \mathfrak{J}_{a_1 1} = -\mathfrak{J}_{a_1 2} \equiv \mathfrak{J}_0$$
$$\mathfrak{V}_{e_1 1} = -\mathfrak{V}_{e_1 2} \equiv \mathfrak{V}_2 \qquad \mathfrak{J}_{e_1 1} = -\mathfrak{J}_{e_1 2} \equiv \mathfrak{J}_2$$

und somit aus der zweiten und vierten Gleichung

$$\mathfrak{V}_2 = \mathfrak{V}_0 \mathfrak{A}_2 + \mathfrak{J}_0 \mathfrak{B}_2 \qquad 7)$$
$$\mathfrak{J}_2 = \mathfrak{J}_0 \mathfrak{A}_2 + \mathfrak{V}_0 \mathfrak{C}_2 \qquad 8)$$

Die in diesen Gleichungen enthaltenen Koeffizienten haben für jeden der Leiter die Form

$$\mathfrak{A} = \frac{1}{2}\left(e^{\sqrt{\mathfrak{R}\mathfrak{S}}} - e^{-\sqrt{\mathfrak{R}\mathfrak{S}}}\right) = \cos j\sqrt{\mathfrak{R}\mathfrak{S}} \qquad 9)$$

$$\mathfrak{B} = -\sqrt{\frac{\mathfrak{S}}{\mathfrak{R}}} \cdot \frac{1}{2}\left(e^{\sqrt{\mathfrak{R}\mathfrak{S}}} - e^{-\sqrt{\mathfrak{R}\mathfrak{S}}}\right) = j\sqrt{\frac{\mathfrak{S}}{\mathfrak{R}}} \sin j \frac{\mathfrak{S}}{\mathfrak{R}} \qquad 10)$$

$$\mathfrak{C} = -\sqrt{\frac{\mathfrak{R}}{\mathfrak{S}}} \cdot \frac{1}{2}\left(e^{\sqrt{\mathfrak{R}\mathfrak{S}}} - e^{-\sqrt{\mathfrak{R}\mathfrak{S}}}\right) = j\sqrt{\frac{\mathfrak{R}}{\mathfrak{S}}} \sin j\sqrt{\mathfrak{R}\mathfrak{S}} \qquad 11)$$

worin $\mathfrak{R}$ und $\mathfrak{S}$ komplexe Größen von folgender Form sind

$$\mathfrak{R} = (A + j\,\omega\,C)\,l \quad \ldots\ldots\ldots \quad 12)$$

$$\mathfrak{S} = (R + j\,\omega\,L)\,l \quad \ldots\ldots\ldots \quad 13)$$

und

A	die	Ableitung	pro km Leitung
C	-	Kapazität	- - -
L	-	Induktanz	- - -
R	den	Widerstand	- - -
l	die	Leitungslänge	in km

$\omega = 2\,\pi \sim$ die Zahl der Perioden in $2\,\pi$ Sekunden

bedeutet. Die Ausdrücke $\mathfrak{R}$ und $\mathfrak{S}$ sind Richtungswiderstände und können graphisch dargestellt werden als resultierende Vorwirkung und Nachwirkung, indem man zwei rechtwinklige Dreiecke konstruiert, deren Wattkomponenten A l bezw. R l und deren voreilende bezw. verzögerte Komponenten ω C l bezw. ω L l sind.

Die mit gegenseitiger Induktion behaftete Doppelleitung kann nun ersetzt gedacht werden durch einen Einzelleiter, dessen elektrische Eigenschaften für die beiden in Fig. 235 u. 236 dargestellten Fälle jedoch verschiedene Eigenschaften aufweisen. Der Stromverbrauch in diesem äquivalenten Einzelleiter ist dann genau derselbe, wie in der Doppelleitung, wenn pro km Leitung

als Ableitung	der Wert	$2\,A + A'$
- Kapazität	- -	$2\,C + C'$
- Widerstand	- -	R
- Induktanz	- -	$L - M$ und
- Länge	die Länge	l jeder Einzelleitung

in die Gleichungen für $\mathfrak{R}$ und $\mathfrak{S}$ eingeführt werden. M bedeutet dabei die gegenseitige Induktanz pro km, $(L - M)$ also die resultierende Induktanz; A' und C' bedeuten Ableitung und Kapazität jeder Einzelleitung gegen Erde, A und C Ableitung und Kapazität der beiden Einzelleitungen gegeneinander und pro km. Es sind also dadurch zwei einander beeinflussende Leitungen auf eien Einzelleitung zurückgeführt, und wir können uns im folgenden darauf beschränken, eine solche zu untersuchen.

Es mag hier auch auf die Ableitung S. 106 hingewiesen werden, wonach jede sich stetig ändernde Richtungsgröße eine logarithmische Spirale ergibt. Die stetige Änderung von $\mathfrak{J}$ und $\mathfrak{B}$ wird auch schon durch die Vektorgleichungen 1 bis 4 angedeutet.

b) Methode von Breisig[3]**.**

Wir gehen von den vorher angeführten Gleichungen aus und stellen zunächst fest, daß die drei Leitungskoeffizienten nicht unabhängig von einander sind, sondern der Beziehung

$$\mathfrak{A}^2 - \mathfrak{B}\,\mathfrak{C} = 1 \quad \ldots\ldots\ldots \quad 14)$$

entsprechen müssen. Es genügen also 2 dieser Koeffizienten oder 2 aus ihnen abgeleitete Größen, um alle Aufgaben zu lösen.

Öffnen und isolieren wir dann das Ende der Leitung, so wird der Strom am Ende $\mathfrak{J}_1 = 0$ und es gilt dann die Gleichung

$$\mathfrak{J}_1 = 0 = \mathfrak{J}_0\,\mathfrak{A} + \mathfrak{B}_0\,\mathfrak{C}$$

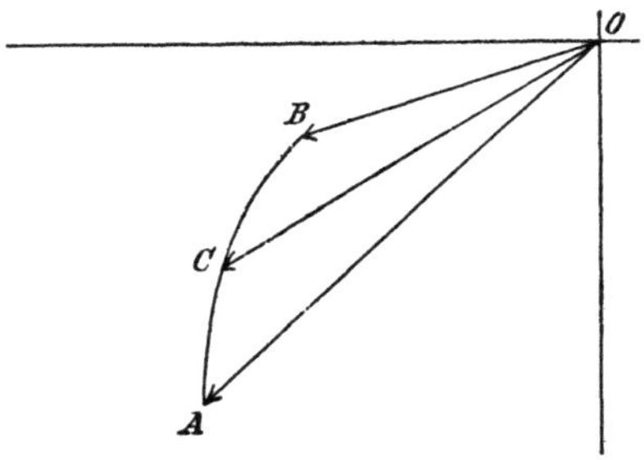

Fig. 237.

woraus der Richtungswiderstand

$$\mathfrak{U}_1 = \frac{\mathfrak{B}_0}{\mathfrak{J}_0} = -\frac{\mathfrak{A}}{\mathfrak{C}} \quad \ldots\ldots\ldots \quad 15)$$

Gleichzeitig ist für das Ende der Leitung das Verhältnis

$$\frac{\mathfrak{B}}{\mathfrak{W}_2\,\mathfrak{J}} = \infty.$$

Erden wir das ferne Ende, so ist das Potential am Ende $\mathfrak{B}_2 = 0$ und es folgt

$$\mathfrak{B}_2 = 0 = \mathfrak{B}_0\,\mathfrak{A} + \mathfrak{J}_0\,\mathfrak{B}$$

woraus der Richtungswiderstand

$$\mathfrak{U}_2 = \frac{\mathfrak{B}_0}{\mathfrak{J}_0} = -\frac{\mathfrak{B}}{\mathfrak{A}} \quad \ldots\ldots\ldots \quad 16)$$

Gleichzeitig ist für das Ende der Leitung das Verhältnis

$$\frac{\mathfrak{B}}{\mathfrak{W}_2\,\mathfrak{J}} = 0.$$

Stellen wir also in Fig. 237 den Richtungswiderstand $\mathfrak{U}_1$ am Anfang der Linie, der dem Richtungswiderstande

$$\mathfrak{W}_1 = \frac{\mathfrak{V}}{\mathfrak{J}} = \infty$$

am Ende der Linie entspricht, durch die Gerade $\overline{OA}$, den Richtungswiderstand $\mathfrak{U}_2$ am Anfang der Linie, der dem Richtungswiderstand

$$\mathfrak{W}_2 = \frac{\mathfrak{V}}{\mathfrak{J}} = 0.$$

am Ende der Linie entspricht, durch die Gerade $\overline{OB}$ dar, so schließen diese Linien alle Werte ein, die für den Richtungswiderstand am Ende der Linie möglich sind. Mit anderen Worten besagt dies, daß zu jeder erdenklichen induktiven oder induktionsfreien Belastung am Ende der Linie ein bestimmter Richtungswiderstand am Anfang der Linie gehört, der im Diagramm zwischen OA und OB liegen muß, und es fragt sich nun, da wir den Anfangspunkt O aller möglichen Vektoren haben, welches der geometrische Ort aller ihrer Endpunkte sein wird.

Die Aufgabe lautet also, für einen gegebenen Wert von $\mathfrak{W} = \frac{\mathfrak{V}}{\mathfrak{J}}$ am Ende der Linie den zugehörigen Wert des Vektors $\mathfrak{U} = \frac{\mathfrak{V}}{\mathfrak{J}}$ für den Anfang der Linie zu finden, wenn die Phasendifferenz zwischen $\mathfrak{V}$ und $\mathfrak{J}$ von $+\frac{\pi}{2}$ bis $-\frac{\pi}{2}$ allmählich variiert.

Nun folgt aus

$$\mathfrak{V} = \mathfrak{V}_0 \mathfrak{A} + \mathfrak{J}_0 \mathfrak{B}$$

und

$$\mathfrak{J} = \mathfrak{J}_0 \mathfrak{A} + \mathfrak{V}_0 \mathfrak{C}$$

wenn man die erste Gleichung mit $\mathfrak{A}$, die zweite mit $\mathfrak{B}$ multipliziert und letztere von ersterer abzieht

$$\mathfrak{V}\mathfrak{A} - \mathfrak{J}\mathfrak{B} = \mathfrak{V}_0 \quad \text{. . . . . . . 17)}$$

und wenn man erstere mit $\mathfrak{C}$, letztere mit $\mathfrak{A}$ multipliziert und erstere von letzterer abzieht

$$\mathfrak{J}\mathfrak{A} - \mathfrak{V}\mathfrak{C} = \mathfrak{J}_0. \quad \text{. . . . . . . 18)}$$

Setzt man $\mathfrak{V} = \mathfrak{J}\mathfrak{W}$ und bildet den Quotienten $\frac{\mathfrak{V}_0}{\mathfrak{J}_0}$, so ergibt sich

$$\frac{\mathfrak{V}_0}{\mathfrak{J}_0} = \mathfrak{U} = \frac{\mathfrak{W}\mathfrak{A} - \mathfrak{B}}{\mathfrak{A} - \mathfrak{W}\mathfrak{C}} \quad \text{. . . . . . 19)}$$

oder unter Berücksichtigung der Beziehung 14) zwischen den Koeffizienten

$$\frac{\mathfrak{U}}{\mathfrak{U}_1} = \frac{\mathfrak{W} + \mathfrak{U}_2}{\mathfrak{W} + \mathfrak{U}_1} \quad . \; . \; . \; . \; . \; . \; . \; . \quad 20)$$

oder

$$\frac{\mathfrak{W}}{\mathfrak{U}_1} = \frac{\mathfrak{U} - \mathfrak{U}_2}{\mathfrak{U}_1 - \mathfrak{U}}\,.$$

Diese Proportion ist nur möglich, wenn einmal die Längen der einzelnen Vektoren das angegebene Verhältnis besitzen und dann

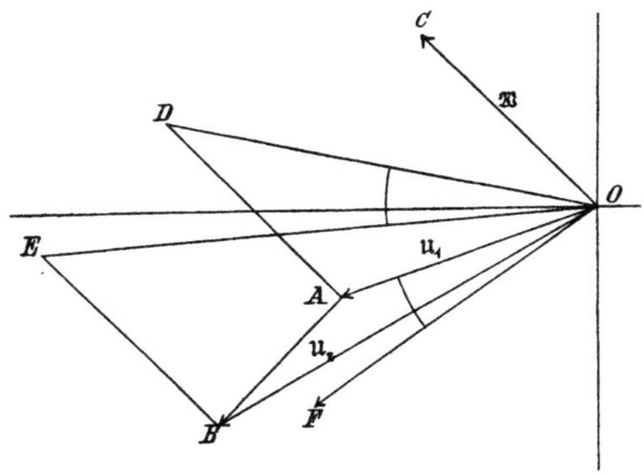

Fig. 238.

auch die Winkel zwischen den Vektoren $(\mathfrak{W} + \mathfrak{U}_2)$ und $(\mathfrak{W} + \mathfrak{U}_1)$ bezw. $(\mathfrak{U} - \mathfrak{U}_2)$ und $(\mathfrak{U}_1 - \mathfrak{U})$ gleich sind jenen zwischen $\mathfrak{U}$ und $\mathfrak{U}_1$ bezw. $\mathfrak{W}$ und $\mathfrak{U}_1$.

Um die Gleichung 20 zu konstruieren, hat man in Fig. 238 aus den gegebenen Vektoren $\overline{OA} = \mathfrak{U}_1$, $\overline{OB} = \mathfrak{U}_2$, $\overline{OC} = \mathfrak{W}$ die Strecken $\overline{OD} = \mathfrak{W} + \mathfrak{U}_1$ und $\overline{OE} = \mathfrak{W} + \mathfrak{U}_2$ zu konstruieren und dann den Winkel DOE an $\mathfrak{U}_1$ anzutragen. Die Anlegung erfolgt hier negativ, weil $\overline{OE} = \mathfrak{W} + \mathfrak{U}_2$ hinter $\overline{OD} = \mathfrak{W} + \mathfrak{U}_1$ zurückbleibt. Man erhält so den Strahl $\overline{OF}$ und schneidet auf demselben das Stück $\overline{OF} = \overline{OA} - \frac{\overline{OE}}{\overline{OD}}$ ab. Dann ist $\overline{OF}$ der gesuchte Wert von $\mathfrak{U}$.

Hat man $\mathfrak{U}$ auf die beschriebene Weise konstruiert, so sind für die gegebene Linie die Vektoren $\overline{OA} = \mathfrak{U}_1$, $\overline{OB} = \mathfrak{U}_2$, also auch $\overline{AB} = (\mathfrak{U}_1 - \mathfrak{U}_2)$ stets dieselben, welche Werte auch immer

$\mathfrak{W} = \overline{AC}$ (Fig. 239) annehmen mag. Solange aber $\mathfrak{W}$ sich nur der Größe, nicht auch der Richtung nach ändert, bleibt auch der $\measuredangle$ OAC zwischen $\mathfrak{U}_1$ und $\mathfrak{W}$ und somit auch der $\measuredangle$ AEB zwischen $\overline{AE} = (\mathfrak{U}_1 - \mathfrak{U})$ und $\overline{EB} = (\mathfrak{U} - \mathfrak{U}_2)$ konstant. Alle Werte von $\mathfrak{U}$, die bei konstanter Richtung, aber variabler Größe von $\mathfrak{W}$ sich ergeben, müssen also Dreiecke AEB ergeben, deren Grundlinie stets $\overline{AB}$ und deren Spitzenwinkel stets gleich OAC ist. Der geometrische Ort der Punkte E ist also ein Kreis, dessen Sehne $\overline{AB}$ und dessen Peripheriewinkel AEB = OAC ist. Den Mittelpunkt dieses Kreises findet man in bekannter Weise, indem man an $\overline{AB}$ in der Richtung BAE den konstanten Peripheriewinkel OAC aufträgt, und den Schnittpunkt der Mittelsenkrechten zu $\overline{AB}$ und $\overline{BE}$ sucht.

Will man nun den Spannungsabfall in der Leitung ermitteln, so geht man von den Gleichungen 19) u. 20) aus

$$\frac{\mathfrak{V}_0}{\mathfrak{J}_0} = \mathfrak{U} = \mathfrak{U}_1 \frac{\mathfrak{W} + \mathfrak{U}_2}{\mathfrak{W} + \mathfrak{U}_1} \quad \ldots\ldots \quad 21)$$

und ermittelt dazu das Verhältnis $\frac{\mathfrak{J}_0}{\mathfrak{J}}$ aus 15) u. 18)

$$\mathfrak{J}_0 = \mathfrak{J}\mathfrak{A} - \mathfrak{B}\mathfrak{C} = \mathfrak{A}\mathfrak{J}\left(1 - \mathfrak{W}\frac{\mathfrak{C}}{\mathfrak{A}}\right) = \mathfrak{A}\mathfrak{J}\frac{\mathfrak{W} + \mathfrak{U}_1}{\mathfrak{U}_1}$$

oder

$$\frac{\mathfrak{J}_0}{\mathfrak{J}} = \mathfrak{A}\frac{\mathfrak{W} + \mathfrak{U}_1}{\mathfrak{U}_1}$$

aber

$$\mathfrak{A} = \sqrt{\frac{\mathfrak{U}_1}{\mathfrak{U}_1 - \mathfrak{U}_2}}, \quad \text{also} \quad \frac{\mathfrak{J}_0}{\mathfrak{J}} = \frac{\mathfrak{W} + \mathfrak{U}_1}{\sqrt{\mathfrak{U}_1(\mathfrak{U}_1 - \mathfrak{U}_2)}} \quad . \; . \quad 22)$$

Aus 21) u. 22) folgt

$$\frac{\mathfrak{V}_0}{\mathfrak{J}} = (\mathfrak{W} + \mathfrak{U}_2)\sqrt{\frac{\mathfrak{U}_1}{\mathfrak{U}_1 - \mathfrak{U}_2}}$$

und daraus, indem man beide Seiten durch $\mathfrak{W}$ dividiert und $\mathfrak{J}\mathfrak{W} = \mathfrak{V}$ setzt,

$$\frac{\mathfrak{V}_0}{\mathfrak{V}} = \frac{\mathfrak{W} + \mathfrak{U}_2}{\mathfrak{W}}\sqrt{\frac{\mathfrak{U}_1}{\mathfrak{U}_1 - \mathfrak{U}_2}} \quad \ldots\ldots \quad 23)$$

Dies ist das Verhältnis der Anfangs- und Endspannung für einen gegebenen Wert von $\mathfrak{W}$. Ist $\mathfrak{W} = \infty$, also die Leitung am fernen Ende isoliert, bezw. stromlos, so nimmt das Potential dort einen besonderen Wert an, den wir mit $\mathfrak{E}$ bezeichnen wollen. Dann ist

$$\frac{\mathfrak{V}_0}{\mathfrak{E}} = \frac{\mathfrak{W}}{\mathfrak{W} + \mathfrak{U}_2}$$

und daraus folgt

$$\frac{\mathfrak{V}_0}{\mathfrak{E}} = \frac{\mathfrak{W}\,\mathfrak{J}}{(\mathfrak{W} + \mathfrak{U}_2)\mathfrak{J}}$$

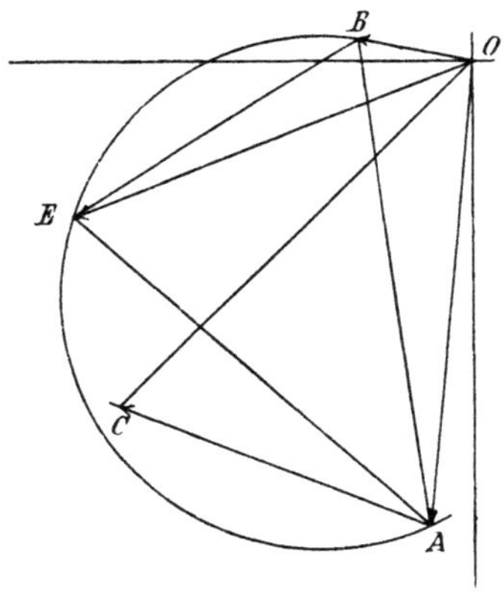

Fig. 239.

oder

$$\mathfrak{E} = (\mathfrak{W} + \mathfrak{U}_2)\,\mathfrak{J} = \mathfrak{V} + \mathfrak{U}_2\,\mathfrak{J}. \quad . \quad . \quad . \quad . \quad 24)$$

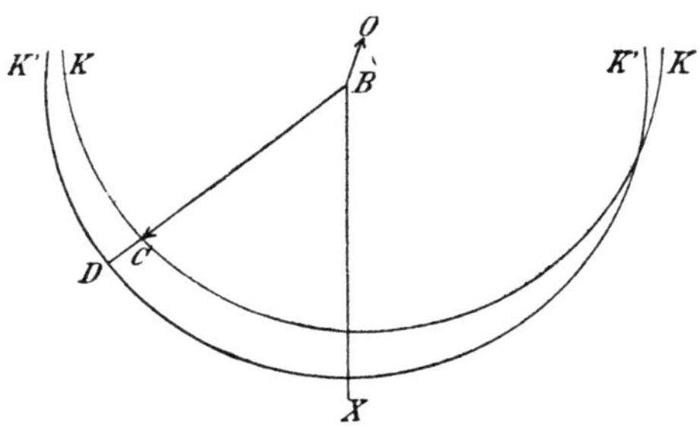

Fig. 240.

$\mathfrak{U}_2\,\mathfrak{J}$ stellt also den Abfall dar, der bei der Belastung $\mathfrak{W}$ am fernen Ende der Leitung gegen die bei stromlosem Zustande dort herrschende Spannung $\mathfrak{E}$ auftritt, und $\mathfrak{V} = \mathfrak{W}\mathfrak{J}$ stellt den Spannungsverbrauch im Nutzwiderstand $\mathfrak{W}$ dar.

Die letzte Gleichung ist eine reine Vektorgleichung, die jedoch wiederum die einfache Form des Ohmschen Gesetzes aufweist.

Schreiben wir sie in der Form

$$\mathfrak{E} = \mathfrak{J}(\mathfrak{W} + \mathfrak{U}_2),$$

so können wir für die Längen der Richtungsgrößen eine einfache Konstruktion finden. (Fig. 240 u. 241.)

Für konstantes $\mathfrak{V}_0$ und $\mathfrak{J}$ sowie für konstante Länge, aber variable Richtung von $\mathfrak{W}$ ist auch $\mathfrak{E}$ konstant. Wir schlagen also mit den durch lateinische Buchstaben angedeuteten Effektivwerten des Quotienten $\left[\frac{\mathfrak{E}}{\mathfrak{J}}\right] = \frac{E}{J}$ einen Kreis K, ziehen durch den Mittelpunkt O desselben unter der passenden Neigung gegen die als Ursprung der Phasen angenommene Linie $\overline{BX}$ die Linie $\overline{OB} = \mathfrak{U}_2$

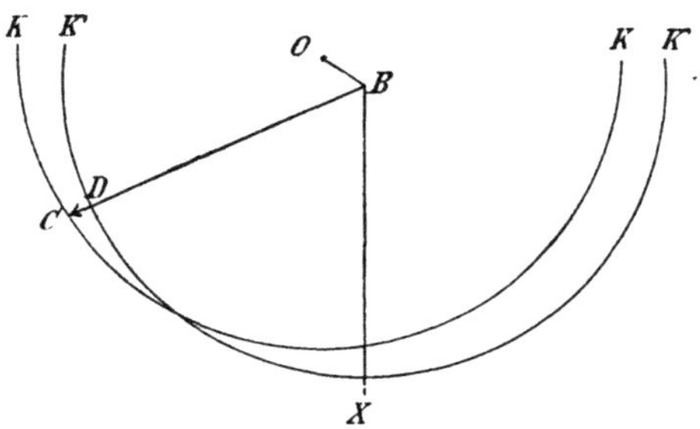

Fig. 241.

und legen daran unter dem $\mathfrak{W}$ entsprechenden Winkel eine Linie, die den Kreis in C schneidet. Dann ist $\overline{BC} = \mathfrak{W}$, und ihre Länge ergibt, mit $|\mathfrak{J}| = J$ multipliziert, den Wert $|\mathfrak{V}| = V$. Verlegen wir nunmehr den Ursprung des rechtwinkligen Koordinatensystems nach B und schlagen jetzt aus O und B Kreise K und K' mit dem Radius $|\mathfrak{E}| = E$, so ergibt jeder aus B gezogene Radius $\overline{BD}$ durch die Strecke $\overline{BC}$ den effektiven Wert von $|\mathfrak{V}|$, und durch die Strecke $\overline{CD}$ den effektiven Wert von $|\mathfrak{E}| - |\mathfrak{V}|$ oder den Spannungsabfall am Ende der Leitung, wenn von stromlosem Zustand auf die Belastung $|\mathfrak{J}|$ unter der Phasenverschiebung $\measuredangle$ CBX gegen die Endspannung $|\mathfrak{V}|$ übergegangen wird.

Bei Luftleitungen hat $\mathfrak{U}_2$ einen sehr kleinen + Wert. Es tritt also erst bei sehr starker Kapazitätswirkung der Belastung Spannungserhöhung ein. Sind jedoch konzentrische Kabel vorhanden, so kann $\mathfrak{U}_2$ einen negativen Wert haben, und dann kann (Fig. 241) schon bei einer gewissen Verzögerung des Stromes gegen die Endspannung statt des Abfalls eine Spannungserhöhung auftreten. Diese Behandlung ist also genau auf unser im Früheren beschriebenes Diagramm (Fig. 27, Seite 68) zurückgeführt.

c) Methode von Kennelly[4]) und ausreichende Genauigkeit des Näherungsverfahrens.

Es ist bereits angedeutet worden, daß der mittels des Kennellyschen Impedanzfaktors berechnete Abfall für sinusförmige Ströme etwas größer ist, als der Unterschied zwischen Anfangs- und Überspannung. Auf der anderen Seite läßt sich aber zeigen, daß der Abfall durch alle Abweichungen von der Sinuslinie vergrößert wird, sodaß also die Berechnung unter Zugrundelegung dieser einfachsten Wellenform in der Regel etwas zu kleine Werte ergeben wird. Die beiden Fehlerquellen suchen sich gegenseitig zu neutralisieren, sodaß man in der Regel bei Leitungen unter 10 km Gesamtlänge noch genügend genau für praktische Zwecke mit dem Impedanzfaktor rechnen kann.

Wenn jedoch die Wechselstromleitung beträchtlich größere Längen erreicht oder aus Kabeln mit beträchtlicher elektrischer Kapazität gebildet wird, so kann besonders bei hoher Betriebsspannung die Vorwirkung des Ladestroms die Rückwirkung der Induktanz neutralisieren oder sogar übertreffen, und es kann bei solchen Spannungen von 20000 Volt und mehr die Wirkung des zwischen beiden Leitern direkt übergehenden Ableitungs- oder Leckstromes unter Umständen nicht mehr vernachlässigbare Werte erreichen.

Eine naheliegende angenäherte Methode der Behandlung des neuen Problems ist die Annahme, daß die Induktanz, die Kapazität und die Ableitung nicht gleichförmig längs der ganzen Linie verteilt, sondern an einzelnen Punkten derselben vereinigt sind. Man muß sich also die Induktanz irgendwo in den Stromkreis so eingeschaltet denken, daß sie vom Hauptstrom durchflossen wird, und kann sich dann die Kapazität und die Ableitung in der Mitte der Linie als parallele Abzweigung angreifend denken. Das Problem enthält dann parallel geschaltete Richtungswiderstände und kann nach bekannten Regeln (vergl. S. 166 ff.) behandelt werden. Steinmetz[5]) hat vorgeschlagen, die Kapazität an drei Stellen, Anfang, Mitte und Ende der Linie, konzentriert zu denken; wir haben eingangs bereits erörtert, daß wir uns der Wirklichkeit umsomehr nähern, je größer wir die Anzahl der Stellen annehmen, und haben uns dazu des überbrückten Kettenleiters bedient. Sind z. B. n solcher Einzelkondensatoren vorhanden, so ergibt sich nach unseren Ableitungen die Leitfähigkeit einer solchen Linie durch den Kettenbruch

$$\frac{1}{\mathfrak{R}} = \cfrac{1}{\mathfrak{a} + \cfrac{1}{\mathfrak{b} + \cfrac{1}{\mathfrak{a} + \cfrac{1}{\mathfrak{b} + \ldots + \cfrac{1}{\mathfrak{a} + \cfrac{1}{\mathfrak{b}}}}}}}$$

$$= \frac{\mathfrak{a}^{\frac{n-2}{2}} \cdot \mathfrak{b}^{\frac{n}{2}} + (n-2)\,\mathfrak{a}^{\frac{n-4}{2}} \cdot \mathfrak{b}^{\frac{n-2}{2}} + \frac{(n-3)(n-4)}{1 \cdot 2}\,\mathfrak{a}^{\frac{n-6}{2}} \cdot \mathfrak{b}^{\frac{n-4}{2}} + \frac{(n-4)(n-5)(n-6)}{1 \cdot 2 \cdot 3}\,\mathfrak{a}^{\frac{n-8}{2}} \cdot \mathfrak{b}^{\frac{n-6}{2}} + \ldots}{\mathfrak{a}^{\frac{n}{2}} \cdot \mathfrak{b}^{\frac{n}{2}} + (n-1)\,\mathfrak{a}^{\frac{n-2}{2}} \cdot \mathfrak{b}^{\frac{n-2}{2}} + \frac{(n-2)(n-3)}{1 \cdot 2}\,\mathfrak{a}^{\frac{n-4}{2}} \cdot \mathfrak{b}^{\frac{n-4}{2}} + \frac{(n-3)(n-4)(n-5)}{1 \cdot 2 \cdot 3}\,\mathfrak{a}^{\frac{n-6}{2}} \cdot \mathfrak{b}^{\frac{n-6}{2}} + \ldots}$$

In diesem endlichen periodischen Kettenbruch ist n eine gerade Zahl; man kann sich bei der Ausrechnung mit wenigen Gliedern der Reihe begnügen und wird sich mit Vorteil dabei der Gaußschen Logarithmen bedienen[6]). Bei diesem Verfahren ergab sich für eine sehr hohe Zahl von Abzweigstellen eine Annäherung an die logarithmische Spirale, und wir wollen nunmehr dazu übergehen, den Abfall in einer aus zwei Drähten bestehenden Wechselstromleitung von bekannten Werten des Widerstandes, der Induktanz, Ableitung und Kapazität für sinusförmige Wechselströme streng richtig auf analytischem Wege zu berechnen. In der Regel sind die Spannung e an der Endstation und der Strom i dortselbst gegeben. Gesucht sind dann für eine beliebige Phasenverschiebung zwischen e und i die Werte der Spannung E zwischen den Klemmen und des Stromes J am Anfang der Linie oder in irgend einem Zwischenpunkt der Strecke.

Nach den Entwickelungen von Oliver Heaviside[7]) gelten dann für Strom und Spannung die aus den Differentialgleichungen sich ergebenden Beziehungen

$$J = i \cos\text{hyp} \sqrt{\mathfrak{R}\mathfrak{S}} + e \sqrt{\frac{\mathfrak{R}}{\mathfrak{S}}} \cdot \sin\text{hyp} \sqrt{\mathfrak{R}\mathfrak{S}} =$$

$$i \cos j \sqrt{\mathfrak{R}\mathfrak{S}} + e \sqrt{\frac{\mathfrak{R}}{\mathfrak{S}}} \sin j \sqrt{\mathfrak{R}\mathfrak{S}}$$

$$E = e \cos\text{hyp} \sqrt{\mathfrak{R}\mathfrak{S}} + i \sqrt{\frac{\mathfrak{S}}{\mathfrak{R}}} \cdot \sin\text{hyp} \sqrt{\mathfrak{R}\mathfrak{S}} =$$

$$e \cos j \sqrt{\mathfrak{R}\mathfrak{S}} + i \sqrt{\frac{\mathfrak{S}}{\mathfrak{R}}} \sin j \sqrt{\mathfrak{R}\mathfrak{S}},$$

worin $\mathfrak{R}$ und $\mathfrak{S}$ dieselbe Bedeutung haben wie vorher.

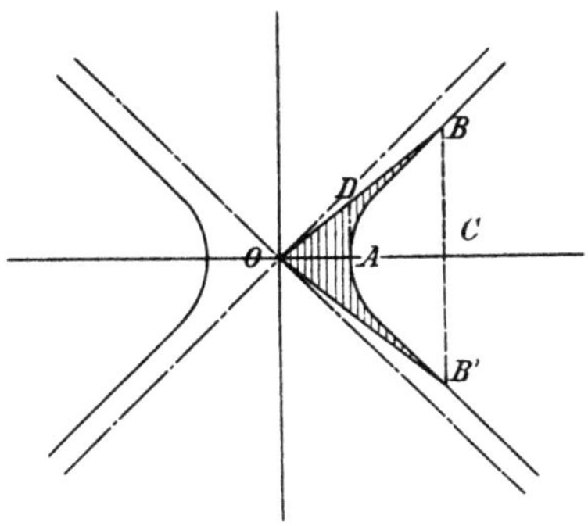

Fig. 242.

Die Hyperbelfunktionen stehen in ähnlicher Beziehung zur gleichseitigen Hyperbel, wie die entsprechenden Kreisfunktionen zum Kreis. Sie sind wie diese periodisch, jedoch ist die Periode imaginär, und zwar für sin hyp und cos hyp gleich $2\pi j$. Bedeutet O den Mittelpunkt, A den einen Scheitel einer gleichseitigen Hyperbel, deren reelle Halbaxe $\overline{OA}$ die Länge 1 hat, ist ferner B ein beliebiger Punkt der Kurve, $\overline{OB}$ ein Leitstrahl (Fig. 241), $\overline{AD}$ die Scheiteltangente, so ist $\overline{BC} = \sin\text{hyp}\,\varphi$, $\overline{OC} = \cos\text{hyp}\,\varphi$, wenn $\varphi =$ dem Doppelten der Fläche OBAO ist.

Der hyperbolische Sinus und Cosinus irgend einer Zahlengröße kann direkt aus den Tabellen dieser Werte entnommen werden[8]). Um aber den sin hyp und cos hyp des ebenen Vektors $\sqrt{\mathfrak{R}\mathfrak{S}}$ oder $\sqrt{\mathfrak{R}/\mathfrak{S}}$ zu finden, sind die folgenden Hilfsformeln erforderlich

$$\sin\text{hyp}\,(a + j\,b) = \sin\text{hyp}\,a \cos b + j \cos\text{hyp}\,a \sin b$$
$$\cos\text{hyp}\,(a + j\,b) = \cos\text{hyp}\,a \cos b + j \sin\text{hyp}\,a \sin b\,.$$

Wir ermitteln zunächst das Produkt und den Quotienten der zwei Richtungswiderstände $(R + j\,l\,\omega)$ und $(A + j\,C\,\omega)$ und daraus die ebenen Vektoren $\mathfrak{R}$ und $\mathfrak{S}$ nach bekannten Regeln, dann mittelst der Hilfsformeln die Faktoren von i und e und erhalten schließlich nach vieler mühsamer Rechnung Werte von J und E, die um etwa 1% genauer sind, als die mit wesentlich weniger Zeitaufwand durchzuführenden bereits erläuterten Näherungsverfahren. Für alle praktischen Bedürfnisse kann stets das zuerst erläuterte Verfahren der graphischen Ermittelung für den Kettenleiter mit mehreren Abzweigen als schon übermäßig genau angesehen werden; in den weitaus meisten Fällen genügt es, die Leitung nur mit Rücksicht auf ihre Induktanz nach den erläuterten Regeln zu berechnen und dann an dem so erhaltenen Wert des Spannungsverlustes eine kleine Korrektion wegen des Kondensatorstromes anzubringen. Man kann sich dabei auf Spannungen bis 10 000 Volt etwa den kleinen Kondensator in der Mitte der Linie abgezweigt denken oder, wenn man noch einfacher rechnen will, den Kondensatorstrom vektoriell oder gar nur algebraisch vom Gesamtstrom subtrahieren und erhält trotzdem genügend genaue Resultate.

Kennelly rechnet z. B. für eine 20 englische Meilen lange Linie, die mit 10 000 Volt und 100 Perioden betrieben wird und für welche $i = 50$ Ampere, $\varphi = 10^0$, $R = 0{,}508$ Ohm, $L = 1{,}688 \cdot 10^{-3}$ Henry, $C = 8{,}1 \cdot 10^{-8}$ Farad ist, die Anfangswerte $E = 11\,416$ Volt $\underline{|9^0\,54'}$ und $J = 48{,}81$ Ampere $\overline{|3^0\,49'}$ aus. Die angenäherte Methode ergibt (Fig. 243)

für den Ohmschen Verlust $AB = 2 \cdot 20 \cdot 0{,}508 \cdot 50 = 1016$ Volt,
" " induktiven " $BC = 2 \cdot 20 \cdot 1{,}688 \cdot 628{,}3 \cdot 10^{-3} = 2120$ " ,

wobei AB um 10^0 gegen e verschoben ist. Die Zeichnung ergibt $E = 11\,560$ Volt, um etwa $19-20^0$ statt ca. 13^0 gegen J voreilend. Die genaue Rechnung ergab, daß der Verlust in der Linie 48,8 Kilowatt betrug. Da der Strom zwischen den Grenzwerten $i = 50$ und 49 Ampere wegen des Kondensatorstromes $i_C = C\,\omega\,e = 1$ Ampere liegen muß, beträgt der Verlust zwischen 49 und 50 mal $(11\,560 \cos 20^0 - 10\,000 \cos 10^0)$ oder zwischen 49 und 50 Kilowatt, welche Genauigkeit praktisch vollkommen genügt. Allerdings tritt bei der angenäherten Methode der interessante Tatbestand, daß bei Leerlauf $(i = o)$ eine geringe Spannungserhöhung vom Anfang gegen das Ende hin auftritt, nicht zu Tage. Dieser scheinbare Widerspruch gegen das Ohmsche Gesetz erklärt sich einfach aus der verteilten Kapazität, die hier allein als Stromverbraucher auftritt. Übrigens beträgt für den erwähnten Fall, bei dem zwei No. 0 Drähte (8,25 mm Durchm.) in 2 Fuß Abstand voneinander aufgehängt waren, die Spannungserhöhung nur 116 Volt gleich 1 % der Endspannung.

Sind die Spannungen höher, sodaß der Kondensatorstrom stärkeren Einfluß hat, so muß man nach einem der genaueren Verfahren rechnen, die eingangs dieses Abschnittes erörtert wurden. Es ist interessant, hier zu beobachten, daß eine Leitung von 100 km Länge mit 50 000 Volt sich tatsächlich seit März 1902 in Betrieb befindet. Die Linie verbindet die Zentrale der Missouri River Power Co. mit einer Unterstation in Butte (Montana), wo sich

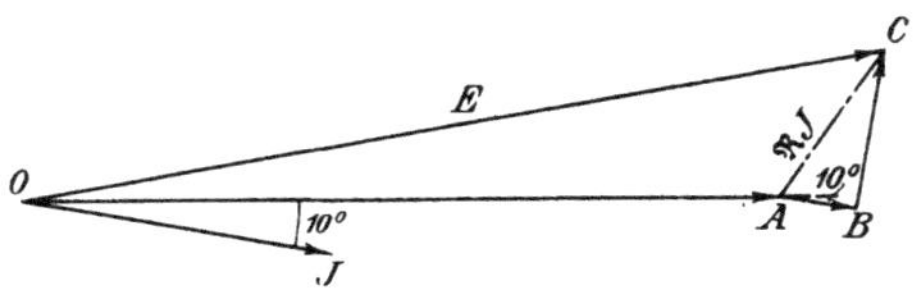

Fig. 243.

verschiedene der größeren amerikanischen Kupferschmelzen befinden, z. B. jene der Anaconda Copper Co. u. s. w. Die Linie besteht aus 3 siebenlitzigen Kupferkabeln von 70 mm² Querschnitt, die mit 2 m Achsenabstand an etwa 33 m voneinander entfernten Masten angebracht und auf der ganzen Strecke fünfmal verdrillt sind. Am Anfang und Ende der Linie stehen je 6 Öltransformatoren von je 950 KW., die von 550 auf 50 000 Volt hinauf bezw. von 50 000 auf 2200 Volt heruntertransformieren. Die Fernleitungen kommen mehr und mehr in Aufnahme, und eine Kenntnis ihres Verhaltens und ihrer Berechnung ist daher unbedingt nötig.

4. Eigene und gegenseitige Induktanz langer Wechselstromlinien.

Nachdem wir zunächst die Theorie der Strom- und Spannungsverteilung bei langen Leitungen erörtert haben, wenden wir uns nunmehr der Besprechung der bei diesen Leitungen auftretenden Induktionserscheinungen zu und behandeln zunächst ihre Selbstinduktanz.

Es ist schon ganz im Anfang dieses Buches bei Besprechung der Energieströmung längs eines Leiters darauf hingewiesen worden, daß die Umgebung des Leiters stets ein magnetisches Feld darstellt, dessen Linien konzentrische Kreise bilden und dessen Stärke proportional ist der Stromstärke im Leiter und umgekehrt proportional dem Abstand vom Leiter. Die Gesamtzahl der Kraftlinien in einer aus zwei parallelen und sehr langen Drähten A und B (Fig. 244) bestehenden Luftleitung kann also ermittelt werden, indem man die Zahl der von jedem Drahte erzeugten Linien berechnet und die beiden Felder übereinanderlagert. Im Hinleitungsdrahte A fließe die Stromstärke J, dann ist in der Entfernung x vom Mittelpunkte des Drahtes A und unter Vernachlässigung der im Drahtinnern

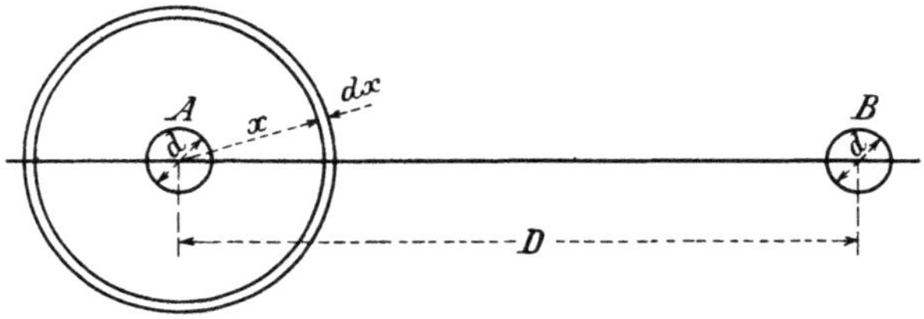

Fig. 244.

auftretenden Linien die magnetomotorische Kraft J Ampèrewindungen, die Länge des magnetischen Kreises $2\pi x$, also die Feldstärke

$$\mathfrak{H} = \frac{4\pi}{10}\frac{J}{2\pi x} = \frac{0{,}2\,J}{x}$$

und somit in der zylindrischen Ringzone $l\,dx$ von der Länge l die magnetische Strömung[9])

$$d\Phi = 0{,}2\,J\,l\,\frac{dx}{x}.$$

Die Summierung der einzelnen Ringzonen muß von der Drahtoberfläche im Abstand $\frac{d}{2}$ bis zum Abstand D ausgedehnt werden und ergibt somit für die gesamte Kraftlinienzahl bis zum Leiter

$$\Phi = \int_{d/2}^{D} d\Phi = 0{,}2\,J\,l\,\lg\,\mathrm{nat}\,\frac{2D}{d}$$

und somit für die Induktanz des Drahtes A unter vorläufiger Vernachlässigung der im Innern des Drahtes selbst auftretenden Strömung

$$L = \frac{\Phi}{0{,}1\,J} = 2\,l\,\lg\,\mathrm{nat}\,\frac{2D}{d}.$$

Der Draht B oder der Rückleiter erzeugt genau dieselbe Zahl von Linien. Bevor jedoch die Superposition vorgenommen wird, ist es im Interesse einheitlicher Behandlung auch für Linien mit mehr als zwei Drähten wünschenswert, die entstehenden Felder und die Formel für L etwas genauer zu betrachten. (Vergl. auch S. 130 ff.)

Die Zahl der Verkettungen eines Stromkreises mit den vom Einheitsstrom in diesem Kreis hervorgerufenen Kraftlinien nennt man die eigene Induktanz Λ des Kreises. Umschlingt von den entstandenen Linien auch ein Teil den zweiten Kreis, so nennt man die Zahl der Verkettungen mit diesem zweiten Kreis die gegenseitige Induktanz M des ersten Kreises auf den zweiten. Der restliche Teil der Kraftlinien des ersten Kreises, der nur diesen, nicht aber auch den zweiten Kreis umschlingt, ergibt die Selbstinduktion (oder die eigene Induktion) des ersten Kreises und somit pro Stromeinheit auch die Induktanz L dieses Kreises. Es wird also M immer um den Betrag L kleiner sein als Λ, oder (Λ — M) wird gleich L sein.

Die Selbstinduktanz eines einzelnen unmagnetischen und in Luft verlegten Drahtes von der Länge l und dem Durchmesser ist

$$\Lambda = 2\,l\,(\lg \text{nat} \frac{4\,l}{d} - 0{,}75).$$

Die gegenseitige Induktanz dieses Drahtes auf einen zweiten parallel zu ihm im Axenabstand D gespannten gleichlangen Draht ist

$$M = 2\,l\,(\lg \text{nat} \frac{2\,l}{D} - 1).$$

Die Induktanz pro Draht von 1 cm Länge ist somit

$$L = \Lambda - M = 2\,l\,(\lg \text{nat} \frac{2\,D}{d} + 0{,}25) = l\,(2 \lg \text{nat} \frac{2\,D}{d} + 0{,}5)$$

und für die Schleife aus den zwei Drähten von je 1 cm Länge

$$L = 2\,l\,(2 \lg \text{nat} \frac{2\,D}{d} + 0{,}5).$$

Das letzte Glied dieser Ausdrücke entspricht der Induktion im Innern des Drahtes selbst.

Nach Maxwells[10]) Ableitung ist für zwei sehr lange parallele zylindrische Leiter mit dem Axenabstand D und den Durchmessern $2\,\varrho_1$ und $2\,\varrho_2$, sofern sie von demselben Strome durchflossen werden, die Induktanz für die Längeneinheit gegeben durch

$$L = 2\mu_0 \lg \frac{D^2}{\varrho_1 \varrho_2} + \frac{1}{2}(\mu_1 + \mu_2),$$

worin μ_0 die Permeabilität des umgebenden Mediums, μ_1 und μ_2 die Permeabilitäten der Materialien der Leiter ϱ_1 bezw. ϱ_2 sind. Nehmen wir beide Leiter des Stromkreises gleich stark ($\varrho_1 = \varrho_2$) und aus gleichem Material bestehend ($\mu_1 = \mu_2$) an, so geht die Gleichung über in

$$L = \left[\frac{\mu_1}{2} + \mu_0 \lg \text{nat} \frac{D^2}{\varrho_1^2}\right]$$

und für Luftleitungen aus Kupfer oder Aluminium von der Gesamtlänge 2 l nimmt sie die vorhin abgeleitete Form an.

In der folgenden Tabelle sind die Werte der Induktanz für Luftleitungen aus Kupfer oder anderem unmagnetischen Material pro km Drahtlänge für verschiedene Durchmesser d und Axenabstände D zusammengestellt. Die Gleichung für L ist dabei für Briggssche Logarithmen umgeformt in

$$L = \left(0{,}05 + 0{,}4606 \lg 10 \frac{2D}{d}\right)$$

Millihenry pro km Drahtlänge.

Induktanz in Millihenry pro km Drahtlänge.

Durchmesser	D = 25 cm	50 cm	75 cm	100 cm	150 cm	200 cm
d = 1 mm	L = 1,292	1,431	1,512	1,570	1,645	1,705
2	1,155	1,292	1,372	1,431	1,514	1,570
3	1,070	1,209	1,292	1,348	1,430	1,487
4	1,017	1,155	1,240	1,292	1,372	1,430
5	0,970	1,110	1,190	1,247	1,329	1,386
6	0,934	1,070	1,150	1,219	1,292	1,346
7	0,905	1,044	1,129	1,183	1,263	1,320
8	0,877	1,017	1,087	1,155	1,226	1,292
9	0,850	0,990	1,070	1,127	1,212	I,270
10	0,832	0,971	1,052	1,110	1,191	1,249

Man erkennt aus Formel und Tabelle, daß die Induktanz mit wachsendem Abstand und zunehmender Dicke der Drähte wächst. Sei nun z. B. der induktive Abfall in einer Parallelleitung von 20 km Gesamtlänge zu berechnen, wobei d = 5 mm, D = 75 cm, J = 12 Ampere, $\omega = 314$ bei 50 Perioden in der Sekunde. Dann ist $l\,L = 20 \,.\, 1{,}19 = 23{,}8 \,.\, 10^{-3}$ Henry, also der induktive Verlust $l\,L\,\omega\,J = 23{,}8 \cdot 314 \cdot 12 \cdot 10^{-3} = 89{,}5$ Volt

- Ohmsche - $R\,J = \frac{20\,000 \cdot 12}{60 \cdot 20} = 200$ -

- scheinbare - $v = \mathfrak{R}\,J = \sqrt{200^2 + 89{,}5^2} = 219$ -

und die Differenz zwischen Anfangs- und Endspannung somit, wie früher erläutert, kleiner als v = 219 Volt.

Betrachtet man die vorstehende Tabelle für die bei Hochspannungsleitungen wesentlich in Betracht kommenden Werte für d zwischen 4 und 9 mm und für D zwischen 50 und 100 cm, so erkennt man, daß die Induktanz für eine und dieselbe Entfernung in allen Fällen um etwa 0,165 Millihenry wächst und im ganzen nur um etwa 20 % ihres Betrages variiert. Und da dieser Wert mit dem überwiegenden Ohmschen Widerstand sich rechtwinklig zusammensetzt, so folgt, daß der Einfluß der Veränderungen von L auf die Hypotenuse $\mathfrak{R}$ für praktische Rechnungen vernachlässigbar ist. Man kann also für die zuletzt erwähnten Fälle auch annähernd einen Mittelwert für alle Durchmesser und Entfernungen annehmen, wenn man einen Fehler von etwa 10 % noch als zulässig erachtet. In diesem Falle kann man mit einer für die Praxis genügenden Genauigkeit so konstruieren, wie Fig. 245 es darstellt, indem man den Ohmschen Verlust in Zehntel Volt als Abszisse und einen konstanten induktiven Verlust = 0,36 Volt für ein Ampere, ein Kilometer einfacher Drahtlänge und 50 Perioden, als Ordinate aufträgt. Dieser konstante induktive Verlust ergibt sich als mittlerer Wert für etwa D = 60 cm und d = 4 bis 9 mm.

Hat man es mit einer Leitung aus mehr als zwei Drähten zu tun, so gebraucht man den Kunstgriff, in die Selbstinduktion jedes Drahtes die Wirkungen der benachbarten Drähte einzubeziehen. Gerade mit Rücksicht hierauf haben wir vorher L als Differenz von Λ und M definiert. Sind jedoch z. B. bei einer Drehstromleitung die drei Drähte unsymmetrisch angeordnet oder belastet, so werden die Betrachtungen schwieriger.

5. Induktanz von Drehstromlinien.

Betrachten wir zunächst die bereits bekannte Definition für den Fall einer gleichförmig belasteten, symmetrisch angeordneten Drehstromleitung. Dieselbe bestehe aus drei um je D = 50 cm voneinander entfernten d = 8 mm Drähten, von denen jeder l = 25 km lang ist und den effektiven Strom J = 50 Ampere mit 50 sekundlichen Perioden führt.

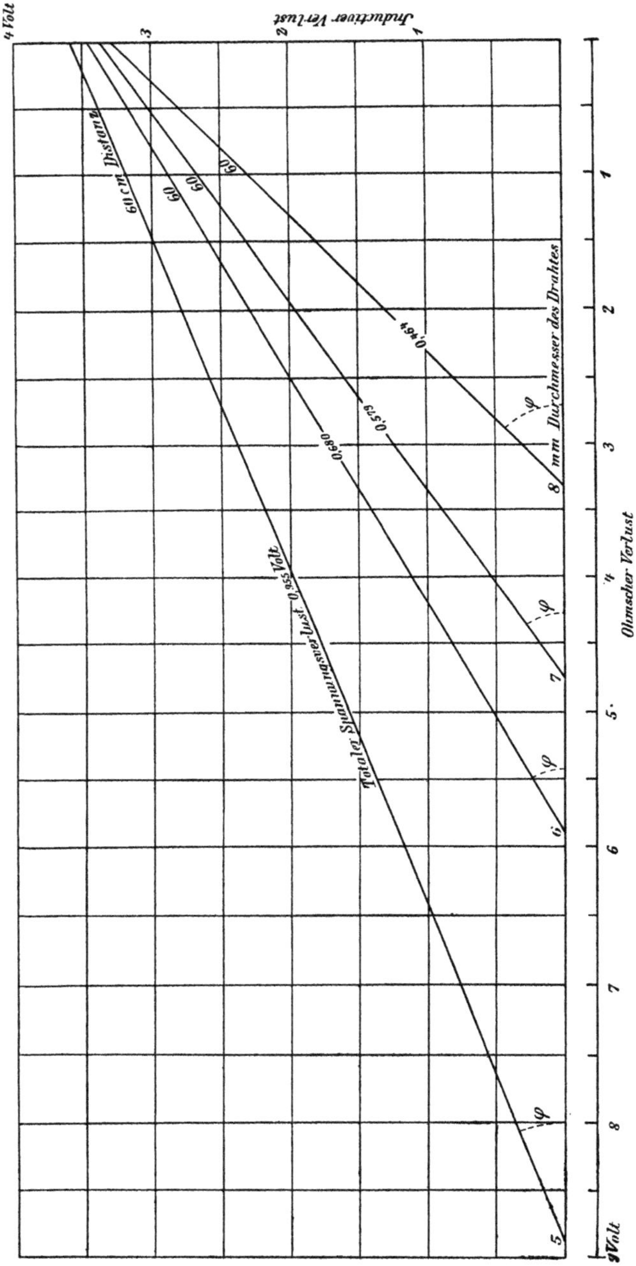

Fig. 245.

Die Verluste sind in Zehntel Volt pro km einfacher Drahtlänge auf der Abszissen- und Ordinatenaxe aufgetragen.

Die Induktanz pro Draht ist $L = 25 \cdot 1{,}017 = 25{,}4$ Millihenry (nach Tabelle)

der Widerstand - - - $R = \frac{25\,000}{50 \cdot 60} = 8{,}33$ Ohm

der induktive Verlust (effektiv) $L\,\omega\,J = 25{,}4 \cdot 314 \cdot 50 = 400$ Volt

- Ohmsche - (-) $R\,J = 8{,}33 \cdot 50 = 416$

Die vom Richtungswiderstand verzehrte EMK ist also offenbar ihrem effektiven Mittelwert nach gegeben durch

$$J\sqrt{R^2 + L^2\omega^2} = J\,\mathfrak{R} = 50\sqrt{8{,}33^2 + 8^2} = 578 \text{ Volt.}$$

Dieser Wert stellt aber nach den früheren Erläuterungen nicht den Unterschied zwischen Anfangs- und Endspannung dar. Die

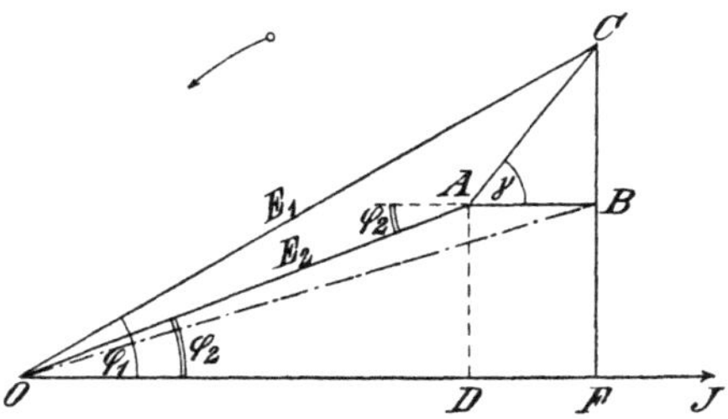

(Fig. 24.)

Anfangsspannung ergibt sich vielmehr, wie früher erläutert (vergl. die hier wiederholte Fig. 24 von Seite 63), für

$$\cos\varphi_2 = 0{,}8;\quad \cos\gamma = \frac{R}{\mathfrak{R}} = \frac{8{,}33}{11{,}55} = 0{,}72;\quad E_2 = 3000 \text{ Volt effektiv}$$

zu $E_1 = \sqrt{E_2^2 + (\mathfrak{R}\,J)^2 + 2\,E_2\,\mathfrak{R}\,J\cos(\varphi_2 - \gamma)} = 3572$ Volt,

für $\cos\varphi_2 = 1;\ \cos\gamma = 0{,}72;\ E_2 = 3000$ Volt zu $E_1 = 3440$ Volt.

Die Spannung zwischen zwei Drähten beträgt dabei am Ende der Linie $3000\sqrt{3} = 5200$ Volt (effektiv) und die übertragene Leistung somit 5200 . 50 . 0,8 = 208 000 bezw. 260 000 Watt. Am Anfang der Linie sind $3572\sqrt{3} \cong 6200$ Volt bezw. 6000 Volt zwischen 2 Drähten erforderlich, und da $\cos\varphi_1$ gleich ist

$$\frac{1}{E_1}\sqrt{E_1^2 - (E_2\sin\varphi_2 + \mathfrak{R}\,J\sin\gamma)^2} = 0{,}827 \text{ bezw.} = 1,$$

beträgt die zuzuführende Leistung 257 bezw. 300 Kilowatt und der Wirkungsgrad der Linie 81 bezw. 86,6 %.

Die Grundlage für diese Berechnung bildet die vorhin gegebene Erläuterung. In irgend einem der drei Drähte, z. B. in dem ersten, entstehen durch die eigene Induktanz und die gegenseitige Induktanz unter der Wirkung der drei Ströme die Kraftlinien proportional $\Lambda J_1 + M J_2 + M J_3$. Da aber in jedem Augenblick $J_1 + J_2 + J_3 = 0$ sein muß, ist die Zahl der Linien, welche beim Auftreten oder Verschwinden des Stromes den ersten Draht schneiden, einfach $(\Lambda - M) J_1 = L J_1$.

Die Wirkung ist also die, daß jeder Draht als Einzelleitung für sich (eventuell mit dem neutralen Punkt des Leiters an Erde) betrachtet und von den beiden anderen Leitern vollkommen abgesehen werden kann.

Man kann also in jedem ausgeglichenen System von n zylindrischen parallelen Leitern, sofern die Summe der Ströme in ihnen konstant Null ist, alle Induktionswirkungen berechnen, indem man pro Längeneinheit als Koeffizient der gegenseitigen Induktion

$$M_{pq} = -2\left(\lg \operatorname{nat} \frac{2}{D_{pq}} - 1\right),$$

und als Koeffizient der eigenen Induktion für den p-ten Leiter

$$\Lambda_p = 2\left(\lg \operatorname{nat} \frac{4}{d_p} - 0{,}75\right)$$

verwendet[11]), also bei dem in Fig. 246 dargestellten Dreiphasensystem folgende Rechnung anstellt:

$$M_1 = 2\left(\lg \operatorname{nat} \frac{2}{D_1} - 1\right) \qquad \Lambda_1 = 2\left(\lg \operatorname{nat} \frac{4}{d_1} - 0{,}75\right)$$

$$M_2 = 2\left(\lg \operatorname{nat} \frac{2}{D_2} - 1\right) \qquad \Lambda_2 = 2\left(\lg \operatorname{nat} \frac{4}{d_2} - 0{,}75\right)$$

$$M_3 = 2\left(\lg \operatorname{nat} \frac{2}{D_3} - 1\right) \qquad \Lambda_3 = 2\left(\lg \operatorname{nat} \frac{4}{d_3} - 0{,}75\right).$$

Die durch eigene und gegenseitige Induktion erzeugte EMK ist offenbar für irgend einen, z. B. den ersten Draht

$$e_1 = -M_3 \frac{d J_2}{dt} - M_2 \frac{d J_3}{dt} - \Lambda_1 \frac{d J_1}{dt},$$

weil die Kraftlinienzahl, die beim Auftreten oder Verschwinden des Strombüschels $J_1 J_2 J_3$ den ersten Draht schneidet, $M_3 J_2 + M_2 J_3 + \Lambda_1 J_1$ ist. Um diese Ausdrücke darzustellen, legt man an das Ende E_1

der Spannung am Ende des ersten Drahtes (Fig. 247) den Ohmschen Verlust $\overline{E_1 B} = R_1 J_1$ parallel J_1 und den durch eigene Induktanz bewirkten induktiven Verlust $\overline{BC} = \Lambda \omega J_1$ senkrecht zu J_1 und um 90^0 dagegen beschleunigt an. $\overline{E_1 C}$ wäre dann die im Richtungswiderstand $\overline{\mathfrak{R}_1}$ verzehrte Spannung, wenn keine weiteren Drähte vorhanden wären. Der Strom J_2 erzeugt eine induktive EMK, die um 90^0 ihm nacheilt und durch $\overline{CD} = M_3 \omega J_2$ dargestellt wird; der Strom J_3 erzeugt die Spannung $\overline{DA_1} = M_2 \omega J_3$. Sie ist um 90^0 gegen J_3 verzögert, weil die Koeffizienten M stets negativ, die Ströme positiv zu nehmen sind. Die Wirkung der gesamten Induktionserscheinungen ist also so, als ob der betrachtete erste Draht mit einem Widerstand R_1 und einer Reaktanz oder Rückwirkung $L_1 = (\Lambda - M_2 - M_3)$ behaftet wäre, die jedoch nicht mehr genau

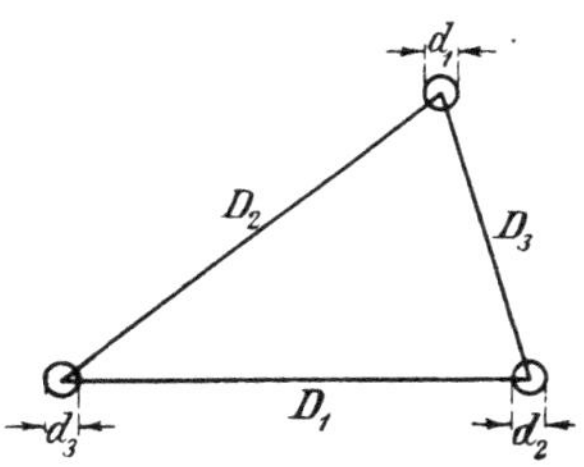

Fig. 246.

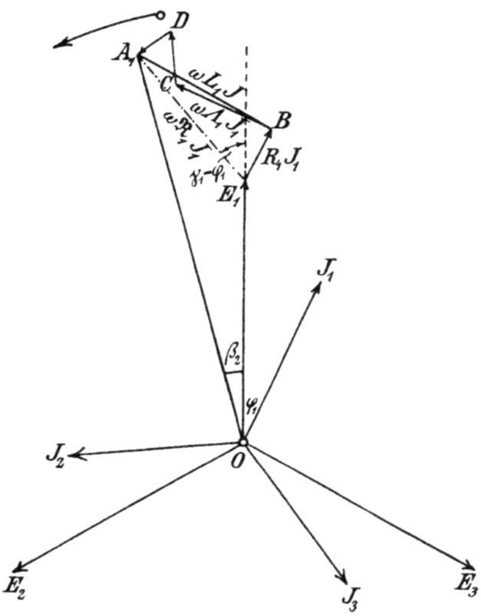

Fig. 247.

senkrecht zu R_1, sondern um den kleinen Winkel $\varepsilon = \measuredangle\, CBD$ (Fig. 247) von $\pi/2$ abweicht. Die Schlußlinie $\overline{OA_1}$ stellt dann die Anfangsspannung A_1 dar, und der Unterschied zwischen A_1 und E_1 ist wie früher gegeben durch

$$\Delta = A_1 - E_1 = \sqrt{E_1^2 + (\mathfrak{R}_1 J_1)^2 + 2\,\mathfrak{R}_1 J_1 E_1 \cos(\gamma_1 - \varphi_1)}\ ,$$

worin jedoch γ_1 wegen der jetzt schiefwinkligen Reaktanz[12]) gegeben ist durch

$$\operatorname{tg} \gamma_1 = \frac{\omega L_1 \cos \varepsilon_1}{R_1 + \omega L_1 \sin \varepsilon_1}, \text{ anstatt durch } \operatorname{tg} \gamma = \frac{\omega L_1}{R_1}.$$

In der Praxis kommen derartige, vollkommen unsymmetrisch angeordnete Drehstromleitungen kaum vor. Man ordnet die Drähte entweder in Form eines gleichseitigen oder gleichschenkligen Dreiecks (Frankfurt—Laufen, Paderno, etc., Fig. 248a u. b) oder in einer Ebene an (Fig. 248c u. d, wie in Heilbronn). Da der letzte Fall offenbar als Grenzfall angesehen werden kann und die größten zusätzlichen Verschiebungen ε ergibt, mag folgendes Beispiel durchgerechnet werden.

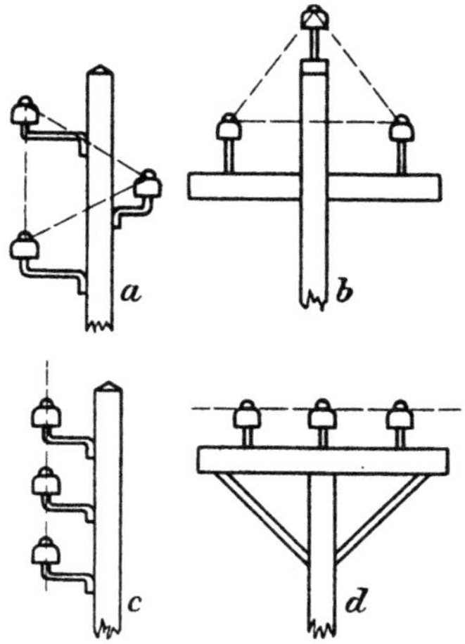

Fig. 248.

Es sei

$$d_1 = d_2 = d_3 = 4 \text{ mm}$$
$$D_2 = D_3 = 1 \text{ m}$$
$$D_1 = 2 \text{ m}$$

Dann ist

$$M_1 = 2\,(\lg \text{nat}\, 2 - \lg \text{nat}\, 200 - 1) = -11{,}21$$
$$M_2 = M_3 = 2\,(\lg \text{nat}\, 2 - \lg \text{nat}\, 100 - 1) = -\ 9{,}82$$
$$\Delta_1 = \Delta_2 = \Delta_3 = 2\left(\lg \text{nat} \frac{4}{0{,}4} - 0{,}75\right) = 3{,}11$$

und

$$L_1 = M_2 - \Delta = -12{,}93;\quad E_1 = 0;\quad M_1 - \Delta = 14{,}32;$$
$$L_2 = L_3 = \sqrt{(M_2 - \Delta)^2 + (M_1 - \Delta)^2 - (M_2 - \Delta)(M_1 - \Delta)} = 13{,}70$$
$$\operatorname{tg} \varepsilon_2 = \operatorname{tg}(-\varepsilon_3) = \frac{(M_1 - \Delta) - (M_2 - \Delta)}{(M_1 - \Delta) + (M_2 - \Delta)} = 0{,}051$$
$$\text{oder } \varepsilon_2 = -\varepsilon_3 \cong 3^0.$$

Selbst in diesem ungünstigsten Falle, bei dem auch d klein und D groß angenommen wurden, ist die Schiefwinkligkeit der Reaktanz vernachlässigbar und diese selbst nur etwa 6 % größer als im Falle gleichseitiger Anordnung (13,70 statt 12,93). Dieser Unterschied und die durch ihn verursachten Differenzen in den Verschiebungen und Verlusten sind praktisch vernachlässigbar. Obwohl also die gleichseitige Anordnung etwas günstiger ist, sind die Differenzen so klein, daß praktisch alle Anordnungen von Drehstromleitungen als gleichwertig in Bezug auf die Induktionswirkungen angesehen werden dürfen. Da nun ferner für gleiche Leistung die Querschnitte der Drehstromleitungen kleiner werden als bei Wechselstrom, werden die Induktionswirkungen bei einer Drehstromlinie für jeden Leiter erheblich weniger als die Hälfte jener werden, die bei einer äquivalenten aus zwei Drähten bestehenden Wechselstromlinie auftreten.

6. Induktanz bei Zweiphasenlinien.

Die Behandlung ist für das dreidrähtige Zweiphasensystem ganz ähnlich der vorgehenden. Während aber das Dreiphasensystem selbst bei gleichschenkliger oder ebener Anordnung der Drähte noch symmetrisch bleibt, wird das Zweiphasensystem mit gemeinsamem Rückleiter für beide Phasen selbst dann schon unsymmetrisch, wenn die Linie induktionsfrei ist. Zwei gleiche und um genau 90^0 gegeneinander verschobene, mit den ebenfalls 90^0 auseinanderliegenden Endspannungen E_2 und E_3 aber phasengleiche Ströme J_2 und J_3 erzeugen in den Außenleitern je den Verlust $J_2 R$, im Mittelleiter aber den Verlust $J_1 R_1$, wobei $J_1 = J_2 \sqrt{2}$ und um 45^0 gegen J_2 verschoben ist. Die Anfangsspannungen sind dann zwar noch einander gleich, $\overline{OA_2} = \overline{OA_3}$ (Fig. 249), aber um weniger als 90^0 gegeneinander verschoben. Die Verschiebung α ist gegeben durch

$$\operatorname{tg} \alpha = \frac{R_1}{R_1 + R + \frac{E}{J}}$$

oder, wenn für E/J der Widerstand (bezw. Richtungswiderstand) $\mathfrak{R}$ pro Phase der Belastung eingesetzt wird, durch

$$\operatorname{tg} \alpha = \frac{R_1}{R_1 + R + \mathfrak{R}}.$$

Nimmt man beispielsweise $R_1 = \frac{R}{\sqrt{2}}$ und $p\,\mathfrak{R} = R$, so folgt

$$\operatorname{tg}\alpha = \frac{R_1}{R_1 + R + \mathfrak{R}} = \frac{1/\sqrt{2}}{1/\sqrt{2} + 1 + 1/p}$$

oder für $p = 0{,}1$, $\operatorname{tg}\alpha = 0{,}06$ und $\alpha = 3{,}5^0$. Zieht man nun die Induktanz noch in Betracht, so erhält man selbst für induktionsfreie Belastung ($\varphi_2 = \varphi_3 = o$) trotz gleicher Belastung und gleicher Endspannung zwei ungleiche Anfangsspannungen E_2' und E_3' und zwei nngleiche Verschiebungen α_2 und α_3. Und zwar ist

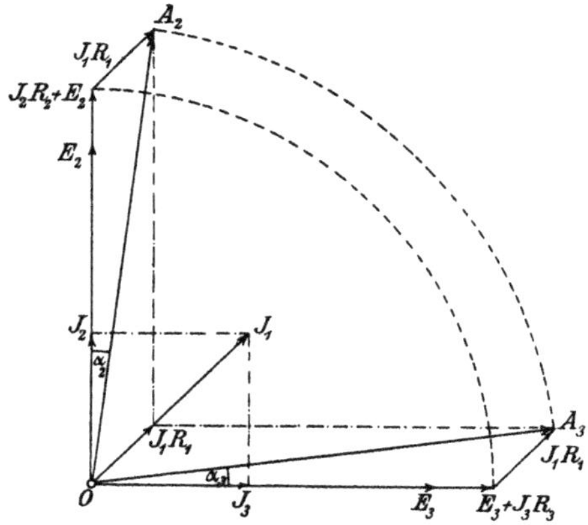

Fig. 249.

$$\operatorname{tg}\alpha_2 = \frac{\omega L + \omega L' - R_1}{R + R_1 + \mathfrak{R} + \omega L'}$$

$$\operatorname{tg}\alpha_3 = \frac{\omega L + \omega L' + R_1}{R + R_1 + \mathfrak{R} - \omega L'}.$$

$L' = \frac{1}{\sqrt{2}} L_1$ bedeutet hierin die Induktanz des gemeinsamen Rückleiters, wobei $L_1 = \Lambda_1 - M_1$, während für die beiden Hinleiter (Fig. 249)

$$L_{2,3} = \sqrt{(M_{2,3} - \Lambda_{3,2})^3 + (M_{2,3} - M_1)^2}$$

und

$$\operatorname{tg}\varepsilon_3 = \operatorname{tg}(-\varepsilon_2) = \frac{M_1 - M_{2,3}}{\Lambda_{3,2} - M_{2,3}}.$$

Bei den doppelt bezeichneten Induktanzen gibt der erste Weiser für den einen, der zweite für den anderen Außenleiter.

Ist nun noch Verschiebung vorhanden, so konstruiert man nach Fig. 250 die drei Dreiecke der Richtungswiderstände $\mathfrak{R}_2$, $\mathfrak{R}_3$ für die beiden einander gleichen Außenleiter und $\mathfrak{R}_1$ für den Mittelleiter und entnimmt ihnen die Spannungsverluste $\mathfrak{R}_2 J_2$, $\mathfrak{R}_3 J_3$ und $\mathfrak{R}_1 J_1$. Legt man zunächst $\mathfrak{R}_3 J_3$ an $\overline{OE_3}$ und $\mathfrak{R}_2 J_2$ an $\overline{OE_2}$, so erhält man zwei gleich große Spannungen $\overline{OB_3}$ und $\overline{OB_2}$, was in der Figur durch den Kreisbogen angedeutet ist. Da aber im

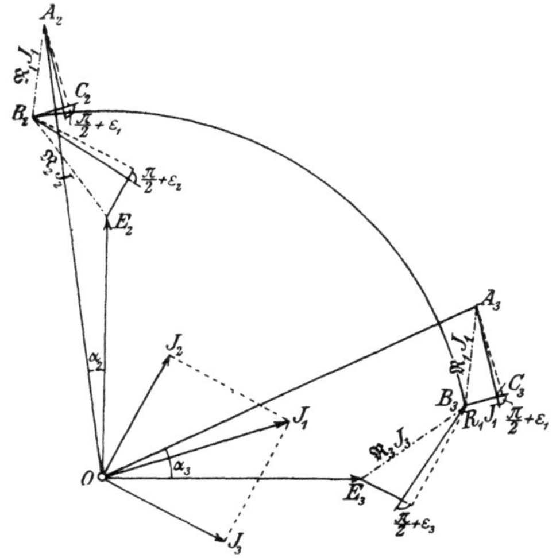

Fig. 250.

Mittelleiter für jede Phase noch der Betrag $\mathfrak{R}_1 J_1$ verzehrt wird, weichen die Anfangsspannungen $\overline{OA_2}$ und $\overline{OA_3}$ um verschiedene Winkel α_2 und α_3 von den Endspannungen ab. Sie sind außerdem verschieden groß und nicht mehr um 90^0 gegen einander verschoben. Das System ist also vollkommen unsymmetrisch geworden. Um uns über die Größe der Unsymmetrie klar zu werden, betrachten wir folgende Beispiele:

a) Zweiphasenlinie mit gleichseitiger Anordnung der 3 Drähte.

Gegeben sei eine dreidrähtige Linie, deren Außenleiter 4, deren Mittelleiter $4\sqrt[4]{2} = 4{,}74$ mm Durchmesser habe. Die Querschnitte verhalten sich dann wie $1:\sqrt{2}$ und die Stromdichte ist im Mittelleiter dieselbe wie in den äußeren Leitern. Der Axenabstand je zweier Drähte sei 1 m, die Länge jedes Drahtes 50 km. Zu übertragen seien pro Phase 6 Ampère bei 3000 Volt Endspannung und 100 Perioden i. d. Sekunde. Dann ist

$$R_2 = R_3 = \frac{50\,000}{60 \cdot 12{,}56} = 66{,}5 \text{ Ohm} \qquad R_1 = 47 \text{ Ohm}$$

$$L_2 = L_3 = \Lambda - M = 1{,}36 \text{ Millihenry}$$

$$L' = \frac{\Lambda_1 - M_1}{\sqrt{2}} = \frac{1{,}32}{\sqrt{2}} = 0{,}935 \text{ Millihenry}$$

also

$$\omega L_2 l = 628 \cdot 50 \cdot 1{,}36 = 42{,}7 \text{ Ohm} \qquad \omega L' l = 29{,}4 \text{ Ohm}$$

und somit

$$\operatorname{tg} \alpha_2 = \frac{42{,}7 + 29{,}4 - 47}{66{,}5 + 47 + \frac{3000}{6} + 29{,}4} = \frac{25{,}1}{638{,}6} = 0{,}04;$$

$$\operatorname{tg} \alpha_3 = \frac{42{,}7 + 29{,}4 + 47}{66{,}5 + 47 + \frac{3000}{6} - 29{,}4} = \frac{119{,}1}{584{,}1} = 0{,}20;$$

also

$$\alpha_2 = 2^0\,20' \qquad \alpha_3 = 11^0\,20'$$

$$E_2' = 6\sqrt{638{,}6^2 + 25{,}1^2} \doteq 3840 \text{ Volt};$$

und

$$E_3' = 6\sqrt{584{,}1^2 + 119{,}1^2} \doteq 3580 \text{ Volt}$$

Die Spannungen unterscheiden sich also im vorliegenden Fall um etwa 7% und sind nur noch um $\pi/2 - \alpha_3 + \alpha_2 = 81^0$ gegen einander verschoben.

b) Zweiphasenlinie mit 3 Drähten in einer Ebene.

Sei dieselbe Linie angeordnet wie nebenstehend (Fig. 251) angedeutet. Dann folgt

$$M_2 - M_1 = M_3 - M_1 = 2\,(\lg \text{nat}\, 200 - \lg \text{nat}\, 100)$$
$$= 1{,}386 \cdot 10^{-3} \text{ Henry pro km.}$$

Ferner ist

$$L_2 = L_3 = \sqrt{(M_2 - \Lambda_2)^2 + (M_2 - M_1)^2} = \sqrt{13{,}6^2 + 1{,}386^2}$$
$$= 13{,}7 \cdot 10^{-3} \text{ Henry}$$

$$\operatorname{tg} \alpha_3 = \operatorname{tg} \cdot (-\alpha_2) = \frac{M_1 - M_2}{\Lambda_2 - M_2} = 0{,}101 \quad \text{oder} \quad \alpha_3 \doteq 6^0.$$

Die durch die Anordnung der Linie hervorgerufenen Änderungen sind also auch für diesen besonders ungünstig gewählten Fall praktisch vernachlässigbar. Auch die in beiden Anordnungen auftretende Unsymmetrie des Systems und die Abweichungen von der normalen Phasendifferenz von 90° zwischen den Anfangsspannungen werden keineswegs jene Größe und Bedeutung erlangen, die hier berechnet worden sind. Der Gang der Erwägungen war hier der, daß am Ende der Leitungen die normale Phasendifferenz angenommen und nun ermittelt wurde, welche Größe und Phase die Anfangsspannungen haben müßten, wenn sie außer der Belastung am Ende der Linie noch die Ohmschen und die durch eigene und gegenseitige Induktanz auftretenden Verluste in der Linie überwinden sollten. In allen praktischen Fällen werden umgekehrt die Anfangsspannungen die normale Phasendifferenz von 90° aufweisen und es würden dann die End-

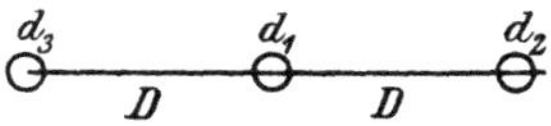

Fig. 251.

spannungen unsymmetrisch verändert werden, falls dem nicht die Verkettung der Phasen durch die Transformatoren und die Statorwickelungen der angeschlossenen Zweiphasenmotoren entgegenwirkten.

Man kann also nur sagen, daß, praktisch genommen, das Zweiphasensystem zur Unsymmetrie der Phasen neigt, daß diese Unsymmetrie aber selten bei den praktisch vorkommenden Anordnungen und Periodenzahlen einige Prozent der Endspannung überschreiten wird. Die Anordnung der Linien übt weder bei Zwei- noch bei Dreiphasenstrom einen beachtenswerten Einfluß auf den Spannungsabfall aus. Es kann jedoch durch verschiedenartige Anordnung der Leiter zu einander die Energieaufnahme in den einzelnen Phasen eines leerlaufenden Motors verändert werden. Der gesamte Leerlaufseffekt bleibt konstant, aber es ist durch Vertauschung zweier Fernleiter möglich, den Verbrauch der einzelnen Motorphasen der Größe, eventuell auch der Richtung nach zu ändern[13]).

Vierdrähtige Zweiphasenlinien werden wie zwei Einphasenlinien behandelt; doch muß dabei beachtet werden, daß diese beiden Einphasenlinien einander nicht gegenseitig beeinflussen. Dies führt uns zum folgenden Abschnitt.

7. Gegenseitige Induktion zwischen zwei Stromkreisen und Wirkung der Verdrillung.

Wir haben bereits erörtert, daß die gegenseitige Induktion die Symmetrie des Zwei- oder Dreiphasensystems beeinflussen kann. Werden mehrere Leitungen von demselben Generator ausgeführt, so werden unter Umständen die einzelnen Linien einander derart beeinflussen, daß für eine gegebene Belastung eine bestimmte Unsymmetrie oder Verzerrung des Spannungsdiagramms auftritt. Ändert sich die Belastung, so wird sich auch der Ein-

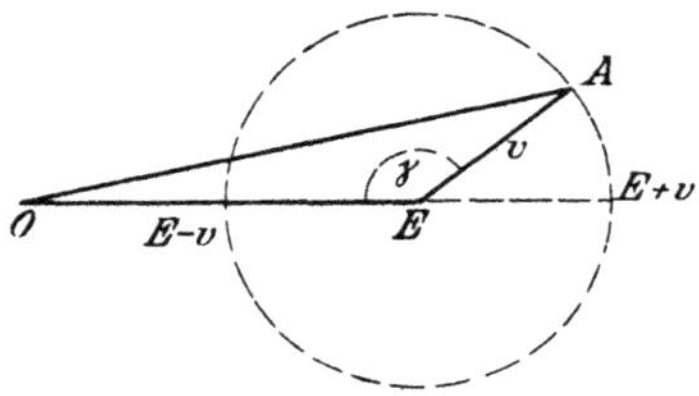

Fig. 252.

fluß der gegenseitigen Induktion ändern. Dies kann so weit gehen, daß bei zwei von verschiedenen Generatoren gespeisten, aber an denselben Masten angeordneten Linien die Schwebungen in den nahezu übereinstimmenden Periodenzahlen der Generatoren unangenehm fühlbare Schwankungen im Lichtbetrieb hervorrufen. Wenn $\overline{OE}$ (Fig. 252) die irgend einer Phase zugeführte Spannung und $\overline{EA} = v$ die von der gegenseitigen Induktion zwischen dieser Phase und den sämtlichen anderen Linien und Phasen herrührende Spannung ist, so äußert sich die Wirkung so, als ob die Phase die Spannung $\overline{OA}$ direkt zugeführt erhielte. Die Größe v variiert mit der Belastung der betrachteten und aller anderen Linien an denselben Masten; werden diese Linien also von nicht synchron laufenden Generatoren mit gleicher Periodenzahl gespeist, dann beschreibt der Endpunkt A von v einen Kreis um E und die scheinbare Phasenspannung $\overline{OA}$ wird zwischen den Grenzwerten $OE \pm v$, also um 2 v periodisch variieren.

Streng genommen, treten ähnliche, wenn auch vernachlässigbare Unsymmetrien auch schon bei einer einzigen Drehstromleitung auf, wenn ihre drei Drähte nicht gleichseitig, sondern in einer Ebene angeordnet sind. Es läßt sich leicht zeigen, daß man diese Unsymmetrien auch beseitigen könnte, indem man die drei Drähte dieser einen Linie unter sich verdrillte. Doch haben wir erkannt, daß dies unnötig ist, und können deshalb unseren Betrachtungen den schwierigeren Fall zu Grunde legen, daß zwei Drehstromlinien an denselben Gestängen angebracht und zur Erzielung möglichst geringer gegenseitiger Induktion unter einander verdrillt werden sollen.

Unter einer Verdrillung soll immer eine vollständige Vertauschung der Drähte an den Masten bis zur Wiederherstellung verstanden werden. Wenn also eine Dreiphasenleitung die Drähte des Anfangszustandes a, b, c enthält, die von Mast zu Mast gegeneinander etwas versetzt werden, so kann dies zum Beispiel in folgender Weise geschehen:

a	b	c	a
b	c	a	b
c	a	b	c

In der vierten Lage ist also dann die Anfangslage wieder hergestellt; die Verdrillung umfaßt also in diesem Falle drei Stangen oder Maste und ist hier in der natürlichen Reihenfolge der Drähte erfolgt. Setzt man aber am zweiten Mast statt des zweiten Drahtes den dritten an die oberste Stelle, so erhält man die entgegengesetzte Verdrillung in der Reihenfolge:

a	c	b	a
b	a	c	b
c	b	a	c

Sind nun zwei Stromkreise an den Masten vorhanden, die gegeneinander verdrillt werden, so kann dies an den gleichen oder an verschiedenen Masten und in gleicher oder entgegengesetzter Richtung geschehen. Die Anordnung kann dabei verschiedener Art sein. Wir betrachten zunächst den einfachen Fall, daß die drei Drähte jedes Systems als Eckpunkte eines gleichseitigen Dreiecks angeordnet sind. (Fig. 253.)

Dann wird für den Draht A nach früheren Erläuterungen die Vektorsumme aller vom Kreise A′ B′ C′ induzierten Kraftlinien pro cm Länge

$$\Phi_a{}' = J_a \cdot \left(2 \lg \text{nat} \frac{x}{\varrho} + \frac{1}{2}\right) + J_b \left(2 \lg \text{nat} \frac{y}{\varrho} + \frac{1}{2}\right) + J_c \left(2 \lg \text{nat} \frac{z}{\varrho} + \frac{1}{2}\right)$$

wenn ϱ den Radius der Drähte, x y z ihre Entfernungen von A bedeutet. Da nun aber $J_a + J_b + J_c = 0$, folgt für die Vektorsumme der durch gegenseitige Induktion im Drahte A pro cm Länge induzierten Kraftlinien

$$\Phi_a' = 2\,(J_a \lg \text{nat}\, x + J_b \lg \text{nat}\, y + J_c \lg \text{nat}\, z)$$

und für die entsprechende EMK

$$v_a' = 2\,\pi \sim \Phi_a' \cdot l \cdot 10^{-9} \text{ Volt},$$

wenn l in cm, oder

$$v_a' = 0{,}0029 \cdot \sim (J_a \lg_{10} x + J_b \lg_{10} y + J_c \lg_{10} z),$$

wenn l in km eingeführt wird und die Briggsschen Logarithmen verwendet werden. Da in dieser Gleichung stets ein Strom eliminiert werden kann, nimmt der Klammerausdruck die Gestalt

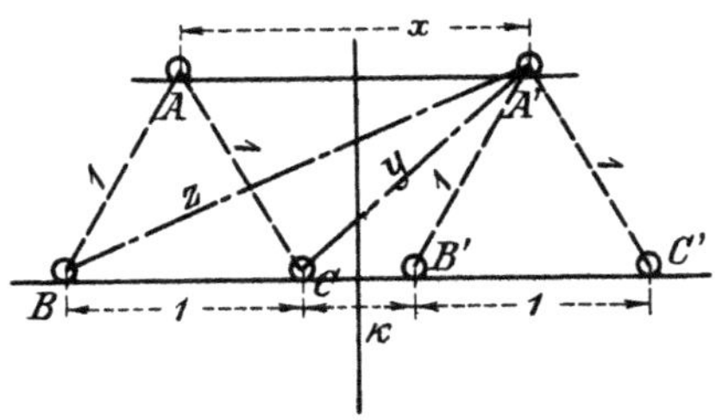

Fig. 253.

$\left(J_a \lg \frac{x}{z} + J_b \lg \frac{y}{z}\right)$ an und man erkennt, daß die gegenseitige Induktion zwischen zwei Stromkreisen ungeändert bleibt, solange man die relativen Werte der Entfernungen ungeändert läßt. Man kann also irgend eine Entfernung, z. B. die kleinste zwischen irgend zwei Drähten des einen Drehstromsystems, als Einheit annehmen und erhält dann z. B. für den Fall, daß keine Verdrillung vorgenommen wird, folgende Rechnungen[14]).

a) Gegenseitige Induktion ohne Verdrillung der zwei Systeme.

Sei k die kleinste Entfernung zwischen irgend zwei Drähten (im vorliegenden Fall zwischen C und B') der zwei Systeme. Dann können die Entfernungen $\overline{A'B} = \overline{AC'} = z$ und $A'C = AB' = y$ leicht berechnet oder aus der Figur abgemessen werden. Die Wirkungen des ersten Systems auf die drei Drähte des zweiten sind nach obiger Gleichung für

$$v_a' = g\,l\,\{J_a \lg(1+k) + J_b \lg z + J_c \lg y\}$$
$$v_b' = g\,l\,\{J_a \lg y + J_b \lg(1+k) + J_c \lg k\}$$
$$v_c' = g\,l\,\{J_a \lg z + J_b \lg(2+k) + J_c \lg(1+k)\}$$

worin $g = 0{,}0029 \sim$ oder für $\sim = 50$ Perioden i. d. Sek. gleich 0,145 zu setzen ist. Hieraus ergibt sich die Wirkung auf die Phase A′B′ z. B. als Vektordifferenz von v_a' und v_b' zu

$$v'_{(a-b)} = g\,l\left\{J_a \lg \frac{(1+k)^2}{y\,z} + J_c \lg \frac{y\,(1+k)}{z\,k}\right\},$$

wenn J_b eliminiert, und zu

$$v'_{(a-b)} = g\,l\,J\sqrt{\left(\lg\frac{(1+k)^2}{y\,z}\right)^2 + \left(\lg\frac{y\,(1+k)}{z\,k}\right)^2 - \left(\lg\frac{(1+k)^2}{y\,z}\right)\left(\lg\frac{y\,(1+k)}{z\,k}\right)}$$

wenn $J_a = J_c = J$ gesetzt und die Verschiebung von 120^0 zwischen beiden berücksichtigt wird. Es ist für diese Berechnung unerheblich, welcher von den drei Strömen eliminiert wird; das Resultat bleibt stets dasselbe. Wird einer der Werte unter der Wurzel kleiner als 1, so setzt man für $\lg\frac{r}{t} = -\lg\frac{t}{r}$ in die Wurzel ein. Ist z. B. $k = 0{,}5$, $\overline{BC} = 1$, so berechnet sich für die Wirkung auf die Phase $\overline{A'B'}$ eine EMK von der Größe 0,0475 Volt für $J = 1$ Amp. und $l = 1$ km bei $\sim = 50$ Perioden aus der obigen Beziehung. Da nämlich $y = 1{,}33$, $z = 2{,}20$ ist, folgt $v'_{(a-b)} =$
$$0{,}145\left[\left(\lg\frac{1{,}5^2}{1{,}33\cdot 2{,}2}\right)^2 + \left(\lg\frac{1{,}5\cdot 1{,}33}{1{,}2\cdot 0{,}5}\right)^2 - \left(-\lg\frac{1{,}33\cdot 2{,}2}{1{,}5^2}\right)\left(\lg\frac{1{,}5\cdot 1{,}33}{2{,}2\cdot 0{,}5}\right)\right]^{1/2}$$
oder $v'_{a-b} = 0{,}0475$ Volt.

Auf analoge Weise erhält man pro Ampere und Kilometer für Phase B′C′ 0,0372 Volt und für Phase C′A′ 0,0153 Volt. Man erkennt daraus, daß die Wirkungen unsymmetrisch sind und das gleichseitige Dreieck der zugeführten EMK verzerren werden. Um aber besser übersehbare Werte zu erhalten, sollen im Folgenden die Werte für je 100 (Ampere × Kilometer) eingeführt werden. Man übersieht ohne weiteres, daß sie um so kleiner werden, je größer k und damit auch y und z werden. Werden die beiden Systeme nur so weit auseinander gerückt, daß $k = 1$ ist, so würden die Wirkungen nur rund halb so groß wie zuvor, und wird $k = 2$, so sinken die durch gegenseitige Induktion hervorgerufenen elektromotorischen Kräfte unter ein Viertel der angeführten Werte.

b) Eine Leitung unverdrillt, die andere verdrillt.

Die verdrillte Leitung kann offenbar auf die gerade durchlaufende Leitung nicht einwirken. Dagegen wird letztere alle Schenkel oder Phasen des verdrillten Systems in gleicher Größe und Richtung induzieren. Die Wirkung der gegenseitigen Induktion wird sich also in einer geringen Verdrehung des Dreiecks der zugeführten Spannungen, nicht aber in einer Verzerrung desselben äußern. Der Betrag dieser Verdrehung ergibt sich aus den Fig. 254 a—c und der allgemeinen Gleichung zu

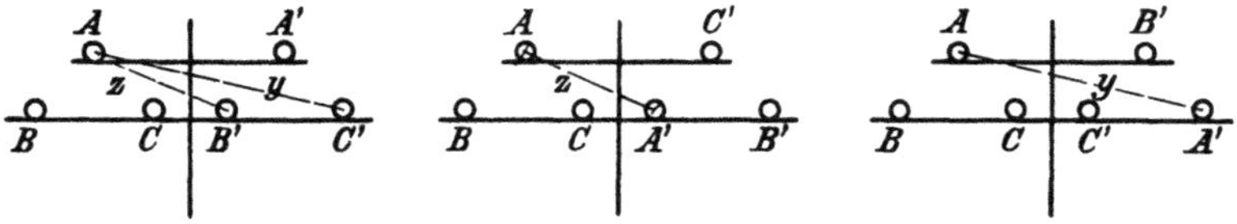

Fig. 254.

$$v_a = g\,l\left\{[\lg(1+k)+\lg y+\lg z]\frac{J_a}{3}+[\lg(1+k)+\lg(2+k)+\lg z]\frac{J_b}{3}+\right.$$
$$\left.[\lg(1+k)+\lg y+\lg k]\frac{J_c}{3}\right\}$$
$$=\frac{g\,l}{3}\left\{J_a\lg y\,z+J_b\lg(2+k)\,z+J_c\lg y\,k\right\}$$
$$=\frac{g\,l}{3}\left(J_b\frac{\lg(2+k)}{y}+J_c\lg\frac{k}{z}\right).$$

Ist wieder wie vorher $k = 1/2$, so berechnet sich die induzierte EMK für 100 (Ampere × Kilometer) zu 3,93 Volt für alle drei Phasen. Durch diese Art der Verdrillung ist also kaum eine der aufgewendeten Mehrarbeit und Sorgfalt bei der Montage entsprechende Verbesserung zu erzielten.

c) Beide Leitungen verdrillt.

Hier kann man eine Reihe von Fällen nach den eben erörterten Grundsätzen durchrechnen. Man findet dabei, daß die gegenseitige Induktion stets Null ist, wenn eine Leitung eine vollständige Verdrillung durchläuft, während die andere auf derselben Strecke dreimal verdrillt ist. Dies gilt unabhängig von der Anordnung der Drähte zueinander, von der Richtung der Verdrillungen und von der Belastung der einzelnen Phasen. Die Lösung stellt somit die vollkommenste in theoretischer Hinsicht vor, ist aber praktisch, besonders wenn es sich um mehr als zwei Linien handeln sollte, schwer durchzuführen. Man kann deshalb, um die Zahl der Kreuzungen zu vermindern, zweckmäßig auch andere Verdrillungsarten anwenden, wenn es gelingt, dadurch die Montage zu vereinfachen, ohne die Wirkung wesentlich zu verändern.

Wenn beide Leitungen gleich viele Verdrillungen aufweisen und diese an denselben Masten stattfinden, so ist bei gleichmäßiger Belastung der Zweige der Einfluß der gegenseitigen Induktion symmetrisch unter folgenden Bedingungen: Wenn die Leitungen in derselben Richtung verdrillt sind und eine Leitungsführung beginnt in der Reihenfolge A B C, so muß die andere auf den entsprechenden Traversen in der Reihenfolge A′B′C′, B′C′A′ oder C′A′B′ anfangen, sind dagegen die Leitungen in entgegengesetzter Richtung verdrillt, so muß der zweite Stromkreis anfangen in der Reihenfolge B′A′C′, A′C′B′ oder C′B′A′.

Wenn die Verdrillungen nicht an denselben Masten stattfinden, sondern abwechselnd oder wechselseitig erfolgen, so ist die gegenseitige Induktion nur halb so groß, und ihre Phase ist um 60^0 gegen ihre vorige Lage verschoben. Diese Anordnung dürfte deshalb die empfehlenswertere sein.

Die umstehende Tabelle gibt für verschiedene Fälle die Werte der EMK für je 100 Ampere × Kilometer bei $\sim = 50$ sekundlichen Perioden und für die in Fig. 255 dargestellten drei Fälle wieder.

Wenn die Leitungen an denselben Masten verdrillt sind, so nimmt durch Addition der gegenseitigen Induktion die scheinbare Selbstinduktion jedes Drahtes zu in den Fällen I und II; durch Subtraktion der gegenseitigen Induktion nimmt sie ab im Falle III. Bei abwechselnd verdrillten Leitungen findet das Gegenteil statt. Die Tabelle läßt erkennen, daß z. B. im Falle III die einzelnen Phasen ohne Verdrillung dadurch unsymmetrisch werden können, daß die Spannungen ungleich erhöht werden. Immerhin können diese Erhöhungen durch passende Anordnung der Leitungen vernachlässigbar gemacht werden. Besonders wichtig ist es aber, die gegenseitige Induktion möglichst klein oder vollkommen gleich Null zu machen, wenn zwei oder mehr Leitungen an denselben Gestängen angeordnet werden, die von nicht synchron laufenden Generatoren angetrieben werden. Ist nämlich in diesem Fall die gegenseitige Induktion nicht vollständig annulliert, so entstehen Schwebungen der Spannung, deren Periodenzahl der Differenz der Dynamoperiodenzahlen entspricht. Diese Schwebungen können sich beim Lichtbetrieb, besonders bei der Speisung von Glühlampen, sehr unangenehm und störend bemerkbar machen. Die vollständige Annullierung läßt sich stets erreichen, wenn I = 1 mal verdrillt wird, während II = ± 3 mal verdrillt wird.

Anordnung der Leitungen	Wert von k	Art der Verdrillung der Systeme I und II an denselben Masten: I = 0 mal, II = 0 „			I = 0 mal, II = 1 „	I = +1, II = −1	I = +1, II = +1
		A'B'	A'C'	C'A'	A'B' = B'C' = C'A'		
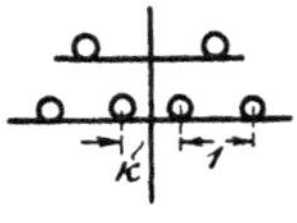 Fall I	1/2	4,72	3,71	1,53	3,93	3,06	1,94
	1	2,24	1,75	0,95	2,81	1,56	0,76
	2	0,85	0,68	0,44	1,83	0,63	0,25
 Fall II	1/2	4,34	1,42	5,70	5,60	3,06	2,95
	1	2,27	1,01	3,28	4,20	1,69	1,66
	2	1,01	0,58	1,59	2,92	0,82	0,79
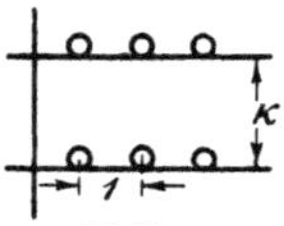 Fall III	1/2	9,60	9,60	15,5	1,29	4,45	11,0
	1	4,75	4,75	8,75	0,95	3,33	5,46
	2	1,91	1,91	3,90	0,49	1,72	2,08

Nach derselben Methode kann man sich auch darüber klar werden, welche EMK in einer Schwachstromlinie durch eine parallel zu ihr verlegte Wechselstromleitung induziert wird. Ein Telephondraht sei auf eine Strecke von 10 km parallel zu einer Wechselstromleitung geführt. Die Entfernung des Schwachstromdrahts vom einen Leiter sei 1 m, vom anderen Leiter betrage sie 1,5 m. Die von einem Zehntel Ampere = 1 Stromeinheit induzierte Kraftlinienzahl ist also nach den früheren Erörterungen

$$M = \frac{0,46 \cdot 1}{1010^9} \lg_{10} \frac{150}{100} = 0,46 \cdot 10^{-3} \cdot 0,172 = 0,79 \text{ Millihenry}.$$

Fließen in der Starkstromleitung 60 Ampere bei 50 sekundlichen Perioden, so ist die in der Schwachstromleitung induzierte EMK

$$M J \omega = 0{,}79 \cdot 10^{-3} \cdot 60 \cdot 314 = 14{,}9 \text{ Volt effektiv.}$$

Man erkennt hieraus, wie schädlich es ist, eine Wechselstromleitung auf größere Länge parallel einem einzelnen Telephondraht zu führen. Läge z. B. die Schwachstromleitung auf einer Seite, die Starkstromleitung auf der anderen Seite eines nur 10 m breiten Weges, derart, daß die Entfernungen 10 und 11 m sind, so wäre

$$M = 0{,}46 \cdot 10^{-3} \cdot \lg_{10} 1{,}1 = 0{,}0184 \text{ Millihenry}$$

$$\text{und} \quad M J \omega = 0{,}0184 \cdot 10^{-3} \cdot 60 \cdot 314 = 0{,}35 \text{ Volt effektiv.}$$

Man muß also versuchen, wenn sich die parallele Führung nicht vermeiden läßt, die Leitungen entweder nur auf kurze Strecken in möglichst großer Entfernung voneinander zu führen oder sie zu verdrillen[15]), bezw. die Telephonleitung mit metallischer Rückleitung zu versehen.

8. Kapazität und Ableitung bei langen Luftleitungen.

Bei Fernleitungen, die mit hochgespannten Wechselströmen betrieben werden, entsteht durch die dauernde Ladung und Entladung des durch die beiden parallelen Drähte und das zwischenliegende Dielektrikum gebildeten Kondensators ein wattloser Kondensatorstrom, der zuweilen beträchtlichen Wert annehmen kann. Außerdem aber werden, da sowohl die feuchte Luft als die sonstigen Isolatoren immerhin etwas stromdurchlässig sind, wattverzehrende Ströme quer durch das Dielektrikum entstehen.

Ist K die Dielektrizitätskonstante des isolierenden Mediums und ϱ sein spezifischer Widerstand,

D der Abstand eines Drahtes vom Boden oder zweier Drähte von einander,

r der Radius der Drähte, so ist[9])

	für einen 1 cm langen Draht von r cm Radius, D cm über Boden	für zwei 1 cm lange Drähte von r cm Radius, D cm gegenseitiger Entfernung
Der elektrische Leitungswiderstand des Mediums	$\frac{\varrho}{2\pi l} \lg \mathrm{nat} \frac{2D}{r}$	$\frac{\varrho}{\pi l} \lg \mathrm{nat} \frac{D}{r}$
Die elektrische Leitfähigkeit d. Mediums	$\frac{2\pi l}{\varrho} \frac{1}{\lg \mathrm{nat} \frac{2D}{r}}$	$\frac{\pi l}{\varrho} \frac{1}{\lg \mathrm{nat} \frac{D}{r}}$
Die elektrostatische Kapazität im Mikrofarad	$1{,}11 \cdot 10^{-6} \cdot \frac{K l}{2 \lg \mathrm{nat} \frac{2D}{r}}$	$1{,}11 \cdot 10^{-6} \cdot \frac{K l}{4 \lg \mathrm{nat} \frac{D}{r}}$

Die Kapazität in Mikrofarad pro km ist also für Luftleitungen, wenn die natürlichen Logarithmen in Briggssche umgewandelt werden und D die Entfernung, d den Durchmesser der zwei Drähte bedeutet:

$$C = \frac{0{,}0217}{\lg_{10} \frac{2D}{d}} .$$

Die Werte der Kapazität in Mikrofarad pro km Doppelleitung sind in der folgenden Tabelle zusammengestellt.

mm	D = 25	50	75	100	150	200 cm
d = 1	0,00445	0,00402	0,00378	0,00364	0,00346	0,00334
2	500	445	417	402	378	364
3	545	475	445	428	402	394
4	572	500	466	445	417	402
5	603	522	485	462	433	415
6	625	545	500	475	445	428
7	648	557	515	489	457	437
8	670	572	528	500	467	445
9	689	585	545	516	476	453
10	705	603	552	522	485	463

Für d = 4 mm, D = 50 cm, $\omega = 314$ ist bei 20 km dieser wattlose, 90° voreilende Strom bei 10 000 Volt

$$J_c = 10\,000 \cdot 314 \cdot 0{,}005 \cdot 10^{-6} \cdot 20 = 0{,}314 \text{ Ampère.}$$

Wenn also der Gesamtstrom ohne Kondensatorwirkung z. B. 5 Amp. mit $\cos \varphi = 0{,}75$ ($\sin \varphi = 0{,}66$) wäre, wäre der 90^0 nachhinkende Leerstrom $5 \times 0{,}66 = 3{,}3$ Amp.; der resultierende Leerstrom also $(3{,}3 - 0{,}314) = 3{,}0$ Amp., und somit der Gesamtstrom statt 5 Amp. nur

$$\sqrt{3{,}0^2 + (5 \cdot 0{,}75)^2} = 4{,}98 \text{ Amp.}$$

Hieraus erkennt man, daß die Kapazitätswirkung für den Wert des Stromes bei Linien unter 10 km Länge und bei Spannungen unter 20000 Volt für den Spannungsverlust überhaupt vernachlässigbar ist.

Bei der 23 km langen Fernleitung von Bülach zur Maschinenfabrik Örlikon besteht die Leitung aus vier Drähten von 4 mm Durchmesser, die auf Holzmasten etwa 10 m über dem Boden montiert sind.

Zur Vornahme von Hochspannungsversuchen mit 24 000 Volt wurden je zwei Leiter an einem Ende der Linie mit einander verbunden, sodaß man einen Doppelleiter von 46 km Länge erhielt. Seine Kapazität gegen Erde berechnet sich zu

$$C = \frac{0{,}0217 \cdot 46}{\lg_{10} \cdot \frac{2000}{0{,}2}} = 0{,}25 \text{ Mikrofarad}$$

woraus der Ladestrom bei 42 Perioden

$$J_c = 2\pi \cdot 42 \cdot 24\,000 \cdot 0{,}25 \cdot 10^{-6} = 1{,}632 \text{ Amp.}$$

Die Messung ergab[16]) $J = 1{,}65$ Ampère. Bei 34000 Volt und 50 Perioden verbrauchten die 920 Isolatoren der Leitung bei wolkenlosem Himmel und ganz trockenem Wetter 1 Kilowatt, bei Schneefall und -4^0 C. etwa 3,5 Kilowatt, bei klarer Luft einige Stunden nach leichtem Regen 4,2 KW und bei Schneefall und $+1{,}5^0$ C. Lufttemperatur 8,7 KW. Man erkennt daraus, daß die Ableitung wesentlich von der Luftfeuchtigkeit beeinflußt wird und durch Oberflächenleitung längs der 920 Isolatoren erheblich zunehmen kann. Immerhin ist der Ladeverlust dieser Leitung, die bei 34000 Volt etwa 600 KW bei 5% Spannungsverlust zu übertragen vermöchte, wohl zulässig, er beträgt etwa 1% bei ungünstigen Witterungsverhältnissen.

9. Induktanz und Kapazität konzentrischer Kabel.

Die Selbstinduktion einer Fernleitung kann man am einfachsten dadurch verringern, daß man die Hin- und Rückleitung nahe zueinander anbringt. Diese Anordnung verursacht zwei entgegenfließende Induktionsflüsse, die die Selbstinduktion herabzusetzen trachten. Durch diese Anordnung wurde aber der Wert der Kapazität vermehrt. Dasselbe gilt für die konzentrischen Kabel, die aus zwei Leitern gebildet sind, von denen der eine zylindrisch, der andere röhrenförmig ist; ihre gegenseitige Anordnung ist koachsial. Entsprechende Isolationsschichten trennen die beiden Leiter voneinander und den äußeren von der Erde oder dem Wasser, in die das Kabel verlegt wird. Als mechanischer Schutz dient die äußere Blei- oder Eisenarmierung. Eine ebenfalls gebräuchliche Anordnung ist die von zwei koachsialen röhrenförmigen Leitern, die entsprechend gegeneinander und gegen außen isoliert sind. In beiden Fällen wird die Induktanz des Stromkreises zu einem Minimum, da in den koachsialen Leitern fließende Ströme hinsichtlich ihrer Fernwirkungen zwei entgegengesetzt gleichen, in der Achse selbst verlaufenden Strömen gleichwertig sind[17]).

Nun betrachten wir in diesen Fällen auch die Kapazitätverhältnisse. Ist das Kabel ein konzentrisches, so bilden die zwei Leiter (die Seele des Kabels und der leitende Mantel) die Belegungen des Kondensators, während die dazwischenliegende Isolation das Dielektrikum des zylindrischen Kondensators bildet. Liegen zwei konzentrische Kabel nebeneinander, so bilden diese ein System zweier zylindrischer, hintereinander geschalteter Kondensatoren, da die äußeren Armaturen derselben durch die Erde oder durch das Wasser verbunden sind.

Da ein äußeres Feld bei konzentrischen Kabeln fehlt, könnte man glauben, daß dieselben keine Induktanz besitzen. Dies wäre jedoch ein Fehlschluß.

In einem einfach konzentrischen Kabel, in welchem der äußere Leiter als Rückleitung für den inneren dient, gibt es kein äußeres Feld, solange die Summe der Ströme in Hin- und Rückleiter gleich Null ist. Zwischen den beiden Leitern und innerhalb des Innenleiters wirkt aber das von diesem Leiter selbst induzierte Feld, da der Aussenleiter ein inneres Feld nicht besitzt. Die Induktanz des Kabels wäre nach dieser Überlegung dieselbe, als ob der Außenleiter vollkommen fehlte, also nach früheren Erläuterungen $L = 2 \lg \text{nat} \frac{r_3}{r_2} + 1/2$, wenn r_2 der Radius des Innenleiters, r_3 der innere Radius des Außenleiters ist. Besteht der Innenleiter aus einem Hohlzylinder, so fällt der zweite Ausdruck ($1/2$) fort. Nach Lord Rayleighs Entwickelungen für diesen Fall ist die genauere Formel für die Induktanz pro Längeneinheit (cm), wenn

r_1 und r_2 innerer und äußerer Radius des Innenleiters
r_3 - r_4 - - - - - Außenleiters,

$$L = 2 \lg \text{nat} \frac{r_3}{r_2} + \frac{2}{r_2^2 - r_1^2}\left(\frac{r_2^2 - 3r_1^2}{4} + \frac{r_1^4}{r_2^2 - r_1^2} \lg \text{nat} \frac{r_2}{r_1}\right) + \frac{2}{r_4^2 - r_3^2}\left(\frac{r_3^2 - 3r_4^2}{4} + \frac{r_4^4}{r_4^2 - r_3^2} \lg \text{nat} \frac{r_4}{r_3}\right).$$

Hierin sind alle Maße in cm auszudrücken, und die Induktanz ergibt sich dann ebenfalls in cm. Die Formel ist schwerfällig und kann mit genügender Genauigkeit durch die zuerst angeführte und bekannte ersetzt werden. Beide gelten natürlich nur streng für Kabel ohne Eisenbandarmierung, weil diese Energie verzehrt, können aber, da ein merkliches Streufeld nicht vorhanden ist, auch für armierte Kabel als angenähert richtig angesehen werden.

Die Kapazität dieses konzentrischen Kabels ist in Mikrofarad pro km zwischen beiden Leitern

$$C_i = \frac{K \cdot 1{,}11 \cdot 10^{-6}}{2 \lg \text{nat} \frac{r_3}{r_2}} = \frac{0{,}0217\, K}{\lg_{10} \frac{r_3}{r_2}},$$

zwischen Außenleiter und Hülle

$$C_a = \frac{K \cdot 1{,}11 \cdot 10^{-6}}{2 \lg \text{nat} \frac{r_4}{r_3}} = \frac{0{,}0217\, K}{\lg_{10} \frac{r_4}{r_3}},$$

worin K die Dielektrizitätskonstante des isolierenden Mediums bedeutet. Ist K groß, wie z. B. bei Gummikabeln, so ist annähernd

$$C_i = \frac{0{,}1}{\lg_{10} \frac{r_3}{r_2}}$$

in Mikrofarad pro km. Für eine Reihe von konzentrischen Kabeln für 2000 Volt Betriebsspannung hat Feldmann[18]) folgende Werte für L und C angegeben.

Querschnitt jedes Leiters in qmm	Kapazität pro km in Mikrofarad zwischen beiden Leitern	Kapazität pro km in Mikrofarad zwischen Außenleiter und Hülle	Induktanz pro km in Millihenry
220	0,415	0,775	0,138
185	0,395	0,724	0,155
120	0,30	0,62	0,185
50	0,28	0,47	0,195
25	0,17	0,40	0,239

Die Induktanz beträgt also zwischen 1,4 und 2,4 ca. pro cm Länge des Kabels, während sie bei Luftleitungen etwa 5—10 mal größer sind.

Bei dreifach konzentrischen Kabeln, die zuweilen für Dreileiter-Wechselstromsysteme oder für Drehstrom verwendet werden, sind die Verhältnisse für die Induktanz weniger leicht zu übersehen; doch kann man mit genügender Annäherung annehmen, daß in beiden Fällen die Wirkung wesentlich auf den mittleren Leiter beschränkt bleibt, da dieser sein Teil unter ähnlichen Bedingungen erzeugt, wie zuvor der äußere Leiter, und den inneren Leiter abschirmt[19]). Ein genaueres Eingehen auf die Verhältnisse bei diesen Kabeln erscheint deshalb überflüssig, weil in neuerer Zeit die verseilten Kabel ihnen weit vorgezogen werden.

Wir werden dann vor die Frage gestellt, wie sich die Kapazität eines aus zwei kreisrunden Leitern gebildeten Kabels ändert, wenn die Zylinder exzentrisch liegen. Die Antwort auf diese Frage, der wir bei allen anderen Strömungsproblemen wieder begegnen, läßt sich in folgendem Satz formulieren: Für zwei unendlich lange konzentrische Zylinder A und B mit den Radien R und r, die auf der konstanten Potentialdifferenz V erhalten werden und deren Zwischenraum durch ein homogenes Material von der spezifischen induktiven Kapazität K ausgefüllt ist, beträgt die Verschiebungsströmung pro cm Länge in elektrostatischem Maß

$$VC = V \cdot \frac{K}{2 \lg \operatorname{nat} \frac{R}{r}},$$

worin C die Kapazität pro cm der Zylinder bedeutet. Dies ergibt in Mikrofarad pro km

$$C = \frac{K \cdot 10^5}{9 \cdot 10^5 \cdot 2 \lg \operatorname{nat} \frac{R}{r}} = \frac{0{,}0217\,K}{\lg_{10} \frac{R}{r}}.$$

Wenn nun die Mitte des inneren Zylinders um den kleinen Betrag h verschoben wird, sodaß die Exzentrizität $x = \frac{h}{R}$ beträgt, so ist jetzt[9]) die Kapazität in Mikrofarad

$$C = \frac{0{,}0217\,K}{\lg_{10} A \frac{R}{r}},$$

worin

$$A = \frac{1 + \sqrt{1 + \left(\frac{r}{R}\right)^2 B}}{1 + \sqrt{1 + B}}$$

und

$$B = \frac{4\,x^2}{\left[\left(1 + \frac{r}{R}\right)^2 - x^2\right]\left[\left(1 - \frac{r}{R}\right)^2 - x^2\right]}.$$

Die Größe A ist im allgemeinen nur eine Korrektionsgröße, die sich nicht wesentlich von 1 unterscheidet; sie kann also für die Zwecke der Praxis stets gleich 1 gesetzt werden, da bei den praktisch verwendeten Kabeln die Unsicherheit in der Annahme der Dielektrizitätskonstanten K und die unvermeidliche Unhomogenität des Isoliermaterials etwa ebensoviel ausmachen, und man somit nur eine scheinbare Erhöhung der Genauigkeit erzielte, wenn man A genau berücksichtigte.

Diese Überlegung ist wichtig, wenn man sich über den Unterschied zwischen verseilten und konzentrischen Kabeln klar werden will.

10. Kapazität verseilter Kabel.

Da wir bei den technisch verwendeten Wechselströmen stets annehmen können, daß wegen der langsamen Variation der EMK das elektrostatische Gleichgewicht in jedem Moment des stetigen Betriebes praktisch erreicht wird, so kann man für den allgemeinen Fall, daß n Leiter von einer gemeinsamen, leitenden Armierung vollkommen umschlossen werden, für die Ladungen der einzelnen Leiter eine Beziehung aufstellen, indem man ausdrückt, daß die Ladung m jedes Leiters zum Teil von der Kapazität, zum Teil von der elektrostatischen Induktion[20]) herrührt und für den beliebigen xten von n Leitern beträgt

$$m_x = \gamma_{x0} v_0 + \gamma_{x_1 v_1} + \gamma_{x_2} v_2 + \cdots \quad \cdots + \gamma_{xx} v_x + \cdots + \gamma_{xn} v_n.$$

In dieser Gleichung bedeuten

$$\gamma_{00}\,\gamma_{11}\,\gamma_{22}\ldots\gamma_{nn}$$

die Koeffizienten der Kapazität, die stets + sind und mit dem zugehörigen Potential v_0, v_1, $v_2 \ldots v_n$ des betreffenden Leiters multipliziert den von seiner Kapazität herrührenden Teil der Ladung ergeben. Die Werte

$$\gamma_{01},\ \gamma_{02},\ \ldots\gamma_{n-1}\,\gamma_{n}$$

bedeuten die stets negativen Koeffizienten der elektrostatischen Induktion, die von dem Leiter 0, 1, 2 ... auf den xten Leiter ausgeübt werden. Da der nullte Leiter oder die Armierung alle anderen umhüllt, hat man die zwei Bedingungsgleichungen

$$\gamma_{00} = -(\gamma_{01} + \gamma_{02} + \ldots + \gamma_{0n})$$
$$\gamma_{11} = -(\gamma_{10} + \gamma_{12} + \ldots + \gamma_{1n}).$$

Legt man die Armatur an Erde, so erhält sie das Potential $v_0 = 0$. Wenn dann die von ihr umschlossenen Leiter Wechselströme oder Mehrphasenströme führen, deren Potentiale in jedem Momente ebenfalls die Summe 0 ergeben, so ist auch

$$v_1 + v_2 + \ldots v_n = 0.$$

Sind nun schließlich die Leiter symmetrisch angeordnet und wird die Symmetrie nicht durch Isolationsfehler gestört, so ist

$$\gamma_{01} = \gamma_{02} = \ldots\gamma_{0n}$$

und somit die Summe aller Ladungen, die das Innere der Armatur bedecken, m_0, ebenfalls gleich Null.

Wir wollen jetzt nur das verseilte Wechselstromkabel (Fig. 256 a) betrachten. Die Sonderbedingungen hierfür sind:

$$v_0 = 0;\ v_1 + v_2 = 0;\ \gamma_{12} = \gamma_{22}.$$

Hieraus folgt:

$$m_0 = \gamma_{00}\,v_0 + \gamma_{01}\,v_1 + \gamma_{02}\,v_2 = \gamma_{00}\,v_0 + \gamma_{01}\,(v_1 + v_2) = 0$$
$$m_1 = \gamma_{10}\,v_0 + \gamma_{11}\,v_1 + \gamma_{12}\,v_2 = (\gamma_{11} - \gamma_{12})\,v_1$$
$$m_2 = \gamma_{20}\,v_0 + \gamma_{21}\,v_1 + \gamma_{22}\,v_2 = (\gamma_{11} - \gamma_{12})\,v_1.$$

Man kann sich also die Gesamtkapazität ersetzt denken durch zwei Kondensatoren (Fig. 256 b)

$$C^1 = (\gamma_{11} - \gamma_{12}),$$

die zwischen jedem Leiter und der Armatur abgezweigt sind, oder durch einen Kondensator (Fig. 256)

$$C^{11} = \frac{\gamma_{11} - \gamma_{12}}{2},$$

der zwischen den beiden Leitern abgezweigt ist und der Kapazität der in Serie geschalteten 2 Kondensatoren C^1 entspricht. Die auf diesen Kondensator wirkende Potentialdifferenz ist dann jene zwischen den Leitern

$$v = v_1 - v_2 = 2\,v_1.$$

Da die Abstände zwischen den zwei Leitern und der Hülle etwa von derselben Größenordnung sind wie die Durchmesser der Leiter, und da notwendigerweise stets eine gewisse Unsicherheit

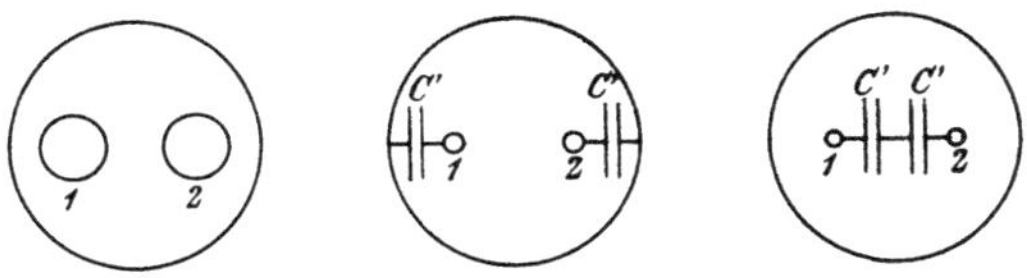

Fig. 256.

über die Größe der Dielektrizitätskonstanten besteht, empfiehlt es sich, die äquivalente Kapazität C' jedes Leiters gegen die Hülle oder C^{11} der zwei Leiter gegen einander durch Messung zu ermitteln.

Man könnte sich dann bei einem Stromkreise, bestehend aus einem Generator $A_1\,A_2$, einer Belastung $B_1\,B_2$ und einem verseilten Kabel $A_1\,B_1$ und $A_2\,B_2$, die Gesamtkapazität (Fig. 257) ersetzt denken durch 2 Kondensatoren

$$C_1 = C_2 = C^1 = (\gamma_{11} - \gamma_{12})$$

die zwischen jedem Leiter und der Armatur abgezweigt sind (entsprechend Fig. 256b). Da dann, solange keine Erdschlüsse vorhanden sind, alles symmetrisch ist, könnte man die Mitte des Generators und der Belastung, also die Punkte O und P erden, ohne daß dadurch eine Veränderung der Stromverteilung oder ein Strom entsteht. Dies ist bei konzentrischen Kabeln offenbar nicht der Fall. Denn dort wird der Innenleiter die Kapazität $\frac{C_1\,C_2}{C_1 + C_2}$, der Außenleiter C_2 gegen Erde besitzen, sodaß also die Ströme von den Leitern zur Erde verschieden von einander sind und die Potentiale gegen Erde sich wie

$$V_1 : V_2 = C_2 : \frac{C_1 C_2}{C_1 + C_2},$$

oder, da C_1 klein ist gegen C_2, angenähert umgekehrt wie die Kapazitäten verhalten. Für ein 2×220 qmm Kabel wird also z. B.

$$V_1 : V_2 = 0{,}775 : \frac{0{,}415 \cdot 0{,}775}{1{,}190} = 2{,}9 : 1.$$

Man erkennt daraus, weshalb die Berührung des Innenleiters gefährlicher ist, als jene des äußeren, und weshalb bei zufälliger Erdung des Innenleiters oder der Punkte O und P im Falle konzentrischer Kabel starke Ausgleichströme entstehen müssen.

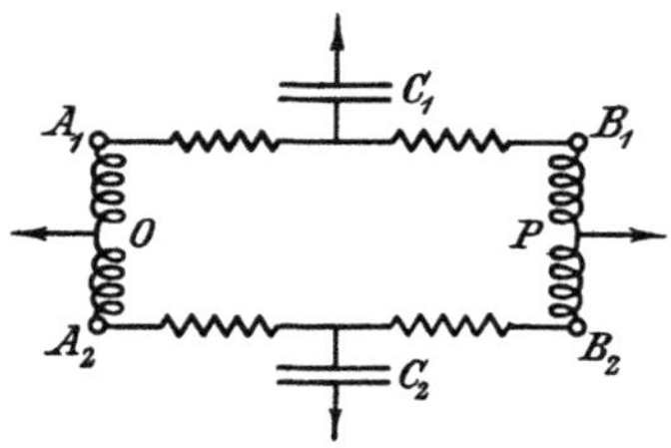

Fig. 257.

Für ein verseiltes Drehstromkabel gelten nach dem früher Erörterten die allgemeinen Gleichungen und die vereinfachenden Beziehungen

$$\begin{array}{ll} m_0 = 0 & v_0 = 0 \\ m_1 = (\gamma_{11} - \gamma_{12})\, v_1 & v_1 + v_2 + v_3 = 0 \\ m_2 = (\gamma_{11} - \gamma_{13})\, v_2 & \gamma_{11} = \gamma_{22} = \gamma_{33} \\ m_3 = (\gamma_{11} - \gamma_{13})\, v_3 & \gamma_{01} = \gamma_{02} = \gamma_{03} \\ C^1 = (\gamma_{11} - \gamma_{12}) & \gamma_{12} = \gamma_{13} = \gamma_{23} \end{array}$$

Man hat nun die Koeffizienten der Kapazität und der elektrostatischen Induktion zu bestimmen. Rechnerisch ist diese Ermittelung nur in den einfachsten Fällen durchführbar, weil die Distanz etwa von derselben Größenanordnung wie der Durchmesser ist und zur Isolierung häufig Schichten verschiedenartiger Materialien verwendet wird. Man wird deshalb C′ entweder mit Mehrphasenstrom aus dem Ladestrom berechnen, oder mit dem ballistischen Galvanometer die Kapazität C_1 zwischen den drei Leitern und der Armatur und C_2 zwischen einer Ader und den zwei anderen, jetzt mit der Armatur verbundenen Adern bestimmen.

C_1 ist offenbar $= \gamma_{00}$ und $C_2 = \gamma_{11}$. Außerdem ist aber auch

$$C_1 = -(\gamma_{01} + \gamma_{02} + \gamma_{03}) = 3\,\gamma_{01}$$

und

$$C_2 = \gamma_{11} = -(\gamma_{12} + \gamma_{13} + \gamma_{10}) = -\left(2\,\gamma_{12} - \frac{C_1}{3}\right).$$

Hieraus folgt

$$\gamma_{12} = \frac{C_1 - 3\,C_2}{6}$$

und schließlieh

$$C^1 = (\gamma_{11} - \gamma_{12}) = \frac{9\,C_2 - C_1}{6}.$$

Führt man die Rechnung und Messung für praktische Fälle durch, so erkennt man, daß C^1 etwas größer als die scheinbare Kapazität $C_2 = \gamma_{11}$ eines Leiters ausfällt. So gibt Revillad für Kabel von Berthoud Borel in Lyon folgende Werte:

Normale Spannung in Volt	10 000	10 000	20 000
Querschnitt in mm	85	140	50
Distanz zwischen Seele und Armatur in mm	9	9	18
Distanz zwischen zwei Seelen in mm . . .	10,5	10,5	18
Durchmesser der Seele in mm	13,1	16,65	13,19

Gemessene Kapazität pro km in Mikrofarad:

$\gamma_{00} = C_1$ zwischen 3 Leitern und Hülle .	0,282	0,314	0,204
$\gamma_{11} = C_2$ zwischen 1 Leiter und (den andern + Hülle)	0,143	0,166	0,095
Hieraus berechnet sich dann $C^1 = \gamma_{11} - \gamma_{12} =$	0,167	0,197	0,108

Für 6000 Volt Kabel der Société industrielle des Téléphones gibt Leblanc[21]) die folgende Tabelle:

Dreifach verseilte Kabel		Konzentrische Kabel	
mm²	C′	C_1	C_2
5	0,10	—	—
10	0,11	0,14	0,34
15	0,12	—	—
25	0,13	0,17	0,40
50	0,14	0,20	0,45
75	0,16	0,25	0,50
100	—	0,31	0,55
200	—	0,37	0,59

Die Kapazität des konzentrischen Kabels ist hier also kleiner als früher angegeben und für den Innenleiter um etwa 40% größer als jene des verseilten Kabels. Der Außenleiter hat hier etwa 1,25 bis 2,5 mal so große Kapazität als der Innenleiter; sein Potential gegen Erde wird also sich zu jenem des Innenleiters wie 1 zu 2 etwa verhalten.

Betrachtet man nunmehr das doppelt konzentrische Kabel, so zeigt es sich dem dreifach verseilten Kabel gegenüber in theoretischer und praktischer Hinsicht nachstehend. Wegen der verschiedenen Kapazitäten der 3 Leiter entstehen Unsymmetrien der Potentiale gegen Erde und der Ladeströme und Unnanehmlichkeiten beim Betriebe von Zählern und Motoren. Wegen der eigentümlichen Anordnung der 3 Leiter ergeben sich beim doppelt konzentrischen Kabel beträchtliche Schwierigkeiten für die Ausführung der Anschlüsse. Es erscheint deshalb die fast ausschließliche Verwendung des dreifach verseilten Kabels an Stelle des doppelt konzentrischen erklärlich und berechtigt.

Im allgemeinen kann man die vorhergehenden Betrachtungen über Kabel dahin zusammenfassen, daß verseilte Kabel größere Symmetrie der Spannungen und Ströme zulassen und deshalb vom theoretischen Standpunkte aus den konzentrischen etwas vorzuziehen sind. Da auch die praktischen Vorteile etwas nach ihrer Seite hin liegen, sind die verseilten Kabel mehr und mehr in Aufnahme gekommen.

Nun gibt es auch eine Reihe von unstabilen Zuständen des Netzes, bei denen der Ohmsche Widerstand des Kabels vernachlässigbar ist gegen die Wirkungen der Kapazität. Solche Zustände ergeben dann Resonanzerscheinungen oder freie Schwingungen, entstanden aus dem Zusammenwirken der Kapazität mit der Induktanz des Kabels oder jener von angeschlossenen Leitungen oder Apparaten.

11. Über dielektrische Hysteresis bei Kabelnetzen.

Durch die dauernde Änderung der EMK treten im Dielektrikum von Wechselstromkabeln Effektverluste auf infolge von Wirbelstrom und von dielektrischer Hysteresis. Ersterer ist klein[22]) und verursacht eine geringe Veränderung der Dielektrizitätskonstanten, die hier übergangen werden kann. Die dielektrische Hysteresis betrug bei einem konzentrischen Kabel von je 100 qmm Querschnitt und 50 ∼ für sinusförmige EMK pro km 12 Watt bei 2070 Volt und 24 Watt bei 3000 Volt. Bei einem 10 000 Volt-Kabel ergab sich ein Verlust von 110 Watt pro km. Der Leistungsfaktor betrug dabei in den drei Fällen 0,0206, 0,0187 und 0,048, sodaß also besondere Schwierigkeiten bei der Messung entstehen. Der Verlust wächst mit der Beanspruchung des Dielektrikums, mit seinem Volumen und mit der Höhe der Betriebsspannung. Solange also noch nicht eine große Anzahl von Betriebsmessungen vorliegt, könnte man praktisch pro km und 1000 Volt bei 50 ∼ etwa 10—15 Watt Verlust annehmen und den Verlust direkt proportional der Spannung setzen.

Bei einem Netz von 50 km Länge mit 3000 Volt Betriebsspannung wäre also der Verlust etwa $15 \times 3 \times 50 = 2250$ Watt. Da aber ein solches Netz bequem 30—40000 gleichzeitig brennende Lampen zu versorgen vermag, wird der Verlust nur etwa 1 % der nutzbaren Leistung betragen. Immerhin kommt er im Jahre als konstanter Verlust in der Höhe von 8760 Stdn. $\times$ 2250 Watt = 20 Kilowatt einigermaßen in Betracht. Der dielektrische Verlust kann nach diesen roh geschätzten Mittelwerten mit einer für die Praxis genügenden Genauigkeit in Rechnung gezogen werden; er wird höchstens von der Größenordnung des Verlustes in den Nebenschlüssen der Zähler, keineswegs aber nur annähernd jenem in den Transformatoren gleich werden.

12. Über Resonanz und Konsonanz.[23])

Resonanz tritt ein, wenn in einem Wechselstromkreise, der Induktanz und Kapazität in Serie enthält (Fig. 258), die Wirkungen der beiden sich vollkommen neutralisieren, derart, daß der Strom wieder $J = E/R$ wird, d. h. dem bei Gleichstrom von gleicher effektiver Spannung eintretenden Grenzwert gleich wird. Dieser Fall ist auf Seite 88 bereits erwähnt worden.Ist in einem Stromkreise mit Widerstand R, Induktanz L und Kapazität C die Bedingung für das Eintreten der Resonanz erfüllt, so ist die Kondensatorentladung oszillierend. Die ganze Energie ist dann potentiell und aufgespeichert im geladenen Kondensator, wenn der Strom Null ist, und sie ist kinetisch, wenn der Kondensator entladen ist und der Strom in der Spule maximalen

Wert besitzt. In beiden Fällen sind die Beträge der beiden Energieformen einander gleich; denn es ist tatsächlich derselbe Energiebetrag, der zwischen Kondensator und Induktanz besitzender Spule hin- und herschwingt. Es wird also in diesem Falle der Strom in der Spule d b viel größer, als wenn der Kondensator nicht vorhanden wäre, nämlich

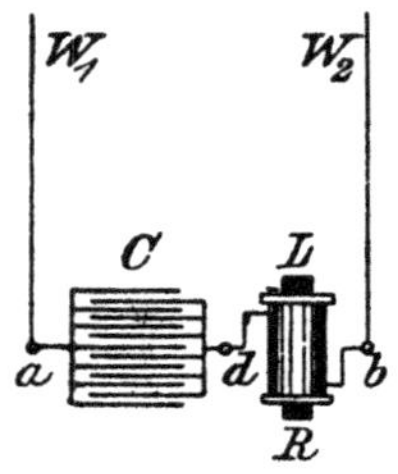

Fig. 258.

$$J = \frac{E}{R} \quad \text{statt} \quad = \frac{E}{\sqrt{R^2 + L^2 \omega^2}}$$

und die Spannung an den Kondensatorplatten a und d ist viel größer, als wenn die Spule nicht vorhanden wäre, nämlich

$$E_c = E \frac{L \omega}{R} \quad \text{statt} \quad = \frac{E}{\sqrt{1 + \omega^2 C^2 R^2}}$$

Ist in einem besonderen Falle E = 200 Volt, R = 50 Ohm, C = 0,55 Mikrofarad, $\omega = 1000$, so erreicht der Strom sein Maximum J = E/R = 4 Ampère für $L = \frac{1}{\omega^2 C} = 1{,}82$ Henry. Der Strom folgt dann genau dem Ohmschen Gesetze und ist phasengleich mit der EMK. Ist $L < 1{,}82$, so eilt der Strom der EMK vor, ist $L > 1{,}82$, so ist sie dagegen verzögert. Die einschlägigen Verhältnisse zeigt die Fig. 259.

Ist der Kondensator aber nicht direkt mit der Induktanz verbunden, sondern unter Zwischenschaltung eines Transformators, so kann niemals reine Resonanz, sondern nur Konsonanz eintreten. Auch in diesem Falle sind aber Spannungserhöhungen an den Kondensatorbelegungen möglich. Untersucht man Netze in Bezug auf die Möglichkeit des Eintretens der Resonanz, so darf man nicht außer acht lassen, daß die Generatoren im allgemeinen keine rein sinusförmige EMK aussenden. Und dann ist der Fall denkbar und tatsächlich beobachtet worden, daß Leiterzweige, die für die Grundwelle $\omega = \sqrt{\frac{1}{CL}}$ oder die Dauer der Periode $T = 2 \pi \sqrt{CL}$ unempfindlich sind, für die Obertöne der aufgedrückten EMK mit der drei-, fünf- oder siebenfachen Periodenzahl ansprechen und dann für diese sonst vernachlässigbaren Obertöne Resonanz ergeben. Über solche Fälle berichtet Leblanc[21]), doch sind sie immerhin selten beobachtet worden und dann nur bei Kabeln, meistens solchen konzentrischer Anordnung. Bei derartigen Kabeln können aber auch durch die vorerwähnte Konsonanz Spannungserhöhungen auftreten, wenn versehentlich der Innenleiter allein angeschlossen blieb oder wenn der Innenleiter an Erde gerät, d. h. zufällig geerdet wird.

Denken wir uns ein Hochspannungsnetz von konzentrischen Kabeln, an welchen in den Knotenpunkten Transformatoren angeschlossen sind, so kann der Fall eintreten, daß der Außenleiter irgend einer Strecke an einem Ende abgeschaltet wird, während er am anderen Ende angeschlossen bleibt und von dem dort be-

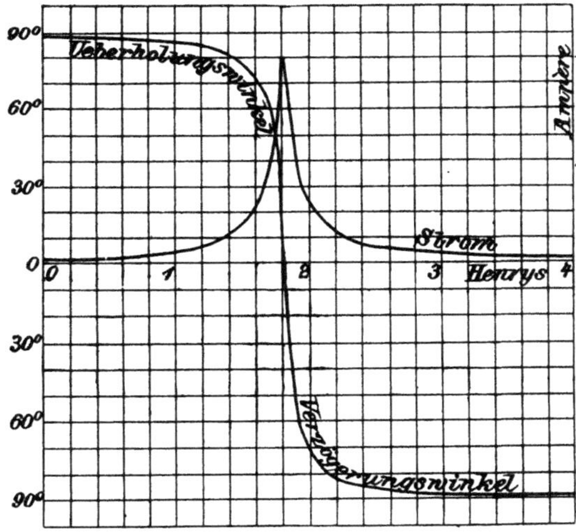

Fig. 259.

findlichen Transformator aus infolge der Kapazität des Kabels geladen wird[24]). Der Stromverlauf ist jetzt der folgende: Von der Innenleiter-Sammelschiene in der Zentrale nach dem Transformator, von diesem in das mit dem Transformator zusammenhängende Stück des irgendwo abgeschalteten Außenleiters, von diesem infolge der Kapazität desselben zur Erde und, wieder infolge der Kapazität desselben, durch den Rest des Außenleiternetzes zur anderen Sammelschiene der Zentrale. Die beiden Kapazitäten des abgeschalteten Außenleiters und des übrigen Außenleiternetzes sind in Reihenschaltung und wirken so, als ob das ganze Außenleiternetz Erdschluß hätte, und die Isolierung des abgeschalteten Außenleiters muß der Spannung des ganzen Ladestromes widerstehen.

Zum Schutze konzentrischer Kabel ist es also notwendig, entweder den Innen- und Außenleiter gleichzeitig ab- und zuzuschalten oder den Innenleiter zuerst aus-, den Außenleiter zuerst einzuschalten. Man gibt deshalb dem Außenleiter gar keine oder sehr starke Sicherung, sodaß sich nur der Innenleiter abschalten kann. Ist aber Erdschluß des Innenleiters die Ursache von Kabeldurchschlägen, so treten diese an verschiedenen Stellen des Netzes meistens zugleich auf, wenn die aus konzentrischen Kabeln bestehenden primären und sekundären Leitungen je ein zusammenhängendes Netz bilden[25]). Entsteht z. B. an der Einführungsmuffe in den Transformator Erdschluß, so werden zunächst die primären Sicherungen abschmelzen; der Erdschluß bleibt aber bestehen. Die Stromzufuhr geschieht jetzt von der sekundären Seite aus und die Primärspule wird in eine Quelle von Wechselspannung verwandelt mit sehr geringer Induktanz, weil diese nur von der Streuung des Transformators herrührt, und sehr hoher Kapazität, der Kapazität des ganzen Netzes. Durch Resonanz können jetzt wieder gefährliche Zustände geschaffen werden, gegen welche weder Sicherungen im Innenleiter noch die Fortlassung der Sicherungen im Außenleiter, sondern einzig die Erdung des Außenleiters Schutz bietet. Diese Erdung erfolgt, um Telephonstörungen zu vermeiden, nur an einem Punkte oder an einigen wenigen Punkten, und zwar vermittelst eines induktionsfreien Widerstandes, damit bei einem Erdschluß des Innenleiters der Stromstoß nicht größer wird, als nötig ist, um die betreffende Innenleitersicherung zu schmelzen.

Verseilte Kabel sind nur insofern gegen die Gefahr des Durchschlagens mehr geschützt, als die Kapazität der einzelnen isolierten Leiter geringer ist und die Potentiale gegen Erde sich gleichförmiger verteilen.

Das Auftreten von Resonanzerscheinungen wird man nie ganz vermeiden können. Man hat deshalb besondere Apparate zu konstruieren gesucht, welche die gefährlichen Spannungszustände für das Netz gefahrlos ausgleichen sollen. Im allgemeinen bestehen diese Apparate aus kleinen, regulierbaren Funkenstrecken, welche mit hohen induktionsfreien Widerständen in Serie in eine Erdleitung eingeschaltet werden. Als solche Widerstände werden häufig Wasserwiderstände verwendet (Fig. 260). In neuerer Zeit werden auch Wasserstrahlsicherungen[26]) derart angewendet, daß z. B. bei 20 000 Volt Betriebsspannung jeder Pol durch einen Wasserstrahl von 15 mm Durchmesser und etwa 360 mm Länge dauernd mit der Erde, bezw. einem geerdeten Wasserbehälter in Verbindung steht. Die Dimensionen wechseln nach der Beschaffenheit des Wassers. Der dauerde Energieverlust ist klein, in dem angegebenen Falle 0,03 Ampère etwa, bei einem Wasserverbrauch von etwa 6 cbm stündlich bei 1,5 Atmosphären Druck.

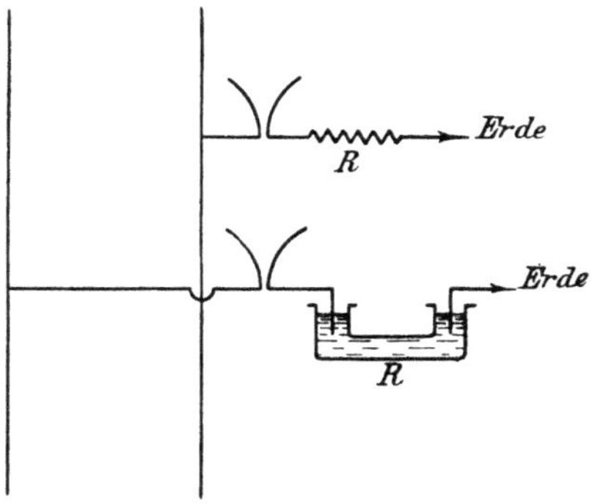

Fig. 260.

Manche Firmen bringen zum Schutze der Kabel ihre gewöhnlichen Blitzableiter mit unterteilter Funkenstrecke auch gegen Spannungserhöhungen durch Resonanz oder besonders konstruierte Apparate zur Anwendung, welche die Niederspannungswickelung der Transformatoren oder Niederspannungsleitungen selbsttätig mit der Erde leitend verbinden, sobald unzulässige Spannungen aus irgend welchen Gründen darin auftreten.

13. Natürliche Schwingungsdauer einer Luftleitung.

Will man nun noch untersuchen, inwieweit eine Luftleitung durch Abstimmung ihrer natürlichen Schwingungsdauer Blitzschlägen mehr oder weniger ausgesetzt ist, so muß man zunächst erwägen, daß Blitzentladungen, auch solche, die zwischen Wolken stattfinden und nur induzierend auf ein ganz oder nahezu abgestimmtes Leitersystem (nach Art der Vorgänge bei der drahtlosen Telegraphie) einwirken könnten, Wellen beliebiger Form sind, in denen das Größenverhältnis der Grund- und Oberschwingungen von der Beschaffenheit des unregelmäßigen atmosphärischen Kraftfeldes abhängt. Für den

Fall einer Blitzentladung kommen nur die Kapazität und die Induktanz jedes Drahtes der Fernleitung gegen Erde in Betracht, und da für einen Draht von d cm Durchmesser, l cm Länge und D cm Abstand vom Boden die gesamte Kapazität und Induktanz

$$C_0 = \frac{1{,}11\, l \cdot 10^{-6}}{2 \lg \text{nat} \frac{4D}{d}} \text{ Mikrofarad; } \quad L_0 = 2\, l \cdot 10^{-6} \lg \frac{4D}{d} \text{ Millihenry}$$

folgt für die Grundschwingung und die Obertöne[27])

$$\sim = \frac{2k+1}{4\sqrt{C_0 L_0}} = \frac{7{,}5}{l} \cdot 10^9 \cdot (2k+1),$$

worin k alle ganzen Werte 0, 1, 2, annehmen kann. Die oszillierende Entladung einer Fernleitung tritt also nicht mit einer bestimmten Periodenzahl auf, sondern kann alle möglichen ungeraden Periodenzahlen aufweisen. Die Grundschwingung hat die Periodenzahl $\sim_1 = \frac{7{,}5}{l} \cdot 10^9$, also z. B. für eine 10 km lange Fernleitung $\sim_1 = 7500$ Perioden i. d. Sek., ist also viel zu hoch, als daß irgend welche Maschinenströme hier Resonanz ergeben könnten.

Diese Überlegung beweist, daß Resonanzerscheinungen bei Luftleitungen, auch wenn sie mit Kabeln durch Vermittelung von Transformatoren zusammenhängen, keine hervorragende Rolle spielen. Verderbliche Spannungserhöhungen, die gerade bei Luftleitungen beobachtet worden sind, sind vielmehr den freien Schwingungen zuzuschreiben, die beim Ein- und Ausschalten, besonders aber bei plötzlicher Unterbrechung eines Kurzschlusses auftreten. Wir wenden uns nunmehr diesen Erscheinungen zu.

14. Über die Erscheinungen beim Ein- und Ausschalten und beim Kurzschluss einer Freiluftleitung.

Unter gewissen Umständen kann durch Oszillationen, die von einer Veränderung der Verhältnisse des Stromkreises herrühren, eine gefährliche Überspannung erzeugt werden. Steinmetz[28]) beobachtete diese Erscheinung zuerst beim Öffnen eines Hochspannungskreises mit verschiedenen Typen von Stromunterbrechern bei einer künstlichen Linie, bestehend aus induktiven Spulen und etwa einer halben Meile Hochspannungskabel, wobei eine Funkenstrecke zwischen Nadelspitzen quer über das System angeschlossen war, um die momentane Spannungserhöhung zu messen. Wenn die Nadelspitzen so nahe zusammengebracht wurden, daß eine Entladung zwischen ihnen auftrat, wurde stets durch den Kurzschluß des Systems quer über die Nadelspitzen eine außerordentliche Spannung lokal in dem System induziert, deren Durchschlaglänge bis zu 1 m, entsprechend $^1/_4$ bis $^1/_2$ Million Volt, erreichte, obgleich die normale Spannung des Systems nur etwa 10 000 Volt war. Die Erscheinung ist folgende: Das System war durch den Bogen zwischen den Nadelspitzen kurz geschlossen und dadurch momentan seiner elektrostatischen Ladung beraubt, sodaß das Potential lokal auf praktisch Null abfiel, während ein anormaler Strom als Bogen zwischen den Nadelspitzen passiert. Durch die Erwärmung dieses Stromes wurde der Bogen sofort explosiv ausgeblasen und damit der Kurzschluß des Systems unterbrochen. Nach der Explosion ergab die Entladung zwischen den Nadelspitzen wieder Kurzschluß, Selbstunterbrechung u. s. f. Die Erscheinung ist somit von ähnlichem Charakter, aber ungleich größerer Leistung als die Wirkung des Wehneltunterbrechers, welch letzterer von der kombinierten Wirkung der Selbstinduktion und der elektrolytischen Polarisation abhängt, während das hier besprochene Phänomen durch Selbstinduktion und Kapazität hervorgerufen wird.

Seit dieser Zeit wurden in einer Anzahl von Hochspannungskreisen elektrische Entladungen beobachtet, deren Durchschlaglängen vielmals größer waren, als jene der normalen Spannungen des Systems, sobald ein kurzschließender Bogen in der freien Luft sich selbst unterbrach. Ein Kurzschluß in einem beschränkten Raum, wie z. B. in einem versenkten Kabel, gibt keine Veranlassung zu dieser Erscheinung. Aus diesen und anderen Gründen wurde Steinmetz dahin geführt, zu glauben, daß ein kurzschließender Hochspannungsbogen im freien Raum in einem System mit Selbstinduktion und Kapazität eine selbst unterbrechende Erscheinung ist und somit sehr ernste Spannungserhöhungen hervorrufen kann. An irgend einem Hochspannungstransformator mit beschränkter Leistung kann diese Erscheinung beobachtet werden durch die totale Veränderung des Charakters des Lichtbogens zwischen den Hochspannungsklemmen, sobald Kapazität im Nebenschluß eingeschaltet wird. Von der Flamme des ständigen und geräuschlosen Bogens, der nach oben durch die Hitze gebogen ist, verändert sich die Entladung in die blendendweiße, geräuschvolle, blitzartige und zerstörende Hochspannungs-Oszillation. Diese Änderung kann auch photographisch gezeigt werden. Die Photographien ergeben im ersten Falle Streifungen der einander folgenden Halbwellen der zugeführten Frequenz, im letzteren Falle ein System sukzessiver elektrostatischer Funken, ohne darauffolgende gestreifte Wechselstrombogen.

a) Einschaltung der unerregten Linie.

Betrachten wir als Annäherung die Kapazität C als einen quer über die Mitte der Linie vom Widerstand r und der Induktanz L abgezweigten Kondensator[29]). Die Periodenzahl sei $\sim$. Dann ist also $x = 2\pi \sim L$ die Reaktanz zwischen den Sammelschienen und der Kondensatorabzweigung, $K = \frac{1}{2\pi \sim C}$ die Reaktanz des Kondensators. Ist i der Strom im Moment t, so wird von der Induktanz die EMK $L\frac{di}{dt} = x\,d\alpha$ verzehrt, wenn $\alpha = 2\pi \sim t$ gesetzt wird, und die Potentialdifferenz an den Klemmen des Kondensators ist

$$e_1 = \frac{1}{C}\int i\,dt = K\int i\,d\alpha\,.$$

Setzt man also eine sinusförmig verlaufende EMK von der Form $e = E\cos(\alpha - \varphi)$ voraus, so gilt offenbar die Differentialgleichung

$$E\cos(\alpha - \varphi) - i\,r - x\frac{di}{d\alpha} - K\int i\,d\alpha = 0,$$

woraus

$$e_1 = K\int i\,d\alpha = E\cos(\alpha - \varphi) - i\,r - x\frac{di}{d\alpha}\,.$$

Diese beiden Gleichungen ergeben aufgelöst, unter Vernachlässigung von Ausdrücken zweiter Ordnung und unter Berücksichtigung des Umstandes, daß bei Fernleitungen für hohe Spannung der Verlust in Widerstand und Induktanz zwischen etwa 5 % und 20 % der zugeführten Spannung, der Ladestrom bei normaler Spannung und Periodenzahl ebenfalls zwischen 5 % und 20 % des Stromes bei Vollbelastung beträgt, also K zwischen 25 und 400mal größer sein wird als r oder x, für den Strom und die Potentialdifferenz am Kondensator

$$i = -\frac{E}{K}\sin(\alpha-\varphi) + \varepsilon^{-\frac{r}{2x}\alpha}\left\{i_0 \cos\sqrt{\frac{K}{x}}\,\alpha - \frac{e_0 - E\cos\varphi}{\sqrt{xK}}\sin\sqrt{\frac{K}{x}}\,\alpha\right\}$$
$$= i' + i'' + i''' ,$$
$$e_1 = E\cos(\alpha-\varphi) + \varepsilon^{-\frac{r}{2x}\alpha}\left\{(e_0 - E\cos\varphi)\cos\sqrt{\frac{K}{x}}\,\alpha + i_0\sqrt{xK}\sin\sqrt{\frac{K}{x}}\,\alpha\right\}$$
$$= e_1' + e_1'' + e_1''' .$$

Die Gleichungen sind offenbar vollkommen symmetrisch gebaut. i_0 und e_0 bedeuten in beiden den Wert des Stromes und der EMK zur Zeit $t = 0$ oder im Moment $\alpha = 0$. ε ist die Basis der natürlichen Logarithmen. Von den drei Ausdrücken, aus denen sich jede der Gleichungen zusammensetzt, bedeuten die ersten

$$i' = -\frac{E}{K}\sin(\alpha-\varphi) = 2\pi\sim C\,E\sin(\alpha-\varphi) ,$$
$$e_1' = E\cos(\alpha-\varphi)$$

offenbar die stationären Werte für den Ladestrom und das Potential am Kondensator, da die zwei anderen Ausdrücke für $t = \infty$ oder $\alpha = \infty$ verschwinden.

Der zweite Ausdruck

$$i'' = \frac{E}{\sqrt{xK}}\,\varepsilon^{-\frac{r}{2x}\alpha}\cos\varphi\sin\sqrt{\frac{K}{x}}\,\alpha = \sqrt{\frac{C}{L}}\,E\,\varepsilon^{-(r/2L)t}\cos\varphi\sin\frac{t}{\sqrt{CL}}$$
$$e_1'' = -E\,\varepsilon^{-\frac{r}{2x}\alpha}\cos\varphi\cos\sqrt{\frac{K}{x}}\,\alpha \quad = -E\,\varepsilon^{-(r/2L)t}\cos\varphi\cos\frac{t}{\sqrt{CL}}$$

stellt jene Komponente der Oszillation dar, die von der Phase der zugeführten EMK oder von jenem Punkte (φ) ihrer Welle abhängt, an welchem die Oszillation beginnt. $\varepsilon^{-(r/2x)\alpha}$ ist das Dekrement dieser Oszillation, $\sim_0 = \sim\sqrt{\frac{K}{x}}$ ihre Periodenzahl. Da aber $K = \frac{1}{2\pi\sim C}$ und $x = 2\pi\sim L$, ist $\sim_0 = \frac{1}{2\pi\sqrt{CL}}$, also unabhängig von der Periodenzahl des zugeführten Stromes. Die Schwingungen sind also freie, nicht vom Generator erzwungene Oszillationen. Da die Ausdrücke i'' und e_1'' außer von den Konstanten der Linie nur von der Phase des Beginns der Oszillationen, nicht aber von den früheren Bedingungen des Stromkreises abhängen, entsprechen sie jenen Oszillationen, die beim Anlassen einer Fernleitung, also beim plötzlichen Anschluß an die Generatorklemmen, entstehen. Die maximale Stärke, welche dabei der Ladestrom erreichen kann, ist offenbar $\left(\frac{i''}{i'}\right)$ max. $= \sqrt{\frac{K}{x}}$ mal dem stationären Ladestrom. Der anfängliche Stromstoß verhält sich also zum stationären Ladestrom wie $\sim_0 : \sim$. Die maximale oszillierende EMK, die beim Einschalten induziert wird, e_1'', ist von derselben Größenordnung wie die zugeführte Betriebsspannung E. Der maximale Wert der in einer Linie beim Anlassen auftretenden Potentialdifferenzen ist also kleiner als zweimal die zugeführte EMK, und übermäßig hohe Spannungen können mithin beim Anlassen oder Einschalten einer Fernleitung nicht entstehen.

Betrachten wir nunmehr die dritten Ausdrücke:

$$i''' = \varepsilon^{-\frac{r}{2x}\alpha}\left\{i_0 \cos\sqrt{\frac{K}{x}}\,\alpha - \frac{2e_0 + r\,i_0}{2\sqrt{x\,K}}\sin\sqrt{\frac{K}{x}}\,\alpha\right\}$$

$$= \varepsilon^{-(r/2L)t}\left\{i_0\cos\frac{t}{\sqrt{CL}} - e_0\sqrt{\frac{C}{L}}\sin\frac{t}{\sqrt{CL}}\right\}$$

$$e_1''' = \varepsilon^{-\frac{r}{2x}\alpha}\left\{e_0\cos\sqrt{\frac{K}{x}}\,\alpha + \frac{2\,r\,e_0 + (r^2 + 4\,x\,K)\,i_0}{4\sqrt{x\,K}}\sin\sqrt{\frac{K}{x}}\,\alpha\right\}$$

$$= \varepsilon^{-(r/2L)t}\left\{e_0\cos\frac{t}{\sqrt{CL}} + i_0\sqrt{\frac{L}{C}}\sin\frac{t}{\sqrt{CL}}\right\}$$

Sie hängen weder von der zugeführten Spannung (E) noch von der Phase des Beginnes (φ) der Oszillation, sondern außer von den Linienkonstanten nur von den Werten des Stromes i_0 und der Spannung e_0 in dem Momente des Beginnes der Oszillation ab und verschwinden somit, wenn $i_0 = 0$ und $e_0 = 0$, also im Moment des unerregten Anschlusses der Linie. Dagegen können sie hohe Überspannungen hervorrufen, wenn die Linie unter Belastung geöffnet oder ein Kurzschluß auf der Linie plötzlich unterbrochen wird.

b) Unterbrechung der belasteten Linie.

Wir fassen jetzt i_0 als den Momentanwert des Stromes bei Vollbelastung, e_0 als den entsprechenden Momentanwert der Klemmenspannung am Kondensator auf. Dann ist offenbar $r\,i_0$ klein gegen e_0 und $i_0\sqrt{x\,K}$ von derselben Größenordnung wie e_0. Setzen wir also

$$\frac{e_0}{i_0\sqrt{x\,K}} = \operatorname{tg}\delta,$$

so formen sich die Gleichungen um in

$$i''' = \sqrt{i_0^2 + \frac{e_0^2}{x\,K}}\,\varepsilon^{-(r/2\,x)\,\alpha} \cos\left(\sqrt{\frac{K}{x}}\,\alpha + \delta\right)$$

und

$$e_1''' = \sqrt{e_0^2 + i_0^2\,x\,K}\,\varepsilon^{-(r/2\,x)\,\alpha} \cos\left(\sqrt{\frac{K}{x}}\,\alpha + \delta\right)$$

Die Amplitude der Oszillationen ist also für den Strom $\sqrt{i_0^2 + \frac{e_0^2}{x\,K}}$, für die oszillierende EMK am Kondensator $\sqrt{e_0^2 + i_0^2\,x\,K}$. Betrachtet man in dem allgemeinen Ausdruck für den totalen Strom und die EMK an den Kondensatorbelegungen die Differenz $(e_0 - E\cos\varphi)$ im Moment des Beginnes der Oszillationen als vernachlässigbar, was wegen ihrer Kleinheit annähernd zulässig ist, so wird angenähert

$$i \doteq -\frac{E}{K}\sin(\alpha - \varphi) + i_0\,\varepsilon^{-(r/2\,x)\,\alpha}\cos\sqrt{\frac{K}{x}}\,\alpha$$

$$e_1 \doteq E\cos(\alpha - \varphi) + i_0\sqrt{x\,K}\;\varepsilon^{-(r/2\,x)\,\alpha}\sin\sqrt{\frac{K}{x}}\,\alpha,$$

und man erkennt, daß die Oszillation des Stromes etwa die Amplitude des Vollbelastungsstromes hat, während die Oszillation der Spannung am Kondensator die Amplitude

$$e_1''' = i_0\sqrt{x\,K} = i_0\sqrt{\frac{L}{C}}$$

besitzt.

In Kreisen mit hohen Werten von L und kleiner Kapazität C kann $i\sqrt{xK}$ bedeutend höher als die eingeprägte oder zugeführte EMK sein. Es kann also bei Luftleitungen oder bei kurzen Kabelstücken mit vielen Transformatoren eine bedenkliche Spannungserhöhung bei plötzlicher Öffnung des belasteten Stromkreises auftreten, während in Kabeln mit hoher Kapazität und niedriger Induktanz $i_0\sqrt{xK}$ nur mittlere Werte erreichen kann. Da e_1''' der Augenblickswert der maximalen schwingenden EMK und i_0 der entsprechende Augenblickswert des unterbrochenen Stromes ist, kann die $\sqrt{xK} = \sqrt{L/C}$ wie ein Widerstand in Ohm ausgedrückt und als Widerstand gegen freie Oszillationen betrachtet werden. Bei oberirdischen Leitungen variiert dieser fiktive Widerstand zwischen 400 Ohm für dicke und nahe zusammenliegende und 900 Ohm für dünne und weiter von einander entfernte Drähte; als Mittel mag man etwa 600 Ohm annehmen, sodaß also pro Ampere plötzlich unterbrochenen Stromes (i_0) im Mittel bei Luftleitungen etwa 600 Volt durch Oszillation induziert werden. Die Induktanz L bewirkt bei ihrem Bestreben, den Strom aufrecht zu erhalten, eine Spannungserhöhung, während die Kapazität einen beruhigenden Einfluß ausübt. Bei Kabeln, für welche L klein, C groß ist, wird deshalb der fiktive Widerstand gegen freie Oszillationen nur etwa 40 Ohm im Mittel betragen.

c) Unterbrechung eines Kurzschlusses auf der Linie.

Wenn die betrachtete Linie am Ende kurzgeschlossen und dann zur Zeit $t = o$ geöffnet wird, ist vor der Öffnung, also für $t < o$, die Spannungsdifferenz am Kondensator $e_0 = o$, der Strom $i_0 = E/z \cos(\alpha - \varphi - \psi)$, worin $z = \sqrt{r^2 + x^2}$ der Richtungswiderstand ohne Kondensator, und $\operatorname{tg}\psi = x/r$ ist. Zur Zeit $t = o$ ist also $i = E/z \cos(\varphi + \psi)$. Setzt man diese Werte von e_0 und i_0 in die Gleichungen für i''' und e_1''' ein, so erhält man unter Vernachlässigung der Ausdrücke zweiter Ordnung

$$i''' = \frac{E}{z}\,\varepsilon^{-(r/2x)\,\alpha} \cos(\varphi + \psi) \cos\sqrt{\frac{K}{x}}\,\alpha$$

$$e_1''' = \frac{E\sqrt{xK}}{z}\,\varepsilon^{-(r/2x)\,\alpha} \cos(\varphi + \psi) \sin\sqrt{\frac{K}{x}}\,\alpha.$$

Der oszillierende Strom i''' wird also von der Größenordnung des Kurzschlußstromes, e_1''' wird aber wesentlich größer als die zugeführte Spannung E. Setzt man nämlich in roher Annäherung $z = x$, also $r = o$, so folgt

$$\frac{e_1'''}{E} \doteq \sqrt{\frac{K}{x}} = \frac{1}{2\pi\sim}\sqrt{\frac{1}{CL}}$$

für die Amplitude der Oszillation. In diesem Falle kann also das Anschwellen der Spannung bei Beginn der Oszillationen übermäßig sein. Ihr minimaler Wert tritt ein, wenn der Kreis in dem Moment unterbrochen wird, wo der Kurzschlußstrom Null ist, und dann ist die Spannung am Kondensator weniger als zweimal die zugeführte EMK, also von mittlerer Größe.

An- und Verschwellung hören nur dann auf zu oszillieren, wenn $\sqrt{r^2 - 4\,x\,K}$ reell wird; sie gehen dann in eine gewöhnliche logarithmisch verlaufende Entladung über, wie wir sie im Abschnitt F des ersten Kapitels (S. 76 ff.) behandelt haben. Da aber bei Hochspannungs-Fernleitungen x stets von derselben Größenanordnung wie r, k aber wesentlich (25 bis 400 mal) größer sein wird, ist für eine Fernleitung stets $4\,x\,k > r^2$, die Wurzel also imaginär. Während also beim Anlassen oder Abschalten eines Stromkreises, der nur Widerstand und Induktanz enthält, die endgültigen Verhältnisse (nach S. 78) sehr rasch und ohne Schwingungen erreicht werden, sobald das Ein- oder Abschalten in den Momenten geschieht, wo i oder E durch Null passieren, tritt bei vorhandener Kapazität bei jeder Veränderung der Stromkreisbedingungen eine mehr oder weniger intensive Oszillation auf. Einige Beispiele mögen zur Illustration des Erörterten dienen.

I.

Sei bei einer Übertragungslinie, die 100 Amp. bei voller Belastung mit 20000 Volt eingeprägter EMK führt, der Widerstandsabfall 8%, der induktive Spannungsverlust 15% der zugeführten Spannung und der Ladestrom 8% des vollen Belastungsstromes. Wir nehmen als Widerstandsabfall in den spannungserhöhenden Transformatoren 1% und als Reaktanzspannung 2½% an.

Der Widerstandsabfall zwischen den Generatorklemmen und der Mitte der Übertragslinie ist dann 5% = 1000 Volt oder r = 10 Ohm. Die von der Induktanz verzehrte Spannung ist 10% = 2000 Volt oder x = 20 Ohm. Der Ladestrom der Linie ist 8 Ampere (entsprechend einer scheinbaren Leistung von

160 Kilovoltamp.), also K = 2500 Ohm. Dann ist für sinusförmige EMK:

$$
\begin{aligned}
E &= 20\,000\sqrt{2} = 28\,280 \text{ Volt} \\
i' &= -11{,}3 \sin(\alpha-\varphi); \\
e_1' &= 28\,280 \cos(\alpha-\varphi); \\
i'' &= -11{,}3\, \varepsilon^{-0{,}25\,\alpha} [\sin\varphi \cos 11{,}2\,\alpha - 11{,}2 \cos\varphi \sin 11{,}2\,\alpha] \\
e_1'' &= -28\,280\, \varepsilon^{-0{,}25\,\alpha} [\cos\varphi \cos 11{,}2\,\alpha - 0{,}089 \sin\varphi \sin 11{,}2\,\alpha]
\end{aligned}
$$

a) Die beim Anlassen entstehende Oszillation ist also:

$$i = -11{,}3\,[\sin(\alpha-\varphi) + \varepsilon^{-0{,}25\,\alpha} (\sin\varphi \cos 11{,}2\,\alpha - 11{,}2 \cos\varphi \sin 11{,}2\,\alpha)]$$

$$e_1 = 28\,280\,[\cos(\alpha-\varphi) - \varepsilon^{-0{,}25\,\alpha} (\cos\varphi \cos 11{,}2\,\alpha - 0{,}089 \sin\varphi \sin 11{,}2\,\alpha)].$$

Also der Maximalwert für $\varphi = 0$ (Fig. 261):

$$
\begin{aligned}
i &= -11{,}3\,(\sin\alpha - 11{,}2\,\varepsilon^{-0{,}25\,\alpha} \sin 11{,}2\,\alpha) \\
e_1 &= 28\,280\,(\cos\alpha - \varepsilon^{-0{,}25\,\alpha} \cos 11{,}2\,\alpha)
\end{aligned}
$$

und der Maximalwert für $\varphi = 90^0$

$$
\begin{aligned}
i &= -11{,}3\,(\cos\alpha - \varepsilon^{-0{,}25\,\alpha} \cos 11{,}2\,\alpha) \\
e_1 &= 28\,280\,(\sin\alpha + 0{,}089\, \varepsilon^{-0{,}25\,\alpha} \sin 11{,}2\,\alpha).
\end{aligned}
$$

Diese Werte sind in Fig. 261 und 262 dargestellt und zwar der Strom i in punktierten, die EMK e_1 in ausgezogenen und die stationären Werte g in dünnen Linien.

b) bei Öffnung des vollbelasteten Kreises ist:

$$
\begin{aligned}
i &= -11{,}3 \sin(\alpha-\varphi) + \varepsilon^{-0{,}25\,\alpha} (i_0 - 11{,}3 \sin\varphi) \cos 11{,}2\,\alpha \\
e_1 &= 28\,280 \cos(\alpha-\varphi) + 224\, i_0\, \varepsilon^{-0{,}25\,\alpha} \sin 11{,}2\,\alpha.
\end{aligned}
$$

Diese Werte sind maximal für $\varphi = 0$ und induktionsfreien Kreis oder $i_0 = 141{,}4$ und betragen

$$
\begin{aligned}
i &= -11{,}3 \sin\alpha + 141{,}4\, \varepsilon^{-0{,}25\,\alpha} \cos 11{,}2\,\alpha \\
e_1 &= 28\,280 \cos\alpha + 31\,600\, \varepsilon^{-0{,}25\,\alpha} \sin 11{,}2\,\alpha.
\end{aligned}
$$

Sie sind in Fig. 263 in derselben Weise wie oben dargestellt.

c) Bei Unterbrechung der kurzgeschlossenen Linie ist:

$$z = 22{,}4 \text{ und } i_0 = 1265 \cos(\varphi + \psi)$$

also

$$i = -11{,}3 \sin(\alpha-\varphi) + 1265\, \varepsilon^{-0{,}25\,\alpha} \{[\cos(\varphi+\psi) - 0{,}0089 \sin\varphi] \cos 11{,}2\,\alpha + 0{,}1 \cos\varphi \sin 11{,}2\,\alpha\}$$

$$e_1 = 28\,280 \{\cos(\alpha+\varphi)\, \varepsilon^{-0{,}25\,\alpha} [\cos\varphi \cos 11{,}2\,\alpha - 10 \cos(\varphi+\psi) \sin 11{,}2\,\alpha]\}$$

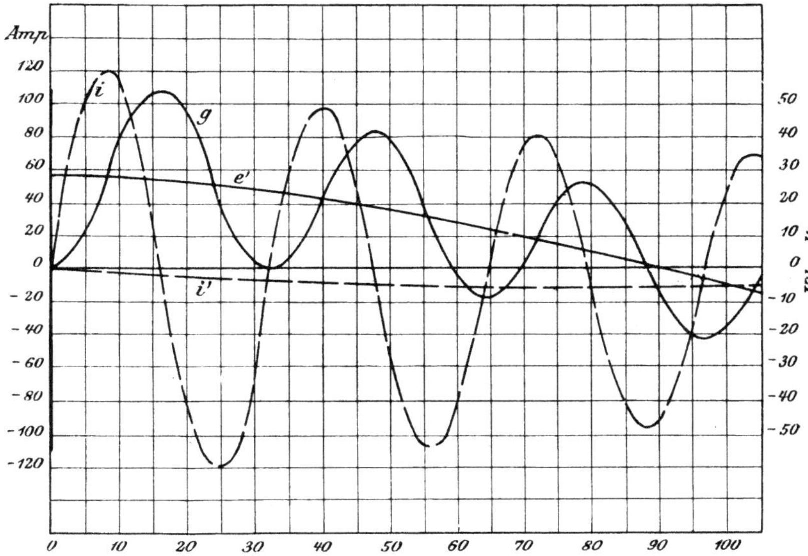

Fig. 261.
Maximale Oszillation beim Anlassen.

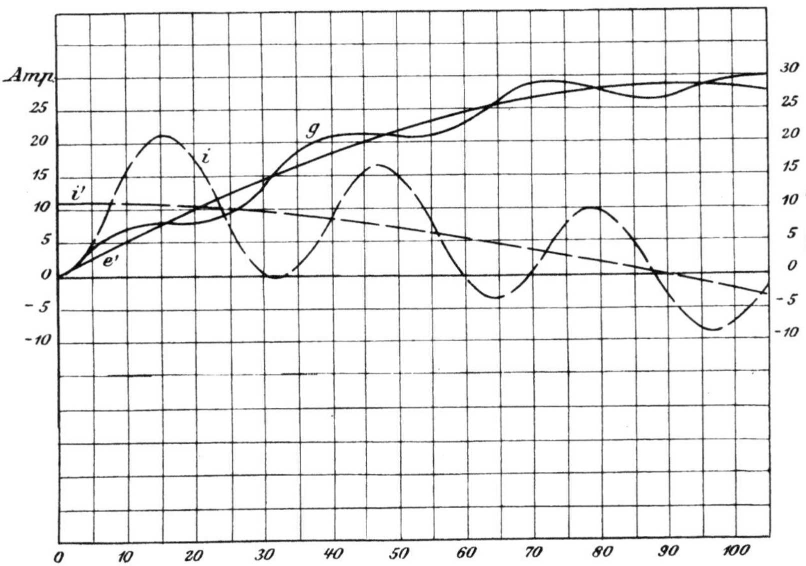

Fig. 262.
Minimale Oszillation beim Anlassen.

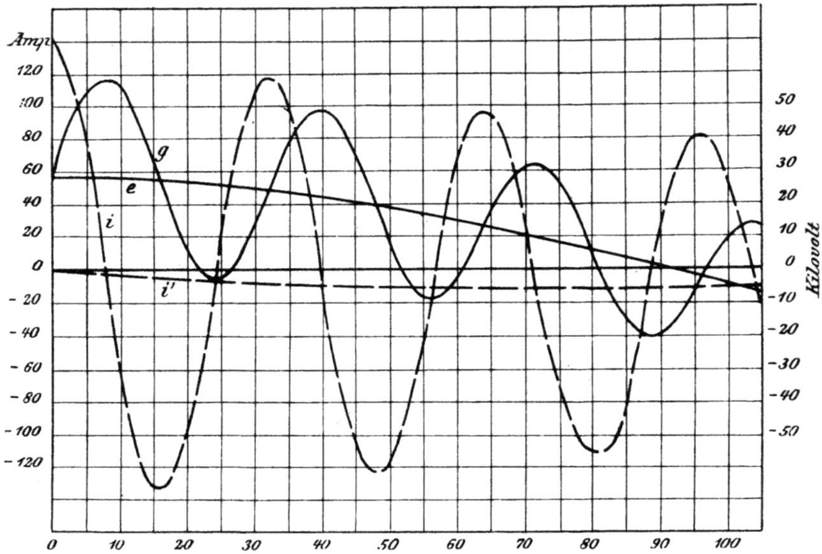

Fig. 263.
Öffnung des vollbelasteten Kreises.

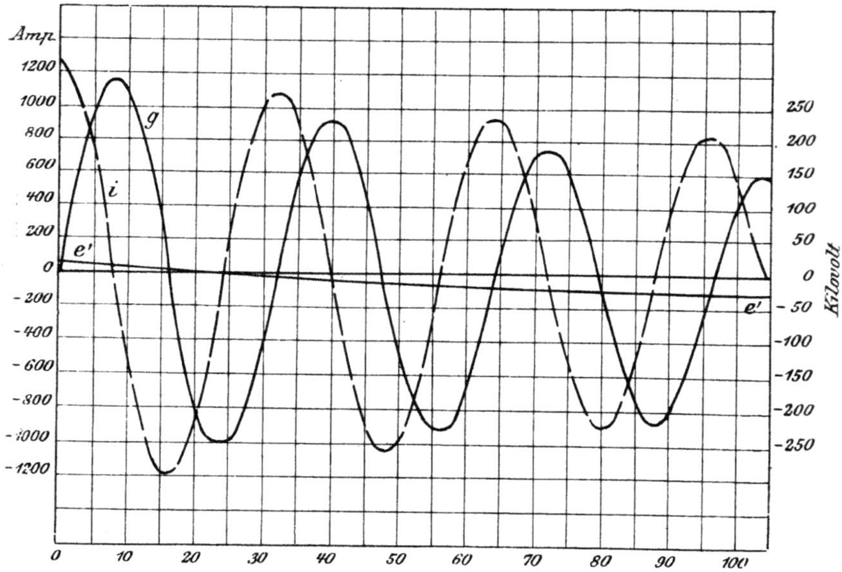

Fig. 264.
Unterbrechung nach Kurzschluß.

Sie sind maximal für $\varphi = -\psi = -63^0$.

$$i = -11{,}3 \sin(\alpha + 63^0) + 1260\, \varepsilon^{-0{,}25\,\alpha} (\cos 11{,}2\,\alpha + 0{,}044 \sin 11{,}2\,\alpha)$$

$$e_1 = 28\,280 \cos(\alpha + 63^0) - 282\,800\, \varepsilon^{-0{,}25\,\alpha} (0{,}044 \cos 11{,}2\,\alpha - \sin 11{,}2\,\alpha)$$

d. h. die Spannung wächst etwa auf das Zehnfache (Fig. 264).

II.

Bei dem zu Anfang der Abhandlung erwähnten Beispiel, wo Steinmetz zuerst die zerstörenden Spannungen von kurzschließenden Bogen beobachtete, fiel bei einer experimentellen 10 000 Volt 40 Zyklenmaschine während des Auftretens der Erscheinung die Spannung des zu kleinen Generators auf etwa 5000 Volt. Der Widerstand des Systems war sehr klein, etwa $r = 1$ Ohm, während $x = 10$ Ohm, $K = 20\,000$ Ohm geschätzt werden können. Dann ist $\operatorname{tg} \psi = 10$ oder annähernd $\psi = 90^0$. Daraus folgt

$$i = 707\, \varepsilon^{-0{,}05\,\alpha} \cos 44{,}7\,\alpha$$

$$e_1' = 316\,000\, \varepsilon^{-0{,}05\,\alpha} \sin 44{,}7\,\alpha$$

d. h. die Oszillation hat etwa 1800 Zyklen und eine maximale EMK von nahezu $^1/_3$ Million Volt, was die zerstörenden Wirkungen gut erklärt.

Als Schlußfolgerungen ergeben sich hieraus:

1. Die wichtigsten Quellen der zerstörenden Hochspannungserscheinungen in Hochspannungskreisen mit Induktanz und Kapazität sind nicht Resonanzerscheinungen mit der Welle der zugeführten EMK oder ihren höheren Schwingungen, sondern elektrische Oszillationen, wie sie durch Veränderungen der Verhältnisse des Stromkreises, z. B. Stromschluß, Stromöffnung u. s. w., hervorgerufen werden.

2. Diese Erscheinungen sind wesentlich unabhängig von der Frequenz und Wellenform der zugeführten EMK und hängen vielmehr von den Bedingungen ab, unter denen der Stromkreis verändert wird, z. B. von der Art der Änderung und jenem Punkt der zugeführten EMK und Stromwelle, an welchem die Veränderung auftritt.

3. Die elektrischen Oszillationen, die beim Anschluß einer Fernleitung an einen Generator auftreten, sind nicht von gefährlicher Spannung, aber die Oszillationen, die bei der Öffnung des Übertragungskreises unter Belastung auftreten, können zerstörende

Spannungen erreichen, und die Oszillationen, die bei der Unterbrechung eines Kurzschlusses auftreten, können Spannungen erzeugen, die weit außerhalb der zulässigen Grenzbeanspruchung der Isolation liegen.

Es sind deshalb besondere Vorsichtsmaßregeln bei der Öffnung eines Hochspannungskreises unter Belastung zu treffen. Die gefährlichste Erscheinung ist aber die Unterbrechung eines Kurzschlußes von geringem Widerstand im offenen Raum.

4. Die durch die Oszillationen bei der Öffnung einer unter Belastung oder unter Kurzschluß stehenden Fernleitung auftretenden Spannungen sind nur dann von mittlerer Größe, wenn die Öffnung des Stromkreises an einem bestimmten Punkt der Welle der EMK auftritt. Dieser Punkt deckt sich ungefähr mit dem Moment des Stromwertes Null.

Die Unterbrechung durch einen gewöhnlichen Bogen bei einem Ausschalter wird meistens nicht genügend plötzlich erfolgen, um die maximalen Schwingungen zu erzeugen, dagegen kann die Unterbrechung durch einen magnetisch ausgeblasenen oder durch Öl unterbrochenen Bogen fast momentan sein. Es scheint jedoch, daß der gewöhnliche Bogen in der Luft manchmal automatisch gleich einem Wehneltunterbrecher wirkt und so sehr plötzlich unterbrechen kann.

Wenn eine Luftlinie mit einem Kondensator verbunden wird, wird dieser Kondensator die elektrostatische Beanspruchung durch die Schwingung teilen und infolgedessen ihre elektromotorische Kraft zu reduzieren suchen, in anderen Worten, es wird derselbe Betrag elektrostatischer Energie dann in Linie und Kondensator zusammen aufgespeichert werden, dadurch, daß automatisch eine etwas geringere Schwingung der EMK auftritt. Wenn der Kurzschluß, der die gefährlichsten Schwingungen erzeugt, nicht am entfernten Ende der Linie, sondern z. B. nahe am Generator entsteht, so wird zwar weniger Widerstand im Kreis der Linie sein und dies mag den Strom zu vergrößern suchen. Wenn aber der Strom durch die Generatorrückwirkung auf ungefähr denselben Wert in beiden Fällen begrenzt ist, wird die Schwingung der elektromotorischen Kraft kleiner sein, als in dem Falle, wo die ganze Linie in Betracht kommt, weil jetzt nur ein Teil der Linie den Überstrom trägt und elektromagnetische Energie liefert, während die ganze Linie bei der Aufnahme der elektrostatischen

Energie wirksam ist. Tatsächlich arbeitet die Leitung jenseits des Kurzschlusses gleich einem Hilfskondensator. Es sind jedoch Fälle denkbar, wo Synchronmotoren jenseits des Kurzschlusses temporär als Generatoren wirken und mächtige Ströme durch den Kurzschluß erzeugen, die dann von beiden Enden der Linie her auftreten, in welchem Falle die Ausschwingung der EMK so groß sein kann, als wenn der Kurzschluß am entfernten Ende auftritt. Wirkt der Kurzschluß durch Transformatoren an irgend einem Ende der Linie, so wird die Induktanz der Linie scheinbar durch die magnetische Streuung in den Transformatoren erhöht und die Induktanz des Stromkreises muß bei der Berechnung um die zusätzliche Streufeld-Induktanz der in dem Kurzschluß einbegriffenen Transformatorspulen erhöht werden. Obgleich Hochspannungstransformatoren einige Kapazität besitzen, haben sie doch beträchtliche Reaktanz und bewirken daher eher eine Erhöhung als eine Verminderung der Ausschwingung der EMK.

Die Schwingung, welche durch den plötzlichen Anschluß des Generators erzeugt wird, ist verhältnismäßig klein; sie kann die maximale zyklische Spannung nicht übersteigen und die Summe der Generatorspannung und der Schwingung kann also nicht mehr als zweimal so groß sein. Eine Schwingung tritt manchmal beim Anschluß eines Transformators im Stromkreis auf, doch hängt sie dann von einer ganz anderen Ursache, nämlich einem starken zurückgebliebenen magnetischen Strom im Kern ab. Die Frequenz der freien Schwingungen in einem solchen Stromkreis von der Länge l ist unter Vernachlässigung des Einflusses der Endtransformatoren derart, daß die Reaktanz $\mathrm{L\,l\,\omega}$ gleich und entgegengesetzt gerichtet ist der Kapazitätsinduktanz $\frac{1}{\mathrm{l\,C}\,\omega}$, sodaß die Pulsation $\omega = \frac{1}{\mathrm{l}\sqrt{\mathrm{L\,C}}}$ ist. Die Größe $\frac{1}{\sqrt{\mathrm{L\,C}}}$ ist die Geschwindigkeit v in km pro Sekunde, mit der die elektromagnetische Welle durch das Dielektrikum läuft; in der Luft ist sie also gleich der Geschwindigkeit des Lichtes ist. Es ist also $\omega = \frac{\mathrm{v}}{\mathrm{l}}$; und in Luft ist $\omega = \frac{300\,000}{\mathrm{l}}$ pro Sekunde für l in km. Die Frequenz der Schwingungen ist gleich der Anzahl der Wanderungen, welche elektromagnetische Wellen zurücklegen können, wenn sie längs der Schleife in einer Sekunde hin und her verlaufen. In einer Schleife von Luftleitungen von 1 km Länge könnten sie hin und zurück

300 000 mal in einer Sekunde laufen, und dies wäre die Frequenz im Bogenmaß $\omega = 2\pi \sim$; also $\sim = 47\,750$. Wir haben bei der obigen Feststellung angenommen, daß die einzige Induktanz und Kapazität des Stromkreises ihren Sitz im Dielektrikum der die beiden Leiter umgebenden Luft hat. Wenn Transformatorenspulen an beiden Enden in Betracht kommen, werden ihre zusätzliche Induktanz und Kapazität den Kreis belasten und seine Frequenz herabsetzen. Selbst wenn keine Induktanz und Kapazität am Ende sind, um den Kreis zu belasten, ist stets die Induktanz herrührend von der magnetischen Strömung innerhalb der Substanz der Leiter selbst, vorhanden, die deshalb die Periodenzahl etwas unter jene des Lichtes herabdrückt. Für praktische Zwecke können wir jedoch sagen, daß die Grenzzahl der Frequenz für freie Oszillationsschwingungen in einem Stromkreise etwa 47 000 pro Sekunde ist, wenn L in km ausgedrückt sind. Im Falle von Kabeln mit festem Dielektrikum ist die Geschwindigkeit der Wellenfortpflanzung $v = \frac{1}{\sqrt{CL}}$ wegen des größeren Wertes der Dielektrizitätskonstanten kleiner und umgekehrt proportional ihrer Quadratwurzel. Die Geschwindigkeit v wird deshalb bei Kabeln gewöhnlich etwas über 150 000 km pro Sek., also etwa halb so groß, wie für Luftleitungen unter Vernachlässigung des verzögernden Einflusses der angeschlossenen Energieabnehmer sein. Ein 10 km langes Doppelleiterkabel würde also etwa 2400 Zyklen pro Sek. als Zahl der freien Schwingungen aufweisen. Dieselbe hängt nur von der Länge der Linie und der Art der Isolation, aber weder von der Frequenz des zugeführten Stromes, noch vom Querschnitt der Leitungen ab. Im Bezug auf den Einfluß der Länge des Kreises ist das Gesetz dasselbe wie für schwingende Saiten, die Frequenz variiert umgekehrt wie ihre Länge.

Da es schwierig ist zwischen den freien und den erzwungenen Schwingungen der Resonanz zu unterscheiden mag hier der Unterschied noch einmal betont werden.

Freie Schwingungen in elektrischen Stromkreisen müssen stets anheben, so oft eine Änderung im Kreise vorgenommen wird, also auch z. B. eine Änderung der Belastung oder der Geschwindigkeit des Generators; dieselben werden einige elektrische Störungen und eine entsprechende Reihe von Schwingungen ergeben, deren Stärke von der Größe und Plötzlichkeit der Störungen abhängt. Diese Schwingungen werden zuweilen in populärer Form, aber mit Unrecht der Resonanz zugeschrieben. Sie hängen nicht mehr von der Resonanz ab, als die Vibrationen einer plötzlich angeschlagenen Stimmgabel. Sie sind nur freie Schwingungen, herrührend von einer Störung der magnetischen oder elektrostatischen Energie im Dielektrikum rings um die Leiter. Jede solche Störung ruft eine Reihe von Wechselströmen und Spannungswellen mit der natürlichen Frequenz des Stromes so lange hervor, bis die Energie der Störung vollkommen durch den Wärmeeffekt der Stromwellen vernichtet worden ist.

Die stationären Wellen der Spannung und des Stromes in Fernleitungen sind dagegen erzwungene Schwingungen, die von der Frequenz des Generators abhängen und die nicht notwendigerweise mit der freien Periode des Kreises übereinstimmen müssen. Sie können zweckmäßig der Resonanz des Kreises zugeschrieben werden. Ein Vergleich zwischen freien und erzwungenen Schwingungen kann in folgender Weise durchgeführt werden. In einem Stromkreis mit L und C, der in einfachster Form aus einer Serie von Spulen und Kondensatoren besteht, ist die Frequenz der freien Schwingungen jene $\omega = \frac{1}{\sqrt{LC}}$, welche die Induktanz und Kapazität gleich und entgegengesetzt macht, sodaß die gesamte Reaktanz Null wird. Dies ist die natürliche Schwingungsperiode im Bogenmaß, abgesehen von der geringen Veränderung durch den Widerstand des Kreises. Wenn eine Sinusspannung im Kreise angebracht wird, so wird sie bei variabler Frequenz nur bei dieser natürlichen Frequenz Resonanz ergeben. Wird derselbe Stromkreis einer EMK mit der Frequenz ω_1 unterworfen, so werden stationäre Wellen in dem Kreis von solchen Längen erzeugt, daß in dem πten Teil derselben die gesamte Reaktanz Null wird. Diese stationären Wellen der Spannung und des Stromes, die in der Linie auftreten, hängen von vollkommener oder teilweiser Resonanz ab. Wenn die Frequenz variiert, werden die Lagen, Wellenlängen und Größen der stationären Wellen oder erzwungenen Schwingungen sich ändern, und sie werden konstant bleiben, solange die zugeführte Frequenz und die Verhältnisse an den Enden konstant sind. Die durch Resonanz erwirkte Spannungs- und Stromerhöhung nimmt gegen das empfangende Ende der Linie zu, und die Größe dieser durch Resonanz entstandenen Wellen ist bei praktischen Linien und Sinusform gewöhnlich klein.

Bei einer Linie mit verteiltem L und C, die plötzlich gestört wird durch die Unterbrechung eines starken Stromes, ist die Pulsationsfrequenz der entstehenden freien Schwingungen ungefähr ebensogroß. Dies wird wiederum die totale Resonanz des Kreises Null machen. Diese freien natürlichen Schwingungen nehmen rasch ab und sterben aus. Wenn ein mächtiger Kurzschluß plötzlich unterbrochen wird, können die ihm entsprechenden elektromotorischen Kräfte viele Male größer sein als die elektromotorische Kraft des Stromkreises. Ihre Größe hängt nicht (in erster Annäherung) von dessen Länge ab.

15. Wellenfortpflanzung in langen Linien.

Wenn in einem nicht leitenden Dielektrikum eine Quelle gleichzeitig elektrische Verschiebung und magnetische Induktion erzeugt, wird sie eine Störung in diesem Medium hervorrufen, die mit der Geschwindigkeit v sich fortpflanzt. Diese Geschwindigkeit hängt mit der Dielektrizitätskonstanten c und der Permeabilität μ durch die Beziehung $v = \sqrt{\mu c}$ zusammen. Zur Zeit t nach der Einschaltung der Quelle wird die von ihr hervorgerufene Störung eine Kugel vom Radius v t ausfüllen, deren Mittelpunkt die Quelle ist. Außerhalb der Kugel ist also keine Störung im Medium nachzuweisen und die Wellenstirn ist somit eine Kugelfläche vom Radius v t, die sich gleichmäßig mit der wachsenden Zeit ausdehnt. Bei dieser Ausdehnung entsteht aber eine Schwächung in der Intensität der Störung und, da die Verschiebung und die Induktion Richtungsgrößen darstellen, entstehen auch Richtungsänderungen. Befindet sich die Quelle in dauernd wechselndem Zustand, so werden auch dauernd neue Wellen von ihr ausgesandt werden, wenn sie aber nach einiger Zeit stetig wird, hört die Erzeugung elektro-magnetischer Störung rasch auf, und es beginnt ein stetiger Zustand der Verschiebung sich rings um die Quelle zu bilden, während die ursprünglich erzeugte elektrische Störung auf größere Entfernung noch hinausläuft. Dieser letzte kugelschalige Teil ist keine rein elektro-magnetische Welle, weil bei ihm die elektrische Energie noch die magnetische überwiegt. Der Überschuß wird verwendet, um den stetigen Zustand hinter der Kugel hervorzurufen. Es wird also die Kugelschale sich bei der weiteren Fortbewegung mehr und mehr der rein elektro-magnetischen Welle nähern, bei welcher elektrische und magnetische Energie in gleichen Beträgen aufgespeichert sind. Die Wellenstirn wird sich im allgemeinen in ihrer Form der Oberfläche anpassen, von der sie ausgesandt wurde; sie wird also kugelförmig sein für eine kugelförmige Quelle, zylindrisch für einen unendlich langen Zylinder u. s. f. Wird nun in dem Dielektrikum ein zylindrischer Leiter z. B. ein Draht angebracht, so verändert sich die Gestalt der Welle und die Art der Fortbewegung der Störung vollständig. Ein absolut vollkommener Leiter würde z. B. den Wellen gestatten, frei längs seiner Oberfläche in nahezu ebener Form fortzugleiten, ohne daß die Störung in endlicher Zeit in den Leiter eindringt. Für die praktisch möglichen Leiter aber, besonders für die Drähte mit ihrer beschränkten Leitfähigkeit und geringen Dicke, wird die Störung, wie wir bereits im ersten Kapitel hervorhoben, in außerordentlich kurzer Zeit in die Masse des Drahtes eindringen, sodaß also längs einer derartigen Leitung ebene Wellen hingleiten können, die hinter sich auf Grund des Jouleschen Verlustes den für den betreffenden Moment stetigen Zustand zurücklassen, wie wir dies vorher für die kugelförmige Welle angedeutet haben.

Denkt man sich jetzt die Quelle mit der Zeit harmonisch wechselnd, so werden auch Stromstärke, elektrische Verschiebung und magnetische Induktion harmonisch wechseln und die im ersten Kapitel (S. 25) entwickelten Formeln 1—4 werden ihre Gültigkeit auch dann noch beibehalten, wenn die Frequenz beliebig gesteigert wird. Bedingung ist dafür nur, daß für die Induktanz L, den Widerstand R, u. s. w. jene Werte eingeführt werden, welche für die betreffende Periodenzahl maßgebend sind. Die effektive Induktanz verringert sich somit von dem Werte beim stetigen Zustand $L_{(\omega)}$ auf jenen des Dielektrikums, wenn die Periodenzahl mehr und mehr wächst; der Unterschied würde aber für kupferne Leitungen in Luft nicht beträchtlich sein. Dagegen wird der effektive Widerstand mehr und mehr anwachsen, bis schließlich reine Oberflächenleitung für sehr hohe Periodenzahlen oder sehr kurze Wellen sich ergibt.

a) Stromverteilung und Widerstandserhöhung bei besonders starken Leitern oder besonders hohen Periodenzahlen.

Variiert der einen dicken Draht durchfließende Strom, so wird er in diesem Drahte durch Selbstinduktion eine EMK hervorrufen, die nicht bloß von Querschnitt zu Querschnitt des Drahtes[30]), sondern auch in jedem einzelnen Querschnitt von Punkt zu Punkt mit dem Abstand dieses Punktes von der Axe des Drahtes sich ändern kann. Wo der Leiter in seiner Eigenschaft als nach allen Richtungen ausgedehnte Masse der Elektrizität dahinzufließen gestattet, wohin sie die an der betreffenden Stelle gerade wirkende EMK treibt, da hat der Strom an verschiedenen Stellen eines Querschnitts auch verschiedene Stärken.

Besonders tritt dies bei Wechselströmen mit hoher Periodenzahl zutage. Man kann dann für den besonderen Fall, daß der Wechselstrom einfach harmonisch verläuft, zwei Längsfäden des Drahtes herausgegriffen denken, deren Stromstärken i und i′ sind. Die induzierende Wirkung des zweiten Stromfadens von der Länge l und dem Abstand r vom ersten auf diesen Stromfaden ist durch $m \frac{d i'}{dt}$ bestimmt, worin

$$m = 2 l \left(\lg \text{nat} \frac{2 l}{r} - 1\right).$$

Wirkt im ersten Faden außerdem die EMK und ist sein Widerstand für Gleichstrom R, so gilt für den Strom i die Beziehung

$$e = R i + \Sigma m \frac{d i'}{dt},$$

wobei die Summierung über alle einzelnen Längsfäden des Drahtes zu erstrecken ist. Die inneren Schichten werden sich in geringerem Maße an der Stromleitung beteiligen als die äußeren und können infolge der Phasenverschiebung sogar Strom in einer Richtung führen, welche der zur gleichen Zeit auftretenden Strömung in den Schichten nahe der Oberfläche entgegengesetzt ist. Dadurch wird einmal der Widerstand erhöht, dann auch die Induktanz verringert. Zur Berechnung des durch die Schirmwirkung erhöhten Widerstandes kann man folgende Näherungsformeln[31]) anwenden, die identisch werden, sobald man für Kupfer oder Aluminium $\mu = 1$ setzt.

$$\frac{R'}{R} = 1 + 7{,}5 \sim^2 d^4 \, 10^{-7}$$

oder

$$\frac{R'}{R} = 1 + \frac{1}{12} \left(\frac{2 \pi \sim l \mu}{10^9 R}\right)^2 - \frac{1}{180} \left(\frac{2 \pi \sim l \mu}{10^9 R}\right)^4 + \ldots$$

In diesen Formeln ist der Durchmesser d in cm auszudrücken. Ersetzt man in der letzten Formel den Widerstand R durch $\frac{\varrho\, l}{\mu\, f}$, worin ϱ den spezifischen Widerstand, f den Querschnitt in qcm, l die Länge in cm bedeutet, so geht sie über in

$$\frac{R'}{R} = 1 + \frac{1}{12}\left(\frac{2\pi \sim \mu\, f}{\varrho}\right)^2 - \frac{1}{180}\left(\frac{2\pi \sim \mu\, f}{\varrho}\right)^4.$$

Die scheinbare Widerstandserhöhung beträgt also für einen Draht von d = 2 cm Durchmesser und $\sim$ = 100 Perioden 12 %, und ist somit für die gebräuchlichen weit dünneren Drähte und niedrigeren Periodenzahlen praktisch vernachlässigbar. In Betracht kommt sie nur bei Rundkupferstangen für Schaltbretter und besonders bei Leitungen für sehr hohe Stromstärken, wie sie z. B. bei Karbidanlagen vorkommen. Vollständig vermieden kann sie werden, wenn die Leiter aus einzelnen durch eine Oxydschicht getrennten Drähten verseilt oder verlitzt werden.

Auch die früher (Seite 334) für L gegebene Tabelle ist eigentlich etwas zu weit fortgeführt. Wenn nämlich die Leiter so stark werden, daß die Stromdichte nicht mehr über den ganzen Querschnitt hin gleichmäßig ist, sondern vom Rande nach der Mitte hin abnimmt, so ist nach Lord Rayleighs[30]) Entwickelungen folgende Korrektion anzubringen. Nennt man R den Widerstand pro Längeneinheit, so ist die scheinbare Induktanz solcher starken Drähte

$$L' = (\varDelta - M) - \mu_1\left(\frac{\varDelta}{48}\cdot\frac{\sim^2 \mu_1^2}{R^2} - \frac{\varDelta}{665}\,\frac{\sim^4 \mu^4}{R^4} + \ldots\right).$$

Ist das Medium nicht unmagnetisch, oder besteht der Leiter selbst aus magnetischem Material, so werden auch schon die langen Wellen, welche sich bei einer harmonisch variierenden Quelle für die normalen Periodenzahlen ergeben, von Punkt zu Punkt Verzerrungen erleiden. Die Vorgänge werden dann verwickelter Art und sind im allgemeinen der Rechnung kaum zugängig. Nun ist ein Dielektrikum, das gleichmäßig verteilte größere Induktanz besäße, nur eine fiktive Vorstellung, der wir uns nur wenig annähern, wenn wir den in Luft verlegten oder in Erde gebetteten Leiter mit einer eisernen Bewehrung vorstehen. Ebenso haben auch einserne Leiter im allgemeinen keine große praktische Bedeutung für die Führung von Stark- oder Schwachströmen, ausgenommen die Verwendung stählerner Schienen als Rückleiter für Bahnen. Für diesen Fall kann bei einer Drehstrom- oder Wechselstromanlage auch das Verhalten eiserner Leiter gegen Wechselströme in Betracht kommen; wir wollen es daher hier kurz untersuchen.

b) Über den Widerstand eiserner Leiter gegen Wechselströme.

Besteht der Leiter aus magnetischem Material, so wäre n so groß, daß man eine ganze Reihe von Gliedern berücksichtigen müßte. Man kann sich dann[33], den Querschnitt des Leiters ersetzt denken durch eine äquivalente Schicht der Schale rings um den Leiter, die bei vollkommen gleichmäßiger Stromdichte die Dicke

$$b = \frac{\Delta}{m\sqrt{2}} = \frac{\Delta}{2x}\sqrt{\frac{\varrho}{2\mu\sim}}$$

besitzt. Darin ist

$$m = 2\pi\sqrt{\frac{\mu\sim}{\varrho}},$$

μ die Permeabilität des Materials, ϱ sein spezifischer elektrischer Widerstand.

Die Einführung einer äquivalenten Schicht erscheint im allgemeinen nur für gewisse Absichten statthaft; sie entspricht keineswegs den tatsächlichen Verhältnissen, gestattet aber einen raschen Überblick und im vorliegenden Falle auch rasches Rechnen. Wir müssen uns auch hier, ähnlich wie für die magnetische Strömung in einer Platte die elektrische Stromstärke vom Umfang des eisernen Leiters nach seinem Innern stark abnehmend denken, derart z. B., daß das Maximum in einer Tiefe von 1 mm nur etwa 0,14 und in einer Tiefe von 5 mm weniger als $\frac{1}{20\,000}$ des Oberflächenwertes wäre.

Beobachtet man für einen bestimmten Leiter den Wechselstromwiderstand R′, den Gleichstromwiderstand R, die Länge l in Zentimetern und den Querschnitt f in Quadratzentimetern, so kann man auf Grund der Anschauung von der äquivalenten Schicht aus den Beziehungen

$$\varrho = \frac{10^9 f R}{l} \quad \text{und} \quad \frac{f}{f'} = \frac{R'}{R}$$

und aus dem bekannten Umfang des Leiters die Dicke b in Zentimetern und daraus die Permeabilität μ für die zirkulare

Magnetisierung, die der den Leiter durchfließende Wechselstrom hervorruft, näherungsweise berechnen oder man kann sich unter Zugrundelegung der Anschauung von der äquivalenten Schicht nur einen Teil f′ des ganzen Querschnittes f stromführend denken, dessen Verhältnis zum Gesamtquerschnitt durch das Verhältnis $\frac{R'}{R}$ bestimmt ist.

Unsere Versuche haben ergeben, daß bei diesen Leitern aus gewalztem oder gezogenem Eisen und bei 50 Perioden p. Sek. die Dicke der äquivalenton Schicht rings um den Leiter etwa $^1/_2$ mm beträgt und daß für die Permeabilität μ etwa 1000 bis 1200 zu setzen ist.

Von praktischer Bedeutung wird diese Zunahme des Widerstandes bei Drehstrombahnen, deren Schienen als Rückleiter benutzt werden. Es ist dann nicht mehr zulässig, die bei Gleichstrombetrieb geltenden Zahlen für den Widerstand der Schienenrückleitung anzuwenden, da hier von der ganzen Schiene nur ein schmaler Streifen rings um den Umfang des Schienenprofils als leitend angesehen werden darf. Messungen an dem Gleise einer Versuchsbahn ergaben bei 50 Perioden für die Dicke dieses Streifens etwa 0,6 mm.

Berücksichtigen wir noch die Widerstandserhöhung durch den Wechselstrom, so erhalten wir bei 50 Perioden für

$$\text{1 km Schiene etwa} \quad R'_s = \frac{10}{W}$$

$$\text{1 km Gleis} \quad R'_{gleis} = \frac{5}{W},$$

also etwa 8 mal soviel wie bei Gleichstrom, wenn W das Gewicht der Schiene pro Meter in Kilogramm bedeutet.

Für andere Periodenzahlen $\sim$ ändern sich die Zähler der Brüche im umgekehrten Verhältnis der Wurzeln aus den Periodenzahlen.

Bei Gleichstrom verdoppeln sorgfältig ausgeführte Schienenverbindungen den Widerstand des Gleises. Bei Wechselstrom ist ihr Einfluß wesentlich geringer. Nehmen wir mit Bell-Rasch[34]) pro Kilometer Schiene 200 Stöße à 0,0002 Ohm an, so entsprechen sie zusammen einem Widerstande von 0,04; sie machen also bei einer Schiene von 25 kg Gewicht pro Meter etwa 10 % des Wechselstromwiderstandes aus, sodaß für das fertige Gleis der Wechselstromwiderstand

$$R'_{gleis} = \frac{5{,}5}{W},$$

d. h. 4- bis 5-mal so groß wie bei Gleichstrom wäre.

Wir können also bei Verwendung von Wechselstrom annehmen, daß der Widerstand nicht mehr wie bei Gleichstrom $^1/_4$ bis $^1/_3$ der Hinleitung, sondern etwa das 1- bis $1^1/_2$-fache der Hinleitung ausmacht, und daß der Effektverlust in den Schienen sich aus dem Spannungsverlust, dem Strom und dem $\cos\varphi \doteq 0{,}8$ für Hysteresis und Wirbelströme ermitteln läßt.

Wenn nun auch diese Punkte nicht zu vernachlässigen sind, so dürfen sie doch auf der anderen Seite auch nicht überschätzt werden. Man wird der bereits vorhandenen Tendenz folgend, für Fernbahnen die Periodenzahl klein, etwa = 15 bis 20 wählen, wofür auch der Umstand spricht, daß die Mehrphasenmotoren bei gleicher Tourenzahl geringere Polzahl erhalten und somit wesentlich günstiger werden. Es mag jedoch für Sonderfälle erforderlich werden, die günstigste Periodenzahl durch Überlegung und überschlägliche Rechnung festzustellen.

c) Über die Schirmwirkung von Eisenröhren.

Die Vorschriften des Verbandes Deutscher Elektrotechniker untersagen die Verlegung einzelner Wechselstrom führenden Drähte in Eisenröhren und schreiben mit Recht vor, daß für Wechselstromleitungen Verlegung in Eisenröhren nur stattfinden darf, wenn Hin- und Rückleitung von demselben Rohr umschlossen werden.

Die Wirkungen, die ein Eisenrohr auf einen innerhalb seiner Höhlung verlegten Leiter ausübt, sind verwickelter Art, gipfeln aber alle zusammen in einer Erhöhung des scheinbaren Widerstandes.

Zunächst erhöht die Gegenwart der Eisenröhre die Induktanz des Leiters; da aber die in der Masse der Eisenröhre auftretende kreisförmig verlaufende Magnetisierung sich nicht gleichmäßig verteilt, sondern infolge der Schirmwirkung der in der Masse der Röhre entstehenden Wirbelströme vom Umfang der Röhre nach der Mitte ihrer Wandungen hin stark abnimmt, ist für die Berechnung der Induktanz des Leiters die mittlere magnetische Induktion in der Röhre einzusetzen, die gegeben[35]) ist durch

$$B = \frac{\mu H_0}{m a \sqrt{2}} \sqrt{\frac{\mathfrak{Cof}\, 2 m a - \cos 2 m a}{\mathfrak{Cof}\, 2 m a + \cos 2 m a}}$$

oder sehr angenähert durch

$$B = \frac{\mu H_0}{m a \sqrt{2}}$$

worin μ die Permeabilität der Eisenröhre, H_0 das Maximum der magnetischen Kraft am Umfang der Röhre, a die halbe Wanddicke derselben, ϱ der spezifische elektrische Widerstand des Rohreisens in CGS-Einheiten, $\sim$ die Periodenzahl und

$$m = 2\pi \sqrt{\frac{\mu \sim}{\varrho}} \quad \text{ist.}$$

Da man den stromführenden Leiter praktisch als unendlich lange Gerade betrachten kann, ist die von der effektiven Stromstärke J Ampère im Drahte hervorgerufene magnetische Kraft

$$H_0 = \frac{4\pi}{10} \cdot \frac{J\sqrt{2}}{\pi d} = 0{,}565 \frac{J}{d}$$

wenn d den mittleren Durchmesser der Röhre bedeutet. Es ist somit

$$B = \frac{0{,}4 \mu \cdot J}{d m a}$$

und die elektromotorische Gegenkraft

$$\begin{aligned} e_l &= 4{,}44\, B \sim \cdot l \cdot 2 a \cdot 10^{-8} \text{ Volt} \\ &= \frac{3{,}552 \cdot \mu \cdot \sim \cdot l}{d m a} J \cdot 10^{-8} \text{ Volt} \end{aligned}$$

Dieser Teil der Gesamtspannung verzehrt keine Energie, sondern erhöht nur den Spannungsverlust an den Enden des Leiters.

Die in der Masse der Röhre pro Kubikzentimeter auftretenden Wirbelströme sind angenähert gegeben durch

$$W_f = \frac{H_0^2 \cdot m \varrho}{32 \cdot \pi^2 \cdot a} = \frac{J^2 m \varrho}{1000 a \cdot d^2}.$$

Ist l die Länge der Röhre in Zentimetern, f ihr Querschnitt in Quadratzentimetern, so ist der gesamte Wirbelstromverlust in Watt

$$W_f = \frac{m \varrho J^2}{100 a d^2} \cdot f \cdot l \cdot 10^{-7} \text{ Watt}$$

und der daraus resultierende Wattstrom

$$i_n = \frac{W_f}{e}$$

Dieser Wattstrom hat die Richtung der elektromotorischen Gegenkraft, die jedoch ihre Entstehung nicht mehr dem Gesamtstrom J, sondern nur der wattlosen Komponente

$$\sqrt{J^2 - i_n^2} = i_0$$

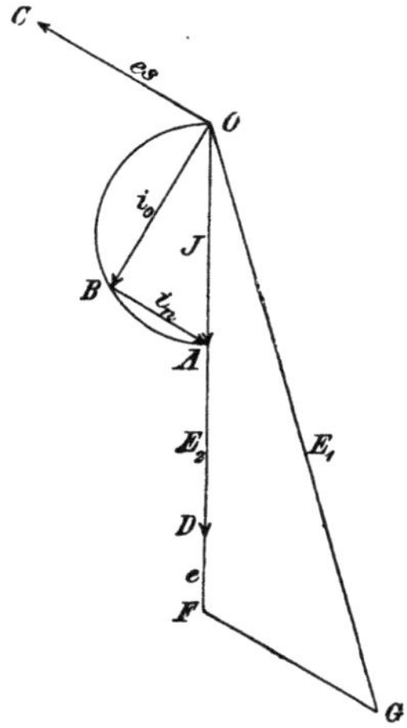

Fig. 265.

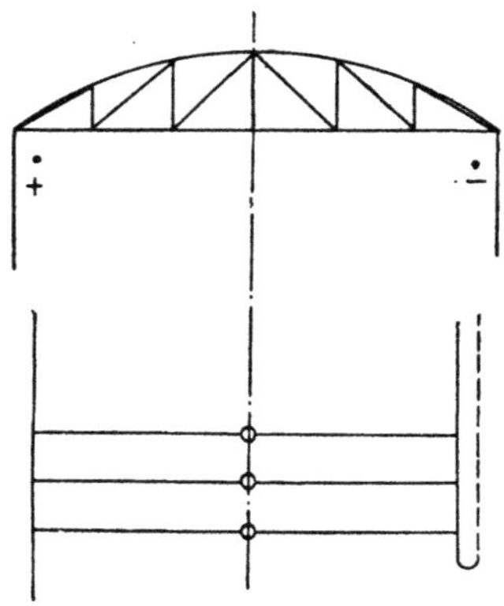

Fig. 266.

verdankt und somit etwas kleiner ist, als die obige Gleichung angibt.

Die Ermittelung des Einflusses der Hysteresisverluste auf den Spannungs- und Effektverlust entzieht sich außer bei sehr geringen Dicken a der annähernden Berechnung, weil die Induktion in der Eisenröhre von Punkt zu Punkt variiert.

Entwirft man das Diagramm der Ströme und Spannungen, so erhält man zunächst (Fig. 265) die Größe von i_n und e_s, dann aus dem rechtwinkligen Dreieck OAB die beiden Komponenten des Stromes und die Gegen-EMK $\overline{OC} = e_s$. Trägt man nun an die Endspannung $\overline{OD} = E_2$ den Ohmschen Verlust $\overline{DF} = e$ und dann an $\overline{OF}$ die zur Überwindung der Gegen-EMK erforderliche

Komponente $\overline{FG} = e_s$ an, so erhält man die Anfangsspannung $\overline{OG} = E_1$ nach Größe und Richtung. Es sind nun drei Grenzfälle als praktisch wichtig zu betrachten:

1. Die Röhre ist sehr dick, sodaß i sehr nahe = J wird; dann ist der gesamte Spannungsabfall annähernd

$$E_1 - E_2 = e + e_s.$$

Dieser Fall kommt seltener vor, doch ist es denkbar, daß bei Zuleitungen zu Karbidöfen die eiserne Armierung der Öfen oder eiserne Träger für die Leitungskabel oder -bänder in dieser Weise wirken. Auch trat ein ähnlicher Fall auf der elektrischen Ausstellung in Wien im Jahre 1883 auf, wo man die Hin- und Rück-

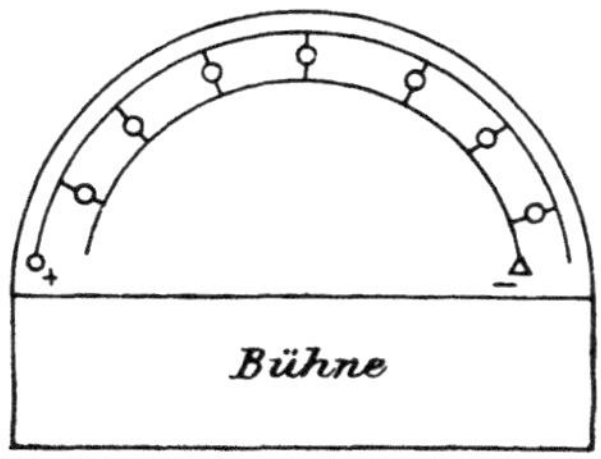

Fig. 267.

leitung in der damals noch beliebten Gegenschaltung dicht unter der Eisenkonstruktion einer mächtigen Halle verlegt hatte (Fig. 266). Eine ähnliche Erscheinung ergab sich ferner im Theater in Odessa, wo man bei Wechselstrom mit 43 ∼ die Leitung für die Brüstungslampen in der gleichen Schaltung so verlegte, daß sie das ganze Eisendach umspannte; diese Anlage wurde einige Jahre später auf 100 sekundliche Perioden gebracht, wobei sich der Fehler noch deutlicher zeigte (Fig. 267).

2. Die Gegen-EMK ist klein gegen die aufgewendete Spannung. Dies ist ein häufiger vorkommender Fall und der Spannungsverlust ist dabei annähernd

$$E_1 - E_2 = e + e_s \cdot i/J$$

also kleiner als im vorhergehenden Fall.

3. Die Gegen-EMK ist groß gegen die aufgewendete EMK. Dann ist annähernd

$$E_1 - E_2 = e_s.$$

Dieser Fall tritt z. B. auf, wenn man zwei einfache eisenbandarmierte Kabel verwendet, um Wechselstrom weiterzuführen, wie dies aus Versehen oder bei provisorischen Anlagen zuweilen geschehen ist. Das Resultat ist dann sehr überraschend für den Unkundigen, da bei einigermaßen stärkeren Strömen das Kabel zuweilen fast die ganze aufgewendete EMK selbst verzehrt.

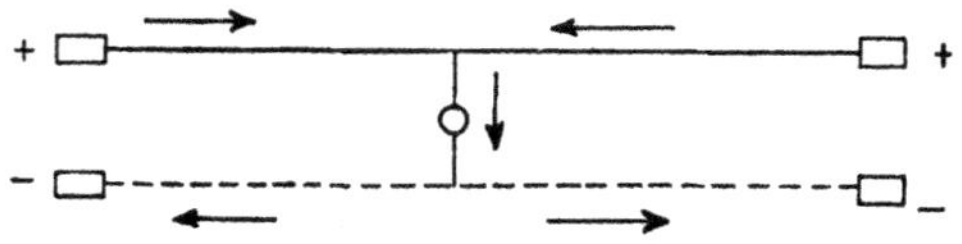

Fig. 268 a.

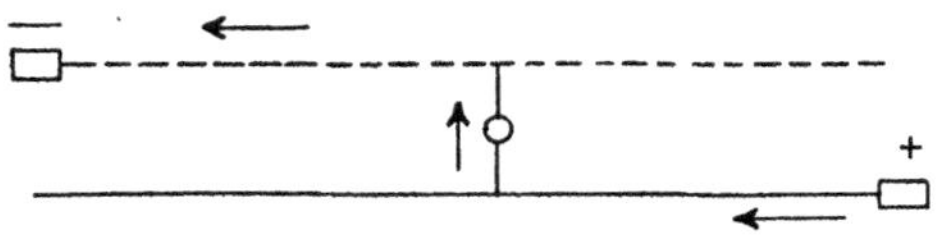

Fig. 268 b.

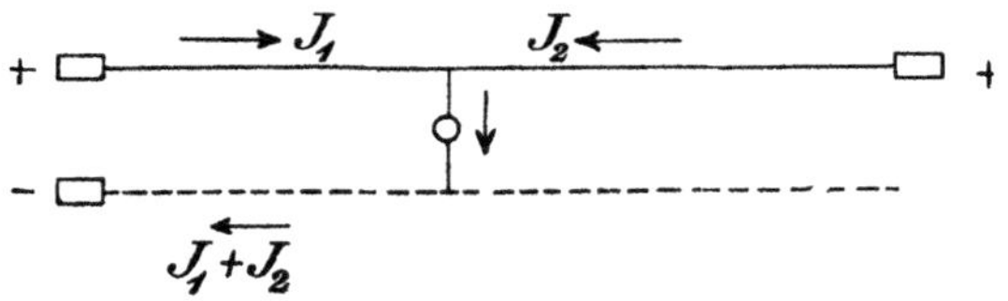

Fig. 268 c.

Bei einer solchen provisorisch und eilig gemachten Installation hatte man statt eines konzentrischen Kabels zwei einfache Stränge von zusammen 210 m Länge und 100 qmm Kupferquerschnitt verlegt, die mit zwei Eisenbändern von 1,5 mm Dicke und 30 mm Breite bewehrt waren. Die Zahl der Perioden in der Sekunde war 42. Es folgt also für e_s in erster Annäherung unter der Annahme, daß

$$\left.\begin{array}{l}\mu = 1000\\ d = 3\\ m = 14\end{array}\right\} \quad e_s = \frac{0{,}4 \cdot 4{,}44 \cdot 1000}{3 \cdot 14 \cdot 0{,}15} \cdot 42 \cdot 6300 \cdot 10^{-8} \cdot J = 0{,}75\, J \text{ Volt}.$$

Die Übereinstimmung der hiernach berechneten und beobachteten Werte war genügend, da z. B. bei 100 Amp. der berechnete Spannungsunterschied 75, der beobachtete 79 Volt ausmachte, während bei 140 Amp. 105 Volt berechnet und 95 Volt beobachtet wurden.

Ähnliche Resultate können auch zu Tage treten, wenn in einem beiderseitig von Transformatoren oder Speiseleitungen versorgten armierten Kabel Fehler auftreten oder einseitig je eine Bleisicherung abschmilzt (Fig. 268a und b).

Es treten dann sofort die Erscheinungen des einfachen Kabels auf; ja es genügt sogar das Abschmelzen einer einzigen Sicherung, um einen beträchtlichen Abfall durch die unsymmetrische Verteilung des Stromes zu erklären (Fig. 268c).

Zur experimentellen Bestimmung des Einflusses der Größe und Wandstärke von Röhren auf den scheinbaren Widerstand

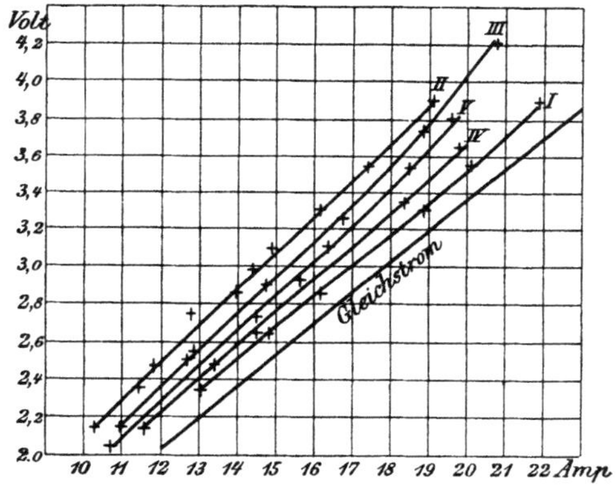

Fig. 269.

von einfachen in ihrem Hohlraum isoliert angeordneten Leitern wurden einige Versuche angestellt, deren Ergebnisse in Fig. 269 und der folgenden Tabelle niedergelegt sind.

Röhrendurchmesser außen mm	Röhrendurchmesser innen mm	Länge m	2 a mm	R bei Gleichstrom Ohm	R' bei Wechselstrom von 50 ∿ Ohm
13,5	9,5	2	4	0,168	0,205
16,0	11,0	2	5	0,168	0,20
26,0	19,5	2	7	0,168	0,19
33,0	25,0	2	8	0,168	0,186
59,6	51,3	2	8,3	0,168	0,180

d) Theorie der Wellenfortpflanzung längs eines Stromkreises.

Wenn Wellen sich selbst überlassen werden, dehnen sie sich aus, indem sie mehr und mehr an Energie verlieren, bis diese schließlich vollkommen aufgezehrt ist. Um dies zu verhüten, muß man sie längs Drähten gleiten lassen. Dabei wird innerhalb der Drähte selbst nach dem Jouleschen Gesetz dauernd Energie zerstört; aber wir haben den Betrag der so am inneren Rande der Welle verlorenen Energie in der Hand durch passende Wahl des Querschnittes und der anderen Verhältnisse des Stromkreises. Wenn nun die Wellen längs solcher Drähte dahingleiten, nimmt das Potential nach Gleichung 1) (S. 25) und die Ladung und Ableitung nach Gl. 2) ab:

$$-\frac{dV}{dx} = RJ + L\frac{dJ}{dt} \quad \ldots\ldots \quad 1)$$

$$-\frac{dJ}{dx} = KV + C\frac{dV}{dt} \quad \ldots\ldots \quad 2)$$

Aus diesen beiden Gleichungen folgen dann für die Wellenfortpflanzung in einem ganz gleichförmigen Kreise die früher gegebenen Beziehungen 3) und 4) (S. 25 u. 26). Das An- und Vorschwellen vollzieht sich dabei für einen Stromkreis, der nur L enthält, nach der in Fig. 37 (S. 81) dargestellten Weise.

Wenn aber der Stromkreis aus einer Quelle mit den Konstanten L_0, R_0, C_0, der Leitung mit L, R und C und einem Empfänger mit L_1, R_1, C_1 besteht und die Potentialdifferenz

an den Klemmen der Quelle mit $V_0 - V'_{2l}$
- - - des Abnehmers mit $V'_l - V_l$
- - - des Kondensators C_0 mit V_0
- - - des Kondensators C_1 mit V_1

bezeichnet wird, lauten die allgemeinen Bedingungsgleichungen für den Anfang und das Ende der Leitung von der Länge l

$$\left.\begin{aligned} \left[L_0\frac{dJ}{dt} + R_0 J + P_0 + (V_0 - V'_{2l})\right]_{x=0} &= e = f(t) \\ \left[L_1\frac{dJ}{dt} + R_1 J + P_1 + (V'_l - V_l)\right]_{x=l} &= 0 \end{aligned}\right\} \quad 5)$$

Da das System symmetrisch ist, muß $V_0 = -V'_{2l}$, $V_l = -V'_l$ und allgemein für jeden Punkt in der Entfernung x $V_x = -V'_{(2l-x)}$

sein. Wenn die EMK der Quelle

$$e = f(t) = E \cdot \varepsilon^{j\omega t}$$

ist, ergibt sich als allgemeine Lösung[36]) für freie oder erzwungene Schwingungen an der Stelle x

$$J = \left\{2\,m \cos m\,(l - x) + h_1 \sin m\,(l - x)\right\} \frac{D_0\,\varepsilon^{j\omega}}{F} \quad . \quad 6)$$

worin

$$\begin{aligned}
- m^2 &= - \omega^2 C L + j\,\omega\,C R \\
h_1 &= \frac{C}{C_1} - \omega^2 C L_1 + j\,\omega\,C R_1 \\
h_0 &= \frac{C}{C_0} - \omega^2 C L_0 + j\,\omega\,C R_0 \\
D_0 &= j\,\omega\,C E;\; F = (h_0 h_1 - 4\,m^2) \sin m\,l + 2\,m\,(h_0 + h_1) \cos m\,l.
\end{aligned}$$

Die Bedeutung der komplexen Größe m ergibt sich klarer, wenn man sie in ihre reellen und imaginären Teile spaltet. Setzt man

$$m = \alpha + j\,\beta,$$

so ergibt sich aus der Definitionsgleichung von m

$$\alpha = \sqrt{\frac{\omega C}{2}\left\{\sqrt{R^2 + \omega^2 L^2} + \omega L\right\}}$$

$$\beta = \sqrt{\frac{\omega C}{2}\left\{\sqrt{R^2 + \omega^2 L^2} - \omega L\right\}}$$

Bei Doppelleitungen ist hier für C die gegenseitige Kapazität, für R der doppelte Widerstand 2 R und für L die doppelte Induktanz 2 L einzusetzen. Wird R^2 klein gegen $\omega^2 L^2$, so geht β über in

$$\beta = \sqrt{\frac{\omega C}{2}\left\{\omega L \sqrt{\frac{R^2}{\omega^2 L^2} + 1} - \omega L\right\}} = \frac{R}{2}\sqrt{\frac{C}{L}} \quad . \quad . \quad 7)$$

β nimmt also mit wachsendem L ab. Seine Bedeutung ergibt sich aber noch deutlicher, wenn wir für die allgemeine Gleichung 6) die vereinfachte Annahme machen, daß der Stromabnehmer induktionsfrei sei. Dann wird der effektive Wert des reellen Teiles der Stromstärke J (Gl. 6), der nach Erreichung des stabilen Zustandes allein in Betracht kommt, sich ergeben aus der Erwägung, daß $h_1 = 0$ zu

$$I = \frac{A}{\sqrt{2}} \sqrt{e^{2\beta(l-x)} + e^{-2\beta(l-x)} + 2 \cos 2\,\alpha\,(l - x)} \quad . \quad 8)$$

Für den Empfänger am Ende der Linie ist $x = l$ zu setzen, für den Generator am Anfang, oder die Quelle, $x = 0$. Daraus folgt für das Verhältnis der effektiven Stromstärken am Anfang I_a und Ende I_e

$$I_e = \frac{2\, I_a}{\sqrt{e^{2\beta(l-x)} + e^{-2\beta(l-x)} + 2\cos 2\alpha(l-x)}} \quad . \quad 8a)$$

Die Stromkurve setzt sich also zusammen aus einer Kettenlinie und einer Kosinuslinie.

Bei einer kurzen Leitung sind β und $(l - x)$ klein, und wir erhalten dann die Gleichung einer stehenden Welle, deren Wellenlänge durch α bestimmt wird. α heißt deshalb die Wellenlängenkonstante.

Ist aber die Linie lang und wegen ihrer großen Kapazität stark dämpfend, so überwiegt das Glied $e^{\beta(l-x)}$ in Gleichung 8) und das Verhältnis der effektiven Werte vom Anfangs- und Endstrom ist durch β bestimmt. Die Größe heißt deshalb Dämpfungskonstante. Wird L gegenüber R soweit vergrößert, daß Gl. 7 gilt, so erkennt man, daß Ströme verschiedener Periodenzahl gleichmäßig gedämpft werden. Dies ist für die Starkstromtechnik belanglos, bildet aber den Ausgangspunkt von Pupins System der Ferntelephonie.

---

[1]) Rechniewsky, Electricien 1892, Nr. 82 und 83.

[2]) Th. H. Blakesley: Die elektr. Wechselströme. Deutsch von C. Feldmann, p. 53 ff. Bedell u. Crehore: Theorie der Wechselströme. Deutsch von H. Bucherer, p. 149, 1895.

[3]) Dr. F. Breisig, E.T.Z. 1900, S. 87 und 1899, p. 192, 383, 400, 417. Vergl. auch Franke, E.T.Z. 1891, Heft 35 und Herzog und Feldmann: Über Richtungswiderstände bei Stromkreisen mit gegenseitiger Induktion. E.T.Z. 1900, p. 307.

[4]) A. E. Kennelly, On the fall of pressure in long distance alt. curr. conductors. El. World 23, p. 17, 1894.

[5]) Steinmetz, Theory and calcul. of alt. curr. phen. 3. Aufl., p. 161, 1900.

[6]) Strehlke, Über periodische Kettenbrüche. Arch. d. Math. u. Phys. 42, S. 341, 1864.

[7]) O. Lodge, The electrical transmission of power. Engineer 1883, I, p. 59, 97, 137, 179. M. Leblanc, Formula for calculating the E.M.F. at any point of a transmission line for alt. currents, Transact. Amer. Instit. Electr. Engineers Mai 1902.

[8]) Z. B. aus Blakesley (Nr. 2) oder aus des Ingenieurs Taschenbuch, herausgegeben vom Verein Hütte, Abt. I, oder aus Ligowski, Tafeln der Hyperbelfunktionen, 1890.

[9]) Steinmetz, E.T.Z. 1893, S. 476. A. E. Kennelly, Problems of excentric cyl. El. World 220, p. 338, 1892. Kirchhoff, Gesammelte Abhandl., S. 6.

[10]) J. C. Maxwell, Lehrb. d. Elektr. u. d. Magn. Deutsch von Dr. B. Weinstein II, S. 389.

[11]) Diese Aufgabe ist identisch mit dem Problem der stationären Strömung in der Ebene. Für die Ermittelung der Strömungs- und Niveaulinien gilt das Gesetz der Übereinanderlagerung. Wilh. Fr. Schüler, Programm zum Jahresber. d. Kgl. Realschule, Freising 1882, über Strömung zwischen kreisrunden oder ellipt. Drähten, S. 27; ferner Holzmüllers Ingen. Mathematik I, S. 232.

[12]) Hierauf hat zuerst A. Blondel in seiner vortrefflichen Arbeit: Inductance des lignes aériennes pour courants alt. Eclair. él. Oct., Nov. 1894, Bd. 1, p. 241 ff. hingewiesen. Auch Görges erwähnt die Tatsache gelegentlich, E.T.Z. 1898, S. 164.

[13]) Dr. H. Behn-Eschenburg: Erste Drehstrom-Kraftübertragung in Europa mit 30 000 Volt. Zeitschr. f. El. Wien, 20, S. 649, 1902.

[14]) Vergl. hierzu A. P. Bowie, El. World 1900, p. 939. D. C. Jackson, El. World 28, p. 325, 1896. Zuerst hat Chas. F. Scott darauf hingewiesen. El. World 23, p. 393, 1894.

[15]) Diese Frage der Beeinflussung von Schwachstrom- durch Starkstromleitungen hat wegen des staatlichen Schutzes für die ersteren vor einem Jahrzehnt zu starken Meinungsverschiedenheiten geführt. Doch ist durch gegenseitiges Entgegenkommen kein Hindernis für die gedeihliche Fortentwickelung der Starkstromtechnik entstanden. An Stelle der Verdrillung sind damals auch Antiinduktionsvorrichtungen erfolglos vorgeschlagen worden. Vergl. Dolivo-Dobrowolsky, Bekämpfung der Induktion in Telephonleitungen, E.T.Z. 1892, S. 211. Wietlisbach, Über den Einfluß der Starkstromleitungen auf Schwachstromleitungen, S. 285. Grawinkel. Störende Beeinflussung von Starkstromleitungen auf Schwachstromleitungen, S. 7; ferner Strecker, E.T.Z. 1892, S. 127 und Christiansen, Zur Theorie der induktiven freien Schleifenlagen, S. 283.

[16]) Vergl. E. Kolben, E.T.Z. 1894, p. 79. Dr. Behn-Eschenburg, E.T.Z. 1894, p. 261 und Zeitschr. f. El., Wien 20, S. 649, 1902.

[17]) Galileo Ferraris: Wissenschaftliche Grundlage der Elektrotechnik. Deutsch von Dr. Finzi, S. 278, 1901.

[18]) C. Feldmann, E.T.Z. 1892, S. 95; auch Wirkungsweise und Berechnung der Wechselstromtransformatoren 1894, S. 109.

[19]) Vergl. W. H. Everett, El. Review, London, p. 731, vom 9. 11. 1900.

[20]) E. Guye, Kapazitätsströme bei symmetrischen Mehrphasenlinien... Eclair. él. 23, p. 408, 1900. Breisig, E.T.Z. 1902, S. 1137. H. Kath, E.T.Z. 1903. Andriessen, E.T.Z. 1903, S. 67, 1897, S. 793.

21) M. Leblanc, Eclair. él. 21, p. 81, 172, 1899.

22) Dr. M. v. Hoor, E.T.Z. 1901, S. 716ff. und El. London 46, p. 591, 1901. Vergl. ferner Mordeys Vortrag: Capacity in a. c. circuits und die Diskussion dazu. El. London 46, p. 467 ff., 1901.

23) Bedell u. Crehore, Phys. Review II, No. 12, 1895; C. Feldmann, E.T.Z. 1896, S. 94, 104; R. Börnecke, Zeitschr. f. Elektrot. 1901, S. 478; Heinke, Wechselstrommessungen und magnetische Messungen 1897, S. 206ff. u. a. m.

24) L. Neustadt, E.T.Z. 1893, S. 253. Gisbert Kapp, Über Kabeldurchschläge. E.T.Z. 1899, S. 896.

25) Zeitschr. f. El. Wien 1901, S. 480.

26) Ecl. électr. Nr. 51, S. 401, vom 20. Dez. 1902.

27) C. P. Steinmetz, E.T.Z. 1898. S. 702.

28) C. P. Steinmetz, Theoretical investigation of some oscill. of extremely high potential in alt. high pot. transm. Trans. Am. Jnst. El. Eng. 18, p. 383—405, 1901; ferner A. E. Kennelly, El. World 38, p. 847, Nov. 1901.

29) Auf dieser Annahme beruhen alle Rechnungen von Steinmetz. Die Annahme ist jedoch nur dann vollkommen zutreffend, wenn die Länge des Leiters kleiner ist als ein Viertel der Wellenlänge der Schwingungen. In diesem Fall kann, wie M. J. Pupin gezeigt hat (El. World 39, p. 384, 1902), jeder ungleichförmige Leiter durch einen äquivalenten gleichförmigen um so vollkommener ersetzt werden, je kleiner die Länge dieses äquivalenten Leiters relativ zur Wellenlänge ist. Das Verhältnis 1/4 gibt nur eine rohe Annäherung, das Verhältnis 1/16 aber schon eine sehr gute.

30) J. C. Maxwell, Elektr. u. Magn. II, S. 393. Lord Rayleigh, Phil. Mag., Mai 1886.

31) J. Stefan, Ber. d. math. naturw. Klasse d. K. Akad. d. Wissensch. Wien 1887. W. Thomson, El. London 27, p. 139, 1888.

32) E. Kolben, E.T.Z. 1894, S. 77. D. C. Jackson, El. World 29, p. 90, 1897.

33) Feldmann u. Herzog, E.T.Z. 1900, S. 844.

34) Bell-Rasch: Stromverteilung für elektr. Bahnen. p. 26, 1898.

35) P. A. Ewing, El. London, p. 699, 1892 und J. Whitcher, El. London 35, p. 573, 1895. Feldmann u. Herzog, E.T.Z. 1900, S. 861.

36) M. J. Pupin, Transact. Amer. Inst. El. Eng. 16, p. 93, 1899; ferner Dr. K. P. Fischer, Dinglers Polyt. Journ., Bd. 317, Heft 5, 1902 und F. Dolezalek und A. Ebeling, Unters. über telephon. Fernleitungen Pupinschen Systems. E.T.Z. 1902, S. 1059.

GPSR Compliance

The European Union's (EU) General Product Safety Regulation (GPSR) is a set of rules that requires consumer products to be safe and our obligations to ensure this.

If you have any concerns about our products, you can contact us on ProductSafety@springernature.com

In case Publisher is established outside the EU, the EU authorized representative is:

Springer Nature Customer Service Center GmbH
Europaplatz 3
69115 Heidelberg, Germany

Batch number: 10682427

Printed by Printforce, the Netherlands